高等学校“十一五”规划教材

绿色化学原理与绿色产品设计

李　群　　代　斌　主编

化学工业出版社

·北京·

本书首先从专业和交叉学科的角度介绍了绿色化学产生的背景、绿色化学原理、绿色产品的评价体系与方法、绿色产品的设计原理与途径，在此基础上又重点介绍了材料、纤维与纺织品、化工产品、农产品、食品、药物、能源等实现产品绿色化的基本思路和实例。

本书既可作为应用化学专业本科或研究生教材及教学参考书使用，也可供化工、材料、纺织、印染、制药、轻化工、精细化工、环保等专业的学生和工程技术、科研人员参考、使用。

图书在版编目（CIP）数据

绿色化学原理与绿色产品设计/李群，代斌主编．—北京：化学工业出版社，2008.6（2023.1重印）
高等学校“十一五”规划教材
ISBN 978-7-122-03050-4

Ⅰ．绿…　Ⅱ．①李…②代…　Ⅲ．①化学工业-无污染技术-高等学校-教材②工业产品-设计-无污染技术-高等学校-教材
Ⅳ．X78 TB472

中国版本图书馆 CIP 数据核字（2008）第 078928 号

责任编辑：宋林青　　文字编辑：李锦侠
责任校对：顾淑云　　装帧设计：史利平

出版发行：化学工业出版社（北京市东城区青年湖南街 13 号　邮政编码 100011）
印　　装：北京印刷集团有限责任公司
787mm×1092mm　1/16　印张 16¼　字数 425 千字　2023 年 1 月北京第 1 版第 10 次印刷

购书咨询：010-64518888　　售后服务：010-64518899
网　　址：http://www.cip.com.cn
凡购买本书，如有缺损质量问题，本社销售中心负责调换。

定　　价：45.00 元

编写人员名单

主　　编　李　群　代　斌

副 主 编　李庆余　李光禄　庞素娟

编写人员（按姓氏笔画排序）

王红强　王林山　卢凌彬　代　斌

李　群　李光禄　李庆余　庞素娟

赵昔慧　彭桂花　鲁建江

前　言

自 20 世纪初以来，世界人口的急剧增长、对全球资源的掠夺性开发和伴随工业化的发展而产生的大量“三废”排放，已经对人类的生存环境造成了严重破坏。专家认为目前人类疾病的 70%～90%与环境的破坏有关，由于环境污染和生态平衡失调，给人类的生存和健康造成威胁的无数事实，已经使人们越来越认识到环境保护的重要性。

“绿色革命”是美国国际开发署于 1968 年 3 月在国际开发年会上首先提出的概念。现在“绿色”已成为少污染或无污染的代名词，绿色食品、绿色植物、绿色农产品、绿色建筑、绿色化学品、绿色纤维和绿色纺织品等纷纷面世，并在全球形成了“绿色浪潮”。

绿色化学是 20 世纪 90 年代人们认识到传统化学的不足而产生的一门新学科。传统化学似乎总和环境污染联系在一起。它更关注如何通过化学的方法得到更多的物质，而此过程中对环境的影响则考虑较少，即使考虑也只是着眼于事后的治理而不是事前的预防。而绿色化学是对传统化学和传统化学工业进行的革命，是以生态环境意识为指导，研究对环境无（或尽可能小的）副作用，在技术上和经济上可行的化学品和化学过程，所以绿色化学又称环境无害化学或清洁化学。具体来讲，绿色化学就是用化学原理和方法来减少或消除对生态环境有害的原料、催化剂、溶剂、试剂、副产物等的新兴科学，是从源头上阻止环境污染的化学，它不仅是化学工业未来发展的方向，也是其他工业的发展方向。

近十多年来，绿色化学与绿色产业受到了世界各国的高度重视。美国于 1995 年 3 月 16 日设立了总统绿色化学挑战奖，创建了绿色化学专项奖励的里程碑，同时极大地推动了绿色化学在美国的发展。美国在国家实验室、大学与企业之间建立了多个绿色化学院。澳大利亚皇家化学研究所（RACI）于 1999 年设立了绿色化学挑战奖，此奖项旨在推动绿色化学在澳洲的发展，奖励为防止环境污染而进行的各种易推广的化学革新及改进，表彰为绿色化学教育的推广做出重大贡献的单位和个人。日本在 21 世纪实施重建绿色地球的“新阳光计划”，该计划提出了“简单化学（simple chemistry）”的概念，即采用最大程度节约能源、资源和减少排放的简化生产工艺过程来实现未来的化学工业和相关工业的发展，其方向是化学的发展适应于改善人们健康和保护环境的要求。德国则于 1997 年底正式通过“为环境而研究”的计划，把“可持续发展的化学”确定为固定的主题之一。英国绿色化学奖在 2000 年颁奖，此奖意在鼓励更多的人投身于绿色化学研究工作，推广工业界最新发展成果。特别是 2005 年的诺贝尔化学奖授予了提出“换位合成法”的法、美两国的三位科学家。诺贝尔委员会在授奖文告中称，“换位合成法使人们向着绿色化学迈出了重要一步，大大减少了有害废物对人们的危害。”至此，绿色化学的重要性受到世人的瞩目。

面对国际上兴起的绿色化学与清洁生产技术浪潮，我国政府也决心实施可持续性发展战略。为实现到 2010 年以及 21 世纪中叶我国经济、科技和社会发展的宏伟目标，在《国家重点基础研究发展规划》中亦将绿色化学的基础研究项目作为支持的重要方向之一，国内有关单位已经积极组织申请立项。此外，一些院校也纷纷成立了绿色化学研究机构等。

显然，“绿色浪潮”席卷全球，不仅仅是一种新的消费浪潮，更重要的是它指明了现代人类今后发展的必然方向。它对人们的生活观念和产业发展的思路必将产生深远的影响。尽快在高等学校的相关专业中设置绿色化学课程，让学生们了解和掌握绿色化学的基本原理和应用方法显得尤为迫切。

绿色化学原理不仅仅适合于指导绿色化学品的设计和生产，它对诸如材料、药品、食品、生物、纺织、电子等产品的设计和生产具有普遍的指导意义。尽管目前相关的科技书已有多种版本，但适合作为教科书的版本仍然较少。所以，作者按照教育部教高司函［2005］195号中关于“十一五”国家级教材规划原则，根据教育部化学类教学分指导委员会建设“具有不同风格和特色的专业教材”的精神，依据《普通高等学校本科应用化学专业规范》，在教育部化学类教学分指导委员会的指导下，旨在编写一本能满足应用化学专业高等教育要求的教科书。

本教材编写组始终本着“面向未来、质量第一”的原则进行工作，广泛听取了有关专家教授的宝贵意见，参阅了大量国内外有关教材和资料。本教材在编写过程中主要把握住了以下几条原则。

1. 首先把绿色化学作为一门新兴的交叉性边缘学科，介绍其诞生的背景和过程，同时重点介绍绿色化学原理，将其作为后续内容的理论基础。体现高等教育重理论基础教育的传统。

2. 学以致用，绿色化学的理念最终要落在绿色产品及设计上来。由于绿色化学是新兴边缘学科，实现绿色化的思路和途径较多，并不断产生新的途径和方法，所以，本书尽可能多地介绍目前绿色产品的评价方法和设计的思路与途径。体现本书学以致用、理论与实践相结合的特色。

3. 绿色产品的范围很广泛，同时考虑到各高校的优势学科和地域经济的不同，所以本书尽可能多地编入了多个领域绿色产品及设计思路。一方面体现满足本科教育对知识的宽口径需求，另一方面也体现满足不同高校的不同特色方向的侧重性需求。

4. 章末编入思考题和参考文献，便于教学对重点内容的把握和练习，同时也为学生拓展知识面提供了便捷的途径。

本教材编写组由青岛大学（李群、赵昔慧）、东北大学（李光禄、王林山）、新疆石河子大学（代斌、鲁建江）、广西师范大学（李庆余、王红强、彭桂花）、海南大学（庞素娟、卢凌彬）五所院校的教师组成。编写分工如下：第1章由李庆余执笔，第2章由彭桂花执笔，第3章由李光禄、李群执笔，第4章由王林山、王红强、代斌执笔，第5章由李群、赵昔慧执笔，第6章由卢凌彬、庞素娟、代斌执笔，第7章由代斌执笔，第8章由鲁建江执笔。全书由李群修改统稿。

本教材在编写过程中得到了诸多单位和朋友的支持和帮助。在此感谢2006～2010年教育部化学类专业教学指导分委员会的指导，感谢化学工业出版社的约稿与出版工作，也感谢参与该教材编写的有关高校的领导和专家的大力支持和帮助。

由于本教材体系在国内外属首次建立，笔者学识亦十分有限，可能存在疏漏及欠妥之处，敬请各位读者批评指正，不胜感激。

《绿色化学原理与绿色产品设计》教材编写组

2008年2月

目　录

第1章 绪 论

绿色化学是应用现代化学的原理和方法，来减少或消除化学产品在设计、生产和应用中有毒有害物质的使用与产生、是研究开发没有或尽可能少的环境副作用，在技术和经济方面可行的化学产品和其生产过程，在始端实现污染预防的科学手段。

1.1 人类面临的环境问题与可持续性发展战略

化学为人类带来丰富物质的同时，也带来严重的危机。当前，人类面临着有史以来最严重的环境危机，世界人口剧增，资源和能源日渐减少与濒临枯竭，大量的工农业污染物和生活废弃物的排放，这些使整个人类的生存环境极大地恶化。主要表现在如下几个方面。

（1）世界人口剧增

1830年世界人口还只有10亿，100年后增加到20亿，以后分别用30年、15年和12年的时间，世界人口总数就增加到30亿、40亿、50亿。现在，每掀开一张日历，就有20多万个婴儿降生在地球上。1999年10月12日，世界第60亿个公民在波黑呱呱落地。至2004年，世界人口已达到63.96亿。美国统计学家在一份报告中说，到2050年，世界人口会再增加30亿，从现在的63亿暴增到93亿。人口的剧增，引发诸如白发浪潮、城市化所产生的各种都市症等社会问题。联合国人口基金执行主任萨迪克博士强调：人口稳定对于实现可持续发展必不可少，是一个关键的重要的目标。

（2）大气污染

人口剧增，城市和工农业的快速发展，人类燃烧煤、石油、天然气等矿物燃料作为能源，同时向大气中排放大量有害物质。据测算，全世界每年向大气中排放的硫氧化物（SO_x）达1.6亿吨、氮氧化物（NO_x）0.5亿吨、一氧化碳3.59亿吨、二氧化碳5.7亿吨，以及大量有害的飘尘。由此造成空气质量严重下降，全球有6.25亿人生活在空气污染的城市中，发达国家的工业城市和发展中国家的一些城市也被笼罩在烟雾之中。

（3）水体污染

水是地球上一切生命存在最重要的物质基础。地球上大约有14亿立方千米的水，其中海水占97％以上，淡水只占3％；主要蕴藏在湖泊、沼泽和河流中，其中河水储藏不及0.01％。有数据表明，全球每年有4260亿吨的工业废水和生活废水排入水体，造成几千条河流、数千个湖泊不同程度地被污染；每年有数十亿吨的淤泥、污水、工业垃圾和化工废物等直接流入海洋，河流每年也将近百亿吨的淤泥和废物带入沿海水域。全球每年因水污染导致10亿人患病，300万儿童因腹泻死亡。事实表明，水质污染已成为人体健康最主要的危害。

（4）垃圾围城

城市生活固体废物主要指在城市日常生活中或者为城市日常生活提供服务的活动中产生的固体废物，即城市生活垃圾，主要包括居民生活垃圾、医疗垃圾、商业垃圾、建筑垃圾。一般来说，城市每人每天的垃圾量为1～2kg。城市生活垃圾和固体废弃物污染日益严重，城市生活垃圾中还有一些没有经过无害化处理，二次污染、“白色污染”问题十分突出。值得注意的是，垃圾围城成为世界城市化的毒瘤的同时，农村的城乡化使得垃圾围村日益成为农村环境的新问题。固体废物侵占大量土地，对农田破坏严重，严重污染空气和水体。垃圾填埋产生的垃圾渗漏液呈红棕色或深黑色，恶臭，成分复杂多变，垃圾渗漏液的处理是一个世界性的难题。

（5）放射性污染

放射性元素的原子核在衰变过程放出α、β、γ射线的现象，俗称放射性。由放射性物质所造成的污染，叫放射性污染。放射性污染的来源有：核泄漏、原子能工业排放的放射性废物，核武器试验的沉降物以及医疗、科研排出的放射性物质等。放射性对生物的危害十分严重。放射性损伤有急性损伤和慢性损伤。如果人在短时间内受到大剂量的X射线、γ射线和中子的全身照射，就会产生急性损伤。轻者有脱毛、感染等症状。当剂量更大时，出现腹泻、呕吐等肠胃损伤。在极高的剂量照射下，发生中枢神经损伤直至死亡。放射能引起淋巴细胞染色体的变化。放射照射后的慢性损伤会导致人群白血病和各种癌症的发病率增加。

（6）全球气候变暖

全球气候变暖主要是因为近100多年来人类大量燃烧煤、石油和天然气，排放大量二氧化碳等温室效应气体造成的。有资料表明，由于大量排放温室气体，在过去的100年中，全球气温上升了0.6℃。据估计，在未来的100年中，全球气温可能再升高1.0～3.5℃。全球气候变暖会导致海洋水体膨胀和两极冰雪融化，使海平面上升，危及沿海地区的经济发展和人民生活，影响农业和自然生态系统，加剧洪涝、干旱及其他气象灾害，此外，气候变暖还会影响人类健康，加大疾病危险和死亡率，增加传染病。

（7）臭氧层破坏

1985年，英国科学家观测到南极上空出现臭氧层空洞，并证实其同氟利昂分解产生的氯原子有直接关系。由于氯氟烃的性质比较稳定、不易燃烧、易于储存、价格又比较便宜，从而被广泛用来作制冷剂、喷雾剂、发泡剂及清洗剂。当氯氟烃进入大气后，在光作用下进行分解，释放大量的氯，诱发连锁反应，极快地破坏臭氧分子。臭氧层耗损意味着大量紫外线将直接辐射到地面，导致人类皮肤癌、白内障发病率增高，并抑制人体免疫系统功能；农作物受害而减产；破坏海洋生态系统的食物链，导致生态平衡的破坏。高空中臭氧虽在减少，但低空中臭氧含量的增加还会引起光化学烟雾，危害森林、农作物、建筑物等，并会造成人的机体失调和中毒。

（8）酸雨成灾

早在1872年，英国化学家罗伯特·安格斯·史密斯（Robert Angus Smith）就提出了“酸雨”的概念。现在，通常认为pH值小于5.6的降水即为酸雨。酸雨形成的主要原因是SO_2和NO_x的排放量大量增加。当降水的pH值小于5时，生态平衡就会遭到破坏，例如地表水（河流、湖泊）酸度的增加会影响鱼类的生存；树木枯萎甚至死亡，农作物产量大幅度降低直至绝收；侵蚀金属制品、油漆、皮革、建筑物、道路和桥梁。“酸雨”和臭氧层破坏、“温室效应”即全球性气候变暖并称为当今世界的三大全球性环境问题，它们直接威胁着全人类的生存。

（9）森林锐减

森林是制造“氧气”的工厂，被形象地称为“地球之肺”。最近，环保组织绿色和平发布的原始森林卫星地图显示地球上大面积的原始森林只占了不到10%的陆地面积，且余下的森林也在迅速消失。据联合国粮农组织统计，地球上每分钟就有$2\times10^4m^2$的森林被毁掉，特别是热带雨林被大规模地破坏。人口的剧增、社会及经济的快速发展对森林的需求量与日俱增，人们正在不断吞噬着日益减少的森林资源。作为陆地生态系统主体的森林对维持陆地生态平衡起着决定性的作用，它的锐减将直接导致全球六大生态危机：①绿洲沦为荒漠；②水土大量流失；③干旱缺水严重；④洪涝灾害频发；⑤物种纷纷灭绝；⑥温室效应加剧。

(10) 土地沙漠化

人们把因过度使用和管理不当导致耕地变成荒地的过程称为土地沙漠化或荒漠化。自然界中，如果地表失去具有保护作用的草皮或树木，土壤就很容易受到风水侵蚀，逐步出现沙漠化。在沙漠化初期，地表的细微尘土被风带走，造成降尘。而后，地面上粗糙的沙粒也会随风而起，形成沙尘暴。此外，还存在水土流失和土地盐碱化，这三者相互影响、相互作用，引起连锁反应，使土地资源退化的速度大大加快。

(11) 生物多样性减少

地球上动物、植物和微生物的共同存在形成了地球丰富的生物圈。这种多样性是生命支持最重要的组成部分，维持着自然生态系统的平衡，是人类生存和实现可持续发展必不可少的基础。当前地球上生物多样性损失的速度比历史上任何时候都快，鸟类和哺乳动物现在的灭绝速度可能是它们在未受干扰的自然界中的100～1000倍。大面积地砍伐森林，过度捕猎野生动物，工业化和城市化发展造成污染，植被破坏，无控制的旅游，土壤、水、空气的污染，全球变暖等人类的各种活动是引起大量物种灭绝或濒临灭绝的原因。地球上的物种正在锐减，保护生物多样性刻不容缓。

众多的环境危机已向世人敲响了警钟，人类面临着发展与毁灭的难题。绿色化学利用化学原理在化学品的设计、生产和应用中消除或减少有毒有害物质的使用和产生，是在始端实现污染预防的科学手段，是人类生存和社会可持续发展的必然选择，亦是解决或缓解上述世界性难题的重要途径之一。

1.2 绿色化学的提出与发展

1.2.1 绿色化学的提出

从人们意识到环境污染的严重性到绿色化学的提出并不是一帆风顺的，而是经历了一个较长的、曲折的发展过程，大致经历了环保意识的觉醒、采用稀释来解决污染、通过政策法规来控制污染和倡导采用绿色化学的方法来彻底解决污染问题这四个阶段。

(1) 公众的觉醒

在第二次世界大战之后的一些年月里，人们对化学品危害的认识尚浅，对化学物品的生产、使用和处理的方法则几乎无任何法律可言。直到20世纪50年代末至60年代初，化学物品对人类健康及环境的危害才逐渐受到关注。

1961年，一种用来减轻孕妇妊娠反应的化学药物，给欧洲带来了惊恐。孕妇服用该药会导致婴儿的严重畸形。在此期间，世界各地大约有10000名这样的畸形婴儿出生，仅在德国就有5000名。美国因为对该药的安全性存在怀疑使得该药没有进入美国市场，从而避免了这一悲剧。

1982年，人们发现TimesBeach（坐落在密苏里州的圣路易斯西南方向40km处的一个小镇）路边的土壤被毒性化学物品二噁英（dioxin）污染。这些地带的路面在10年前曾被喷洒混有二噁英的废油。这些地带的土壤里二噁英的含量介于300～740mg/kg之间。联邦疾病控制中心（CDC）测定，如长期接触高于1mg/kg二噁英含量的土壤就将有危险。1982年末的一场洪水使这一危险加剧，约700户人家被迫撤离该镇。洪水过后，政府劝告居民们，不要试图清理因洪水而沉积在他们家中的污泥和碎片。政府提供了避难所，并且史无前例地决定动用3300万美元作为毒废物清理专用款买下了整个镇。

除了以上的例子，大约在同一个时期也出现过其他环境灾难，这些事件都给公众带来了恐慌，也使人们对化学品的危害有了新的认识，意识到生产和使用绿色化学品的必要性。

（2）利用稀释来解决污染问题

在人类环境保护意识尚且薄弱的时候，还没有制定控制某些化学物质的排放和限制大量暴露的标准或法规，化学品最终的处理办法通常是将其直接排放到水、大气及土壤里。在当时，人们认为只要将化学品在某些溶剂中降低到一定的浓度就足以减轻其对自然界的负面影响。在人类对慢性毒性、生物积累等知识还没有充分认识的情况下，这一做法得到了广泛的支持，成为处理有害物质的主要方法。

（3）通过政策法规来控制污染

随着对化学品毒性作用及其对环境影响的进一步了解，加上工农业的快速发展，人们认识到仅仅通过稀释根本无法解决日益增加的污染源问题。人们开始制定一些环境保护方面的政策法规，通过强制性对排放的废气废水废渣等进行必要的处理来严格控制各种有害物质向可接受体系的排放量，规定出一些标准及某一化学物质的最大安全浓度。这一做法存在一个主要缺陷，通常没有考虑其他物质的存在对所控制物质的叠加影响。如果某一受控物质在水中本来处于安全浓度，但由于第二种物质的存在而使其产生有害影响，那么人类就不能受到足够的保护，以至于再次暴露于有害环境中。这种缺陷广泛地存在于当前的环保规则中，并且是通过命令与管理规则来控制有害物质的方法所无法克服的问题。

（4）绿色化学

这些政策法规是否是保护人类健康和使整个环境免遭厄运的最经济、最有效的方法呢？众所周知，如今的社会正在加速发展中，人口的增加、工农业的高速发展也将使有毒的化学物质排放速度大大增加，那么原有的“先污染，再治理”的环保思路将使人类陷入治理自身生产出的废弃物的大泥潭中，而且将越陷越深。为此，人们又开始重新思考解决这一难题的理想办法。

1990年，美国国会通过了《污染防止法》（Pollution Prevention Act）。这一法案制定了国家环保政策，并指出最佳的环境保护方法是在源头上防止污染的产生。通过一系列的方法与技术，污染是可以防止的，是可以避免进一步处理的。目前已开发出许多控制污染的办法。如通过工程控制使废物的产生最少、通过在线实时控制技术降低不必要的溶剂挥发等，均大大降低了废物的产生，提高了资源的利用率，从而减少了对人类健康与环境的负面影响。

绿色化学是源头防治污染思想的升华，它利用化学的原理和方法来减少污染源，因而是一种最理想的防止污染的方法。其研究目标为，寻找一个基本的方法来改变某一产品或过程的内在本质，以降低其对人类健康及环境的影响。因此，绿色化学是整个人类社会可持续发展的必然选择。

1.2.2 绿色化学的发展

从绿色化学思想的提出至今虽然只有十几年的时间，却因为其不仅是治理环境污染最理想的方法，也将引起整个化学工业的彻底改革，从而引起了世界各国政府的广泛关注，也是学术界和企业界极感兴趣的重要研究领域。政府的直接参与，产学研密切结合，促进了绿色化学的蓬勃发展。

（1）绿色化学在国外的发展

1990年美国环境保护署颁布的《污染防止法》（Pollution Prevention Act）强调防止污染物的形成，而不是对已污染的环境进行治理，这种思想也是绿色化学的精髓所在，它的颁布确立和推动了绿色化学的兴起和迅速发展。同年联合国环境署在全球推行“清洁生产”，倡导世界各国都要从末端污染控制战略逐渐转向一体化污染预防战略，减少对自然环境的污染。

1991年美国化学会首次提出“绿色化学”，并成为美国环境保护署的中心口号。同时美国环境保护署污染预防和毒物办公室启动“为防止污染改变合成路线”的奖励基金。至此，由工厂、科研机构、政府部门等自愿组合的多种合作关系的绿色化学组织诞生。

1992年美国环保署对六项化学合成方法的改进进行了奖励。这些合成方法从不同的角度，考虑了要减少对人类健康和环境污染造成的不良影响，对环保事业做出了一定的贡献。随后美国环境保护署污染预防和毒物办公室与自然科学基金会签署了共同资助绿色化学研究的合约。

1995年美国副总统Gore宣布了国家技术战略，目标为至2020年将废物减少40%～50%，每套装置消耗原材料减少20%～25%。

1995年美国总统克林顿宣布设立“总统绿色化学挑战奖”，并于1996年开始颁发，奖项包括：①更新合成路线奖；②变更溶剂/反应条件奖；③设计更安全化学品奖；④小企业奖；⑤学术奖。此奖主要是奖励那些具有创新性和有效性的绿色化学方法，以及重要的绿色化学的理论，这一奖项旨在推动学术和企业界合作进行绿色化学防止污染和工业生态学研究，鼓励从根本上减少乃至杜绝化学污染源的重大突破性的研究。

1996年联合国环境规划署对绿色化学进行了新的定义：“用化学技术和方法去减少或消灭那些对人类健康或环境有害的原料、产物、副产物、溶剂和试剂的生产和应用”，更加确切地规定了绿色化学的范畴。1997年由美国国家实验室、大学和企业联合成立了绿色化学院，美国化学会成立了“绿色化学研究所”。

除了美国，20世纪90年代，日本政府也发起了旨在防止全球气候变暖、在21世纪重建绿色地球的“新阳光计划”，其主要内容是针对能源和环境技术的研究，提出了“简单化学”的概念，指出绿色化学的发展方向是适应人类的健康和环境保护的要求。此外，日本还成立了由工业界、学术界和政府联合组织的为地球而技术创新的研究院、日本化学研究院，以期将学术界和工业界紧密结合起来，使知识与实际更好地互相促进与发展，实现绿色化学工业的飞速、健康发展。

欧洲也不甘落后。1997年，德国联邦政府正式通过了名为“为环境而研究”的计划，其主要包括三个方面区域性和全球性环境工程、实施可持续发展经济和进行环境教育，其年度计划经费达6亿美元之多。2000年，英国开始颁发了由RSC Salts Company、Jewood Charitable Foundation、DTI和DETR等资助的英国绿色化学奖，包括“Jewood-Salts环境奖”和在技术、产品和服务方面做出成绩的英国公司。荷兰利用税法条款等方法来推进清洁生产技术的开发和应用，对采用革新性的清洁生产或污染控制技术的企业，其投资可按1年折旧，而其他投资的折旧期通常为10年。

澳大利亚皇家化学研究所于1999年也设立了绿色化学挑战奖，下设三个奖项：科研技术奖、小型企业奖及绿色化学教育奖。此奖项旨在推动绿色化学在澳洲的发展，奖励为防止环境污染而研制的各种易推广的化学改进及革新，表彰为绿色化学教育做出重大贡献的单位和个人，重点是：①更新合成路线，提倡使用生物催化、光化学过程、仿生合成及无毒原料等；②更新反应条件，以降低对人类健康和环境的危害，鼓励使用无毒或低毒的溶剂，提高反应选择性，减少废弃物的产生与排放；③设计更安全的化学产品。2000年1月在Monash大学成立了澳大利亚研究协会专门研究中心，该中心由Monash大学和联邦政府共同赞助，这是为了形成国际公认的绿色化学研究中心。

绿色化学不仅受到世界各国的高度重视，而且人们积极努力通过广泛的学术交流活动共同分享已有的成果，分析存在的问题，探讨未来的发展方向。近年来，有关绿色化学的国际学术活动此起彼伏，非常活跃，体现了全球性合作的趋势。

1996年7月21～26日在新英国大学举办了第一届题为“环境友好的有机合成反应”的Gordon研究会议，Gordon会议在英国牛津大学多次召开，在欧洲掀起了绿色化学的浪潮。1997年美国国家科学院举办了第一届绿色化学与工程会议，展示了有关绿色化学的重大研究成果，包括生物催化、超临界流体中的反应、流程和反应器设计及“2020年技术展望”等。次年又召开了主题为“绿色化学：全球性展望”的第二届绿色化学与工程会议，此次会议由美国化学学会主办，高度赞扬了在对环境友好合成反应的研究过程和开发中所取得的重大成果。1998年8月举办的第三次Gordon研究会议决定今后将联合世界各国每年召开一次，并出版了绿色化学论文集。1998年2月召开了经济发展和合作治理危险顾问小组会议，会上美国环境保护署提出了四项革新性活动，其中一项即是绿色化学。1999年6月29日～7月1日美国的第三届绿色化学和工程会议举行，主题是“向工业进军”，讨论现代工业如何有效利用资源，应用绿色化学科研成果等问题。同年8月美国化学会召开了国际性专题会议“如何利用再生资源”，研究从可再生资源中再生化学物质的途径。

1999年，世界上第一本由英国皇家化学会主办的英文国际杂志《Green Chemistry》诞生了，同时还在Internet上建立了绿色化学网站。英国出版了第一本绿色化学专著《Theory and Application of Green Chemistry》。从1996年起，陆续出版了由美国环境署的Anastas P. T. 等编写的《绿色化学》丛书，第一辑的副标题为“为环境设计化学”，第二辑副标题为“无害化学合成和工艺的前沿”。此外，1998年Anastas P.T. 等出版了《绿色化学——理论与实践》一书，该书详细阐述了绿色化学的定义、原理、评估方法及发展趋势，成为绿色化学的经典之作。2000年，美国化学会出版了第一本绿色化学教材书，旨在推动绿色化学教育的发展。

(2) 绿色化学在我国的发展

改革开放以来，我国创造了许多奇迹，创造了许多世界第一。一方面，经济增速第一、外汇储备第一、外国直接投资引入第一、主要工业品产量第一；与此同时，中国也是建材消费第一、能源消耗第一、空气污染物排放第一、水污染物排放第一。江河水系70%受到污染，流经城市90%以上的河段严重污染，城市垃圾处理率不足20%，农村有1.5亿吨垃圾露天存放，3亿多农民喝不到干净的水，4亿多城市居民呼吸不到新鲜空气。可以说，当今经济的发展有很大一部分是以消耗环境资源为代价的。面对环境与发展的问题，我们不能再走先发展再治理的老路了，必须从源头上解决污染问题。因此，大力推广和积极发展绿色化学是我国经济与社会可持续发展的必然选择。

1992年，在联合国和世界银行的帮助下，我国开始了清洁工艺的理论研究和实际应用。但在紧接着的几年里绿色化学在国内并没有受到应有的重视，直至1995年绿色化学问题才受到重视并提到议程上来。

1995年，中国科学院化学部组织了《绿色化学与技术——推进化工生产可持续发展的途径》院士咨询活动，对国内外绿色化学的研究现状和发展趋势进行了大量的调研，针对国内的现状提出了发展绿色化学消除污染源的七大建议，并建议国家科技部组织调研，将绿色化学与技术研究工作列入“九五”基础研究规划。

1996年，召开了“工业生产中绿色化学与技术”专题研讨会，就工业生产中的污染防治问题进行了交流讨论，并出版了《绿色化学与技术研讨会学术报告汇编》。

1997年，香山会议以“可持续发展问题对科学的挑战——绿色化学”为主要议题召开了第72次学术讨论会，朱清时院士、张存浩院士、徐晓白院士、闵恩泽院士等众多国内学术界的重要人士都参加了此次会议，分析了绿色化学对我国经济可持续发展的重要性。同年，国家自然科学基金委员会与中国石油化工集团公司联合资助了“九五”重大基础研究项目“环境友好石油化工催化化学与化学反应工程”。此外，在《国家重点基础研究发展规划》中也将绿色化学的基础研究作为一个重要的支持方向。

1998年，在合肥中国科技大学举办了第一届国际绿色化学高级研讨会，出席的有来自中国、美国、英国、俄罗斯的专家学者80余人，中国科学院院士朱清时和闵恩泽、美国环境保护署绿色化学组负责人Paul Bullin博士、美国加州理工学院Seinfled教授分别作了大会邀请报告，美国化学会会长发来贺电。此后每年都举行一次国际绿色化学研讨会。

1999年，国家自然科学基金委员会设立了“用金属有机化学研究绿色化学中的基本问题”重点项目。12月21～23日在北京九华山庄举行了第16次九华科学论坛，根据国家自然科学基金委员会优先资助领域战略研究工作的部署，“有所为，有所不为”的方针和“基础性、前瞻性、战略性”的遴选原则，对绿色化学的基本科学问题进行了充分的研讨和论证。目前国内很多高校也已将“绿色化学”作为有关专业的选修课程，加强了对大学生的绿色化学意识和思想的教育。

虽然绿色化学在我国起步略晚，但基本上和发达国家站在相同的起跑线上，这对我们而言是一个千载难逢的发展机遇，我们必须努力抓住这样的机遇，使我国的化学工业实现质的飞跃。

当前绿色化学所取得的成果，距绿色化学的目标还有相当的距离。全球化工产品有几十万种，生产的工艺过程有上万个，这当中绝大部分产品和工艺过程都存在着不同程度的环境污染问题，基本达到绿色化学要求的产品和工艺只占非常少的一部分，要使大部分产品和工艺达到“原子经济反应”和“零排放”的要求，人类还需要不断探索和创新，而且随着环境问题的日益严重，对绿色化学的探索与推广越来越紧迫。

1.3 绿色化学“十二原则”

绿色化学以实现环境、经济和社会的和谐发展为宗旨，其一经提出，就受到了学术界的高度重视。1998年，Anastas和Warner明确了绿色化学的十二条原则，是近年来该领域的重要科学研究结果，为绿色化学的发展指明了方向。

绿色化学的十二条原则如下：

原则一　预防环境污染

原则二　原子经济性

原则三　低毒化学合成

原则四　设计较安全的化学品

原则五　使用较安全的溶剂和助剂

原则六　有节能效益的设计

原则七　使用可再生资源作为原料

原则八　减少运用衍生物

原则九　催化反应

原则十　设计可降解产物

原则十一　实时分析以防止污染

原则十二　采用本身安全，能防止意外发生的化学品

绿色化学的十二原则是绿色化工产品设计和生产的主要依据。具体内容将在第3章中详细介绍。

思考题

1. 什么是绿色化学？绿色化学的本质和意义是什么？

2. 绿色化学产生的背景是什么？为什么说绿色化学理念是可持续性发展的一种必然选择？

参考文献

[1] 闵恩泽．绿色化学与化工．北京：化学工业出版社，2000.

[2] 沈玉龙．绿色化学．北京：中国环境科学出版社，2004.

[3] 阿纳斯塔斯 P T，沃纳 J C 著．绿色化学理论与应用．李朝军，王东译．北京：科学出版社，2002.

[4] 张钟宪．环境与绿色化学．北京：清华大学出版社，2005.

[5] 王延吉，赵新强编著．绿色催化过程与工艺．北京：化学工业出版社，2002.

[6] 杨家玲．绿色化学与技术．北京：北京邮电大学出版社，2001.

[7] 贡长生．绿色化学化工实用技术．北京：化学工业出版社，2002.

[8] Tanko J M，Blackert J F，. Free-radical Side-chain Bromination of Alkylaromatics in Supercritical Carbon Dioxide. Science，1994，263：203.

[9] Desimone J M，Guan Z，Elsbernd C S. Synthesis of Fluoropolymers in Supercretical Carbon Dioxide. Science，1992，257：945.

[10] 吴树新，关俊霞，沈玉龙．2007 年美国总统绿色化学挑战奖项目评述．现代化工，2007，(7)：62-65.

[11] 贺红武，任青云，刘小口．绿色化学研究进展及前景．农药研究与应用，2007，(1)：1-8，12.

[12] Anastas P T，Heine L G，Williamson T C. Green Chemical Syntheses and Processes：Introduction. American Chemical Society：Washington，DC，2000.

[13] Choi J C，He L N，Yasuda H，et al.，Green Chemistry，2002，4：230.

[14] Anastas P T，Kirchhoff M M，Williamson T C . Catalysis as a foundational pillar of green chemistry Applied Catalyst A：Gen. 2001，221：3-13.

[15] Sheldon R A，Arends IWCE，Brink G J T Green. Accounts of Chemical Research，2002，35 ：774.

[16] Zou Z，Ye J，Sayama K，et al. Direct splitting of water under visible light irradiation with an oxide semiconductor photocatalyst. Nature，2001，414：625.

[17] 李大勇，魏莉，蒋景阳．离子液体在两相催化中的研究进展和应用前景．化工进展，2004，(6)：605-608.

第 2 章　绿色产品的评价体系与方法

过去，人们在使用产品时关注的是其性能、价格和服务等，随着环保意识的增强，人们对产品的环境协调性有了更深刻的认识。什么样的产品才是绿色产品，怎样衡量产品的绿色性呢？本章将围绕这两个问题进行阐述。

2.1　绿色产品的涵义

2.1.1　绿色产品的定义

绿色产品，又称为环境协调产品（environmental conscious product，ECP），是相对于传统产品而言的。由于对产品“绿色程度”的描述和量化特征还不十分明确，至今尚没有公认的权威定义。目前，关于绿色产品的定义主要有以下几种。

① 绿色产品是指以环境和环境资源保护为核心概念而设计生产的可以拆卸并分解的产品，其零部件经过翻新处理后可以重新使用。

② 绿色产品是指将重点放在减少部件以使原产品合理化和使部件可以重新利用的产品。

③ 绿色产品是指使用生命完结后，其部件可以翻新、重新利用或者能被安全处理掉的产品。

④ 绿色产品是指从生产到使用，乃至回收的整个过程都符合特定的环境保护要求，对生态环境无害或危害极少，以及可以再生利用或回收循环再用的产品。

⑤ 绿色产品是指采用绿色产品、通过绿色设计、绿色制造、绿色包装而生产的一种节能、降耗、减污的环境友好型产品。

⑥ 绿色产品是指能满足用户使用要求，并在生命循环周期（原产品制备、产品规划、设计、制备、包装、运输、使用、报废回收处理及再使用）中能经济地实现节省资源和能源、极小化或消除环境污染，且对劳动者（生产者和使用者）具有良好保护性的产品。

上述定义多是从环保的角度出发的，较少考虑产品的技术性和经济性。综合上述绿色产品的定义，并结合绿色化学领域的发展，我们可以给出绿色产品的下述定义以供参考：绿色产品就是指通过先进技术手段获得的，且具有良好的使用功能，从市场分析、产品设计、原产品的获取与加工、产品的制备、装配、包装、运输、销售、使用、产品的回收再利用及废弃的生命周期全过程中可以经济性地节约资源和能源，并符合特定的环境保护要求，对生态环境无害或危害极少的产品（这里的产品可以是一种物品、一种服务、一种理念或是三者的组合物）。

可见，绿色产品不仅是生产过程的一个最终产物，而且是生态环境保护和科学技术发展相结合的产物，其思想的精髓应贯穿于产品的整个生命周期。因此，正确深入地认识绿色产品的本质意义对绿色产品的研究与开发具有重要的意义。

2.1.2　绿色产品的特点

绿色产品具有丰富的内涵，其主要表现在以下几个方面。

（1）绿色性

绿色性主要包括环境友好性、资源节省性、能源节省性三个方面的内容。

① 优良的环境友好性　即产品从设计、生产、使用、废弃、回收、处理处置的各个环节

都对环境无害或危害甚小。这就要求在生产过程中选用清洁的原料、清洁的工艺过程，生产出清洁的产品；用户在使用产品时不产生或很少产生环境污染，并且不对使用者造成危害；报废产品在回收处理过程中产生很少的废弃物，且是无毒害的。

②资源节省性 绿色产品应尽量减少产品使用量，减少使用产品的种类，特别是稀有昂贵产品及有毒、有害产品。这就要求设计产品时，在达到产品功能的前提下，尽量简化产品结构，合理选用产品，并使产品中零部件能最大限度地再利用。

③ 能源节省性 绿色产品在其生命周期的各个环节所消耗的能源应最少。

(2) 技术先进性

技术先进性指在产品的整个生命循环过程中采用先进的设计、制备、包装等技术，并且所得到的产品在使用性能上也保持技术领先性。技术先进性是绿色产品设计和生产的前提。只有采用先进的技术，才能从技术上和实践中保证安全、可靠、经济地实现产品的各种功能。技术先进性并不意味着结构复杂、功能冗余，相反，先进性意味着结构简单、制造方便、功能实用、性能可靠、便于维修以及报废后便于回收处理。

(3) 经济性

经济性对一个产品的实现是很关键的因素，过高的成本必然导致该产品不可实现。绿色产品作为一种产品，对企业来讲、应是低成本、高利润的产品；对用户来讲，应是物美价廉的。从生命周期的角度来看，成本应包括企业成本、用户成本和社会成本。因此，在绿色产品的设计时，应充分考虑其经济性。

(4) 生命周期性

绿色产品的技术先进性、绿色性和经济性都应建立在生命循环的基础上。因此，在进行绿色产品设计和评价时，需从产品的整个生命周期出发考虑问题，最终实现产品的技术先进性、绿色性和经济性。

2.1.3 绿色产品与传统产品的区别

绿色产品和传统产品的主要区别在于以下两方面。

(1) 绿色性

在传统观念中，产品是物质形态的商品，是把原产品经加工制造成为市场需要的货品。生产厂家在产品设计和生产中重在考虑产品的生产成本、生产效率、产品性能，然后考虑包装的美观大方、销售方式及售后服务，目的是为了吸引顾客，以获得经济上的最大收益。而绿色产品的首要特征就是其绿色性，它要求在产品整个生命周期中都要实现环境友好性和资源能源的节约性。

(2) 生命周期性

传统产品生命周期是指产品从“摇篮到坟墓”(cradle-to-grave)，即从产品设计、制造、销售、使用乃至废弃的所有阶段，而产品废弃后的一系列问题则一般很少考虑，其结果不言而喻，即不能满足绿色产品的要求。绿色产品生命周期应将其扩展成从“摇篮到再现”(cradle-to-reincarnation)的过程，即除了传统产品生命周期阶段外，还应包括废弃(或淘汰)产品的回收、重用直至最后的零部件报废的处理处置阶段。由此可见，绿色产品生命周期包括以下五个过程，即：①绿色产品规划及设计开发过程；②绿色产品制造与生产过程；③产品使用过程；④产品维护与服务过程；⑤废弃淘汰产品的回收、重用及处理处置过程，而传统产品通常只包含前四者。

对于生产传统产品的企业而言，其利润主要来自加工制造、装配和销售，因此把注意力主要集中在开发产品的功能、增加产品的销售量等方面，而对除产品功能以外其他绿色设计和报废以后的产品循环再造、回收利用考虑得很少。这种情况下，传统产品的加工、装配生产过程在价值链中占重要地位，而产品的绿色设计、服务及回收再利用所占的价值则较低。

而对于绿色产品而言，其首要特征为绿色性，这必然要求企业加强产品的绿色性的设计及对资源回收利用的投入力度，否则其生产的产品将被社会淘汰而导致整个企业的破产。这样一来，绿色产品的设计、服务及后处理过程在整个价值链中所占的比例将大大增加。如波音777飞机的产品、加工和装配过程的成本大约是销售价格的20%左右，而设计、销售、服务和培训的费用高达销售价格的80%左右。

2.2 绿色产品的评价体系

由传统产品发展到绿色产品是一次很大的飞跃。然而，对于一种产品是否是绿色产品或者说其绿色程度有多大该如何判断或评价呢？对这个问题的回答是绿色产品的开发、研究、比较、论证、管理的基础，用以设计、改造、淘汰某产品或生产工艺的基础性工作。目前通常采用LCA（Life Cycle Assessment）的基本概念、原则和方法对产品或产品全寿命周期进行评价。环境毒理与化学学会（SETAC）于1990年正式提出了LCA术语，国际标准化组织（ISO）1993年成立了专门的“环境管理”技术委员会TC207，制定了“环境系列国际标准”，即ISO14000系列标准，其中SC5分委员会专门负责LCA标准的制定。1997年6月15日国际标准化组织正式颁布的《ISO14040环境管理——生命周期评价——原则与框架》和1998年颁布的《ISO14041环境管理——生命周期评价——目标与范围确定及存量分析》的国际标准正式确定了生命周期评价系统（Life Cycle Assessment，LCA）。生命周期评价系统是对产品的环境协调性的客观估价，它紧扣绿色产品的内涵，对产品生命周期的全过程进行资源消耗、能量消耗、排污程度的综合评价。它既可对一个完整的系统作出全面综合的评价，又可对某一环节作出定量分析。生命周期评价顺应了保护生态环境的历史大潮，符合全球可持续发展的需要，具有重要的意义。

2.2.1 LCA的概念及内涵

过去，LCA是Life Cycle Analysis的缩写，现在，LCA通常是指Life Cycle Assessment。在欧洲和日本，用“Ecobalance”来代替LCA表示相同的意思。LCA翻译为生命周期评价、寿命周期评价、寿命周期评估，也意译为环境协调评价，本书中采用“生命周期评价”来表达。LCA是随着环保意识的不断发展而发展起来的产品评价方法，并且它所包括的内容非常复杂，评价的目标不尽相同，因此LCA的定义也在不断修改和完善中。但随着研究的深入发展，特别是ISO进行的标准化工作，使得LCA方法已经逐步明确并定型。

在1993年SETAC的LCA定义的英文原文如下：

Life Cycle Assessment is a process to evaluate the environmental burdens associated with a product, process, or activity by identifying and quantifying energy and materials used and wastes released to the environment; to assess the impact of those energy and material uses and releases to the environment; and to identify and evaluate opportunities to affect environmental improvements. The assessment includes the entire life cycle of the product, process, or activity, encompassing extracting and processing raw materials; manufacturing, transportation and distribution; use, re-use, maintenance; recycling, and final disposal.

从上述定义可以看出LCA评价方法包括以下几点：

① LCA的评价对象是一个产品、处理过程或活动；

② 通过对评价对象的能源消耗状况、资源消耗状况及废弃物排放量的识别和量化，评价其造成的环境负担；

③ 评价这些能源、物质消耗和废弃物排放所造成的环境影响；

④ 辨别和提出改善环境的机会；

⑤ 评价的范围包括评价对象的整个寿命周期，包括原材料的提取与加工、制造、运输和销售、使用、再使用、维护、循环回收及最终的废弃。

在 1997 年 ISO 制定的 LCA 标准（ISO 14040）中也给出了 LCA 和一些相关概念的定义，定义的英文原文如下：

Life Cycle Assessment：Compilation and evaluation of the inputs，outputs and the potential environmental impacts of a product system throughout its life cycle.

Product System：Collection of materially and energetically connected unit-processes which performs one or more defined functions.（NOTE：In this international standard，the term "product" used alone not only includes product systems but can also include service systems.）

Life Cycle：Consecutive and inter-linked stages of a product system，from raw material acquisition or generation of natural resources to the final disposal.

可见，LCA 是对产品系统在整个生命周期中的输入、输出和潜在的环境影响的汇编和评价；产品系统是指为实现一个或多个指定功能的、与物质和能量相关的操作过程单元的集合，这里"产品"不仅仅指（一般制造业的）产品系统，还包括（服务业的）服务系统；寿命周期是指产品系统的从原材料获取或者自然资源产生到最终废弃的连续的、相互联系的一系列阶段。

ISO 对 LCA 的定义在 SETAC 的基础上进行了完善和充实，其表达形式虽发生了一些变化，但是基本的思想和方法已固定下来，并且使 LCA 的可操作性增强了。下面我们将从 LCA 的评价对象、方法、应用目的、特点这几个方面去理解 LCA 的内涵。

（1）LCA 的评价对象

ISO 明确定义了 LCA 的评价对象是产品系统在整个生命周期中对环境所造成的影响，这不同于环境科学中的单纯对环境质量的评价。另外，LCA 方法着眼于在产品生产过程中的环境影响，这不同于产品质量管理和控制等方法重在提高产品的质量。再者，LCA 的评价范围是产品的整个寿命周期，而不只是产品生命周期中的某个或某些阶段。Life Cycle 的概念是 LCA 方法最基本的特性之一，是全面和深入地认识产品环境影响的基础，是得出正确结论和做出正确决策的前提。

（2）LCA 的思路与步骤

LCA 评价方法的整体思路就是在确定评价目的与范围的前提下，采集评价范围内实际环境编目数据，应用 LCA 的一套计算方法，从资源消耗、能源消耗、人体健康和生态环境影响等方面对产品的环境影响作出定性和定量的评价，并进一步分析得出改善产品对环境负面影响的途径。

在 LCA 标准中，详细地定义了具体的评价实施步骤，它包括如下 4 个组成部分：目标和范围定义（Goal and Scope Definition）、编目分析（Life Cycle Inventory Analysis，LCI）、环境影响评价（Life Cycle Impact Assessment，LCIA）、解释（Life Cycle Interpretation）。其具体的定义和内容将在后面 LCA 的技术框架中讲述。

（3）实施 LCA 的目的

对于不同的 LCA 实施主体，其进行 LCA 评价或引用 LCA 评价结论可能具有不同的目的。比如，企业在进行对某一产品的 LCA 评价时可能是为了改善该产品的环境影响状况，也可能是为了制订企业今后的发展方向；国家采用 LCA 方法对许多行业的评价可以为国家在制定经济政策时提供很好的依据。在 SETAC 和 ISO 的文件中列举了一些 LCA 方法的作用，例如：①提供产品系统与环境之间相互作用尽可能完整的概貌；②促进全面和正确地理解产品系统造成的环境影响；③为关注产品或受产品影响的相关方（interestedparty）之间进行交流和对话奠定基础；④向决策者提供关于环境的有益的决策信息，包括估计可能造成的环境影响、寻找改善环境表现的时机与途径、为产品和技术选择提供判据等。

（4）LCA 的特点

首先，LCA 方法与其他的有关环境保护的法律法规不同，不是强制企业接受检查、监督和执行，而是鼓励企业发挥主动性，将产品对环境的影响结合到企业的决策和管理过程中。尽管这样，国内外众多的部门和企业在积极从事 LCA 的研究和应用，这是环保思想深入发展的结果，更重要的是 LCA 评价方法在评价产品在整个生命周期中对环境的影响上非常有效。其次，LCA 评价建立在 Life Cycle 概念和环境编目数据的基础上，从而可以系统地、充分地阐述与产品系统相关的环境影响，进而才可能找到最有效的环境改善途径，促进企业和经济的健康发展。

2.2.2 LCA 的发展历程及应用

2.2.2.1 LCA 的发展历程

20 世纪世界经济快速发展在给人们提供丰富物质的同时，也带来了环境和能源的危机，正是这些危机引起了人们环保意识的觉醒，促进了 LCA 的发展。

LCA 方法的研究源于 20 世纪 60～70 年代的“物质/能量流平衡方法”。当时人类已经意识到资源和能源的有限，从保护原材料和能源的角度出发，以各种方法计算资源和能量的供应和消耗情况，例如美国能源署就开展了数项诸如“燃料循环”（fuel cycle）之类的研究。这些方法在着重能源特征分析的同时，对污染物排放情况进行了一定的评估。

1969 年，美国可口可乐公司首先将 LCA 思想应用于资源、能源和环境影响的综合评价。当时，该公司委托美国中西研究所（Midwest Research Institute）对不同的饮料包装材料具有怎样的总体影响的问题进行了研究，并对使用塑料饮料容器的可行性进行考虑，还比较了复用式容器与一次性容器的整体环境影响。这种正式的分析方案便是 LCA 方法的起源和基础。

20 世纪 70 年代，美国、德国、英国、日本等发达国家都相继开展了 LCA 方法的研究，先后侧重于固体排放物减少、能源消耗等问题。生命周期影响评价的框架也有了一定进展。

20 世纪 80 年代中期之后，LCA 的发展进入了一个高潮，环境影响评估方法开始有了实质性的进展。“临界值法”分别在瑞士和荷兰独立形成，环境优先级方法（environmental priority strategy，EPS）也在瑞典发展起来，至今 EPS 方法仍然具有广泛的应用范围。

20 世纪 80 年代末，人们意识到了产品和包装系统具有复杂的关系，每个系统都能在资源和环境效益上有所改善，生命周期清单分析方法也得到了很好的发展。但研究者根据自己的经验设计方案和步骤，获得了自己所需要的结果。因此生命周期影响评价方法并没有得到统一和规范，并且就这一主题同时存在大量不同的名字，如生态平衡（eco-balance）、资源分析（resource analysis）、绿色设计（green design）、资源和环境概貌分析（resources and environmental profile analysis）等。

进入 20 世纪 90 年代，由于环境问题渗透到国际政治、经济、贸易和文化各个领域，LCA 得到了显著的发展，其中国际环境毒理学和化学学会（SETAC）以及国际标准化组织（ISO）起着非常大的促进作用。

1990 年，首届 SETAC 会议在美国的佛蒙特州召开，与会者就 LCA 的概念和理论框架取得了广泛的一致，并最终确定使用 Life Cycle Assessment（LCA）这个术语，从而统一了国际上的 LCA 研究。

在随后一系列的 LCA 研讨会中，SETAC 讨论了 LCA 的理论框架和具体内容，并在 1993

年8月发布了第一个LCA的指导性文件《LCA指南：操作规则》。这个文件给出了LCA方法的定义和理论框架以及具体的实施细则和建议，描述了LCA的应用前景，并总结了当时LCA的研究状况。这一文件为LCA规范化提供了重要的依据，对其方法论的发展、完善及应用做出了巨大贡献。

另一方面，国际标准化组织（ISO）在1992年成立了环境战略顾问组SAGE专门研究制定一种环境管理标准的可能性。1993年6月ISO成立了环境管理标准技术委员会TC207，正式开展环境管理方面的国际标准化工作。其指定的国际标准称为《环境管理系列国际标准》，即ISO 14000系列标准，包括ISO 14040（原则和框架）、ISO 14041（清单分析）、ISO 14042（影响评价）、ISO 14043（结果解释）和ISO14048（指标格式）等，成为ISO 14000系列标准中产品评价标准的核心和确定环境标志和产品环境标准的基础。

与此同时，欧洲、美国、日本等国家和地区还制定了一些促进LCA的政策和法规，如"生态标志计划"、"生态管理与审计法规"、"包装及包装废物管理准则"等。因此，这一阶段出现了大量LCA案例，如日本已完成数十种产品的LCA，丹麦用3年时间对10种产品类型进行了LCA等。

1996年，国际上正式出版了有关LCA评价的专业刊物《国际生命周期评价学报》(International journal of life cycle assessment)，表明生命周期评价研究在国际上已占有很重要的位置。

在我国，LCA研究起步较早，发展也非常迅速，已成为学术界的一个研究热点问题。以北京工业大学左铁镛院士为代表的国内相关专家开展了卓有成效的研究工作，并于1995年在西安成功举办了第二届国际环境产品研讨会，提升了我国环境产品与LCA研究在国际上的地位。1998年起，国家"863计划"支持了首项"产品的环境协调性评价研究"，在项目负责人左铁镛院士的组织下，由北京工业大学、重庆大学、清华大学等七所重点大学承担，对我国钢铁、水泥、铝、工程塑料、建筑涂料、陶瓷等七类产品进行了环境协调性评价研究，初步获得了以上产品的环境负荷基础数据，创新地提出了上述产品环境协调性评价的新方案和定量方法，构建和设计了产品的环境负荷基础数据库框架，并自主开发了数据库管理软件和产品的环境协调性评价软件。同时，成立了中国产品环境协调性评价中心CCMLCA（Chinese Center for Materials Life Cycle Assessment)，将对社会开放服务。

2.2.2.2 LCA的应用

LCA起源于企业内部，也最先在企业部门得到了广泛的应用，主要可归结为6个方面：①LCA评价可帮助企业对产品整个生命周期进行生态辨识与诊断，使企业可以有的放矢进行环境改善，使物耗能耗降低；②对某产品的不同方案或替代产品进行LCA评价，帮助企业在不增加成本或不降低产品质量的前提下，选择最优化的工艺和原材料，降低产品生产过程对环境的影响；③在基本上采用同一生产工艺进行生产的情况下，LCA可以用于材料选择或生产工艺改进时的环境影响变化的评价，这是LCA最有效的用途之一，原因在于企业不仅可以利用清单分析的数据以及自己所掌握的生产工艺数据来进行解析，所获得的结果又能够通过企业所能选择的范围进行反馈和处理；④LCA方法结合到工业产品的设计过程中来进行产品的生态设计，其目标是节约资源，预防污染，维持多样性的、可持续发展的生态体系，以支撑长期的、有活力的经济系统；⑤利用LCA可以帮助企业从产品的设计阶段就考虑产品废弃后的处理和资源的回收利用；⑥LCA的思想和方法应用到企业的清洁生产审计，可向前延伸至原料的勘探、开采、加工、利用、运输、储存过程中，向后延伸到产品的消费使用过程及废弃后的处理，这一拓展可以构成资源—生产—消费—环境系统的全过程清洁生产审计。

LCA除了应用于工业企业部门外，也应用于政府环境管理部门和国际组织中，主要应用如下：①制定环境政策与建立环境产品标准，如英国的 BS7750、欧盟生态管理和审计计划等；②利用 LCA 评价结果作为“环境标志”产品的基准，使各个国家不同的环境标志具有相同的衡量标准，避免产生模糊混淆；③优化政府的能源、运输和废物管理方案，如美国 1994 年起采用 LCA 方法对城市固体废弃物进行分析，帮助处理者鉴别不同的管理策略，使整个系统的环境负荷和经济负担最小化；④向公众提供有关产品和原材料的资源信息，如美国环保局开展了大量的 LCA 研究工作，积累了一些主要化学品的大量数据，成为产品设计和使用的第一手科学背景资料；⑤促进国际环境管理体系的制定。

2.2.3 LCA 的技术框架

2.2.3.1 LCA 的分析程序

1990 年 SETAC 研讨会提出了 LCA 的三角形模型，主要包括生命周期清单分析、环境影响评价和环境改善评价，后来又添加了“目的与范围的确定”一部分，如图 2-1 所示。

随着 LCA 方法的发展，其整体技术框架有了新的表述方式。1997 年颁布的 ISO 14040 标准定义了 LCA 的技术框架，如图 2-2 所示，其中包括目标和范围的确定（Goal and Scope Definition，GSD）、清单分析（Life Cycle Inventory，LCI）、影响评价（Life Cycle Impact Assessment，LCIA）和结果解释（Life Cycle Interpretation）四个相互联系的部分。

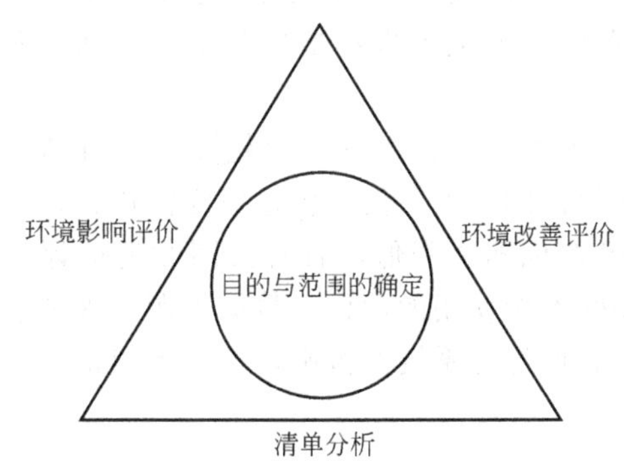

图 2-1 LCA 的三角形模型

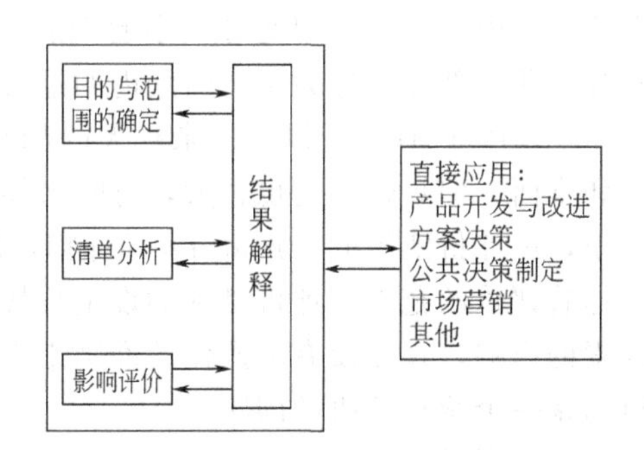

图 2-2 LCA 的评估过程及技术框架

LCA 方法的第一步工作就是确定评价的目的和范围；其次是清单分析，即确定所有过程（或子过程）与边界交换的内容，即过程中各种能量消耗、资源消耗、排弃物量（大气影响、水质影响、固体废弃物等），并对各项目进行实际的数据采集、汇总；第三步是影响评价，即定量分析产品或过程造成的对环境及潜在环境影响的大小；最后一步是结果解释，即针对主要问题，提出如何减少环境负荷的建议。

2.2.3.2 目的和范围的确定（GSD）

LCA 评价的第一步就是必须明确地表述评价的目标和范围，并使之适合于应用意图。这是清单分析、影响评价和结果解释所依赖的出发点和立足点。

LCA 研究目的中须明确陈述其应用意图、开展该研究的原因以及评价结果公布的范围。

LCA 的范围应该根据已确定的目标来划分。应妥善规定研究范围，以保证研究的广度、深度和详尽程度与之相符，并足以适应所确定的研究目的。需要定义的 LCA 评价范围包括以下几个方面：①产品系统功能的定义；②产品系统功能单元的定义；③产品系统的定义；④产品系统边界的定义；⑤（系统输入输出的）分配方法；⑥采用的环境影响评价方法及其相应的解释方法；⑦数据要求；⑧评价中使用的假设；⑨评价中存在的局限性；⑩原始数据的数据质量要求；⑪采用的审核方法；⑫评价报告的类型与格式。LCA 本身是一个反复的过程，必要时可以对研究范围进行合适的修正。

对于评价范围中的以下几个概念需加以说明。

(1) 功能单元

LCA 方法是一种基于定量计算的评价方法，所以对产品系统各方面情况的描述就要以一定的功能为基准，而这种功能的度量单位就是功能单元。功能单元随不同的产品系统而不同，但必须定义明确、可数的功能单元，这关系到环境清单数据的具体数值。在目的与范围确定阶段，如何选取适当的功能单位是一个至关重要的问题，其基本作用是为有关的输入和输出提供参照基准，以保证 LCA 结果的可比性。在评估不同系统时，LCA 结果的可比性是必不可少的，否则无法在同一基础上进行比较。例如，在记录一个火电厂因发电而产生的二氧化碳排放量时，需要事先明确这种排放量是针对多少发电量而言的。

(2) 初始系统边界

理论上讲，LCA 应分析产品系统整个生命周期中对环境影响的所有方面，但这样的系统将过于开放，使得没有充足的时间、数据或资源来进行这样全面的评价研究。考虑到 LCA 评价的可行性，必须要对产品系统生命周期作一定限制，即确定所研究系统的边界。ISO 标准强调，对系统进行精确、清晰的定义是极为重要的。系统边界决定 LCA 须包括哪些单元过程。当实施一项面向变化的 LCA 评价时，系统边界划分的准则可能就是与变化相关的部分，即会对环境影响变化产生作用的那些生产或处理过程，而不导致环境影响变化的那些的因素不必包括在系统之内。有时，即使对较小的产品系统，LCA 的研究范围也不是整个生命周期，而是将其分为几个部分，称为生命周期内的过程分割。

LCA 确定的评价范围有越来越大的趋势，可以理解评价的范围界定得越宽，评价结果越准确和全面，但评价难度也越大，有时可能会因为评价范围太大而使评价过程无法进行；评价范围小，虽评价实施的难度降了，但同时评价的准确性也随之降低，有时会因此造成评价失真。尽管评价的范围与评价目标的设定直接相关，还受到所使用的假设、数据来源、评估成本等因素的影响，现今没有可操作的准则来判定究竟该如何界定系统的范围，产品系统范围的界定目前是一个亟待解决的问题。

(3) 数据质量要求

数据质量要求是 LCA 评估可信度的保障。这里的数据是指在 LCA 评估中用到的所有定性和定量的数值或信息，这些数据可能来自测量到的环境清单数据，也可以是中间的处理结果。数据质量要求规定研究中所用数据的总体特征，这些要求须满足 LCA 研究的目的与范围，数据质量要求应考虑数据的时间跨度、地域广度、技术覆盖面、准确性、覆盖率、代表性、一致性及可再现性等。

2.2.4 生命周期清单分析（LCI）

研究目的与范围的确定为开展 LCA 研究提供了一个初步计划，生命周期清单分析（Life cycle inventroy，LCI）则涉及数据的收集和量化。生命周期清单分析是一种定性描述系统内外物质流和能量流的方法。通过对产品生命周期每一过程负荷的种类和大小进行登记列表，从而对产品或服务的整个周期系统内资源、能源的投入和废物的排放进行定量分析的过程，可以清楚地确定系统内外输入和输出的关系。生命周期清单分析是 LCA 四个组成部分中研究最成熟、理解最深入和应用最充分的一个的，后面介绍的环境影响评估部分（LCIA）就是建立在清单分析的数据结果基础上的，LCA 实施中也可直接从清单分析中得到评估结论。

生命周期清单分析通常包括以下几个主要步骤。

(1) 系统和系统边界定义

产品系统是由提供一种或多种确定功能的中间产品流联系起来的单元过程的集合。系统通过系统边界与环境分开，系统的输入都来自环境，而系统通过系统的边界向环境输出，清单分析就是对穿过系统边界的能量流和物质流进行量化。系统的定义包括对其功能、输入源、内部过程等方面的描述，还要考虑地域和时间上的区别。

（2）系统内部流程

为更清晰地显示系统内部联系，寻找环境改善的时机和途径，通常需要将产品系统分解为一系列相互关联的过程或子系统，即单元过程。分解的程度取决于前面的目的与范围的确定以及数据的可获得性。单元过程从“上游”（upstream）过程中得到输入，并向“下游”（downstream）过程产生输出。单元过程之间通过中间产品流和（或）待处理的废物相联系，与其他产品系统之间通过产品流相联系，与环境之间通过基本流相联系。这些过程可以用一个流程图来表示，如图2-3所示。

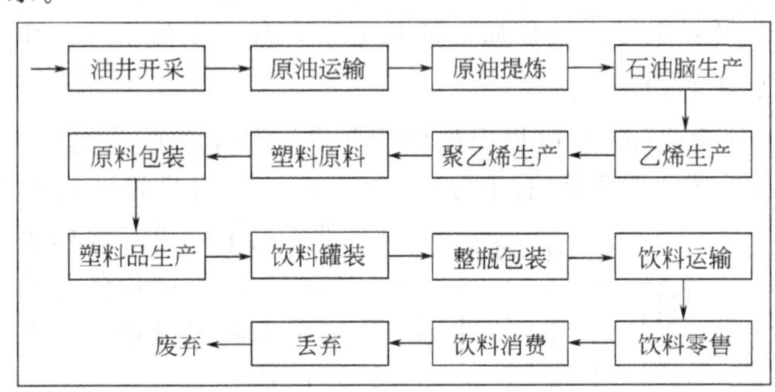

图2-3 聚乙烯塑料饮料瓶的主要流程

（3）数据收集

得出系统的流程图后就可以开始数据的收集。数据收集需要对每个单元过程进行透彻了解。为了避免重复计算或断档，需要对每个单元过程进行明确表述，包括对输入和输出进行定量和定性表述，确定过程的起始点和终止点，以及对单元过程功能的定量和定性表述。

清单分析数据包括能量输入、原材料输入、辅助性输入、其他物理输入、产品的输出、向空气中排放的物质、向水体排放的物质、向土地排放的物质和向环境排放的其他物理量。在这些主题中，单个数据类型还必须进一步细化，以满足研究的需要。例如向空气的排放，可对具体数据类型分别表明，如一氧化碳、二氧化碳、硫氧化物、氮氧化物等。

清单分析的数据应尽可能从实际生产过程中取得，也可通过设计者或工程计算、类似系统的估计或从公共或商业数据库中获取。此外，数据应该是足够长的一段时间中的统计平均值，以消除不正常工作对数据的干扰。

在LCA研究中，数据收集程序会因不同系统模型中的各单元过程而变，同时也可能因参与研究人员的组成和资格，以及满足产权和保密要求的需要而有所不同。此外，进行清单分析是一个反复的过程。当取得了一批数据，并对系统有进一步的认识后，可能会出现新的数据要求，或发现原有的局限性，因而要求对数据收集程序作出修改，以适应研究目的，有时也会要求对研究目的或范围加以修改。

（4）数据处理

数据收集后，要根据计算程序对该产品系统的清单进行分析。

① 数据的有效性　在清单分析中必须检查数据的有效性。有效性的确认包括建立物质和能量平衡和（或）进行排放因子的比较分析。

② 数据与单元过程的关联　必须对每一单元过程确定适宜的基准流（如1kg材料或1MJ能量），并据此计算出单元过程的定量输入和输出数据。

③ 数据与功能单位的关联和数据的合并　根据流程图和系统边界可以将各单元过程相互关联起来，从而对整个系统进行计算。这一计算是以统一的功能单位作为该系统所有单元过程

中物流、能量流的共同基础，求得系统中所有的输入和输出数据。

④ 数据缺口的处理　在清单分析的过程中，有时会碰到诸如对方无法提供相关资料、某段流程不在国内进行或者数据调研成本过高等情况而造成有关数据无法获得，即数据缺口(data gap)。对于数据缺口的处理通常有两种处理方法：一是在情况合理的前提下假设为零；再就是寻找替代数据。替代数据的重要性可由敏感性分析来判断，若该数据对最终结果影响不大，就没有必要寻找更加准确的数据；若影响很显著，就不应采用替代数据。

⑤ 物质、能量流和排放物的分配　在实际工业生产中，同一产品系统通常产生多个产品，或者将中间产品或废弃产品循环再利用作原料，此时，当环境负荷要用一种或几种产品来表征时，就产生了输入输出如何在多个产品或系统间分配的问题。虽然没有统一的分配原则，可以从系统中的物理、化学过程出发，依据质量或热力学，甚至从经济学的角度考虑来分配。

2.2.5　影响评价（LCIA）

LCIA 是根据清单分析（LCI）过程中列出的要素对环境影响进行定性和定量分析，LCIA 的目的是从环境的角度出发，应用与清单分析（LCI）结果相关的影响类型和类型参数来考察产品系统，更好地理解清单分析数据与环境的相关性，评价各种环境损害造成的总的环境影响的严重程度，也为生命周期解释阶段提供信息。

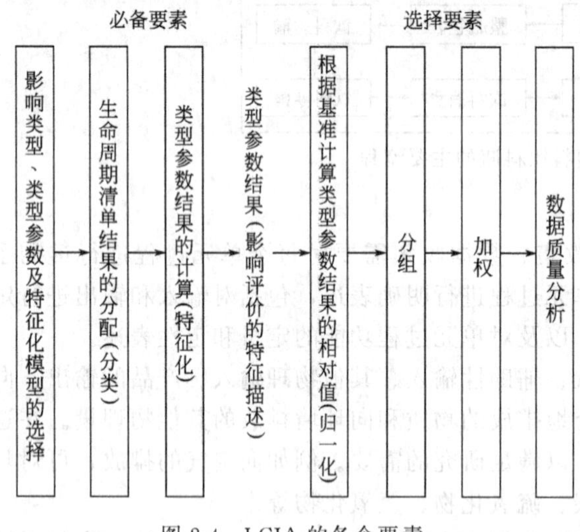

图 2-4　LCIA 的各个要素

生命周期影响评价（LCIA）是 LCA 中难度最大、争议最多的部分，根据 ISO14042 的规定，LCIA 阶段的一般程序由几个将 LCI 结果转换为指标结果的必备要素组成。此外，还有指标结果的归一化、分组或加权，以及数据质量分析技术等可选要素。LCIA 阶段的各个要素如图 2-4 所示。

2.2.5.1　必备要素

（1）影响类型、类型参数及特征化模型的选择

该步骤中，需要辨识和选择环境影响类型、相关类型参数与特征化模型、类型终点及其相关的清单分析结果。

为了使参与者能够准确理解每个用来作决断的影响类型及其表征参数的本质特性，必须明确定义与选择环境影响类型，定义通常遵循以下一些基本准则：①尽可能以自然科学为基础；②应考虑覆盖面的全面性；③考虑各个影响类型之间的独立性，以避免影响作用的交叠及重复计入；④考虑到实际决策过程的需要，环境影响类型总数不宜过大。影响类型的选择可与传统类型一致，如温室效应、酸雨、资源消耗等，也可以由决策者根据实际需要用代表性的特殊问题来确定影响类型。例如，采用气候变化影响类型来代表温室气体排放（LCI结果）情况，用红外线辐射强度来作为类型参数。

影响类型、类型参数及特征化模型的选择过程可分为以下几个关键步骤：①根据上述准则确定环境影响类型；②根据环境问题因果关系体系、生命周期清单分析结果与环境影响特征因子之间的关系及表征参数所代表的清单分析结果的累加计算来为每个影响类型确定类型参数；③确定哪些是与选定的环境影响类型和类型参数相关的基础数据，为清单数据的合理收集提供指导。

从第③步可以看到，尽管影响评价是作为清单分析的后续步骤，但环境影响类型和类型参

数的确定直接影响到清单分析中数据的合理收集。这一点又体现了 LCA 反复性的特点。

（2）生命周期清单结果的分配（分类）

这一步是在自然科学知识的基础上，定性地将生命周期清单分析（LCI）中的结果与相联系的环境影响类型分组排列起来，使与 LCI 结果相关的环境问题更清晰地表现出来。

（3）类型参数结果的计算（特征化）

分类后需要对类型参数进行计算，也称为特征化。

清单分析中有些不同种类的因素会造成同样一种环境危害，但危害程度不同，例如二氧化硫和二氧化氮都可能引起酸雨，但总量同样的这两种物质形成的酸雨浓度并不相同。特征化就是基于自然科学知识的基础上，对上述影响类型相同的清单种类危害程度的不同进行对比分析和量化过程，其计算过程包括将利用特征化因子将 LCI 结果换算成通用单位，并把同一影响类型的换算结果累加，得到量化的指标结果来展现产品系统的 LCIA 特征。

在特征化阶段，清单数据被转化为各个环境影响类型的指标结果。其转化过程在原理上基于用环境问题因果关系体系中包含的环境影响机制来构建影响类型特征模型，用相关的物理、化学、生物和毒性数据来描述与清单参数相关的潜在影响，然后将这种信息与分类的清单数据联系起来描述每一影响种类潜在的或实际的影响。关于影响类型的特征化模型有多种，下面介绍几类国际上常用的、较可行的特征化模型。

① 当量评价模型（equivalency assessment） 这类模型是在采用的当量系数能度量潜在的环境影响的前提下，使用当量系数来汇总生命周期清单分析提供的数据。所谓当量系数是指：以某一种污染物对某种环境影响类型的压力因子为基准，将其影响潜力看作 1，将等量的其他污染物与之相比，可以得到其他具有同种环境影响的污染物的压力因子相对于该基准物的影响潜力大小（如 1kg 甲烷相当于 11kg 二氧化碳产生的全球变暖潜力，若将 1kg 二氧化碳影响潜力确定为 1，则 1kg 甲烷影响潜力为 11）。比如，人们根据某种产品生命周期全过程所排放的二氧化碳量和甲烷量，就可根据两种温室气体间的当量关系进行汇总，最后得到总的全球变暖潜力大小。这种方法的优势在于它是建立在科学研究基础上的，同一种压力因子，无论其暴露途径、暴露地点等条件如何不同，它所能产生的潜在环境影响都认为是一样的，因此结果不受时间和地理因素的影响。

临界体积法（critical volume method）就属于当量评价模型。临界体积法是指将清单分析中的各因子稀释到符合相关法规标准值时，所需的排放介质体积（如水、空气、土壤等），并可将同一介质的临界体积加起来得到每单位输出所需的同种介质的临界体积值。这一方法对制定有区域排放标准的污染物其数值计算简单明了，并可分别表示在不同介质中的数值，该方法已应用到一些实际案例中。该方法建立在法定值的基础上，会面临缺少某一法定值、法定值的地域差别和随时间的变更性等问题，此外无法考虑一些非化学性的环境影响因子，例如光线辐射、噪声等。

② 毒性、持续性及生物累积性评估模型（toxicity，persistence and bioaccumulation） 这类模型以污染物的化学特性，如毒性、可燃性、致癌性和生物富集等为基础来汇总生命周期清单分析数据，这就要求化学特性能将生命周期清单分析数据归一化以计算他们的潜在环境影响。危害排序法（hazard ranking）就属于此类评估方法。该方法是，考察污染物的致癌性、生物累积性、生物降解速率及程度，或是根据生物急性毒性、慢性毒性等试验数据，进行定性评估，以危害性低、中、高的方式加以排序。此方法对尚未建立毒性资料的排放物并不适用，目前此方法主要用于人体健康影响评估。

③ 总体暴露效应模型（genetic exposure/effect assessment） 这类模型针对某些特殊物质的排放所导致的暴露和效应作一般性（而非特定）的分析来对排放物加和，从而估计潜在的环

境影响，有些时候也会加入对背景浓度的考案。

荷兰莱顿大学（Leiden University）环境科学中心（Center for Environmental Science，CML）发展的面向效应法（effect-oriented method）即采用了此种模型。面向效应法是将清单项目中的各影响因子，根据其可能有的环境影响赋予其一单位排放量的影响指数，表 2-1 所列为每千克各种温室效应气体的全球变暖潜力（global warming potential，GWP），表中列出了几种气体在不同时间范围的相对于 CO_2 的 GWP 值。除了全球变暖潜力之外，还有其他广泛接受的特征化指标，如臭氧层破坏潜力（ozone depletion potential，ODP）、衡量光化臭氧形成潜力（photochemical ozone creation potential，POCP）、衡量酸沉降潜力（acidification potential，AP）等。此外，在不同的环境影响 LCA 计算机软件中，也有的发展其特有的特征化指标。

表 2-1 几种温室气体不同时间范围的 GWP 值

气 体	20 年 GWP	50 年 GWP	100 年 GWP	200 年 GWP	气 体	20 年 GWP	50 年 GWP	100 年 GWP	200 年 GWP
CO_2	1	1	1	1	HCFC-22	4200	2600	1600	970
CH_4	35	19	11	7	HFC-125	5200	4500	3400	2200
N_2O	260	270	270	240	CCl_4	1800	1600	1300	860
CFC-11	4500	4100	3400	2400	CH_3CCl_3	360	170	100	62
CFC-12	7100	7400	7100	6200	CF_3Br	5600	5500	4900	3800

总体暴露效应模型可得到每类环境影响专题的总体性效应值，使非专业背景的环境管理决策者更清楚地了解产品或活动的环境影响情况。但是，并非所有类别的环境影响都可得到一般性的暴露效应值，并且利用现有科学知识所确定的相应指标值的准确性有待提高，环境影响效应值需随科学知识的累积和进步而不断加以修正。

2.2.5.2 选择要素

为了进一步地从总体上概括产品系统对环境的影响，LCIA 阶段还包括归一化、分组和加权三个选择性步骤，其目的在于试图比较和量化不同种类的环境损害。通常，归一化采用基准和（或）参照信息，分组和加权采用价值选择方法。

(1) 根据基准计算类型参数结果的相对值（归一化）

归一化是根据基准来计算类型参数结果的相对值的过程，其目的在于增加对所研究产品系统中每一项指标结果相对值的了解，使来自于不同影响目录的影响值具有可比较性。归一化是采用类型参数计算结果除以选定的基准值来加以转换的。该类基准值的范例如：①特定地域范围内（可能是全球、区域、国家或当地）总排放量或资源消耗量；②特定地域范围内以单位人口或类似量度为基准的总排放量或资源消耗量；③基准方案，如某特定的替代产品系统。

(2) 分组

分组是把影响类型划分到在目的和范围确定阶段预先规定的一个或若干个影响类型中去，其中包括以下两个可能的步骤：①根据性质对影响类型进行排序，例如属于排放还是资源消耗，是全球性、区域性还是局地性的；②根据预定的等级规则对影响类型进行排序，例如属于高、中、低级。

对于分组的方式，SETAC 建议可分为以下 4 组：①生态健康，如生态系统的结构、功能、歧异度等；②人类健康，如急性后果（如意外、暴露和火灾）和慢性后果（如疾病）；③资源耗竭，如可更新资源（流量）和不可更新资源（存量）；④社会福利，如环境质量、自然资源生产力的降低等。也有其他的学者提到不同的分类方式，如：①耗竭性问题，与系统输入方面有关的环境问题，如生物性资源和非生物性资源；②污染性问题，与系统输出方面有关的环境问题，如臭氧层破坏、全球暖化、酸雨、光化学烟雾、富营养化、噪声、对人类毒性、对生态毒性等；③扰动性问题，与系统输入及输出方面无关的问题，如沙漠化、废弃物掩埋等。

分组过程中的排序则需要基于价值选择。由于不同的个人、组织与社会可能会有不同的优先选择，所以不同的当事者根据相同的指标结果或标准化指标结果，可能会得到不同的排序结果。

(3) 加权

加权是使用基于价值选择（而非自然科学）的数值系数，将不同的影响类型指标结果进行换算的过程，还可包括加权后参数结果的合并，包括以下两个可能的步骤：①用选定的加权因子对参数结果或归一化的结果进行转换；②对转换后的参数结果或归一化的结果进行合并。

加权方法的应用应与目的与范围的确定保持一致，且应完全透明。同分组中的排序一样，基于价值选择的加权也会出现因实施者、组织或社会的不同而产生不同的加权结果。在生命周期评价过程中，可能需要采用不同的加权因子与加权方法，并进行其敏感性分析以评估由不同价值选择与加权方法而对 LCIA 结果造成的影响。加权因子反映了社会价值和偏好，可通过专家打分、相关的环境标准等给出，也可以结合多属性价值函数理论，结合具体的产品来确定。

(4) 数据质量分析

为了更加了解 LCIA 结果的显著性、不确定性与敏感性，可能需要其他技术与信息，以利于协助辨别是否存在显著差异；删除可忽略的 LCI 结果；以及指导 LCIA 的反复性过程。

根据 LCA 目的与范围确定所需的准确性与详尽程度来选择该类技术。这些特定技术包括重要性分析、不确定分析及敏感性分析：①重要性分析是识别那些对指标结果有最重要影响的数据的统计过程；②不确定性分析是判定与量化由于输入的不确定性和数据变动的积累给 LCI 结果带来的不确定性的系统化步骤；③敏感性分析是估计所选用的方法和数据对研究结果的影响的系统化步骤。

2.2.6 生命周期结果解释

生命周期结果解释是 LCA 最后一个阶段。在 LCA 方法提出之初，LCA 的第四部分称为改进评估（Life Cycle Improvement Assessment），主要是寻找和评价减少环境影响、改善环境的途径。后来的 ISO 标准中去掉了改进评估，主要是因为这一部分没有普适的原则，难于标准化。改动后的 ISO 标准中，这一部分叫结果解释，是根据目标和范围的定义将清单分析（LCI）和影响评价（LCIA）的结果进行归纳并给出结论和建议。

生命周期结果解释主要包括以下步骤：①在生命周期评价或清单研究结果基础上对重大环境问题进行辨识；②在完整性、敏感性和一致性分析基础上对生命周期评价或清单研究结果进行评价；③得出解释结论、建议和最终报告。

2.2.6.1 重大环境问题的辨识

重大环境问题的辨识须根据实现确定的研究目的与范围，在与评价部分进行交互作用的前提下，确定环境影响重大议题。与评价部分进行交互作用是为了充分考虑并修正前面阶段所用方法与所作假设等产生的内涵与推论，如分配原则、边界划定准则、影响类型选择、类型参数及模型等。

该步骤需要 LCI 或 LCIA 阶段 4 个方面的信息。

① LCI 和（或）LCIA 阶段的发现，并与数据质量信息汇集与组织。其结果须以适当的方式来组织，比如按照生命周期的各个阶段、产品系统的不同工序或单元过程、运输、能量提供以及废弃物管理，结果可用数据清单、表格、柱状图，或输入输出和（或）类型参数结果的其他适当形式来表现。

② 方法选择信息，例如分配原则和产品系统界限。

③ 所采用的价值选择。

④ 研究中所涉及的不同团体的任务和职责，及相关的鉴定评审结果。

在 LCI 和（或）LCIA 阶段的结果确实与研究目的和范围保持一致的前提下，可以确定这些评价结果的相对重要性，从而确定影响显著的重大环境问题。重大问题可以包括：①清单数据类别，如能源、排放、废弃物等；②影响类型，如资源消耗、温室效应潜力等；③各生命周期阶段，例如个别操作单元或运输、电力生产之类过程的组合，对 LCI 或 LCIA 结果的主要贡献。

2.2.6.2 评价

评价的目的是建立并加强 LCA 或 LCI 实施结果，包括所鉴别出的重大问题的置信度和可靠性。评价应与目的和范围保持一致，并考查 LCA 或 LCI 最终的预期用途，评价结果须以一种清楚易懂的方式表现出来。

在评价过程中，通常考虑采用以下 3 种技术。

(1) 完整性检查

完整性检查是确保生命周期解释阶段所需资料都是可提供的，且是完整的。如果某些信息有所遗失或不完整，则应对其满足研究实施所设定的目的与范围的必要性予以考虑。如信息并非必要，则在明确记录之后，开始下一步的评价阶段。如果信息非常必要，则必须重新回到之前的 LCI 和（或）LCIA 实施阶段，或者重新调整事先设定好的研究目的与范围。

(2) 敏感性检查

敏感性检查是确定最终结果及结论是否受到数据不确定性、分配方法等因素的影响，从而来评价结果或结论的可靠性。敏感性检查的结果将用来决定是否需要更全面和（或）更精确的敏感性分析，及其对 LCA 或 LCI 实施结果的明显效应。当敏感性检查无法体现出不同实施方案间的重大差异时，并不能断言各方案间的差异一定不存在，可能这种差异确实存在，而因为数据和方法的不确定性而使其无法被鉴别。

(3) 一致性检查

一致性检查是检查 LCA 研究过程中所采用假设、方法和数据是否与实施目的和范围保持一致。

2.2.6.3 结论、建议及报告

项目实施最终结论的得出，与生命周期解释阶段其他步骤之间应该是相互影响并且不断反复的过程。结论提出的合理顺序为：①辨识出重大问题；②评估方法与结果的完整性、敏感性及一致性分析；③提出初步结论并检查其各步骤与实施目的及范围的要求是否一致；④结论如果具有一致性，则可以作为完整结论，否则应视具体状况，返回前述步骤①、②或者③。

只要符合目的与范围，应当依据项目实施的最后结论，对决策者提出合理具体的建议。

最终报告应遵照 ISO 14040 的要求，完整、客观地叙述整个 LCA 或 LCI 实施过程。在对生命周期阶段进行报告时，应严格遵循在价值选择、理论依据及专家判断方面的公开透明性。

实际上，在生命周期解释步骤中，还包括一个很重要的部分——环境改善评价。环境改善评价是识别、评价并选择能减少研究系统整个生命周期内能源和物质消耗以及环境释放机会的过程。这些机会包括改变产品设计、原材料的使用、工艺流程、消费者使用方式及废物管理等。SETAC 建议将环境改善评价分成三个步骤来完成，即识别改进的可能性、方案选择和可行性评价。直至目前，有关环境改善评价的理论和方法的研究还较少。

2.2.7 LCA 数据库与 LCA 评估软件

LCA 作为产品环境管理的重要支持工具与传统的环境评估比较，前者评估的系统边界更深更广，需要庞大的数据支持，而事实上评估实施者很难获得全面的、最新的、精确的和不同来源的数据。原因在于 LCA 数据包括全球、地域、地区、企业内部、不同行业的统计数据，

很多数据没有公开性、透明性和准确性，不同国家和地域的环境标准差异使 LCA 数据缺乏通用性。这一切成为推行 LCA 的瓶颈，所以很多国家、研究单位和商业性咨询公司致力于建立通用的或专业的数据库和计算机软件，使 LCA 具有可操作性和得到简化。应用数据库技术对 LCI 数据、评价方法数据和分析数据的管理是最有效的管理和处理方法，而基于数据库基础的数据管理软件是当今 LCA 的主要开发领域之一。日本组织全国企业和研究单位参加并建立通用数据库五年计划。欧洲是建立 LCA 数据库较早的地区，1997 年商业性 LCA 软件已销售 1300 件，1999 年达到 2000 件以上。为了使不同数据库的数据能够进行交换，瑞典环境研究所提出产品环境数据交换统一标准，并对数据使用作出指导。

2.2.7.1 LCA 数据库

LCA 的研究与应用不仅依赖于标准的制定，也依赖于评估数据与结果的不断积累。在绝大多数的 LCA 个案研究中，都需要一些基本的生命周期清单分析数据，例如与能源、运输和基础材料相关的清单数据。对于一般的研究小组或中小型企业而言，如果 LCA 评估总是要从产品寿命周期的原材料开采阶段开始评估的话，其工作量将是非常巨大而难以承受的。因此，不断积累评估数据，并采用数据库技术对数据进行有效的管理，对 LCA 评价体系的实际应用非常重要。事实上，大多数国家或组织的 LCA 研究都经历了从个案研究到建立数据库这样的过程。

数据库是将生命周期清单所获取的相关数据，如 SO_x、CO_2 的排放量及化石燃料的消耗等，进行标准化、平均、总计等计算，再将计算结果换算成对各种环境影响，或针对某种特定环境的负荷情况，为设计或决策人员提供参考。

LCA 数据库系统具有以下主要功能：①提供商业数据管理软件；②为不同行业、企业提供相应的专业 LCA 评价软件；③利用 Internet 技术，可以实现 LCA 数据的动态采集、数据服务，同时也可以根据政府决策部门、企业的需求，提供相应的在线 LCA 评价分析服务；④提供通用的 LCA 数据格式 SPOLD 输出，有利于数据共享和国际间的合作；⑤随着 LCA 数据的不断积累，将建立 LCA 数据库，为企业和政府提供更好、更快捷的决策支持服务；⑥为产品环境协调性设计提供指导。

如何取得产品生命周期数据并验证其可信度，最后将其整合为数据库，是目前最困难的工作，也是 LCA 研究方面的一个重要课题。

（1）LCA 数据库的发展现状

从 LCA 的出现至今，全世界围绕 LCA 研究建立的环境影响数据库已超过 1000 个，著名的也有十几个，列于表 2-2 中。

表 2-2　一些著名的 LCA 数据库

数据集(库)名称	建立国家或组织	主要内容	数据提供方式
Ecopro	欧洲塑料协会	塑料	商业数据库
ECOINVENT	瑞士	能源	EXCEL、SPOLD 格式
ETH-ESU	苏黎世高等工业学校	能源	商业数据库
BUWAL 250	瑞士联邦环境局与包装协会	包装材料	EXCEL、SimaPro 软件
IVAM	荷兰	建筑	SimaPro 软件
SimaPro	荷兰	材料、产品	SimaPro、SPOLD 格式
FEFCO	荷兰	造纸	SimaPro、SPOLD 格式
IDEMAT	荷兰	材料	SimaPro、EcoScan 软件
PEMS	英国	材料产品	EXCEL. ACCESS
Boustead model	英国	国际经合组织数据	
GaBi	德国	工序过程	GaBi 软件

续表

数据集(库)名称	建立国家或组织	主要内容	数据提供方式
Umberto	德国	材料产品	
Eukdid	德国	产品、能源、服务	EukLid、ETRIC 软件
VITO	比利时	材料、产品	
KCL ECODATA	芬兰	造纸	KCL-ECO 软件
Eeo Manager/REPAQ	美国 Franklin 公司	包装材料	REPAQ 软件
TEAM/DEAM	美国 Ecobilan	产品、能源、运输	TEAM 软件
LCAD	美国	日用品	Life Cycle Advantage 软件
CLEAN	加拿大	燃料、电力	
SPOLD	国际 LCA 发展组织	部分混合数据	软件、Internet 网络

由于不同国家和地区的资源、能源及技术水平等不同，使 LCA 数据表现为很强的地域性，因此，几乎各个国家和地区都需要建立自己的环境影响数据库。目前，发达国家在 LCA 研究中占据了重要地位，著名的 LCA 数据库几乎都是他们建立的，并且数据库中的数据在不断地更新，得到了很好的维护。而发展中国家，由于客观因素，对环境问题还存在认识上的不足，对 LCA 研究还处于较低的水平，其相应的数据库建立也较少。我国自 1998 年起，国家“863 计划”支持了首项“产品的环境协调性评价研究”，在项目负责人左铁镛院士组织下，由北京工业大学、清华大学、重庆大学等七所重点大学承担，对我国钢铁、水泥、铝、工程塑料、建筑涂料、陶瓷等七类产品进行了生命周期评价研究，初步获得了环境负荷基础数据，构建和设计了环境负荷基础数据库框架，并自主开发了数据库管理软件和产品的生命周期评价软件。

从数据库的计算方式而言，可分为面向数据库及面向电子表格两类；就生命周期评估阶段的完整性而言，可分为生命周期清单数据库及完整生命周期数据库（包含生命周期影响评价）两种。LCA 数据库数据结构主要由以下几个部分组成。

① 一般性描述　数据库内容的总体描述，如产品、原材料、工序过程等的环境负荷清单数据；所使用的各种模型，如数据模型、评价方法模型、交通运输模型等；数据的目的和范围；数据所代表的技术水平，是本地区、本国家或世界范围的先进水平、平均水平或落后水平。

② 子系统　描述并确定与 LCA 评价对象相关的工序的环境清单数据。

③ 简化原则　在保证 LCI 清单的有效性和准确性，同时不对 LCA 评价结果产生明显影响的前提下，忽略部分环境影响数据。如：分配产品的量很小、排放物未知等，部分数据集就忽略了这些数据；部分数据假设由非化石资源（如木材燃料）产生的 CO_2 是自然循环的一部分，不会对温室效应（GWP）产生影响，而不计入清单分析中。

④ 分配原则　当遇到环境负荷数据的分配问题时，不同的数据库所采用的分配方法不尽相同，通常依据质量、热力学标准或经济价值进行分配处理。在 LCI 表中，最常用的方式是以固体量进行平衡分配。通常认为可以被回收利用的废物是下一个工序的原材料，就不再进行环境负荷的分配了。

⑤ 能源模型　不同国家、不同地区都要建立自己的能源模型，主要考虑能源（材料资源能源、煤、天然气、水能、核能、木材等）的效率问题，即从不同的能源载体产生电能的效率。

⑥ 运输模型　在材料、产品等的整个生命周期过程中，都涉及运输问题，如各工序间、产品与用户。运输一般考虑在运输过程中的负荷因子、能源消耗、运输工具或运输方式，然后按照一定的标准距离建立相应的运输模型。

⑦ 废物处理模型　对于不同的垃圾或废物种类，在各数据库中可能采用不同的分类办法，对应的处理模型也不同。如：可焚烧废物，建立焚烧的模型；大部分废物均是进行填埋处理；对于消费后的废物，则按照市政垃圾的方式进行相应的处理；对于核废料，则是经过封装填埋处理。

（2）LCA 数据库建立的一般原则

数据库的建立除应遵循通用数据库设计的基本原则，如数据的共享性、独立性、冗余度、稳定性、安全性、并发性、一致性，此外，LCA 专业数据库还应满足以下一些要求。

① 有一定的通用性，能在一般情况下被不同领域、不同类型、不同行业以及不同层次的用户兼容和使用。

② 对同一类材料在相同的条件下具有可比性，以判断不同地区的材料在生产和使用过程中对环境影响的大小；或者根据相应的环境负荷水平，判断它们的生产技术水平。

③ 具有较强的数据交换能力，LCA 的发展依赖于数据、方法的交流及广泛的国际、国内合作，LCA 数据库在提供数据查询及访问方面，应有较强的交换能力。

④ 具有良好的扩展性，不局限于目前的数据结构，随着技术的进步，应用领域的拓展，能较好地适应这些要求。

⑤ 具有预测性的功能，以使新研制的材料在环境性能方面有所改善和提高，为材料的生态设计提供可靠的依据和手段。

⑥ 具有服务性的功能，能够为用户所面临的环境问题提供决策分析与指导。

（3）LCA 数据库组织结构

LCA 数据库一般由通用数据库、数据集（库）和项目库组成。

通用数据，一般是指在数据库中的数据集和项目库中用到的最基本的原始数据，如物质的数据（名称、物质的种类、单位）、计量单位描述（单位名称、转换因子、单位、所属类型、获得途径）、数据质量特征等，这些数据将在整个数据库系统中起到维护数据一致性和完整性的作用。

数据集（library）主要是国际上一些典型的 LCA 数据库，包括不同国家的 LCA 数据，如材料、产品、工序、服务等相关环境负荷数据。数据集一般以电子格式方式提供，如 EXCEL、ACCESS 数据库、商业软件、商业数据库等。数据集彼此相互独立，不存在数据交换。

项目数据针对特定的 LCA 项目，根据该项目的 LCA 数据进行 LCA 评价，并记录评价过程的相关数据。项目数据库主要包括目标与范围的定义、数据质量特征描述、该项目所选用的方法、流程或工序单元、环境负荷清单分析及解释的相关数据。一个 LCA 项目数据本身具有独立性，同时项目间又可以相互借鉴，项目数据也可以借鉴不同的数据集中的相关数据。

（4）典型 LCA 数据库简介

① SPOLD 数据格式　SPOLD 是生命周期评价发展促进会（Society for Promotion of Life-cycle Assessment Development）的简称，其成员主要来自于工业界，如 Ciba、Danfoss、Dow Corning、Electricite de France、Procter & Gamble、Unilever 等，该国际组织的建立是为了促进 LCA 的发展，使其成为一种安全可靠的企业环境管理工具。

在许多 LCA 数据库和评估软件中都包含有基础的生命周期清单分析数据，但是，这些数据库和评估软件都使用各自不同的存储和显示方式，这使得清单数据难于交流和比较。为此，SPOLD 进行了一个基本清单数据和数据格式的调查，在此基础上设计了清单数据的 SPOLD 格式，这种格式已得到了广泛的认同。

SPOLD 还策划建立了 SPOLD 数据库网络（SPOLD Database Network）。这个数据库网络是由世界各地提供的 SPOLD 格式的清单数据组成的。这些数据按照各自的功能定义（通常按照其对应的产品）组织为数据集，在数据集中包含许多的数据字段，记录了对评估系统的描述、系统的输入输出，以及数据的来源和有效性等方面的内容。

② Boustead Model 数据库　Boustead 数据库的原理建立在任何工业活动都可简化为一个理想系统的基本观念上。每个工业系统可分成若干子系统，每个子系统又可再分为更小的系统，最小的系统可称为操作（operation）。每个系统都拥有独立的特性，有资源及能源的输入、空气污染等环境影响因子的输出、产品输出（成为下一个系统原材料的输入）。

Boustead 数据库在设计上并不对各种环境系统的输出输入作任何的价值判断，也就是不进行生命周期评价的部分，而是着重于生命周期清单客观量化的数据，作为后续研究（或设计人员）判断之用。

Boustead 数据库最重要的部分是其经常更新的数据库，它储存了各种工业制程的生命周期清单数据，包含燃料、电力、基础设施、基本材料及其他热门生命周期评估主题，如纸、饮料容器等。若数据质量可用性强，则可以节省收集数据的大量人力物力。另外，该数据库可以随着用户的研究进展自建数据库，与原有的核心数据库进行连接，充分发挥其功能。

Boustead 数据库在程序中有预留空间，可供新流程或地区性流程在加入时充实数据库，其特色是以数据库为中心，数据计算为辅助，其优点在于数据库逻辑清楚，数据内容丰富且可累积，缺点在于运算过程不够透明化及数据来源不够清楚。

③ Weston Model 数据库　Weston Model 数据库也是应用比较广泛的一个 LCA 数据库，包含生命周期清单数据库和生命周期影响评价数据库。

Weston Model 的生命周期清单数据库将系统分为三级，第一级为工业系统，为主产品的总流程，第二级再分为子系统，第三级则追溯至原料的开采，形成完整的生命周期生产流程。Weston Model 数据库系统固定分为三级，而 Boustead 对追溯和分级几乎没有限制。

Weston Model 数据库的运算过程十分透明化，采用电子表格数据库，计算式都可在表上看到，若有任何错误都可以在电子表格中找到。但这在使用过程中十分复杂，一点输入错误（数据及公式）就可能让整个计算的结果发生严重偏差。

Weston Model 数据库没有累积数据库功能，但能将结果以易读的图表方式表现出来，对结果的判断及对设计或决策人员的直接帮助较大。

2.2.7.2　LCA 评估软件

由于 LCA 评估中需要处理大量的数据，借助于计算机可以更好地完成 LCA 评估。它们具有可视化用户界面，支持用户管理大量的数据，为产品系统建立模型，能够进行不同类型的计算，并帮助生成评估报告，降低了 LCA 过程的复杂性，对 LCA 的推广和应用起到了一定的积极作用。

大多数 LCA 评估软件都具有 LCA 方法定义的目标与范围、清单分析、影响评估及结果解释四个部分。LCA 软件中，首先可以定义评估的目的与范围，主要包括产品系统以及系统边界的定义；接着是进行清单分析的部分，评估者将整个产品系统分解为多个连续的处理过程，然后评估者收集相关的清单数据填入数据表中（一些评估软件自身带有常见的基本清单数据，例如有关能量、基础材料、运输等方面的清单数据，可以大大减少评估的工作量，并得出较完整的评估结果）；在收集清单数据的基础上，可以计算并显示出系统及各部分的输入输出，部分软件还支持用户进行环境影响评估；最后，可以生成一个评估报告。

近年来已开发出数十个用于 LCA、LCI 的计算机软件，以及用于环境管理系统的（EMS）的管理软件，其中最著名的有 SimaPro、GaBi、EcoPro 和 KCL-ECO 等。下面将主要介绍 SimaPro 软件，对 GaBi、EcoPro 的特色及应用也作了简要介绍。

（1）SimaPro 软件

由荷兰 Leiden 大学环境科学中心（CML）开发与发展的 SimaPro 系列软件，其目的主要在于可简化评价流程及图标量化数据，由于各环节的评估过程与结果均可以系统流量（包括物质与能量）的方式表示，设计工程师不需要花太多功夫去了解生命周期分析的具体过程及数据，便能以生命周期的观念来改善产品设计，进而达到保护环境的目的。

SimaPro 软件具有以下几个特点：对一个产品的生命周期可以作不同的组合形成不同的流程，例如产品及其包装就是一个组合；可将产品分解，并就每个分解零件是否回收作环境上的考察；可研究不同废弃物处理策略对环境的影响；对于环境影响评估可利用不同的特征化、标准化及权重的方法；可将分析的结果以不同的方式显现；自动单位换算；不同计划的数据可分开保存，以求有保密要求数据的安全性；可使用其他 LCA 工作者所收集的资料。

SimaPro 强调它仅仅是一项工具，而非一个事实，理由如下：在清单数据质量上仍无法以 SimaPro 软件的方式来作控制；不同环境影响分类的相对指数仍有一些不确定性；SimaPro 尚未能以科学的方法来量化二次环境影响的资料，例如温室效应引起的海平面上升及生态的破坏，但这也是目前科技水平所解决不了的问题；环境影响评价中的主观因素无可避免。

总体来讲，SimaPro 是一套功能比较强大的软件，虽然计算严谨程度及资料的完整性不及 Boustead Model，但对于整个生命周期评估而言，比 Boustead Model 清楚许多，是目前 LCA 软件中较好的选择。

SimaPro 软件简要分述如下。

① 数据库　SimaPro 软件主要有 5 个数据库，列于表 2-3 中。

表 2-3　SimaPro 软件的 5 个主要数据库

数　据　库	内　　容
方法数据库	不同环境影响分类的相对指数，如各种污染物的 ODP 或 GWP 等；评估方法的权重
流程数据库	类似于 Boustead 的数据库，包括物质、能源、运输、使用、报废等
处置情况数据库	产品废弃后的掩埋、焚化及资源回收比例
物质数据库	空气、水、废弃物、物料分类的名称
单位换算数据库	度量单位换算

② 清单　清单分析阶段先不管排放对环境的影响，只针对排放及资源的使用，将制造产品所需要的能源与物料分解，并开始收集资料，亦可以直接利用软件自带的数据库，输入每种产品输入、输出的数量及单位，然后程序会利用其数量及单位数据库将输入资料转化成系统的单位。清单这部分可能是生命周期评估中最耗费工时的部分。

③ 分类及特征化　软件通过清单分析提供了单位产品所耗费的能源、物质以及产生污染的情况，但是只是一大堆的数字，很难由此判断其对环境的影响，因此必须对这些清单结果加以分类和特征化。SimaPro 根据已有的数据库，供用户作类似特征化的运算。若有更进一步的信息来源，还可将二次影响再加以分类计算。

④ 评价　当清单资料被转换成相关的环境影响时，就得到了一组环境影响的数字，例如臭氧破坏潜力、全球变暖潜力、酸化效应潜力等分门别类的资料，但仍无法判断到底是温室效应比较严重，还是臭氧层的消失比较严重。此时软件会要求一个权重（这一权重可能是某个地区或国家的共识，也可能是个人意见，带有一定的主观性），再据此权重对每类环境影响计算出一个单一数值，此时再比较环境影响的严重性就容易了。这样的评价要达成一定程度的共识十分困难，但 SimaPro 至少已有 3 种评估模式，其中最重要一个就是欧洲常见的生命周期影响评价方法 Eeo-indicator。如果这些评价方法都不适用，也可以自定义新的方法。

（2）GaBi 软件与 EcoPro 软件

德国 IKP 大学开发的 GaBi 软件是结合工业企业与研究单位的清单数据库。GaBi 软件有以下特点：操作分析主要以 Windows 窗口为界面，菜单式的指令与交互式对话框，让用户容易了解；强调质量平衡，数据管理与使用较为严谨；以流程（process）及输入输出（flow）概念结合清单分析与生命周期评价；提供不同的评价模型供用户选用；评价结果解释阶段可进行敏感性分析与情境分析等。

EcoPro 软件可在 Windows 系统下操作，内含一套由欧洲塑料协会所建立的数据库，包含 3 种影响评价模式（临界体积、面向效应模式及生态稀缺值）。EcoPro 主要将系统分为 5 种形式：一般系统、原料系统、废弃物系统、热能源系统以及电力系统，可针对不同形式的产品进行系统建构。环境负荷和污染排放是以质量为基础进行分配的。由于 EcoPro 的数据库略嫌薄弱，常用作学术研究的范例说明或教学练习。

2.2.8 LCA 的评价实例

以热饮纸杯和塑料杯的 LCA 评估为例，介绍 LCA 的评价。1991 年，Science 杂志上刊登了 Hocking M. B. 的题为《Paper versus polytyrene: a complex choice》的 LCA 评估报告。作者评估并比较了在快餐业中用于热饮料容器的纸杯和聚苯乙烯发泡塑料杯何者造成的环境影响较小。表 2-4 列出了文章给出的纸杯和塑料杯的评估数据。

表 2-4 热饮纸杯和塑料杯的 LCA 评估数据

清单目录	纸　杯	塑料杯
	每个杯子消耗的原材料	
木材和树皮/g	33(28～37)	0
石油/g	4.1(2.8～5.5)	3.2
其他化学品/g	1.8	0.05
杯子质量/g	10.1	1.5
	每吨材料消耗	
蒸汽/m^3	50～190	0.5～2
电能/kW·h	980	120～180
冷却水/m^3	50	154
	水体排放	
体积/m^3	50～190	0.5～2
固体悬浮物/kg	35～60	痕量
BOD/kg	30～50	0.07
有机氯/kg	5～7	0
金属盐/kg	1～20	20
	空气排放	
氯气/kg	0.5	0
氯氧化物/kg	0.2	0
硫化物/kg	2.0	0
微粒/kg	5～15	0.1
CFCs/kg	0	0
戊烷/kg	0	35～50
二氧化硫/kg	约 10	约 10
	重复利用的可行性	
对消费者而言使用后	是可能的，尽管清洗会造成损坏	很容易
	较难，热熔性的黏胶或涂层使得回收困难	较易，外表面涂覆树脂用于其他场合
	最终废弃处理	
合适的燃烧处理	清洁	清洁
再生热(MJ/kg)	20	40
填埋的质量/g	10.1	1.5
生物降解性	可以，释放出甲烷	不行

纸杯的主要原材料是木材，这是一种可再生的资源。但木材的砍伐对环境有明显的负面影响，例如为木材运输而修筑公路以及木材砍伐对流经的河流及下游地区的影响。塑料杯主要是由碳氢化合物（石油或天然气）制成的。石油的开采当然对环境有显著的影响，但这些影响没有考虑在内。从表 2-4 中的数据可见，虽然对重复利用及回收作了简单对比，但是评估主要是针对生产过程中原料、能源的消耗及污染物的排放对环境的影响。通过对评估数据的综合考虑，作者认为塑料杯造成的环境污染相对要小一些。

该评估报告发表后，同年 6 月 Science 杂志登载了其他研究者的一些反对意见以及作者进一步的解释。反对意见认为报告所引用的数据已经过时：20 世纪 80 年代末北美纸张生产技术和废弃物处理技术就有了很大的改进，所以报告中纸杯的清单数据与实际情况不符。例如，每个纸杯所消耗的石油应在 2g 左右，BOD 和有机氯的排放量经过处理后也大大减少。这些数据都倾向于得出纸杯更有利于环境的结论。作者和反对者在重复利用和废弃处理等问题上仍保留了不同的意见。

从这个例子中我们可以看到 LCA 研究的产品系统并不是固定不变的，而是具有很强的时间性和地域性的，这进一步增加了 LCA 评估的复杂程度。

2.2.9 与 LCA 有关的研究

2.2.9.1 环境协调性设计(Ecodesign)

Ecodesign 是 LCA 方法应用到工业产品设计过程中产生的新概念，其实质是在产品设计过程中加入了对产品环境影响的考虑，而不是像传统的设计方法一样只考虑产品的质量、性能和成本等因素。从方法上看，Ecodesign 是将传统的产品设计方法与 LCA 方法相结合，从环境协调性的角度对产品设计提出指标和建议。

在设计阶段就考虑到产品的环境影响很重要，因为随着产品设计和生产过程的进行，防止污染的机会越来越小，而治理污染的代价越来越大。事实上，产品的环境污染大多数在产品设计时就已经决定了。所以 Ecodesign 是从根本上解决环境问题的一个关键。

从汽车到家用电器，从建筑到生活日用品，Ecodesign 已经被广泛地应用到工业设计中，并得出了一些普遍的设计准则。具体如下。

① 设计产品意味着设计一个对环境安全的产品寿命周期，所以设计者应该了解在产品的整个寿命周期中所消耗的资源和能源，以及对环境造成的负面影响。

② 对产品环境影响的理解应该建立在 LCA 分析的基础之上，才能得到安全可靠的结论。例如，通常人们认为使用天然产品比使用人工产品更有利于环境，但实际上这并不是绝对的。从 LCA 的观点来看，功能相同的产品系统才具有可比性。所以首先需要衡量完成同样功能的不同产品的使用量，还要考虑不同产品需要的预处理和废弃处理过程，这样才能得出完整和正确的结论。

③ 增加产品的使用寿命是减少环境污染的重要途径。除了将产品设计得更耐用之外，通过更换部件使产品升级的方法也能达到减少污染的目的。另外从调查中发现，有时消费者会因为厌倦而抛弃能够正常使用的产品，所以将产品设计得更富有吸引力也有利于延长产品的使用寿命。

④ 减少能源的使用对保护环境有直接的效果，因为使用能源不仅意味着资源的消耗，也意味着大量污染的产生。例如，产生 10kW·h 的电能需燃烧 2kg 的燃油，对于在产品寿命周期中会消耗大量电能的产品而言，通常大部分的环境负担都是由使用能源引起的。

⑤ 产品的选择对产品的环境表现影响很大。在保证产品性能和质量的前提下，减少产品的用量不仅能降低产品成本，也有利于环境。

⑥ 为了使产品的回收和循环利用成为可能，在产品设计时应作特殊的考虑。例如，产品

结构应便于拆解，尽量使用单一易回收的产品等。另外，在产品中主动使用回收产品也是一个非常重要的措施。

2.2.9.2 环境标志(Ecolabeling)

环境标志表明一个产品符合一定的环境标准，在一定程度上环境表现优于其他同类产品。在ISO 14000系列国际标准中，ISO 14020系列是关于环境标志的标准。但在这个标准制定以前，世界上很多国家都制定了各自的环境标志，用于产品的认证和声明。它提醒消费者，购买商品时不仅要考虑商品的质量和价格，还应当考虑有关的环境问题。如果大家有意识地选择和购买绿色产品，就可以促使生产厂家在生产过程中注意保护环境，减少对环境的污染和破坏。因此，环境标志可以提高全民的环境意识，让消费者参与对环境问题的监督。

1978年联邦德国最先开始绿色产品的认证。到现在为止，德国已经对国内市场上的75类4500种以上的产品颁发了环境标志。德国的环境标志称为蓝色天使，上面的图案是一个张开双臂的小人，周围环绕着蓝色的橄榄枝。至此，绿色标志风靡全球。

在日本，环境标志计划都已实行了多年。日本从1989年起实施的环境标志计划称为Japan's Eco Mark Program，这个计划旨在鼓励和促进环境友好的产品和服务的发展。获得标志的产品要求在制造、使用、废弃过程中能够减少对环境的污染。例如，完全使用回收纸印刷的“绿色书籍”，用烹饪的废油制造肥皂等。

欧盟的环境标志计划从1992年开始，欧盟成员国共同制定了产品的环境标志标准。这个标准建立在对产品的整个寿命周期进行评价的基础上。在产品寿命周期中不仅要减少环境污染，还要求将产品对环境的影响详细地公诸于众，让消费者选择，进一步增强生产厂家之间的市场竞争。

美国的环境标志计划称为Green Seal，其标准的制定者来自于企业界、环境组织、消费者和相关团体。这个标准的核心也是LCA评价方法，产品被送往Green Seal的认证机构，通过了全面的产品寿命周期评价之后，才有可能获得认证。

我国的环境标志制度从绿色食品开始。绿色食品的产地必须符合生态环境质量的标准，必须按照特定的生产操作规程进行生产、加工，生产过程中只允许限量使用限定的人工合成的化学物质，产品及包装经检验、监测必须符合特定的标准，并且要经过专门机构的认证。1989年农业部提出发展优质高效绿色食品的设想后立即付诸实施，在短短两三年的时间里，不仅制定了绿色食品的标准以及质量监督和管理制度，而且开展了建立绿色食品商店和销售绿色食品的试点工作。

1988年青岛电冰总厂专门组织了一个技术班子，研究如何将电冰箱氟氯烃的用量减少一半。这种冰箱很快就荣获“欧洲绿色标志”，打开了销往欧洲的道路，仅出口到德国的数量就达50000多台，在数量上居亚洲国家之首。

1993年10月23日，国家环保总局宣布，在我国实行环境标志制度。到1996年3月20日，经过严格的监测、认证，中国环境标志产品认证委员会宣布11个厂家生产的六类18种产品，为我国第一批环境标志产品，其中有低氟氯烃家用制冷器和无铅车用汽油，还有水性涂料、卫生纸、真丝绸和无汞镉铅充电电池等。

可以看到，在各国的环境标志计划中都应用和体现了产品寿命周期的概念和方法。尤其是在ISO 14000系列国际标准颁布后，采用LCA方法评价产品的环境表现已经成为了大家的共识。

2.2.9.3 环境管理系列国际标准(ISO 14000)

在ISO 14000系列国际标准中包含了六个子系列的标准，即环境管理体系（EMS)、环境审计（EA)、环境标志（EL)、环境行为评价（EPE)、环境协调性评价（LCA)，以及术语和定义。主要标准的名称如下：

ISO 14001：Environmental Management Systems—Specification with Guidance for Use

ISO 14004：Environmental Management Systems—General Guidelines on Principles，Systems and Supporting Techniques

ISO 14010：Guidelines for Environmental Auditing—General Principles On Environmental Auditing

ISO 14011：Guidelines for Environmental Auditing—Auditing of Environmental Management Systems

ISO 14012：Guidelines for Environmental Auditing—Qualification Criteria For Environmental Auditors

ISO 14015：Environmental Site Assessments

ISO 14020：Environmental Labels and Declarations—Basic Principles

ISO 14021：Environmental Labels and Declarations—Self-declaration Environmental Claims-Terms and Definitions

ISO 14024：Environmental Labels and Declarations—Environmental Labeling Type I-Guiding Principles and Procedures

ISO 14025：Environmental Labels and Declarations—Environmental Labeling Type Ⅲ-Guiding Principles and Procedures

ISO 14031：Environmental Management—Environmental Performance Evaluation-Guidelines

ISO 14040：Life Cycle Assessment—Principles and Framework

ISO 14041：Life Cycle Assessment—Life Cycle Inventory Assessment

ISO 14042：Life Cycle Assessment—Impact Assessment

ISO 14043：Life Cycle Assessment—Interpretation

ISO 14050：Environmental Management—Termsand Definitions

可以认为 ISO 14000 系列标准是一个环境管理的工具集，不同的环境管理工具针对着不同的环境管理问题。大致上，这些环境管理工具可以分为与组织（企业）和与产品相关的工具。除 LCA 方法外，其他环境管理工具的主要内容如下。

（1）环境管理体系（ISO 14001）

ISO 14001 是一个国际认证标准，其目的是帮助和促进组织（企业）持续地改善其环境表现。它规定了一个组织的环境管理体系的架构和要求，包括环境管理方针和制度的制定、管理的实施与运行、执行情况的检查与评审等方面。ISO 14004 标准中还提供了一些实施 ISO 14001 标准的指南与建议。

由于 ISO 的国际影响，很多企业都希望能够通过 ISO 14001 的认证，从而建立有效的环境管理体系和良好的市场形象。

在 ISO 14001 以及 ISO 14004 中都建议企业采用类似 LCA 的方法来评价企业的环境影响，这就使得 LCA 成为了一种重要的环境影响评价方法，促进了 LCA 的研究、发展及应用。

（2）环境审计（ISO 14010 系列）

ISO 14010 系列标准规定了对环境管理体系进行评价的基本原则和方法，这些原则和方法既用于组织内部对环境管理体系的自我检查，也用于组织外部对环境管理体系的评价和认证。另外，ISO 14010 系列标准也对审计员的资格作了具体的规定。

（3）环境标志（ISO 14020 系列）

ISO 14020 系列标准是一个框架性的协议，其目的是为各国自行建立环境标志制定一个统一而严格的标准，以避免不同环境标志引起的混淆和误解。这个标准规定了使用环境标志时的术语、符号和检验的方法。

(4) 环境行为评价（ISO 14030 系列）

为表征组织的环境表现，在环境管理系统中需要定义一些环境指标。环境行为评价标准提供了一些用于选择、监测和控制这些环境指标的基本准则。这是环境管理系统中自我评审的一部分。

2.2.10 LCA 的局限性与困难

LCA 在产品的环境影响评价中有着重要的作用，也获得了广泛的认可，但是它仍然存在着一些局限性和不足。正确理解 LCA 方法的局限性和存在的困难，对于 LCA 的改进和发展非常重要。

2.2.10.1 LCA 的局限性

(1) 应用范围的局限性

LCA 只考虑了生态环境、人体健康、资源消耗等方面的环境问题，在技术、经济或社会效果方面，例如对质量、性能、成本、赢利、公众形象等因素考虑很少，决策者在决策过程中必须结合其他方面的信息。

(2) 评价范围的局限性

LCA 只考虑发生了的或一定会发生的环境影响，未考虑可能发生的环境风险及其必要的预防和应急措施，LCA 方法也没有要求必须考虑环境法律的规定和限制，然而这些对企业来说是十分重要的。这种情况下应该考虑结合其他的环境管理方法。

(3) 评价方法的局限性

无论 LCA 评价的范围和详尽程度如何，所有的 LCA 都包含了假设、价值判断和折中这样的主观因素，这些涉及多个方面，例如系统边界的确定、数据来源的选择、环境损害种类的选择、计算方法的选择以及环境影响评价中的评价过程等，因此 LCA 的结论需要完整的解释说明，以区别是由测量或自然科学知识得到的信息还是基于假设和主观判断得出的结论。

(4) 时间和地域的局限性

产品系统的时间性和地域性决定了 LCA 中的原始数据和评价结果都存在时间和地域上的限制，所得到的评价信息和结论只适用于某个时间段和某个区域。

2.2.10.2 LCA 理论上的困难

(1) 客观性问题

作为一种评价产品环境影响的方法，LCA 最重要的是保证结论的客观性。但 LCA 实施的过程中所采用的各种假设、量化方法等都对 LCA 的客观性有很大的影响。

首先，虽然 ISO 已制定了一系列 LCA 的标准，但是由于缺乏普适的原则与方法，在 LCA 实施的一些环节中，不仅依赖于 LCA 的标准，也依赖于实施者对 LCA 方法的理解和对被评估系统的认识以及自身积累的评估经验和习惯，这些难以完全避免的非标准化因素有损于 LCA 的客观性。

其次，LCA 中需作出的大量选择和假定，如功能单元的定义、系统边界的设置和影响类型的选择等，这些在本质上无法脱离主观因素的影响，进而损害 LCA 的客观性。

再者，环境影响评估在量化过程中必然要引入像权重因子这样的主观因素，其评估结果必然因人而异，没有重复性且难以验证，使客观性受到损害。

(2) 计算模型的局限性

由于目前尚不存在一种在科学上可接受的、对各种不同的污染物作权重的方法，因此，对不同类型的污染进行比较还存在着困难，甚至在同一单元中的污染影响也没有测定过。所以，将污染物所引起的环境影响量化的计算方法通常非常复杂且不确定，得到的结果差别很大。用于生命周期清单分析或评价环境影响的模型的假定条件可能对某些潜在影响或运用是不可行的，使这两者实际上存在很大局限性。

（3）数据采集及质量分析方法的标准化问题

虽然 LCA 的数据收集标准化有了很大进展，但是由于系统边界定义不同、产品系统间的输入输出分配不同、收集的数据质量参差不齐等问题使不同结果差别仍然很大。对于数据质量的分析非常重要，但直至目前，基础数据可靠性和全面性的评判仍不存在标准的方法。

（4）研究结果的不确定性

诸如 LCA 中许多参数还不能简化到用一个指标来概括的程度、技术的不断进步导致数据更新的速度相当快，以及在确定权重的过程中使用的假设也可能有问题等原因，导致不能为消费者提供某一产品在环境方面具有绝对优势的结论。因此说 LCA 还很年轻，其发展还不完善。

LCA 作为一种环境管理工具，不仅对当前的环境冲突进行有效的定量化分析评价，而且对产品及其生命周期全过程所涉及的环境问题进行评价。因而是“面向产品的环境管理”的重要支持工具。它不但为设计开发绿色产品提供依据，同时也为政府环境管理部门制定环境政策提供信息（目前 LCA 主要应用于生态标志、包装废弃物减量化、有毒有害物质管理等方面，将来这一活动还广泛地应用于制定政策法规和刺激市场），因此当前国际社会各个层次都十分关注生命周期评价。

我国目前在经济繁荣的背后，面临着环境恶化的巨大压力，面对资源、环境、生态方面的制约，迫使我国走一条依靠科技、节约能源、生态协调的可持续发展之路。环保工作已从治理污染点源到流域、区域的污染防治，进而在高层次上推动环境保护的进程。这个高层次应该是可持续发展的，环境系统是一开放的系统，它有很强的层次性，各层次又密切相关，任何环境治理举措都会对周边环境产生正面或负面的影响，因此环境保护不应只讲治理，而必须降低包括生产活动和消费活动在内的整个社会经济活动所带来的环境负荷。LCA 作为一种对环境影响的综合、客观的评价工具，经过近三十年的发展，已日趋系统化和完整化，必将在环境管理和人类社会可持续发展进程中发挥越来越重要的作用。

思考题

1. 绿色产品的内涵是什么？
2. 生命周期评价包括哪些基本过程？生命周期评价与绿色产品有什么关系？
3. 生命周期评价有哪些主观因素？举例说明。
4. LCA 作为一种环境管理工具，目前还存在哪些局限性和困难？

参考文献

[1] Hunt R，Franklin W. LCA-how it came about. Int J LCA，1996，1（1）：4.
[2] Guidelines for Life-Cycle Assessment：A “Code of Practice”（Edition 1）. SE TAC，1993.
[3] ISO/CD 14040. 2：Life Cycle Assessment-Principles and Guidelines，1995.
[4] ISO/DIS 14040：Life Cycle Assessment-Principles and Guidelines，1997.
[5] ISO/DIS 14041：Life Cycle Assessment-Life Cycle Inventory Analysis，1997.
[6] ISO/CD 14042：Life Cycle Assessment-Impact Assessment，1997.
[7] ISO/CD 14043：Life Cycle Assessment-Interpretation，1997.

[8] 山本良一. 环境材料. 王天民译. 北京：化学工业出版社，1997.
[9] Hocking M B. Paper versus polystyrene: a complex choice. Science，1991，(251)：504.
[10] Wells H A，et al. Paper versus polystyrene: environmental impact. Science，1991，(252)：1361.
[11] SETAC (North American) Workgroup On Life Cycle Impact Assessment and SETAC (Europe) Workgroup On Life Cycle Impact Assessment. Evolution and Development of the Conceptual Framework and Methodology of Life-Cycle Impact Assessment. SETAC (Society of Enviromental Toxicology and Chemistry) Press，1998.
[12] 孙胜龙. 环境材料. 北京：化学工业出版社，2002.
[13] 王天民. 生态环境材料. 天津：天津大学出版社，2000.
[14] 杨君玲. 材料的环境负荷评价：[硕士学位论文]. 兰州：兰州大学，1997.
[15] 张坤民. 可持续发展论. 北京：中国环境科学出版社，1997.
[16] 左铁镛，聂祚仁. 环境材料基础. 北京：科学出版社，2003.
[17] 刘志峰. 基于模糊物元的绿色产品评价方法. 中国机械工程，2007，18 (2)：166.
[18] 曹杰，赵立权. 绿色材料评价体系与方法的研究. 华东船舶工业学院学报（自然科学版），2003，1117 (16)：63.
[19] 左铁镛等. 中国材料环境协调性评价研究进展. 材料导报，2001，15 (6)：1.

第 3 章　绿色产品的设计原理

“绿色化学”的主要特点就是在不造成环境污染的前提下实现尽可能大的经济效益。要实现这一目标，应遵循“原子经济”原理，实现原材料的最大利用和废物的最小排放，甚至是零排放（zero emission）。

按照这一原理，绿色产品应具有以下两个特点：一是产品本身对环境与人类无害，二是产品整个生命周期具有可持续性。换句话说，绿色产品要在产品的制造过程中尽量使用无毒无害的原材料，使原材料实现最大利用化，而在产品完成它的使用价值后，废物可以被回收再利用或是可在自然界中迅速降解为无害物质。符合这一要求的产品便可称为绿色产品，这一过程可称为绿色工艺或绿色技术。

值得指出的是，传统的产品设计中往往只注重产品的功能性，而绿色产品则应强调绿色和功能兼重。

绿色产品的意义还在于它能直接促使人们消费观念和生产方式的转变，其主要特点是以市场调节方式来实现环境保护。促使公众以购买绿色产品为时尚，促进企业以生产绿色产品作为获取经济利益的途径。这一点对全球的可持续性发展具有十分重要的现实意义。

然而，人类所需的产品门类众多，诸如化工产品、纺织产品、食品、药品以及各种各样的材料等。由于不同的产品由不同的原料和不同的生产过程来生产或制造，所以不同的绿色产品在设计上除应符合绿色产品的特点外，实现的途径可以百花齐放，异途同归。

由于绿色产品与原料、环境、产品、消费、安全以及经济密切相关，所以实现产品的绿色化一方面存在许多困难，是一项系统工程；另一方面也给产品的绿色化提供了多种思路和途径。本章拟介绍三种绿色产品的设计思路和方法，它们的核心是一致的，但处理问题的切入点和侧重面有所不同。

3.1　绿色设计途径与方法

绿色化学的原理不仅仅适合于指导绿色化学品的设计和生产，它对诸如材料、药品、食品、生物、纺织、电子等产品的设计和生产亦具有普遍的指导意义。

如前所述，绿色化学原理可用“十二原则”表示，它不仅适合绿色化工产品设计的指导思想，在设计其他产品时同样可借鉴这些思路。

3.1.1　“十二原则”应用分析

按照 R. Sheldon 的说法，要达到无害环境的绿色化学目标，在制造与应用化工产品时，要有效地利用原材料，最好是再生资源；减少废弃物量，并且不用有毒有害的试剂与溶剂。

十二条绿色化学原则是指导开发绿色化工产品与工艺的基本依据。这些原则涉及化工产品的合成与工艺的各个方面，诸如原料、溶剂、分离、能源与减少副废弃物等。“十二原则”如下。

（1）预防（prevention）

坚持“防止废物的产生比产生废物后进行处理为好”的理念，即防患于未然。生产任何产品都存在有无废物产生的问题，传统的做法是先污染后治理，而绿色理念却是将污染消灭在产品设计当中，产品的工艺过程无污染物产生。

(2) 原子经济性 (atom economy)

最大限度地利用原料分子的每一个原子，使之完全成为目标分子，实现零排放。显然，这一设计理念推广到任何一种产品的设计中，就是要力求做到“原子经济性”，亦即要尽可能地将原材料转变成产品，而不是废弃物。

(3) 低毒害化学合成 (less hazardous chemical syntheses)

设计的合成方法中所采用的原料与生成的产物对人类与环境都应当是低毒或无毒的。这一设计理念推广到任何一种产品的设计中，就是要求不仅产品，而且包括所选择的原材料都应是环境友好型的。

(4) 设计较安全的化学品 (designing safer chemicals)

设计生产的产品性能要考虑限制其毒性。严格地讲，任何一种产品都不是完全无毒的，毒性的大小是相对的。在传统产品设计中，把产品的性能高低作为设计指标，而忽略了他的毒副作用。在绿色产品设计中，就要求同时考虑产品的性能与毒性，在保证毒性不超过相关标准的前提下，提高产品的性能。

(5) 使用较安全的溶剂与助剂 (safer solvents and auxiliaries)

如有可能，尽量不用辅助物质（溶剂、分离试剂等），必须用时也要用无毒的。在产品的设计中，要尽可能不用或少用溶剂等辅助原材料，必须用时，要选用无毒或低毒易回收的溶剂。如，能采用无溶剂工艺尽就可能采用，能用水作溶剂就不用有机溶剂等。

(6) 有节能效益的设计 (design for energy efficiency)

化工过程的能耗必须节省，并且要考虑其对环境与经济的影响。如有可能，合成方法要在室温、常压下进行。“节能减排”一直是悬在企业头上的“尚方宝剑”，它不仅是“国策”，也是可持续性发展的瓶颈问题之一，而且与企业的经济效益关系密切，在任何一种产品的设计中，都应将其作为重要指标加以考虑。

(7) 使用再生资源作为原料 (use of renewable feedstock)

使用可再生资源作为原料，而不是使用在技术与经济上可消耗的原料。就是说，在产品的设计中要尽可能设计可再生资源作为原材料，而不是采用诸如矿山、森林、煤炭、石油等不可再生资源。这一项对落实经济的可持续性发展具有十分重要的意义。

(8) 减少运用衍生物 (reduce derivatives)

如有可能，减少或避免运用生成衍生物的步骤（如用封闭基因、保护/脱保护、暂时修饰的物理/化学过程），因为这些步骤要用外加试剂，并且很可能产生更多的废弃物。这一点就是在产品的设计中要尽可能地简化或缩短生产工艺，亦即采取短流程设计。

(9) 催化反应 (catalysis)

即在产品的设计中采用催化剂或促进剂，并且尽可能提高其选择性。这与提高合成反应效率或产品制成的效率关系密切。

(10) 设计可降解产物 (design for degradation)

产物应当设计成为在使用之后能降解成为无毒害的降解产物而不残存于环境之中。这一设计理念适合于任何一种产品的设计，它要求产品不仅安全无毒，而且与环境相容性好，可生物降解，也即所谓的“环境友好型”产品。

(11) 实时分析以防止污染 (real time analysis for pollution prevention)

能实现在线监控，分析方法先进得当，既要保证产品合格，又要及时进行现场分析，尽可能做到在有害物质生成之前就得到有效控制。

(12) 采用本身安全、能防止意外发生的化学品 (inherently safer chemistry for accident

prevention)

在化学过程中，选用的物质以及该物质使用的形态，都必须能防止或减少隐藏的意外（包括泄漏、爆炸与火灾）事故发生。也就是说，在产品的设计中，要优先选择安全性高的原材料，尽可能地避免使用易燃、易爆、易挥发、易泄漏、高毒性等原材料，以避免对人身的伤害和对环境的危害。

“十二原则”被多数相关人士认为已十分全面，被用于指导产品的设计。但在实际应用中，一方面一个产品往往涉及技术、经济、政策法规等多个方面，需要多个部门或多种人才共同努力；另一方面，限于当前技术水平或企业效益及市场因素等的影响，生产完全符合“十二原则”的产品还很难一步到位。理想的绿色产品目标往往是渐进式地到达。所以，在实践中，如果一个产品在设计中采纳了一个或多个原则，便可以认为该产品具有“绿色概念”。

3.1.2 绿色化工产品的绿色设计途径

绿色化工产品的制造和设计过程可称为绿色化工技术。

绿色化工技术应符合如下特点。

① 原料均使用能持续利用的资源。

② 以安全的用之不竭的能源供应为基础。

③ 高效率地利用能源和其他资源，应该设计这样的合成程序，使反应过程中所用的物料能最大限度地进入到终极产物中。尽可能降低化学过程所需能量，还应考虑对环境的影响和经济的效益。合成程序尽可能在大气环境的温度和压强下进行。

④ 高效率地回收利用废旧物资和副产品，只要技术上、经济上是可行的，原料应能回收而不是使之变坏。

⑤ 越来越智能化，需要不断发展分析方法，在实时分析、进程中监测，特别是在对形成危害物质的控制上。

⑥ 越来越充满活力，绿色化学理论为化学化工的发展注入了新的活力，在 21 世纪必将大有可为。

同时，当我们评价一个产品及其生产工艺对人类健康的影响问题时，可将一个问题分成 5 个方面来分析。

① 对原料的分析　化工生产要尽可能多地使用安全的无毒的可再生的资源。

② 对反应类型的分析　反应过程要充分地体现原子经济性，同时提高反应的选择性，并应尽可能地使用物理方法促进化学反应。

③ 对反应试剂的分析　无论如何要使用可以行得通的方法，使得设计合成程序只选用或产出对人体或环境毒性很小（最好无毒）的物质。

④ 对反应溶剂和反应条件的分析　化学污染不仅来源于原料和产品，而且与反应介质、分离和配方中使用的溶剂有关，有毒挥发性溶剂替代品的研究是绿色化学的重要研究方向。如超临界流体、水相有机合成和室温熔盐溶剂等。

⑤ 对产品（即对目标分子）的分析　设计化学反应的生成物不仅具有所需的性能，还应具有最小的毒性。

以上这 5 个方面亦可概括为以下 4 个问题。

① 对人类的毒性　是指在生产过程中及最终产物的使用过程中，产品对人体有无致病因素。

② 对野生动物的毒性　是指在产物或废弃物排放到自然界后，会不会在一定范围内破坏当地的生态环境，造成某物种的灭绝。

③ 对局部环境的影响　除整个地球之外的影响，其评估指标主要有酸雨问题，对臭氧大

气的影响，粉尘、氮氧化物、碳氧化物的浓度等。

④ 对全球环境的影响　主要是指对气候的影响，对地质的影响等。

当我们要评价某种原料可否用于绿色生产时，主要评估以下指标。

① 原料的起源　主要是指原料的来源，原料是来自天然产物的或是由人工合成的等。

例如，有A、B、C三种原料可用于生产，其中A在生产过程中无氟化物生成，B生成一定量的副产物，但该副产物可用作其他化工生产，C有一定量的副产物产生，但其副产物不可利用，由此可评价，作为原料A可以放心使用，C在通常情况下不要使用，而B在生产过程中要慎重使用。

② 原料的可更新性　原料分为可更新资源和不可更新资源两种，其中可更新资源如水、电、沼气、作物等作为能源和原料有充足的来源，并当其有效作用完成后可以分解为无害的产物。而不可更新资源如石油、煤气等，其原料来源不可再生，并且当其有效作用完成后在自然界也无法在短时间内自然降解。

③ 原料的危害性　原料的危害性主要是指对人类和生态环境的危害，这种危害（或称为毒性）不一定是当时便能显现出来的，其毒性也可能无法通过循环系统排出体系外而在体系内部慢慢积累起来。

④ 原料选择的下游影响　对原料本身影响的分析仅仅是原料分析的一部分，对原料的下游产品的分析也是基于以上步骤进行的。

3.1.3 设计安全化学品

3.1.3.1 设计安全化学品的定义

设计安全化学品的定义是利用构效关系和分子改造的手段使化学品的毒理效力和其功效达到最适当的平衡。因为化学品往往很难达到完全无毒或达到最强的功效，所以两个目标的权衡是设计安全化学品的关键，应该在这些产品被期望功效得以实现的同时，将它们的毒性降低到最低限度。

早在20世纪80年代，设计安全化学品的观念就已被提及。Ariens就曾提出药物化学家应在合成、分子毒理及药理三方面进行综合考虑，以使化学更好地为人类服务。但长久以来，化学家多关注化学品的功效，大都专注于化学品的物理性质、化学性质，以及运用化学取代、分子改造来改善其物化性质使其达到期望性能。设计安全化学品使化学家在设计时有了新的考虑角度，即发展和应用对人类健康和环境无毒、无危险性的试剂、溶剂及其他实用化学品。什么才算安全或绿色化学品呢？这要从一个化学产品的整个生命周期来看。如果可能，该产品的起始原料应来自可再生的原料，然后产品本身必须不会引起环境或健康问题，最后，当产品使用后，应能再循环利用或易于在环境中降解为无害物质。

3.1.3.2 设计安全化学品所考虑的诸多因素

通常设计化学品时希望其最好不能进入生物有机体，或者即使进入生物体，也不会对生物体的生化和生理过程产生不利的影响。然而考虑到各种形形色色、千差万别的、复杂的、动态的生物有机体，这种期望面临着巨大的挑战。化学家必须掌握设计安全化学品的知识，建立判别化学结构与生物效果的理论体系。他们必须能从分子水平避免不利的生物效果，同时还必须考虑化学品在环境中可能发生的结构变化、降解，其在空气、水、土壤中的扩散以及潜在的危害。所以不仅要顾虑化学品对生物的直接影响，还要警惕间接的、长远的影响，如酸雨、臭氧层破坏等。

设计安全化学品通常要考虑的因素有外部因素和内部因素具体如下。

(1) 外部因素——减少暴露或降低进入生物体的机会

首先考虑化学品在环境中的分布扩散相关的性质：①挥发度/密度/熔点；②在水中的溶解

度；③残留性/生物降解性能；氧化反应性质；水解反应性质；光解反应性质；微生物降解性质；④转化为生物活性（毒性）物质的可能性；⑤转化为生物非活性物质的可能性。

其次考虑与化学品被生物体吸收相关的性质：①挥发性；②油溶性；③分子大小；④降解性质：水解；pH 值的影响；对消化酶的敏感度。

第三考虑化学品被人类、动物或水生生物吸收的途径：①皮肤吸收；眼睛吸收；②肺吸收；③消化道吸收；④呼吸系统吸收或其他特定生物的吸收途径。

第四考虑杂质的减少或消除：①是否有各种化学杂质的产生；②是否有有毒物质的同系物存在；③是否有有毒物质的几何构象或立体异构体存在。

（2）内部因素——防止毒性

首先考虑解毒的便利性：①排泄的便利，选择亲水性化合物；增大物质分子与葡萄糖醛酸、硫酸盐、氨基酸结合的可能性或使分子易于乙酰化；②生物降解的便利，氧化作用；还原作用；水解作用。

其次考虑避免物质的直接毒性影响：①选择的化学品种类或母体化合物无毒；②选择官能团，避免有毒基团；计划有毒结构的生化消除；利用结构屏蔽有毒基团的作用；选择其他基因来替代有毒基团。

第三考虑避免间接中毒——生物活化：①避免接触具有活化途径的化学品，如有高亲电或亲核基团；不饱和键；其他分子结构特征；②对可生物活化的结构进行结构屏蔽。

3.1.3.3 设计安全化学品的方法

第一种方法，如果已知某一反应是毒性产生的必要条件，则可以通过改变结构使这个反应不发生，从而避免或降低该化学品的危害性。当然，任何结构的改变必须确保分子的性质与功效不变。

第二种方法适用于毒性机理不明确的情况。对许多毒性机理不为人知的化合物，通过了解化学结构中某些官能团与毒性的关系，设计时可以尽量通过避免、降低或除去与毒性有关的官能团来降低毒性。

第三种途径是降低有毒物质的生物利用率。该方法的理论基础是，如果一种物质是有毒的，但当它不能到达使毒性发生作用的目标器官时，其毒性作用就无法发生。化学家可以利用改变分子的物理及化学性质（如水溶性、极性）的知识，控制分子使其难以或不能被生物膜和组织吸收，通过降低吸收和生物利用率，毒性可以得到削弱。因此，只要降低分子的生物利用率而不影响该分子的功能与用途，则可认为该方法是十分有效的。

3.1.4 其他绿色化工工艺设计思路

3.1.4.1 使用安全溶剂和助剂

在传统的有机反应中，有机溶剂是最常用的反应介质，这主要是因为它们能很好地溶解有机化合物，使其能够在液相中进行反应合成。助剂是为了克服合成中的一些障碍，如分离用助剂。溶剂和助剂被用得非常广泛，以至于很少有人评估其是否有使用的必要。

常用的溶剂中有卤化物溶剂如二氯甲烷、氯仿、四氯化碳等，以及芳香烃溶剂，如苯等，由于它们有良好的溶解性，其应用相当广泛。20 世纪氟里昂作为清洗剂、推进剂、发泡剂等被广泛应用。溶剂和助剂的广泛使用往往会对人类健康和环境产生一些影响。尽人皆知的例子就是臭氧层的破坏。氯氟烃（chlorofluocarbons，缩写为 CFCs）对人类及野生动物的直接毒性很小，并具有低的事故隐患，如不易燃烧、不易爆炸等优点，在 20 世纪得到了广泛的利用，没人怀疑其在各种用途中的有效性，但是氯氟烃对臭氧层的破坏与造成的环境影响是众所周知的。

溶剂和助剂的使用不仅对人类健康与环境产生危害，而且大量地消耗能源与资源，因此应尽量减少其使用量。在必须使用时，应选择无害的物质来替代有害的溶剂和助剂。这方面的研究是绿色化学的研究方向之一，下面介绍几种清洁的溶剂和助剂，以及避免使用有毒溶剂和助剂的方法。

(1) 超临界流体

人们一直在寻找传统有害溶剂的替代物，较有希望的清洁溶剂之一就是超临界流体。超临界流体是指当物质处于其临界点（指气、液两相共存线的终结点，此时气、液两相的相对密度一致，差别消失）以上时所形成的一种无论温度和压力如何变化都不凝缩的流体相，是一种介于气态与液态之间的流体状态。在临界温度以上压力不高时与气体性质相近，压力较高时则与液体性质更为接近。超临界流体性质介于气、液之间，并易于随压力调节，有近似于气体的流动行为，黏度小，传质系数大，但其相对密度大，溶解度也比气相大得多，又表现出一定的液体行为。超临界流体作为反应介质具有以下特性。

① 高溶解能力　只需改变压力，就可控制反应的相态。既可使反应呈均相，又可控制反应呈非均相。超临界流体对大多数固体有机化合物都可以溶解，使反应在均相中进行。特别是对 H_2 等气体具有很高的溶解度，提高氢的浓度，有利于加快反应速率。

② 高扩散系数　一般固体催化剂是多孔物质，对液-固相反应，液态扩散到催化剂内部很困难，反应只能在固体催化剂表面进行。然而，在超临界状态下，由于组分在超临界流体中的扩散系数相当大，对气体的溶解性大，对于受扩散制约的一些反应可以显著提高其反应速率。

③ 有效控制反应活性和选择性　超临界流体具有连续变化的物性（密度、极性和黏度等），可以通过溶剂与溶质或者溶质与溶质之间的分子作用力产生的溶剂效应和局部凝聚作用的影响有效控制反应活性和选择性。

④ 无毒性和不燃性　超临界流体（如 CO_2，H_2O 等）是无毒和不燃的，有利于安全生产，而且来源丰富，价格低廉，有利于推广使用，降低成本。

由于超临界流体的特有性质，其在萃取、色谱分离、重结晶以及有机反应等方面表现出很强的优越性，从而在化学化工中获得实际应用。在有机合成中，超临界 CO_2 由于其具有临界温度（304K）和临界压力（72.8atm[❶]）较低、能溶解脂溶性反应物和产物、无毒、阻燃、价廉易得、可循环使用等优点，而迅速成为最常用的超临界流体。

(2) 离子液体

除了超临界流体，另外一种很有发展前景的绿色溶剂为离子液体。离子液体不同于典型的分子溶剂，在离子液体里没有电中性的分子，100%是阴离子和阳离子，在－100～200℃之间均呈液体状态，如 [$EtNH_3$][NO_3]（熔点为 12℃）。与传统的有机溶剂、水、超临界流体等相比，大多数离子液体不挥发，其蒸气压为零，在较高温度下也不挥发；以液态存在的温度范围宽，不燃、不爆炸、不氧化，具有高的热稳定性，是许多有机物、无机物和高分子材料的优良溶剂；其黏度低、热容大，有的对水、对空气均稳定，故易于处理；制造较为容易，不太昂贵；部分离子液体还表现出酸性及超强酸性质，使得它不仅可以作为溶剂使用，而且还可以作为某些反应的催化剂使用，这些催化活性的溶剂避免了需要额外的可能有毒的催化剂或可能产生大量废弃物的缺点；品种有数百种乃至更多，因此被认为是理想的绿色高效溶剂。离子液体可为化学反应提供新的反应环境，因此广泛应用于化学反应和分离过程。

(3) 水

有机化合物多数极性较低，水溶性很小，并且许多试剂在水中会分解，所以多数有机合成反应都在有机溶剂中进行，而不是用水作为反应介质。然而，水是地球上广泛存在的一种天然

---

❶ 1atm＝101325Pa。

资源，价廉、无毒、不危害环境，为最无害的物质。因此，水相反应成为绿色有机合成的一个热点，而且研究结果表明有些合成反应不仅可以在水相中进行，而且还具有很高的选择性。最为典型的例子是环戊二烯与甲基乙烯酮发生的 D-A 环加成反应，在水中进行较之在异辛烷中进行速率快 700 倍。另外，超临界水反应的研究十分活跃。同传统的溶剂相比，使用水作溶剂不会增加废物流的浓度。因此，水是一种理想的环境无害溶剂。

（4）无溶剂反应

无溶剂反应是减少溶剂和助剂使用的最佳方法，其不仅在对人类健康与环境安全方面具有巨大优点，而且有利于降低费用，是绿色化学的重要研究方向之一。在无溶剂存在下进行的反应大致可分为三类：原料与试剂作溶剂的反应；试剂与原料在熔融状态下反应，以获得好的混合性及最佳的反应条件；固体表面反应。固态化学反应的研究吸引了无机、有机材料及理论化学等多学科的关注，某些固态反应已用于工业生产。固态化学反应实际上是在无溶剂存在的环境下进行的反应，有时比在溶液环境中的反应能耗低，效果更好，选择性更高，又不用考虑废物处理问题，有利于环境保护。

（5）固定化溶剂

有机溶剂对人类健康与环境的危害主要来自于其挥发性，解决这一问题的方法之一就是使用固定化的溶剂。实现溶剂固定化的方法有多种，但目标是一致的，即保持一种材料的溶解能力而使其不挥发。常用的方法有将溶剂分子连接到固体载体上；或者在高分子主链上直接构建溶剂分子；另外还有本身有良好的溶解性能且无害的新型聚合物也可作为溶剂。

3.1.4.2 能源经济性

（1）化学工业中使用的能量

在工业化国家里，化学工业消耗了很大部分的能量，是耗能最大的工业之一。

对于一个需要加入外界能量才能发生的反应，往往需要加入一定的热量用以克服其活化能。这类反应可以通过选择合适的催化剂来降低反应活化能，从而降低反应发生所需的初始热量。若反应是吸热的，则反应开始后需要持续加入热量以使反应进行得完全。相反，若反应是放热的，则需要冷却以移出热量来控制反应。在化工生产中有时也需要降低反应速率以防止反应失控而发生事故。无论加热还是冷却，均需要较大的能源费用并对环境产生影响。

此外，化工过程中的分离、提纯是一个相当消耗能量的步骤。通常的净化与分离可通过精馏、萃取、再结晶、超滤等操作实现，这些都需要大量的能量来实现产品从杂质中的分离。

（2）可利用的能量

除了传统的热能外，还有许多形式的能量在化学反应中得到应用，下面列举几种较为常用的能量形式。

① 电能　电化学过程是清洁技术的重要组成部分，由于电解一般无需使用危险或有毒试剂，通常在常温常压下进行，在清洁合成中具有独特的魅力。自由基反应是有机合成中一类非常重要的碳—碳键形成反应，实现自由基环化的常规方法是使用过量的三丁基锡烷。这一过程不仅原子利用率低，而且需使用和产生有毒的难以除去的锡试剂。这两方面的问题用维生素 B_{12} 催化的电还原方法可完全避免。利用天然、无毒、手性的维生素 B_{12} 为催化剂的电催化反应，可产生自由基类中间体，从而实现在温和中性条件下的自由基环化反应。

② 光能　分子吸收光子，被激发到某个电子激发态，而引起与其他物质发生化学反应，称为光化学反应。该类光化学反应的活化能来源于光子的能量。在太阳能利用中，光电转换以及光化学转换一直是光化学研究十分活跃的领域。20 世纪 80 年代初，开始研究光化学应用于环境保护，其中光化学降解治理污染尤受重视，包括无催化剂和有催化剂的光化学降解。前者多采用臭氧和过氧化氢等作为氧化剂，在紫外线的照射下使污染物氧化分解；后者又称光催化

降解，一般可分为均相、多相两种类型。目前有关光催化降解的研究报道中，以应用人工光源的紫外线辐射为主，它对分解有机物效果显著，但费用较高，且需要消耗电能。因此，国内外研究者均提出应开发利用自然光源或自然光源与人工光源相结合的技术，充分利用清洁的可再生能源，使太阳能利用与环境保护相结合，发挥光催化降解在环境污染治理中的优势。

③ 微波　微波是指频率在 300MHz～300GHz（即波长 1m～1mm）范围的电磁波，位于电磁波谱的红外辐射和无线电波之间。

大量实验结果表明，微波对许多有机反应速率的影响十分显著，较常规方法能提高几倍、几十倍，甚至上千倍。

微波的致热效应：微波是一种内加热，加热速度快，只需外加热的 1/100～1/10 的时间即可完成；受热体系温度均匀，无滞后效应，热效率高。电磁场对反应物分子间行为的直接作用，改变了反应的动力学，降低了反应的活化能。微波对化学反应体系不产生污染，微波化学技术属于清洁技术。微波被应用于烧结、水热合成、化学气相沉积等方面。微波协助萃取在环境样品中有机氯化合物的检测中就显示了其优越性。在微波条件下的萃取不需热能，萃取时间短，且萃取效果更完全。

④ 声波　一些反应如环加成、周环反应可采用超声波的能量来催化进行。研究发现超声能对某些类型的转换起催化剂的作用。超声波可以改变反应的进程，提高反应的选择性，增加化学反应的速率和产率，降低能耗和减少废物的排放，因此，声化学技术是一种安全无害的“绿色技术”，在合成化学中具有广泛的应用。

（3）优化反应的能量需求

当一个合成路线可行时，化学家往往要去优化它，即提高产率或转化率。而能量的需要却被忽视了。化学家不仅要对反应路线所产生的有害物质负责，而且也要对反应或生产过程中的能量消耗负责，通过设计反应体系，能量需求可以改变很多。设计反应的化学家可以通过对一个反应体系进行调节与优化，从根本上改变其对能量的需求从而使该过程的能耗最低。因此，化学家在设计化学过程的各个阶段时均应充分考虑能量问题并使能耗最小。

3.1.4.3　使用可再生的原料

（1）传统资源及其对环境的影响

众所周知，目前世界所需能源和有机化工原料绝大部分来源于石油、煤和天然气，这些统称为化石燃料。使用石油这一原料使人类和环境付出了沉重的代价，如全国每年工业废气排放量达 $6.2\times10^{11}m^3$，工业废弃物排放量达 7.4×10^8t，造成了生态环境的恶化和自然生态的失衡。此外，由石油转化为有用的有机化学品需要通过氧化反应，而氧化反应是一个由来已久的环境污染步骤，如重金属氧化剂的使用导致人类健康受到损害，环境受到污染。化石燃料的再生周期非常漫长，需要几百万年甚至更长时间，我们认为它是不可再生的，而且在地球上的储量是有限的，开采一点就少一点，终究会有枯竭的一天。这些化石燃料对社会的发展和经济的繁荣做出了巨大的贡献，但从长远角度来考虑，它们不是人类所能长久依赖的理想资源。

（2）可再生原料

可再生原料通常指生物、植物基础的原料，消耗后在一定的时间范围（准确地说指人类的生命周期）内可再生产的物质，如 CO_2 和 CH_4。作为人类能够长久依赖的未来资源和能源必须在很长时间范围内储量丰富，最好是可再生的，而且它的利用不会引起环境污染。基于这一原则，普遍认为以植物为主的生物质资源将是人类未来的理想选择。

生物质资源的利用需要将组成生物体的淀粉、纤维素、半纤维素等大分子物质转化为葡萄糖等小分子物质，以便作为燃料和有机化工原料使用。目前已研究的方法包括物理法、化学法和生物转化法。物理法和化学法是通过热裂解、分馏、氧化还原降解、水解和酸解等方法将大分子降解成低分子量的碳氢化合物、可燃气体和液体，直接作为能源或经分离提纯后作为化工原料。生物转化法是将生物质降解为葡萄糖，然后转化为各种化学品。在各种转化过程中酶起到关键作用，比如淀粉水解成葡萄糖需在淀粉酶的作用下才能顺利进行，而葡萄糖的进一步转化依赖的是各种微生物，微生物将其摄入细胞内，在细胞内酶的作用下转化为各种化学产品。物理和化学方法，一般能耗高、产率低且过程污染较严重，因此单独使用一般缺乏实用性，往往是作为生物转化法的辅助手段。

生物质资源的应用也存在一定的问题。首先，生物质资源是季节性供应的，如遇到严重的干旱或其他不可预料的天灾，生物质资源的供给有可能会出现紧缺。再者，生物质资源的大量使用，将需要占用大量的土地来生产，还需要耗费大量的能源来转换，这样一来，生物质资源作为原料就不切实际了。基于此，人们也在不断开发非传统的生物资原料，如各种固体废弃物。

3.1.4.4 减少衍生物

目前，化学合成特别是有机合成，变得越来越复杂，其要解决的问题也越来越具有挑战性。有时为使一个特别的反应发生，需要通过进行分子修饰或产生所需物质的衍生物来辅助实现。下面介绍化学合成中的一些衍生现象及其弊端。

（1）保护与去保护

当进行多步反应时，常常有必要把一些敏感官能团保护起来，防止其发生不希望的反应，否则会危害其功效。如通过产生苄基来保护醇羟基，使分子发生氧化反应而不影响醇羟基，反应完成后，苄基解离除去。

（2）暂时改性

通常为了某种加工需要，要改变某些物质的物理或化学性质。如有时要对黏度、蒸气压、极性及水溶解度等进行暂时的改性以易于加工；或暂时把一种化合物转化成它的盐以便于分离。当功能完成后，原始物质可以容易地再生。显然，在原始材料再生过程中，所加入的辅助材料成了废物。

（3）加入官能团提高反应选择性

当一个分子中存在几个反应位时，必须设计合成方法以使反应发生在所需要的位置上。实现这一目标的方法之一是先使这个位置引入一个易于同反应物反应的衍生基团，而该基团又能容易地离开。这样反应就可以优先发生在所要求的位置上，提高了反应的选择性。

这些形式的衍生方法在精细化学品、制药、农药及一些染料的合成中广泛地使用。衍生步骤不仅消耗资源和能量，而且必然产生废物。有时所需的试剂或所产生的废物具有较大的毒性，还需要特殊处理。因此，在化学过程中应最大限度地避免衍生步骤，减少衍生物，以降低原料的消耗及对人类健康与环境的影响。

3.1.4.5 使用环境友好型催化剂

通常对于化学计量反应存在以下几种情况：①部分原料不能完全发生反应，因此即使产率是100%，也还有剩余的未反应原料；②原料中只有部分是最终产品所需要的，因此其他部分就成为了废物；③为了进行或促进反应，需加入额外的试剂，而这些试剂在反应完成后被排放到废物流中。由于这些原因，催化剂的使用是有益的，催化反应较传统的化学计量反应具有许多突出的优点。催化剂的作用是促进反应的进行，但本身在反应中不被消耗，也不结合到最终产品中。这种促进作用可能有以下两种形式。

（1）降低反应活化能

催化剂通过降低反应活化能而促进反应的进行，这不仅有益于控制而且可以降低反应发生所需的温度。在大规模生产中，这种能量降低无论从环保角度还是经济方面来看，均是非常有益的。

(2) 增强选择性

选择性催化可实现反应程度、反应位置及立体结构方面的控制。选择性催化不仅可提高原料的利用率，而且可降低废物的产生。

正确地选用催化剂，不仅可以加速反应的进程，极大地改善化学反应的选择性和提高转化率，提高质量，降低成本，而且能从根本上减少或消除副产物的产生，减少污染，最大限度地利用各种资源，保护生态环境，是绿色化学目标实现的重要工具。

3.1.4.6 降解设计

某些化学品在被使用后或被释放到环境中后，其在环境中保持原状，或被各种植物和动物吸收并在动植物体内累积与放大，这就是所谓的“持久性化学品”或“持久性生物累积”。这些化学品会对人类和生物体产生直接或间接的危害，如塑料和农药。塑料曾因其持久耐用性而受到欢迎，其在土壤、海洋及其他水介质中不易降解，具有很好的稳定性，这样一来，塑料在其被使用后长期存在于环境中，成为白色污染。许多农药是有机卤代物，这些化学品易通过食物链在植物与动物体中累积，使其含量不断增加，这不仅对生物本身有害，也对消费这些动植物的人类产生严重影响。

绿色化学认为设计化学产品时必须考虑使用结束后，它们能否降解为无害的物质。在开发降解方法与设计化学品的降解性时，应评价降解前后化合物的毒性和危害性。若降解生成的物质具有相近或更大的危害性，降解就失去了其绿色的意义。正如绿色化学的其他过程一样，降解过程的开发与设计应充分考虑其对人类健康、生态系统、野生动物及整体环境的影响。

3.1.4.7 预防污染的实时分析

为了最大限度地利用资源和预防污染，实现绿色化学的目标，要求现代分析化学不再局限于测定物质的组成及含量，而是要进行形态、微区表面、微观结构分析和对化学及生物活性等作出瞬时追踪、无损和在线监测等分析及过程控制。如何从化学过程及生命和环境过程中获取量测数据，并通过对量测数据的解析来控制工业生产，进行新产品开发，降低成本，减少环境污染，成为一个很迫切的问题。

为了达到绿色化学的目标，分析技术既要可用于在线分析又要可用于即时分析。只有做到生产过程中快速监测，才能对化学过程中有害产品的生成和副反应进行跟踪，当微量有毒物质产生时，可以通过反应条件的调节以减少或消除这些有毒物质。另一方面，过程分析化学家在监测反应过程时可以判断反应是否完成。有的化学反应需要不断加入试剂以使反应完全，这时如果能快速检测到反应完全，就不必加入多余的试剂，从而减少了废弃物的产生。

3.1.4.8 防止意外事故的安全工艺

化学与化学工业中防止事故发生的重要性是众所周知的，因为许多化学意外事故严重影响了人们的健康和生命，恶化了当地的生态和生存环境，造成了巨大的经济损失，化工事故对于地方区域有着毁灭性的影响。绿色化学的目标是消除或减少所有的危害，而不仅仅是污染与生态毒性。

在极度降低废物的产生以防止污染时，也可能会无意中增加事故发生的可能性。比如，将化工过程的溶剂循环使用可以减少向环境中的释放量，但这也可能增加化学事故或火灾的隐患。对于一个化学过程，必须有效地处理好污染防止同事故防止之间的平衡。

达到安全化学过程的途径之一是慎重选择物质及物质的状态，比如，使用固体或具有低蒸气压的物质代替液体或气体，用可以携带卤素的试剂代替卤素。还应充分考虑由选用的物质的毒性、易燃性、易爆性所带来的危害。另外，可利用及时处理技术对有害物质进行快速处理。

通过这种技术，化工公司可消除长期大量储存有害物质的需要，从而大大降低了事故的隐患。

3.2 可持续性分析途径与方法

1972年6月5日，联合国召开了“人类环境会议”，提出了“人类环境”的概念，并通过了人类环境宣言成立了环境规划署。1987年4月27日，世界环境与发展委员会发表了一份题为《我们共同的未来》的报告，提出了“可持续发展”的战略思想，确定了“可持续发展（sustainable development）”的概念。由于可持续发展依照的原则是环境友好原则，认为环境与发展是不可分割的，是相互依存、密切相关的。所以，可持续发展的战略思想与分析方法是实现产品绿色化的重要途径之一。

3.2.1 可持续性的定义

可持续性（sustainability）的定义是1987年Brundlandt提出的。可持续发展是这样的一种社会发展过程：“既满足当代人的需要，又不对后代人满足其需要能力构成危害的发展”。从定义可以看出，可持续性不仅仅是技术问题，而是只有在诸多方面协同进行才能实现的。

首先，自然科学在可持续发展中是非常重要的。一项技术可为人类社会提供所需的产品，同时也可对当代与后代人造成危害。短期影响包括直接的危害、毒性等，长期影响可通过两种途径产生：其一为技术圈（technological sphere）需要从生物圈（biosphere）中提取材料与能源，如果它对这些资源的消耗超过生成速度，则可成为影响满足后代人需要的可能；其二为技术圈向生物圈排放废物，这意味着其可能破坏生态系统而影响生物圈的资源生产能力。

可持续发展只有在不同科学方面的边界条件均得到满足才能实现。自然科学方面的两个直接边界条件是用于制造产品的资源不会被耗尽和技术圈产生的排放物不危及生态系统。因为高的效率意味着资源的节约与废物产生的减少。所以，效率可被看作是技术圈的可持续性的第三个边界条件。

㶲，亦称为有效能，是用来表示能量的质量的热力学概念，其大小可反映一定数量的能量相对于一个平衡的环境状态所具有的做功能力。

每个技术过程的不可逆性与能量质量的降低均能同㶲的减少有关。由于所有能量与材料均具有㶲，所以，它被用来量化可持续性。

3.2.2 量化可持续性的参数

生物圈同技术圈的可持续相互作用如图3-1所示。这是一个以太阳能为动力的材料封闭循环过程。生物圈产生的高质量产品（如农作物、树木）被技术圈消耗以提供人类需要的物品，其产生的低质量物质（水、CO_2）又被排放回生物圈。在整个过程中只有太阳能是动力，所有材料均是可循环的，因此是一个可持续的过程。

人类目前的活动状态如图3-2所示。人类从环境中提取高㶲含量的不可更新资源，而向环境中排放废物。由于输入与输出不匹配，材料的循环是不封闭的。另外，在使用材料时没有完全利用这些材料。

因此，可从三个方面来描述一个产品或过程的可持续性：可更新资源的使用情况、废物的排放情况以及过程的效率。从这三个方面分别反应了一个产品或过程对不可更新资源的消耗情况、对环境的污染情况以及对能源的有效利用情况，可以全面地反应一个产品或过程的可持续性。

一个过程的可持续性可用以下五个参数来定量描述：可更新性参数；环境效率参数；生产效率参数；总体效率参数；总体可持续性参数。

（1）过程的可更新性参数

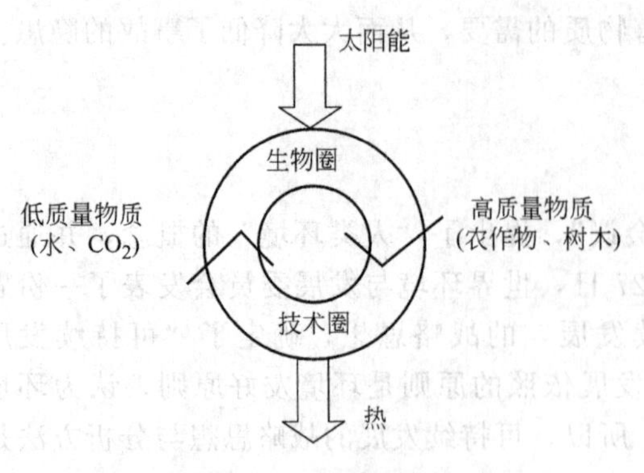

图 3-1 以太阳能为动力的封闭材料循环

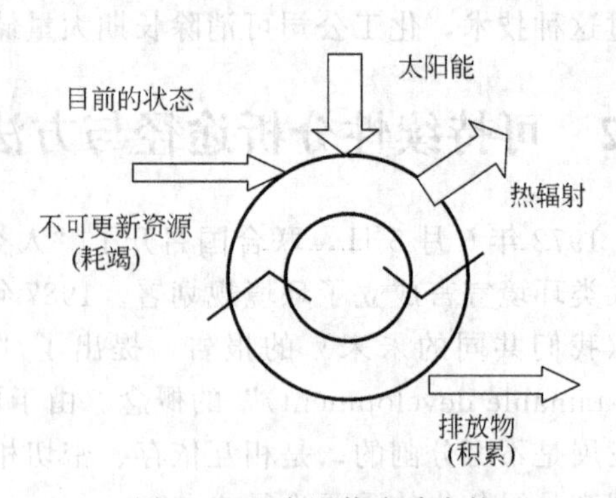

图 3-2 以太阳能为动力的非封闭材料循环

一个过程需要使用一种或几种资源来生产最终产品。若其使用的为不可更新资源，则面临着原料枯竭的危险，同时也对环境具有负面影响。因此，一个可持续的过程应全部使用可更新资源。

可更新资源的定义为那些生成速率等于或高于其消耗速率的资源。不可更新资源是指那些生成速率低于消耗速率的资源。一种资源的可更新性因子可用式(3-1) 计算：

$$\rho=\frac{R_{\mathrm{prod}}}{R_{\mathrm{cons}}} \tag{3-1}$$

式中，R_{prod}，R_{cons} 分别为该资源的生成速率与消耗速率，对于可更新资源，$\rho\geqslant 1$。

一个过程的可更新性参数的定义为一个过程中消耗的可更新㶲占所有消耗的分数：

$$\alpha=\frac{R_{\mathrm{cons,renew}}}{R_{\mathrm{cons}}} \tag{3-2}$$

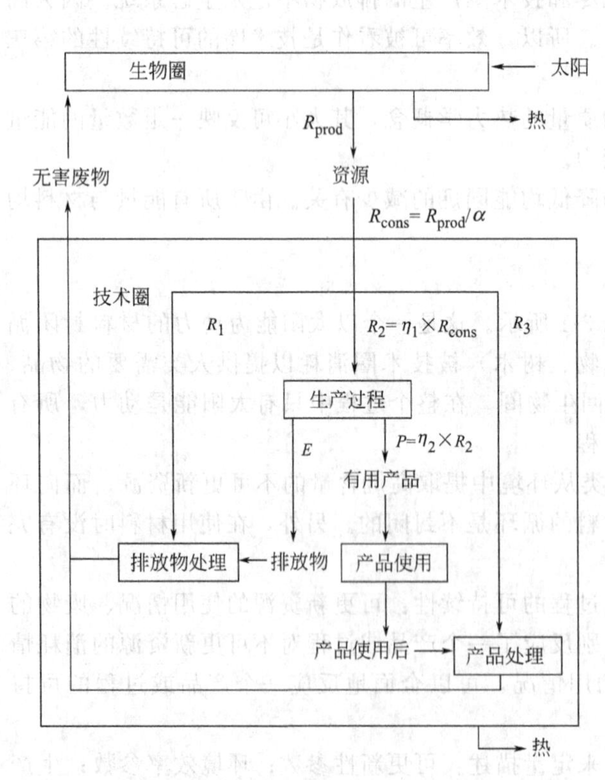

图 3-3 可持续生物圈/技术圈系统中资源与废物的交换

显然，对于一个可持续的过程，其所使用的所有资源均为可更新资源，因此 $\alpha=1$。对于一个实际过程，$0\leqslant\alpha\leqslant 1$。

在计算 α 时，不仅必须考虑一个过程中所有的资源，而且还应考虑生成这些资源时所需最初资源的可更新性。

(2) 过程的环境效率参数

一个生产过程所消耗的所有㶲可用式(3-3) 计算（见图 3-3）：

$$R_{\mathrm{cons}}=R_1+R_2+R_3 \tag{3-3}$$

式中，R_1 为生产过程中排放物处理消耗的㶲；R_2 为生产过程中所需的㶲；R_3 为产品使用后转化成无害物质所需要消耗的㶲。

过程的环境效率参数用式(3-4) 计算：

$$\eta_1=\frac{R_2}{R_1+R_2+R_3} \tag{3-4}$$

式中，$0\leqslant\eta_1\leqslant 1$。

(3) 过程的生产效率参数

一个过程的生产效率在描述其可持续性时非常重要。效率越高，则利用一定的输入㶲可生产更多的产品，就具有更高的可持续性。一个过程的生产效率参数可用式(3-5) 计算：

$$\eta_2=\frac{P}{E+P+I_P} \tag{3-5}$$

式中，$0\leqslant\eta_2\leqslant 1$，并且 $E+P+I_P=R_2$（见图 3-4)；E 表示生产过程中无用㶲的流速；P 为有用产物的㶲流速；I_P 为过程的不可逆性的㶲；经推导可得到 R_{cons} 同 P 成正比，而同（$\eta_1\times\eta_2$）成反比，即

$$R_{cons}=P\frac{1}{\eta_1}\frac{1}{\eta_2} \tag{3-6}$$

或

$$R_{cons}=P\frac{1}{\eta} \tag{3-7}$$

式中，$\eta=\eta_1\times\eta_2$，称为技术圈的总体效率参数。

综上所述，一个可持续的过程应完全使用可更新资源（$\alpha=1$)，将所有的原料均转化至所需的产品并不破坏生物域（$\eta=1$)。因此可定义如下一个过程的总体可持续性参数：

$$S=\frac{1}{2}(\alpha+\eta) \tag{3-8}$$

3.2.3 可持续性分析方法与应用实例

对一个产品或过程进行可持续性分析与评估的一般步骤如下：

① 计算该过程中所有原料、中间体和产物的㶲；

② 计算生产过程中排放物处理所消耗的㶲（R_1)；

③ 计算产品使用后处理所消耗的㶲（R_3)。

④ 计算描述可持续性的参数 α、η_1、η_2、η、S；

⑤ 分析与评估。

在计算中应全面考虑各种不同类型的资源，特别是对于可更新资源，应考察其在生物圈中生成时所消耗资源的可更新性。下面以乙醇生产为例来比较不同生成方法的可持续性。

乙醇是一种广泛使用的化学品，可作为溶剂或化学反应试剂在工业上使用，也可作为能源用作发动机燃料。另外，利用农作物生产的乙醇可用于制造各种酒类。乙醇可通过矿物资源或农作物发酵在工业上生产，也可通过光电池和电解生成 H_2，然后同 CO_2 反应合成。这里对这三种过程分别估算其可持续性参数，从而比较它们在可持续性方面的优劣。

(1) 由矿物资源生产乙醇的过程

由矿物资源（不可更新资源）生产乙醇的过程如图 3-4 所示，该过程所需的输入㶲、中间体㶲和输出㶲列于表 3-1 中。为了使该过程不影响环境，必须对过程中产生的废物及产品使用后生成的废物进行处理。在本过程中，输入的不可更新燃料被转化成 CO_2 和 H_2O，如果不对 CO_2 进行处理，则可引起大气中 CO_2 浓度的增加，从而导致温室效应。理想的可持续性处理方法为，将其转化成原始的燃料并储存于原来的地下位置。但该想法在技术上是无法实现的。一种能较好地降低影响的方法为，将其储存于地下枯竭的油井与天然气井里，这样 CO_2 引起的气候影响可被消除。因此，必须将 CO_2 从烟道气中分离出来并注入地下。

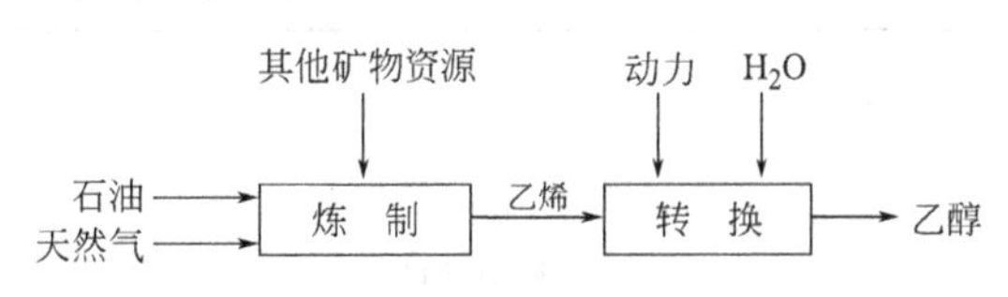

图 3-4 由矿物资源生产乙醇的过程

表 3-1　由矿物资源生产乙醇过程的输入㶲、中间体㶲和输出㶲

物　流	产　品	㶲/(MJ/kg EtOH)
输入	乙烯生产所需的石油	23.12
	乙烯生产所需的天然气	23.85
	乙烯生产所需的其他矿物资源	0.94
	水合过程所需的天然气	12.20
	水合过程所需的水	0.02
中间体	乙烯	29.60
输出	乙醇	29.50

该过程中 CO_2 的产生有三个来源，乙烯生产过程、动力产生过程（由天然气发电）和产品乙醇消耗后转化的 CO_2。经计算可得 $R_1=9.5$MJ/kg EtOH（乙烯生产过程＋动力产生过程中产生的 CO_2 的处理所消耗的㶲）。

该过程的各种可持续性参数列于表 3-2 中。

表 3-2　乙醇生产过程中的可持续性参数

生产方法	α	η_1	η_2	η	S
矿物资源	0.0002	0.744	0.491	0.365	0.183
农业/发酵	0.998	0.9995	0.00694	0.00694	0.502
H_2/CO_2	0.911	0.980	0.0658	0.0645	0.488

(2) 由农作物发酵生产乙醇的过程

由农作物发酵生产乙醇过程如图 3-5 所示，该过程所需的输入㶲、中间体㶲和输出㶲列于表 3-3 中。农业与发酵过程中需要使用矿物资源与化石燃料以生产化肥、农药与所需的动力。因此该过程的可更新参数 $\alpha\neq1$。

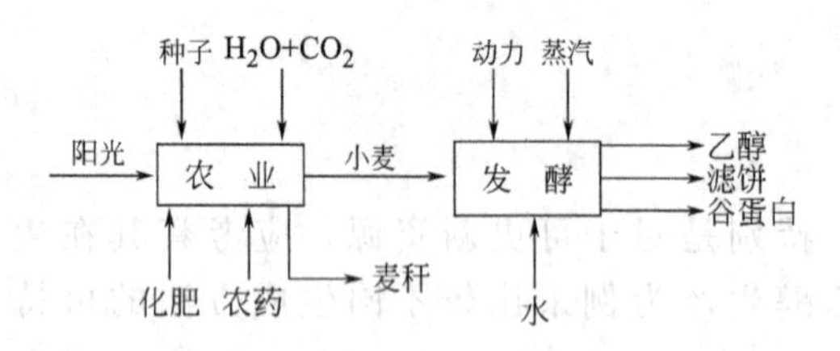

图 3-5　由农作物发酵生产乙醇的过程

经计算可得该过程的 $R_2=13043$GJ/(ha·a)。由于该产物最终产生的 CO_2 可在农作物生长过程中被全部吸收，没有净的 CO_2 生成，因此 $R_3=0$。但在农业过程与发酵过程中需要使用不可更新资源，如农业生产中需要使用的化肥、农药及机械功消耗的燃料，发酵过程中需要使用天然气提供动力和产生蒸汽等均导致 CO_2 的排放。所有这些 CO_2 均需被处理，其消耗的㶲为 $R_1=6.94$GJ/(ha·a)。

表 3-3　农业/发酵生产乙醇过程中的输入㶲、中间体㶲和输出㶲

物　流	产　品	㶲/(MJ/kgEtOH)	
		总的	乙醇相关的
输入	太阳	33480	13220
	种子材料	2.4	0.9
	农业所需的燃料	5.6	2.2
	化肥/农药所需的燃料	13	5.1
	发酵所需的燃料	24	15.5
中间体	小麦	147	147
	麦秆	91	0
	谷蛋白	44	0
	滤饼	6	0
输出	乙醇	92	92

（3）由 H_2 和 CO_2 合成乙醇的过程

用光太阳能电池和电解产生 H_2，然后同 CO_2 合成乙醇的过程如图 3-6 所示，该过程所需的输入㶲、中间体㶲和输出㶲列于表 3-4 中。与农作物发酵过程相似，该过程的 $R_3=0$。R_1 可由该过程所需的所有不可更新资源产生的 CO_2 的处理㶲算出，$R_1=114$GJ/(ha·a)。

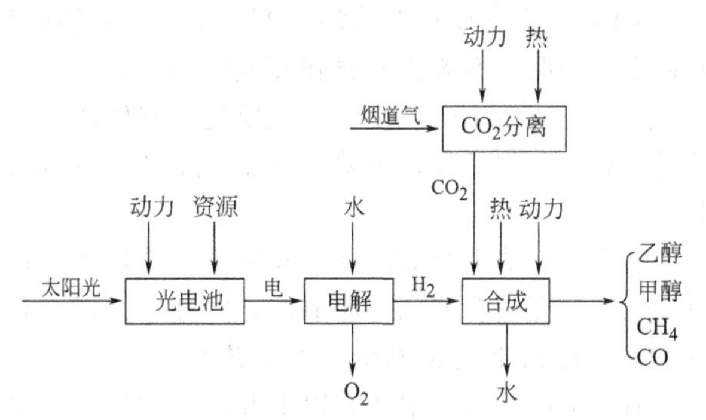

图 3-6 利用太阳能产生 H_2，然后与 CO_2 合成乙醇的过程

（4）各种乙醇生产过程可持续性的评估与比较

从表 3-2 可以看出，由矿物资源生产乙醇过程的可更新性参数几乎为 0，因而其不可能成为完全可持续的过程。该过程效率虽然较高（$\eta_2=0.491$），但由于其具有较低的环境效率参数（$\eta_1=0.744$），该过程的总体效率为 $\eta=0.365$，而总体的可持续性参数为 0.183，是三种方法中可持续性最低的过程。

表 3-4 H_2/CO_2 生产乙醇过程的输入㶲、中间体㶲和输出㶲

物流	产品	㶲/(MJ/kgEtOH)	
		总的	与乙醇相关的
输入	太阳动力	33480	5208
	太阳能电池	885	138
	电解所需的水	10.1	1.6
	产生 CO_2 的烟道气	74	11.5
	回收 CO_2 的燃料	867	135
	由 H_2/CO_2 合成乙醇的燃料	722	112
中间体	电	4285	667
	H_2	2641	411
	CO_2	74.1	11.5
输出	乙醇	369	369
	甲醇	132	0
	CH_4	1598	0
	CO	273	0

农业/发酵方法具有很高的可更新性参数（$\alpha=0.998$）和环境效率参数（$\eta_1=0.9995$），但其生产效率很低（$\eta_2=0.00694$）。其总体效率参数和可持续性参数分别为 0.00694 和 0.502。

利用太阳能产生 H_2，然后同 CO_2 合成乙醇的 H_2/CO_2 合成过程同样具有较高的可更新性参数（$\alpha=0.911$）和环境效益参数（$\eta_1=0.980$）。其过程效率高于农业/发酵过程，但总体可持续性略差于农业/发酵方法。

因此，通过上述比较，农业/发酵生产乙醇法具有最好的可持续性。亦可认为是实现产品“绿色化”较好的途径。

3.3 清洁化途径与方法

清洁生产就是采用清洁的能源、少废或无废的清洁生产过程来生产对环境无害的清洁产品。所以，它与绿色概念完全吻合，是实现产品绿色化的重要途径之一。

联合国环境规划署和环境规划中心对清洁生产下的定义是：清洁生产这一术语是用来表征从原料生产工艺至生产消费全过程的广义的污染防治的生产途径。

中国21世纪议程对清洁生产的定义为：清洁生产是指既满足人类需求又合理使用自然资源和能源并保证不危害人类和环境的生产。

要实现清洁生产的途径，主要是要在生产过程中节约，并做到减少废物和副产品；改良原料到产品的制作过程，消除不利影响；对服务方面，要将环境因素纳入设计和所提供的服务中去。

上述对清洁生产的解释其本质主要体现在原料、物料、能源最少化，消除废物，将其资源完善化，管理最合理化。即节能、降耗、减污、高产，同时实现经济效益、社会效益和环境效益相统一的21世纪的新的生产工艺。

清洁生产的内容主要有以下几点：首先要有清洁的能源，包括新能源的开发、现有能源的利用等，目前最重要的是节省不可再生能源的用量；其次要有清洁的原料，要求原料无毒无害，反应率高；再次要求清洁的生产过程，对中间产品要求无毒无害，尽量减少中间产品的生成，多使用少产生废料或无废物生成的工艺，使用高性能的设备，减少生产过程中的危险因素；最后要求有清洁的产品，设计生产的产物不仅要具有所有需要的性能，还要对环境和生物无毒无害。

清洁生产是一项系统工程，重点在于预防，从源头上断绝污染的出现，强调经济效益、社会效益和环境效益的统一，并要求与对应的企业发展前景相匹配。清洁化生产使企业持续发展，减少了企业的末端治理，使企业赢得形象和品牌，并开创了防治污染的新阶段，为实现经济、能源的可持续发展战略奠定了扎实的基础。

清洁生产是循环经济的前提和本质。循环经济是追求更大经济效益、更少资源消耗、更低环境污染和更多劳动就业机会的先进经济模式。其本质上与生态经济是相一致的，都是要使经济活动生态化，都是要坚持可持续发展。

就绿色化工技术而言，人们提出了5R理论来描述绿色化工技术在资源使用上的基本特征。

① 减量（reduction） 减量是从省资源少污染的角度提出的。减少用量，在保障产量的情况下如何减少用量，其有效途径之一是提高转化率，减少损失率。减少“三废”排放量，主要是减少废气、废水及废弃物（副产物）排放量，必须达到排放标准以下。

② 重复使用（reuse） 重复使用是降低成本和减废的需要。诸如化学工业过程中的催化剂、载体等，从一开始就应考虑有重复使用的设计。

③ 回收（recycling） 回收主要包括回收未反应的原料、副产物、助溶剂、催化剂、稳定剂等非反应试剂。

④ 再生（regeneration） 再生是变废为宝，节省资源、能源，减少污染的有效途径。它要求化工产品生产在工艺设计中应考虑到有关原材料的再生利用。

⑤ 拒用（rejection） 拒绝使用是杜绝污染的最根本办法，它是指对一些无法替代，又无法回收、再生和重复使用的毒副作用、污染作用明显的原料，拒绝在化学过程中使用。

清洁生产是一个系统工程。一项清洁生产应具备技术、经济和环境效益三要素：

a. 必须技术上可行，企业可结合技术革新而选择先进的环保设备与技术；

b. 要达到节能、降耗、减污的目标，满足环境保护法规的要求；

c. 要在经济上能够获利，充分体现经济效益、环境效益和社会效益的高度统一。

因为清洁生产会涉及产品的研究开发、设计、生产、使用及最终处置的全过程，所以要从企业的特点出发，在产品设计、原料选择、工艺流程、工艺参数、生产设备、操作规程

（SOP）等方面进行具体分析，研究生产过程中减少污染物产生的可能性，寻找清洁生产的机会和潜力，以促进清洁生产的实施。

3.3.1 实施清洁生产的主要途径

3.3.1.1 产品设计与开发

在产品设计和原料选择时，应以保护环境为目标，不生产有毒有害的产品，不使用有毒有害的原料，以防止原料及产品对环境的危害。通过预先制定措施预防污染，做到源削减。

（1）产品设计和生产规模

产品的设计应该做到能够充分利用资源，有较高的原料利用率，产品无害于人体健康和生态环境。开发清洁生产有以下一些途径。

① 产品的更新设计。是指产品在生产中、使用中及报废后处置均对环境无害，鼓励生产绿色产品。这是科学性、技术性很强的工作。

② 调整产品结构。从产品的生命周期整体设计，优化生产，这需要化工行业加大研究力度。

③ 提高产品的使用寿命，减少报废。产品的稳定性研究，产品质量提高以及结构改造，都有利于产品有效期的延长。

④ 合理的使用功能。对产品功能的研究，有利于原料利用率的提高。

⑤ 简化包装，易降解、易处理。产品报废后，应易处理，可降解，并且对环境无害。鼓励采用可再生材料制作包装材料或包装物可回收重复使用等，避免使用处置后仍有污染和不易降解的材料作包装用。

工业产品设计原则往往是从经济利益考虑的，仅考虑其适用性和经济性。产品出厂后，企业不再顾及它们随后的命运。随着产品的更新换代和工业的发展，人们开始认识到，工业污染不但发生在产品的生产过程中，有时更严重地出现在消费过程中。有些产品使用后废弃、分散在环境中也是种重要的污染源。如使用破坏臭氧层的氟里昂冰箱，六六六等农药。按照清洁生产的概念，对于工业产品要进行整个生命周期的环境影响分析，也就是对于产品要从设计、生产、流通、消费以至报废后处置等几个阶段进行环境影响分析。对于那些生产过程中物耗、能耗高，污染严重的产品，以及那些使用、报废后破坏生态环境的产品要尽快调整与停产。

清洁生产需要全社会、各行各业共同努力。凡是不能充分利用资源、原料利用率低、有害人体健康和生态环境的，则要受到限制或淘汰。众所周知，含铅汽油作为汽车的动力油因为在其使用过程中会产生对人体有害的含铅化合物而被淘汰；作为燃料的煤炭因为其燃烧会产生烟尘和硫化物而被限制使用。清洁生产要求使用清洁能源。

在产品设计中，工业生产的规模对原材料的利用率和污染物排放量的多少以及经济效益有直接影响。合理的工业生产规模在经济学上称为规模经济，它在投资、资源能源利用、生产管理、污染预防等方面使中小企业都有明显优势。

（2）原材料选择（清洁的原材料）

减少有毒有害物料的使用，减少生产过程中的危险因素，使用可回收利用的包装材料，合理包装产品，采用可降解和易处置的原材料，合理利用产品功能，延长产品使用寿命。

原料准备是产品生产的第一步。原材料的选择与生产过程中污染物的产生量有很大相关性。对于某种特定的产品来说，原料的选择由多种因素决定，但是不能以牺牲环境为代价或者以高昂的费用来处理、处置生产过程中产生的大量废弃物来弥补原料选择的缺陷。

原材料的质量对于工业生产也是非常重要的，直接影响生产的产出率和废弃物的产生量。如果原材料含有过多的杂质，生产过程中就会发生一些不期望的反应，产生一些不期望的产品，这样既加大了处理、处置废弃物的工作量和费用，同时也增加了原材料和废弃物的运输成本。

3.3.1.2　改革生产工艺，更新生产设备，开发全新流程

清洁生产要求根据环境价值并利用现代科学技术的全部潜力，因此企业需要改革生产工艺，更新生产设备，尽最大可能提高每一道工序的原材料和能源的利用率，减少生产过程中资源的浪费和污染物的排放。

在产品生产工艺过程中应最大限度地减少废弃物的产生量和毒性。检测生产过程、原料及生成物的情况，科学地分析、研究物料流向及物料损失状况，找出物料损失的原因所在。调整生产计划，优化生产程序，合理安排生产进度，改进、完善、规范操作程序，采用先进的技术，改进生产工艺和流程，淘汰落后的生产设备和工艺路线，合理循环利用能源、原材料、水资源，提高生产自动化的管理水平，提高原材料和能源的利用率，减少废弃物的产生。即要有一个清洁的生产过程。

遵循清洁生产的原则与要求，产品生产要在原料规格、生产路线、工艺条件、设备选型和操作控制等方面，加以合理改革，并积极创造条件应用生物技术、机电一体化技术、高效催化技术、电子信息技术、树脂和膜分离技术、隔离技术（isolation technique）等现代科学技术，创建新的生产工艺和开发全新流程，从而提高生产效率和效益，实现清洁生产，彻底消除在生产过程中产生的污染。

自动化、机械化和电子化设备等高效设备，新的工艺和自动化控制操作，可以更有效地利用原材料，减少废物的产生，可减少废品或不合格品，从而减少需要重新加工或处置的物料量，进而实施清洁生产。采用高效的设备和工艺，可以提高生产能力，降低原材料费用和废物处理处置费用，从而可以增加企业资金收入，给企业带来明显的经济效益、环境效益和社会效益。

改革工艺和设备，可以使整个生产线的技术得到改造，也可以局部进行。这应结合企业的实际与资金能力，循序渐进，稳步实施。改革工艺和设备包括了以下几种情况。

① 局部关键设备的更新，采用先进高效的设备，提高产量，减少废物的产生。

② 改进设备布局，避免操作中工件（半成品）传递带来污染物流失，减少运转过程造成的产品损失。

③ 生产线采用全新流程，建立连续、闭路生产流程，减少物料损失，提高产量，提高物料转化率，减少废物的生成。

④ 工艺操作参数优化。在原有工艺基础上，适当改变操作条件，如浓度、温度、压力、时间、pH 值、搅拌条件、必要的预处理等，可延长工艺溶液使用寿命，提高物料转化率，减少废物料的产生。

⑤ 工艺更新。采用新工艺，改善落后的旧工艺，采用最新的科学技术成果，如机电一体化技术、高效催化技术、生化技术、膜分离技术等，从而提高物料利用率，从根本上杜绝废物的产生。

⑥ 配套自动控制装置，实现过程的优化控制，避免人为产生的误操作，减少污染物的产生。

3.3.1.3　建立生产闭合圈——废物循环利用

实施清洁生产要求流失的物料必须加以回收，返回到流程中或经适当的处理后作为原料回用，建立从原料投入到废物循环回收利用的生产闭合圈，使工业生产不对环境造成任何危害。

化工企业的厂内物料循环有以下几种形式：

① 将回收流失物料作为原料，返回到生产流程中；

② 将生产过程中产生的废料经适当处理后作为原料或替代物返回生产流程中；

③ 废料经处理后作为其他生产过程的原料应用或作为副产品回收。

3.3.1.4　加强科学管理

清洁生产的实践表明，强化管理能削弱40%的污染物的产生，而实行清洁生产是一场新的革命，要转变传统的旧式生产观念，建立一套健全的环境管理体系（EMS），使人为的资源浪费和污染排放量减至最小。加强科学管理的内容包括以下几个方面：

① 安装必要的高质量检测仪表，加强计量监督，及时发现问题；

② 加强设备检查维护、维修，杜绝跑、冒、滴、漏；

③ 建立岗位责任制与管理职责，防止生产事故；

④ 完善可靠翔实的统计和审核；

⑤ 产品的全面质量管理（TQM），有效的生产调度，合理安排批量生产日程；

⑥ 改进操作方法，实现技术革新，节约用水、用电；

⑦ 原材料合理购进、储存与妥善保管；

⑧ 产品的合理销售、储存与运输；

⑨ 加强人员培训，提高员工素质；

⑩ 建立激励机制和公平的奖惩制度；

⑪ 组织安全文明生产。

总之，清洁生产包括清洁的原材料、清洁的能源、清洁的生产过程和清洁的产品，是可持续发展的重大战略行动，是一项复杂的系统工程。实施清洁生产，必须转变观念，加强科学管理，必须制定一套完整的法规与政策及文件，必须建立一套健全的环境管理机构并实施环境审计制度，健全企业的环境管理体系。清洁生产与环境管理体系相辅相成，共同发展。

清洁生产是一个预防的、综合的、持续的战略，为改进生产过程，以提高效率，促进改善环境行为并降低费用。其中心思想是实行源消减，并对生产全过程进行控制，以达到减少风险的目的。在这里减少风险不仅包括对环境的风险、对人类健康的风险，而且也包括对自身的风险（责任）。特别是清洁生产能够改善企业环境形象、降低末端处理费用和提高生产利用率的经济效益。图3-7所示为清洁生产审核的逻辑思路，表明了清洁生产及其审核的中心思想及过程。这个审核过程可以是多次反复的，用一句话来概括，即不断判明废物产生的部位，分析废物产生的原因，提出方案减少或消除废物，做到持续改进。

所谓循环经济，本质上是一种生态经济，它要求运用生态学规律而不是机械论规律来指导人类社会的经济活动。与传统经济相比，循环经济的不同之处在于：传统经济是一种由“资源—产品—污染排放”单向流动的线性经济，其特征是高开采、低利用、高排放。在这种经济中，人们高强度地把地球上的物质和能源提取出来，然后又把污染和废物大量地排放到水系、空气和土壤中，对资源的利用是粗放的和一次性的，通过把资源持续不断地变成为废物来实现经济的数量型增长。与此不同，循环经济倡导的是一种与环境相和谐的经济发展模式。它要求把经济活动组织成一个“资源—产品—再生资源”的反馈式流程，其特征是低开采、高利用、低排放。所有的物质和能源要能在这个不断进行的经济循环中得到合理和持久的利用，以把经济活动对自然环境的影响降低到尽可能小的程度。循环经济为工业化以来的传统经济转向可持续发展的经济提供了战略性的理论范式，从而从根本上消解了长期以来环境与发展之间的尖锐冲突。“减量化、再利用、再循环”是循环经济最重要的实际操作原则。

3.3.2　循环经济的“3R原则”

3.3.2.1　减量化原则

减量化原则（reduce）要求用较少的原料和能源投入来达到既定的生产目的或消费目的，进而达到从经济活动的源头就注意节约资源和减少污染。减量化有几种不同的表现形式。在生

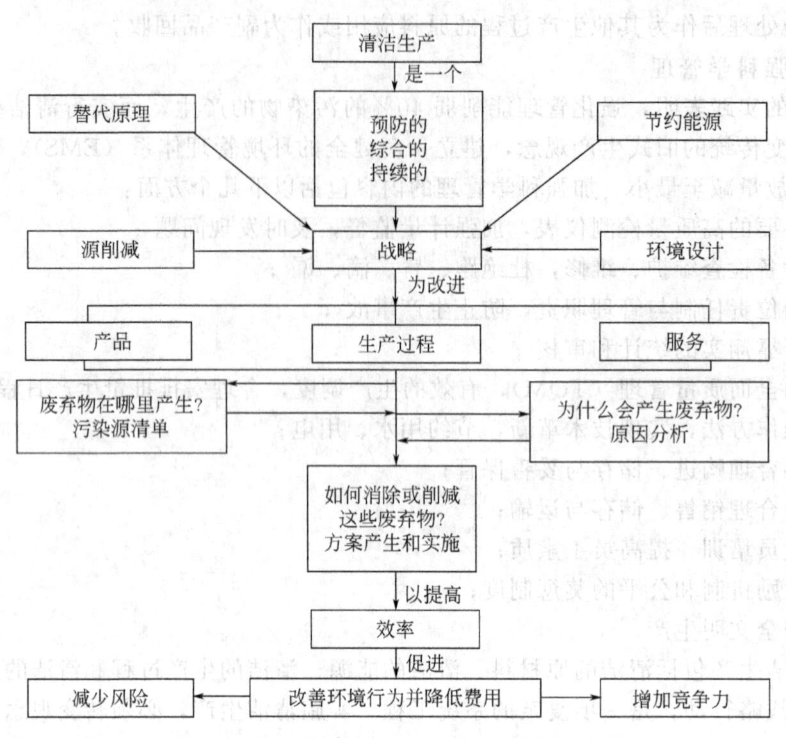

图 3-7　清洁生产审核的逻辑思路

（引自《制药企业 GMP 管理实用指南》，并有修改）

产中，减量化原则常常表现为要求产品小型化和轻型化。此外，减量化原则要求产品的包装应该追求简单朴实而不是豪华浪费，从而达到减少废物排放的目的。

3.3.2.2　再使用原则

再使用原则（reuse）要求制造产品和包装容器能够以初始的形式被反复使用。再使用原则要求抵制当今世界一次性用品的泛滥，生产者应该将制品及其包装当作一种日常生活器具来设计，使其像餐具和背包一样可以被再三使用。再使用原则还要求制造商应该尽量延长产品的使用期，而不是非常快的更新换代。

3.3.2.3　再循环原则

再循环原则（recycle）要求生产出来的物品在完成其使用功能后能重新变成可以利用的资源，而不是不可恢复的垃圾。按照循环经济的思想，再循环有两种情况：一种是原级再循环，即废品被循环用来产生同种类型的新产品，例如报纸再生报纸、易拉罐再生易拉罐等；另一种是次级再循环，即将废物资源转化成其他产品的原料。原级再循环在减少原材料消耗上面达到的效率要比次级再循环高得多，是循环经济追求的理想境界。

思考题

1. 什么是绿色产品？什么是绿色工艺或绿色技术？绿色产品的意义是什么？其主要特点是什么？

2. 十二条绿色化学原则是什么？为什么说是十二条绿色化学原则是指导开发绿色化工产品与工艺的基本依据？

3. 符合什么条件的产品便可认为具有“绿色概念”？为什么说现阶段完全实现产品绿色化仅是一种理想？

4. 绿色化工技术应符合哪些特点？实施时应考虑哪些问题？

5. 可持续发展应是怎样的一种社会发展过程？如何量化可持续性参数？如何运用可持续性参数选择工艺路线？

6. 什么是清洁生产？清洁生产与绿色产品有什么关系？如何实施清洁生产？

参考文献

[1] 杨家岭．绿色化学与技术．北京：北京邮电大学出版社，2001.

[2] 徐汉生．绿色化学导论．湖北：武汉大学出版社，2002.

[3] 刘光复．绿色设计与绿色制造．北京：机械工业出版社，2000.

[4] 臧树良．清洁生产、绿色化学原理与实践．北京：化学工业出版社，2006.

第4章　绿色材料

4.1　绿色高分子材料

4.1.1　高分子材料简介

高分子材料包括塑料、橡胶、纤维、薄膜、胶黏剂和涂料等。其中，被称为现代高分子三大合成材料的塑料、合成纤维和合成橡胶已经成为国民经济建设与人们日常生活所必不可少的重要材料。

通常，根据来源可将高分子材料划分为天然、半合成（改性天然高分子材料）和合成高分子材料。天然高分子是生命起源和进化的基础。人类社会一开始就利用天然高分子材料作为生活资料和生产资料，并掌握了其加工技术，如利用蚕丝、棉、毛织成织物，用木材、棉麻造纸等。现在，高分子材料已与金属材料、无机非金属材料一样，成为科学技术、经济建设中的重要材料。

高分子材料的结构决定了其性能，通过对结构的控制和改性，可获得不同特性的高分子材料。高分子材料独特的结构和易改性、易加工特点，使其具有其他材料不可比拟、不可取代的优异性能，从而广泛用于科学技术、国防建设和国民经济各个领域，并已成为现代社会生活中衣食住行各个方面不可缺少的材料。

按照特性可将高分子材料分为橡胶、纤维、塑料、高分子胶黏剂、高分子涂料和高分子基复合材料。

(1) 橡胶

橡胶有天然橡胶和合成橡胶两种，是一类线型柔性高分子聚合物。其分子链柔性好，在外力作用下可以产生较大形变，去掉外力之后又能迅速恢复原状。合成橡胶的产量和消耗量已远大于天然橡胶。

(2) 纤维

纤维分为天然纤维和化学纤维。前者指蚕丝、棉、麻、毛等。后者是以天然高分子或合成高分子为原料，经过纺丝和后处理制得的。纤维一般为结晶聚合物。到20世纪末，合成纤维与天然纤维的产量之比已经超过4∶6。

(3) 塑料

塑料是以合成树脂或化学改性的天然高分子为主要成分，再加入填料、增塑剂和其他添加剂制得的。按照合成树脂的特性可分为热固性塑料和热塑性塑料；按照用途又可分为通用塑料和工程塑料。从20世纪70年代起，美国等工业发达国家的塑料总产量在体积上已超过钢铁等金属材料。

(4) 高分子胶黏剂

高分子胶黏剂也分为天然的和合成的两种，它们是以合成天然高分子化合物为主体制成的胶黏材料。

(5) 高分子涂料

高分子涂料是以聚合物为主要膜物质，加入溶剂和各种添加剂制得的。根据成膜物质不同，分为油脂涂料、天然涂料和合成涂料。

（6）高分子基复合材料

高分子基复合材料是以高分子化合物为基体，添加各种增强材料制得的一种复合材料。它综合了原有材料的性能特点，并可根据需要进行材料设计。

4.1.2 绿色高分子材料的提出

4.1.2.1 传统高分子材料的缺陷

高分子材料在合成、加工、使用和后处理中，都存在这样或那样的缺陷，造成资源和能源的大量消耗，并对环境产生污染。

在高分子的合成过程中，会使用大量的溶剂、催化剂等物质，它们可能会残留在产品中，同时，在合成反应中有时会生成有毒的副产物，如果不把这些有害物质去除干净，就会给产品的使用者带来危害。另外对高分子合成来说，一般需要特定的工艺条件，例如高压、加热、冷却等，这样就需消耗大量的水和能源。

高分子材料传统的加工方法主要是热加工、机械加工和化学加工。热加工的设备大部分是电热式的，热效低、能耗大，导致能源浪费。有些高分子材料受热很容易发生热降解及氧降解行为，例如聚氯乙烯产生有害气体，一方面对环境产生危害，另一方面也严重损害了加工的机械和设备。

对于化工产品在使用过程中是否会给环境和人类带来危害，有些产品是可以通过实验的方法在比较短的时间内得到答案的。但有些产品却很难迅速、及时做出正确的回答。例如氟里昂在使用多年以后才发现它严重地破坏了大气层中的臭氧。硅橡胶在生物医用领域已经使用多年，但其安全性至今仍受到怀疑。

与任何工业制品一样，大规模生产的高分子材料制品在生产和使用中也必然出现大量的废弃物。“白色污染”已经严重污染环境、土壤，目前已成为世界各国的主要污染源，而且值得关注的是，它们的产量年年递增。

4.1.2.2 绿色高分子材料

为解决环境污染和资源危机，我们必须走绿色高分子的道路。绿色高分子材料是一种环境友好型材料，它充分合理地利用资源和能源，并把整个预防污染环境的战略持续地应用于生产全过程和产品生命周期全过程，以减少对人类和环境的危害。

绿色高分子材料的含义包括两方面的内容，即绿色高分子和绿色化学。绿色高分子材料主要是指可环境降解高分子和环境稳定高分子的循环使用；绿色化学是指所有高分子与相应单体的合成方法，都必须对环保无害。

4.1.2.3 可降解高分子材料

可降解高分子材料包括光降解高分子材料、生物降解高分子材料和光-生物降解高分子材料三大类。光降解高分子材料是利用高分子材料在太阳光的作用下，分子链发生断裂而降解的机理设计的；生物降解高分子材料则是能在细菌、酶和其他微生物的作用下使分子链断裂的高分子材料。光-生物降解高分子材料是结合光和生物的降解作用，以达到高分子材料的完全降解。

（1）光降解高分子

光降解高分子之所以能降解是因为聚合物材料中含有光敏基团，可吸收紫外线发生光化学反应。在太阳光的照射下引发光化学反应，高分子化合物的链断裂和分解，使大分子变成小分子。普通聚合物中一般不含有光敏基团，通过添加少量的光敏剂，用常规合成方法就可以得到光降解材料。光降解塑料的制备方法有两种：一是在塑料中添加光敏化合物；二是将含羰基的光敏单体与普通聚合物单体共聚，如以乙烯基甲基酮作为光敏单体与烯烃类单体共聚，成为能迅速光降解的聚乙烯、聚丙烯、聚酰胺等聚合物。常用的光降解促进剂有芳基酮类、二苯甲酮及其衍生物、氮的卤化物、有机二硫化合物以及过渡金属盐或配合物等。

(2) 生物降解高分子

生物降解高分子的来源有三个方面：合成高分子、天然高分子和微生物合成高分子。在化学合成材料中，已经开发的商业化的绿色塑料主要有聚羟基酸类、聚环内酯类和聚碳酸酯类等。如聚ε-己内酯（PCL），力学性能与聚烯烃相似，与多种聚合物相容性较好，能够完全地生物降解。PCL现在还被用于医学领域，比如外科用手术缝合线和控制药物释放的载体。天然高分子大多数是可生物降解的，但它们的热学及力学性能差，不能满足工程材料的性能要求。目前主要将天然高分子添加到合成高分子基体中，起到降解改性的目的。这类天然可降解高分子有淀粉、纤维素、木质素等。如改性淀粉与聚烯烃共混，制成可降解薄膜，在土壤中微生物的侵蚀下发生生物降解，薄膜被分解成小碎片。淀粉在20世纪70年代作为填料加入到普通聚合物中，但淀粉与聚合物共混后得到的高分子材料，只有其中的淀粉可降解，而不能使复合物完全降解。微生物合成可降解高分子是指以碳水化合物为原料，通过生物发酵方法制得的可降解高分子，这是一类极具研究和开发价值的材料。典型代表是聚3-羟基链烷基酸酯(PHA)。生物降解高分子在医学领域的应用研究特别活跃。在临床主要用作手术缝合线、人造皮肤、骨固定材料、药物控制释放体系等。

(3) 光-生物降解高分子

光-生物降解高分子是结合光和生物的降解作用，以达到高分子材料的完全降解。这将是未来可降解高分子研究的重要方向之一。在生物降解高分子中添加光敏剂可以使高分子同时具有光降解和生物降解的特性。光降解塑料只有在较直接的强光下才能发生降解，当埋入地下或得不到直接光照时，不能进行光降解。而生物降解塑料的降解速率和降解程度与周围环境直接相关，如温度、湿度、微生物种类、微生物数量、土壤肥力、土壤酸碱性等，实际上生物降解的降解程度也不完全。为了提高可降解塑料制品的实际降解程度，将光降解和生物降解结合起来，制备出光和微生物双降解塑料。目前研究和开发较多的光-生物降解高分子是聚乳酸(PLA)，它由乳酸分子经羟基和羧基在适当条件下脱水缩合而成。由于聚乳酸机械强度高，常用作医用材料，它不仅符合医用要求，而且能被人体逐步分解吸收，有助于损伤肌体的康复。

4.1.3 绿色高分子材料的开发

高分子材料的发展历史不足百年，按体积计，其世界年产量目前已经超过金属类，成为最重要的材料品种之一。在高分子材料的开发与生产过程中，人们过去只追求材料的性能与功能，而对材料在生产、使用和废弃过程中产生的能源和资源消耗、环境污染问题，未给予足够的重视。为解决高分子材料的可持续发展，环境友好型的绿色高分子材料日益受到关注，成为研究和开发的热点。绿色高分子材料的开发涉及原料、合成、加工等多个方面。

4.1.3.1 原料选择

为了生产人类和社会发展所需的化工产品或中间品，在生产过程中使用了对环境和人类有害的原料，是目前高分子材料生产中常见的现象。如工业上合成聚碳酸酯，以光气为原料；丙酮氰醇法合成甲基丙烯酸甲酯，以丙酮和氢氰酸为原料。为了保护环境和人类，从源头上减少和消除污染，需要用无毒无害的原料来生产所需的化工产品。在熔融状态下，用双酚A和碳酸二甲酯聚合生产聚碳酸酯。该技术与常规的光气合成路线相比，有两个优越性：一是不使用有毒有害的原料；二是反应在熔融状态下进行，不使用可疑致癌物（甲基氯化物）作溶剂。新开发的由异丁烯生产甲基丙烯酸甲酯的合成路线，可取代丙酮氰醇法。

在高分子材料合成或加工中使用无毒无害添加剂，既可节约资源，又可保护环境。常用的添加剂有两类。一是来源于并可回归于大自然的无机矿物，如石灰石，滑石粉；二是来源于光合作用并可环境消解的蛋白质、淀粉、纤维等。因此，矿物的超细化技术及偶联、增容技术，淀粉的接枝及脱水加工技术以及纤维的增强技术应大力扶持发展。如将淀粉添加到塑料中去，其优越性在于原料单体实现了无害化，而且淀粉又易于转化为葡萄糖，易于生物降解。

4.1.3.2 绿色合成

在高分子的合成过程中，会使用大量的溶剂、催化剂等对环境产生危害的物质，这些物质一般很难完全除尽，甚至可能会残留在产品中对环境造成长期危害。同时在合成反应中有时会生成有毒的副产物，如果不去除干净就会给产品的使用者带来危害。另外对高分子合成来说，一般需要特定的工艺条件，例如对自由基聚合聚乙烯而言，聚合需要的压力很高，聚合时间也长，聚合中产生大量的热量，为了防止反应釜局部过热，在反应中需要不断地搅拌以达到热量的均衡，并需要大量的水进行冷却，这样就消耗了大量的水和能源。因此对高分子绿色合成的要求有：①合成中无毒副产物的产生或者有毒副产物无害化处理；② 采用高效无毒化的催化剂，提高催化效率，缩短聚合时间，降低反应所需的能量；③ 溶剂实现无毒化，可循环利用并降低在产品中的残留率；④ 聚合反应的工艺条件应对环境友好；⑤ 反应原料应选择自然界中含量丰富的物质，而且对环境无害，避免使用自然中稀缺的资源。

传统聚合反应都是采用加热的方式以满足反应所需的能量，但这种能量转换方式效率低，可利用光、微波、辐射等引发聚合反应，以提高能量利用效率。改变催化剂也是一个很好的方法。一般烷烃的氧化需要高温催化，而且从醇到醛再到酸的过程不易控制。由于催化剂选择性差，要得到醇或醛只能在低转化率范围内，所以效率低，而且污染大。美国加利福尼亚州立大学伯科力（Berkeley）分校劳伦斯（Lawrence）实验室用 BaY 作催化剂，用 $\lambda<600$nm 的光照射甲苯，可以使甲苯反应停留在苯甲醛。电化学方法常用来合成高分子材料。以 Mn^{3+} 为工作电极，在常压下可由甲苯制备得到高纯度的苯甲醛。

在合成初期就需要考虑材料使用后的环境降解性、回收利用性。在分子链中引入对光、热、氧、生物敏感的基团，为材料使用后的降解提供条件。拓宽可聚合单体的范围，减少对石油的依赖。例如，二氧化碳是污染大气的废气，但它也是可聚合的单体。二氧化碳可与环氧化合物开环聚合生成脂肪族聚碳酸酯。

4.1.3.3 绿色加工

高分子材料传统的加工方法效率低、耗能大，对环境产生一定的负面影响，在能源越来越紧缺的今天，寻找新的加工方法就显得极其重要。这些新方法大多数是物理方法，如微波、辐射、等离子和激光等加工方法。

高分子辐射交联已成为辐射化工中应用发展最快、最早、最广泛的领域。作为适应复合材料低成本化和无公害化发展趋势的新型固化技术，电子束固化技术与传统热固化工艺相比具有很多独特的优点，如易于实现，固化速度快，固化温升小，可消除材料残余应力，增加材料设计自由度，使树脂的使用期显著延长。

橡胶辐射硫化是用辐射能取代常规硫黄进行硫化，利用离子射线诱发橡胶中二烯产生交联的工艺。该技术具有节能、生产工艺清洁的优点，辐射硫化橡胶产品基本保持了常规硫化产品的物理性能，并具有无亚硝胺、硫黄、氧化锌以及低细胞毒性、透明和柔软等显著特性，非常适于安全性要求较高的制品生产，其应用前景十分广阔。

微波是频率为 0.3～300GHz 的电磁波，该频率与化学基团的旋转振动频率接近，故可用以改变分子的构象，选择性地活化某些反应基团，促进化学反应，抑制副反应。与紫外线、X 射线、γ 射线、电子束等高能辐射相比，微波对高分子材料的作用深度大，对大分子主链无损伤，设备投资及运行费用低、防护较简便，具有操作简便、清洁、高效、安全等特性。将微波应用于高分子材料加工已成为研究热点。由于橡胶的传热性较差，在硫化具有大断面的压型橡胶坯件时，为了使热传递到坯件中心要花费很长时间。因此微波连续橡胶硫化体系近几年来被迅速推广应用，据认为是由于人们认识到橡胶吸收微波能量而生热的性能是其他材料所不可比的。

4.1.3.4 后处理

高分子材料使用后处理不当，可导致对环境的污染和生态的破坏，而且这种污染和破坏随着经济的发展已越来越严重。以聚氯乙烯（PVC）为例，一段时间以来，许多国家都主张禁止使用PVC。事实上，经过几十年的研究和开发，PVC无论在生活消费品市场还是在高技术领域都是一种高性能材料。对木材、钢材、纸与PVC的投入、产出及污染情况对比发现：用木材代替PVC，污染会更加严重；同样“以纸代塑”也是不科学的。从另一角度来看，高分子材料相对于传统的材料来说应属于节约型的原材料，例如塑料下水管能耗只有铸铁管能耗的1/5。

从可持续发展的角度看，实现废弃物的资源化利用、以及使用材料的再生和循环利用，应该是绿色材料的开发利用中最重要的内容。为了解决高分子垃圾对环境的不利影响，应改变传统的经济模式，即由资源消耗型经济向循环经济转变。循环经济要求以“3R”原则作为经济活动的行为准则，即“减量化（reduce）、再使用（reuse）、再循环（recycle）”。减量化原则要求投入较少的原料和能源达到既定的生产目的或消费目的，从而在经济活动的源头就注意节约资源和减少污染。再使用原则要求产品和包装容器能够以初始的形式被多次使用，以抵制目前一次性用品的泛滥。有些包装材料在不影响其使用性能的前提下应该进行重复使用，如家用电器的包装箱等。再循环原则要求生产出来的物品在完成其使用功能后，能重新变成可以利用的资源而不是无用的垃圾。循环使用是减少固体废物最有效、最有前途的处理方法。废弃高分子材料的回收再生、循环使用可以称做是最好的生态学方法。

废弃高分子在回收方面可以采取分级分类处理。第一，以单体的形式循环利用。例如聚苯乙烯（PS）、聚甲基丙烯酸甲酯（PMMA）在一定的温度下会解聚成低聚体甚至单体，这些高分子可以循环使用，既节约了资源又减少了对环境的污染。在310～350℃，PS可热解为单体、二聚体和三聚体，收率达95%。第二，以聚合物的形式回收利用。许多高分子材料具有热塑性，可以重复加工使用，但再加工时会出现降解、力学性能下降等问题，从而限制了材料的循环使用。可以采用反应性加工（反应性挤出、反应性注射）、反应性增容、高效无污染的物理方法（紫外线、微波等）等方法，来改善废弃高分子材料的相容性和加工流变性，制备有不同使用价值的再生高分子材料。第三，以能量的形式回收利用。有些废弃高分子材料回收单体较难，但可以利用热或其他方式降解成低分子量油脂或其他的化学品，例如现在许多企业正在利用废旧塑料裂解生产液体燃料。对无毒、热值高的高分子材料可以考虑用来制备洁净的固体燃料，这样既可以解决高分子的污染的问题，又可以解决能源的短缺问题。

4.1.4 绿色高分子材料的合成案例——聚乳酸的合成

4.1.4.1 聚乳酸的性质

聚乳酸在常温下为无色或淡黄色透明物质，玻璃化温度为50～60℃，熔点为170～180℃，密度约1.25g/cm^3。可溶于乙腈、氯仿、二氯甲烷等极性溶剂中，而不溶于脂肪烃、乙醚、甲醚等非极性溶液中，易水解。

聚乳酸（PLA）是以微生物的发酵产物L-乳酸为单体聚合成的一类聚合物，无毒、无刺激性，具有良好的生物相容性，可被生物分解吸收，强度高，不污染环境，是一种可塑性加工成型的高分子材料。它具有良好的机械性能，高抗击强度，高柔性和热稳定性，不变色，对氧和水蒸气有良好的透过性，又有良好的透明性和抗菌、防霉性，使用寿命可达2～3年。聚乳酸（PLA）是一种真正的生物塑料，30 天内在微生物的作用下可彻底降解生成 CO_2 和 H_2O。缺点是脆性高，热变形温度低（0.46MPa 负荷下为 54℃），结晶慢，但可分别通过和己内酰胺等共聚和添加结晶促进剂（如滑石粉）后退火处理加以改性，活性聚乳酸的结晶度可达 40%，热变形温度提高到 116～121℃。

由于聚乳酸（PLA）具有优良的生物相容性和生物降解性，对解决长期以来困扰国民经济可持续发展的“白色污染”问题有积极的作用。同时，PLA 产品的原料来源于再生天然资源，如农产品玉米等，原料来源丰富，成本低廉，对人类的可持续发展具有极其重要的意义。

4.1.4.2 聚乳酸的合成

目前国内外对聚乳酸合成、加工及应用的研究较为活跃，但仅在美国、日本和西欧实现了工业化生产。国内由于制备聚乳酸的生产成本过高，对 PLA 的研究和开发还处在起步阶段，尚无生产聚乳酸的企业。但由于聚乳酸优良的机械性能和环境相容性，聚乳酸在未来几年中将得到巨大发展，数以百万吨计的传统塑料将被聚乳酸所替代。

聚乳酸的合成主要有两种方法：① 由丙交酯开环聚合；② 由乳酸直接缩聚。

（1）丙交酯开环聚合法

丙交酯开环聚合法合成聚乳酸的过程如下：

$$HO-\underset{H}{\overset{CH_3}{C}}-COOH \xrightleftharpoons[\text{低聚物}]{<160℃} HO-\underset{H}{\overset{CH_3}{C}}-\!\!\left[\overset{O}{\overset{\|}{C}}-O-\underset{CH_3}{\overset{H}{C}}-\overset{O}{\overset{\|}{C}}\right]_n\!\!-OH \xrightleftharpoons[\text{环化}]{200\sim280℃} \text{丙交酯（环状二聚体）} \xrightleftharpoons[\text{开环聚合}]{140\sim160℃} PLA$$

由于此法可通过改变催化剂的种类和浓度使所得聚乳酸的相对分子质量高达 0.7×10^6～1×10^6，机械强度高，适于用作医用材料。

现阶段在对材料性能要求很高的领域中，所使用的聚乳酸大多都是采用丙交酯开环聚合来获得的，因为这种聚合方法较易实现，而且人们对丙交酯开环聚合的反应条件也进行了详尽的研究，这些因素主要包括催化剂浓度、单体纯度、聚合真空度、聚合温度、聚合时间等，因其开环聚合所用的催化剂不同，聚合机理也不同。到目前为止，主要有三类丙交酯开环聚合的催化剂体系：阳离子催化剂体系、阴离子催化剂体系、配位型催化剂体系。

国外普遍采用以 L-乳酸为原料合成丙交酯。由于 L-乳酸主要依靠进口，价格高，国内聚乳酸多是以 D，L-乳酸为原料来合成的。

（2）直接缩聚法制备聚乳酸

直接法是指乳酸在催化剂存在的条件下，通过分子间热脱水，直接缩聚成 PLA。反应式为：

$$nHO-\underset{H}{\overset{CH_3}{C}}-COOH \longrightarrow \left[O-\underset{H}{\overset{CH_3}{C}}-CO\right]_n+(n-1)H_2O$$

该法具有反应成本低、聚合工艺简单、不使用有毒催化剂等优点。但是由于直接缩聚存在着乳酸、水、聚酯及丙交酯的平衡，不易得到高分子量的聚合物。PLA 的直接缩聚法主要有溶液聚合和熔融聚合两种。

① 溶液聚合法　溶液聚合反应既可在纯溶剂中进行，也可在混合溶液中进行。反应液在高真空和相对低的温度下，水与溶剂形成共沸物被脱出，其中夹带丙交酯的溶剂经过脱水后再返回到聚合反应器中。在有机溶液中通过 DCC/DMAP（二环己基碳二亚胺/二甲基氨基吡啶）催化的缩聚反应，可制备平均相对分子质量为 2×10^4 的 PLA。日本三井东亚（Mitsui Toatsu）化学公司开发了连续共沸除水法直接聚合乳酸的工艺，将乳酸、催化剂和高沸点有机溶剂

（一般为二苯醚）置于反应容器中，140℃脱水 2h 后，在 130℃下，将高沸点溶剂和水一起蒸出，在 0.3nm 的分子筛中进行脱水 20～40h。该工艺制备的聚乳酸相对分子质量可达 3×10^4，并实现了商品化生产。溶液聚合法要求采用高真空，装置复杂，不便于操作；同时高沸点溶剂的使用给 PLA 的纯化带来了困难，反应后处理相对复杂，特别是残留的高沸点溶剂，如果去除不尽就会影响 PLA 的应用，因此生产成本比熔融缩聚法高。

② 熔融缩聚法　在催化剂存在的条件下，乳酸本体熔融聚合。熔融缩聚的特点是反应温度高，有利于提高反应速率。乳酸两步熔融缩聚合成的反应过程如下：

$$HO-\underset{H}{\overset{CH_3}{\underset{|}{\overset{|}{C}}}}-\underset{O}{\underset{\|}{C}}-OH \underset{150℃,8h}{\rightleftharpoons} H\left[O-\underset{H}{\overset{CH_3}{\underset{|}{\overset{|}{C}}}}-\underset{O}{\underset{\|}{C}}\right]_8 H \xrightarrow[180℃,15h]{SnCl_2} H\left[O-\underset{H}{\overset{CH_3}{\underset{|}{\overset{|}{C}}}}-\underset{O}{\underset{\|}{C}}\right]_n H$$

实验研究发现，在反应体系中加入适量抗氧剂并通入惰性保护气体（氮气），可有效抑制产品高温时的氧化，降低产品的颜色。待初步脱水后，再加入催化剂，使合成出的 PLA 平均分子量提高 5%。由于反应体系黏度太大，缩聚反应产生的水很难从体系中排除出去，因此很难得到分子量较高的聚乳酸。与其他方法相比，乳酸本体熔融聚合具有聚合工艺简单、不使用有毒催化剂、PLA 产物无需后处理、免去了高沸点溶剂带来的提纯麻烦等诸多优点，有利于降低 PLA 的生产成本。

聚乳酸的合成在原料和工艺上都存在一些问题需要解决，最主要的问题是聚乳酸的成本过高。从乳酸到成品聚乳酸的工艺过程复杂，要求有非常严格精细的操作，对温度、湿度的要求非常苛刻，原料及中间产物不必要的损失大。在现阶段的聚乳酸生产中，原料多采用价格昂贵的 L-乳酸。如能采用价格便宜的 D,L-乳酸代替 L-乳酸来合成高分子量的聚乳酸，可以降低聚乳酸的价格。

4.1.4.3　聚乳酸的应用

PLA 已广泛应用于医用手术缝合线、体内植入材料、骨科支撑材料、注射用胶囊、微球及埋植剂等医用领域，是目前医药领域中最有前景的高分子材料。同时 PLA 制品也用于农用地膜、一次性饭盒、食品饮料包装材料、纺织品等日常生活领域。

用聚乳酸材料做成的可吸收缝合线在伤口愈合后不用拆线，取代了以前使用的聚丙烯、尼龙等不可吸收线，在国内外已广泛应用。还可以作为骨科内固定器件材料，与传统的不锈钢等金属材料相比，可吸收材料避免了取出螺钉的二次手术，减轻了病人的痛苦，节省了费用，同时其刚性也与人体骨骼相近，从而不易发生再次骨折。聚乳酸材料在药物控制释放载体上也有很重要的应用，聚乳酸材料被用作一些半衰期短、稳定性差、易降解及毒副作用大的药物控释制剂的可溶蚀基材，有效地拓宽了给药途径，减少了给药次数和给药量，提高了药物的生物利用度，最大程度地减少了药物对全身特别是肝、肾的毒副作用。

目前许多高分子材料产品使用后的废弃物难以生物降解，特别是一些塑料和纤维制品已对环境造成不同程度的污染，成为世界性的公害。聚乳酸类化合物可以生物降解，对环境和人没有危害。在不远的将来，聚乳酸类可降解材料必定会取代传统高分子而成为生活用的材料。在服装用材料方面，由 PLA 熔融纺丝制得的纤维具有真丝光泽柔软的手感以及优良的抗紫外线性能等，应用分散颜料在常压下 90℃可进行染色，使其获得各种色泽、以及耐洗涤、防皱等多种性能。在降解塑料领域，国际市场相继出现了 5 种牌号的 PLA 树脂。虽然，现在 PLA 树脂的价格较高，但多数生产商认为 PLA 树脂今后完全可以代替现有的生物降解材料，并对聚烯烃聚合物形成冲击。PLA 被产业界定为新世纪最有发展前途的新型包装材料，是环保包装材料的一颗明星，在未来将有望代替聚乙烯、聚丙烯、聚苯乙烯等材料用于塑料制品。随着人们环保意识的加强和聚乳酸类复合材料研究生产成本的下降，聚乳酸必将从生物医用领域走向通用高分子领域，其应用前景将会十分广阔。

4.2 绿色生物材料

生物材料的定义很多，归纳起来可理解为生物材料是一类用于人工器官、修复、理疗康复、诊断、检查、治疗疾病等医疗保健领域，对人体组织、血液不致产生不良影响的功能材料。

对生物材料的基本要求是：

① 材料要无毒，不致癌，不致畸，不引起人体细胞的突变和组织反应；

② 对人体呈惰性，不会引起急性中毒、溶血、凝血、发热和过敏等现象；

③ 化学性质稳定，抗体液、血液及酶的体内生物老化作用；

④ 具有与天然组织相适应的物理机械性能；

⑤ 针对不同的使用目的而具有特定的功能，例如对用来直接与血液相接触的材料（用来制造人工血管、人工心脏血囊、人工心瓣膜、人工肺等），要求有良好的抗凝血性，即在材料表面不产生血栓，不引起血小板的变形、崩溃等；用于制造人工眼角膜或接触镜的材料需要有较高的透明度和透气性；作为可吸收性缝合线的材料要有在体内易降解的性能；用作缓慢释放药物的材料要有控制药物缓慢释放的功效；用作矫形的金属材料最好具有形状记忆性等。

生物材料实质上是一种特殊的功能材料，是研制人工器官及各种医疗器具的物质基础，是一类与人类生命和健康密切相关的新型材料，迄今被详细研究过的生物材料已逾千种，被广泛应用的也达数十种，涉及材料学科的各个领域。

4.2.1 生物材料的发展和分类

4.2.1.1 生物材料的发展

生物材料的发展已经有非常长的历史，自人类认识了解材料起，就有了生物材料端倪。早在公元前3500年，古埃及人就利用棉花纤维、马鬃做缝合线；16世纪开始用黄金板修复颚骨，陶瓷材料做齿根；用金属固定内骨板以及用金属种植牙齿等。随着医学以及材料学的发展，尤其是新型材料的研究开发成功，如20世纪40年代高分子材料的大力发展，为生物材料的研究与应用提供了极大的发展机会。目前可以说从人体天灵盖到脚趾骨、从内脏到皮肤，从血液到五官，除了脑以及大多数内分泌器官外，其他都可用人工器官来代替。医学水平的提高以及人类生活质量的改善，也促进了生物材料的发展。根据发展水平和产业化状况，把生物材料分为三个发展阶段：① 惰性生物材料，即材料与组织细胞无界面作用；② 生物材料的生物化，即材料与组织细胞的亲和性改善，关注界面间的相互作用；③ 组织工程支架材料，不仅关注材料与组织细胞的亲和性，还关注材料本身的成型、力学性能和降解能力。

4.2.1.2 生物材料的分类

按材料的属性来分类，目前可以把生物材料分为金属材料、高分子材料、无机非金属材料和复合材料。根据材料的生物性能，生物材料可分为生物惰性材料、生物活性材料、生物降解材料和生物复合材料四类。在以后各节中分别介绍。

（1）金属材料

金属材料是惰性材料，这类材料具有高的机械强度和抗疲劳性能，是临床应用最广泛的承力植入材料。该类材料的应用非常广泛，遍及硬组织、软组织、人工器官和外科辅助器材等各个方面。除了要求它具有良好的力学性能及相关的物理性质外，优良的抗生理腐蚀性和生物相容性也是其必须具备的条件。医用金属材料应用中的主要问题是由于生理环境的腐蚀而造成的金属离子向周围组织扩散及植入材料自身性质的退变，前者可能导致毒副作用，后者常常导致植入的失败。已经用于临床的医用金属材料主要有不锈钢、钴基合金和钛基合金三大类。此外，还有形状记忆合金、贵金属以及纯金属钽、铌、锆等。

(2) 高分子材料

高分子材料是生物医学材料中发展最早、应用最广泛、用量最大的材料，也是一个正在迅速发展的领域。它有天然产物和人工合成两个来源。该材料除应满足一般的物理、化学性能要求外，还必须具有足够好的生物相容性。按性质不同，医用高分子材料可分为非降解型和可生物降解型两类。对于前者，要求其在生物环境中能长期保持稳定，不发生降解、交联或物理磨损等，并具有良好的物理机械性能。并不要求它绝对稳定，但是要求其本身和少量的降解产物不对机体产生明显的毒副作用，同时材料不致发生灾难性破坏。该类材料主要用于人体软、硬组织修复体、人工器官、人造血管、接触镜、膜材、粘接剂和管腔制品等方面。这类材料主要包括聚乙烯、聚丙烯、聚丙烯酸酯、芳香聚酯、聚硅氧烷、聚甲醛等。而可降解型高分子主要包括胶原、线性脂肪族聚酯、甲壳素、纤维素、聚氨基酸、聚乙烯醇等。它们可在生物环境作用下发生结构破坏和性能蜕变，其降解产物能通过正常的新陈代谢或被机体吸收利用或被排出体外，主要用于药物释放和送达载体及非永久性植入装置。按使用的目的或用途不同，医用高分子材料还可分为心血管系统、软组织及硬组织等修复材料。用于心血管系统的医用高分子材料应当着重要求其抗凝血性好，不破坏红细胞、血小板，不改变血液中的蛋白，并且不干扰电解质等。

(3) 无机非金属材料

无机非金属材料又称生物陶瓷，包括陶瓷、玻璃、碳素等无机非金属材料。此类材料化学性能稳定，具有良好的生物相容性。一般来说，生物陶瓷主要包括惰性生物陶瓷、活性生物陶瓷和功能活性生物陶瓷三类。

各种不同种类的生物陶瓷的物理、化学和生物性能差别很大，在医学领域用途也不同。尤其是功能活性陶瓷更有不可估量的发展前途。临床应用中，生物陶瓷存在的主要问题是强度和韧性较差。氧化铝、氧化锆陶瓷耐压、耐磨和化学稳定性比金属、有机材料都好，但其脆性的问题也没有得到解决。生物活性陶瓷的强度则很难满足人体承力较大部位的需要。

(4) 复合材料

它是由两种或两种以上不同材料复合而成的生物医学材料，并且与其所有单体的性能相比，复合材料的性能都有较大程度的提高。制备该类材料的目的就是进一步提高或改善某一种生物材料的性能。该类材料主要用于修复或替换人体组织、器官或增进其功能以及人工器官的制造。它除应具有预期的物理化学性质之外，还必须满足生物相容性的要求。这里不仅要求组分材料自身必须满足生物相容性要求，而且复合之后不允许出现有损材料生物学性能的性质。

4.2.1.3 生物材料的评价

目前关于生物材料性能评价的研究主要集中在生物相容性方面。因为生物相容性是生物材料研究中始终贯穿的主题。它是指生命体组织对生物材料产生反应的一种性能，该材料既能是非活性的又能是活性的。一般是指材料与宿主之间的相容性，包括组织相容性和血液相容性。现在普遍认为，生物相容性包括两大原则，一是生物安全性原则，二是生物功能性原则。

生物安全性是植入体内的生物材料要满足的首要性能，是材料与宿主之间能否结合完好的关键。关于生物材料生物学评价标准的研究始于20世纪70年代，目前形成了从细胞水平到整体动物的较完整的评价框架。国际标准化组织（ISO）以10993编号发布了17个相关标准，同时对生物学评价方法也进行了标准化规定。

迫于现代社会动物保护和减少动物试验的压力，国际上各国专家对体外评价方法进行了大量的研究，同时利用现代分子生物学手段来评价生物材料的安全性，使评价方法从整体动物和细胞水平深入到分子水平。主要在体外细胞毒性试验、遗传性和致癌性试验以及血液相容性评价方法等方面进行了一些研究。但具体评价方法和指标都未统一，更没有标准化。

随着对生物材料生物相容性的深入研究，人们发现评价生物材料对生物功能的影响也很重要。关于这一方面的研究主要是体外法。具体来说侧重于对细胞功能的影响和分子生物学评价方面的一些研究。总之，关于生物功能性的原则是提出不久的一个新的生物材料的评价方面，它必将随着研究的不断深入而向前发展。而涉及材料的化学稳定性、疲劳性能、摩擦、磨损性能的生物材料在人体内长期埋植的稳定性是需要开展评价研究的一个重要方面。

4.2.2 生物惰性材料

生物惰性材料（bioinert materials）是指一类在生物环境中能保持稳定，不发生或仅发生微弱化学反应的生物医学材料，主要是生物陶瓷类和医用合金类材料。由于在实际中不存在完全惰性的材料，因此生物惰性材料在机体内也只是基本上不发生化学反应。它与组织间的结合主要是组织长入其粗糙不平的表面形成一种机械嵌联，即形态结合。生物惰性材料主要包括氧化物陶瓷、玻璃陶瓷、碳素材料、金属材料等。

（1）氧化物陶瓷

主要包括氧化铝陶瓷和氧化锆陶瓷。氧化铝陶瓷中以纯刚玉及其复合材料的人工关节和人工骨为主，具体包括纯刚玉双杯式人工髋关节，纯刚玉-金属复合型人工股骨头，纯刚玉-聚甲基丙烯酸酯-钴铬钼合金铰链式膝关节等。国际上采用氧化锆等陶瓷制备髋臼，以提高耐磨性，降低磨屑产生。但近年来临床使用资料表明，由于陶瓷材料性脆，临床上已发生过多例由于髋臼脆裂，造成人工关节植入失败。因此，陶瓷人工关节还有待长期临床随访资料证实是否能在临床上大规模应用。

（2）玻璃陶瓷

主要用来制作部分人工关节。它是由适当组成的玻璃经过控制晶化而制得的多晶陶瓷材料。玻璃陶瓷兼有玻璃和陶瓷的优点。以 $TiO_2(PO_4)_3$-0.9$Ca_3(PO_4)_2$ 为基础的磷酸盐多孔玻璃陶瓷具有抗菌作用。以云母为主晶相的玻璃陶瓷可用作脊骨和牙齿的替代物。氧化锆增强的 CaO-Al_2O_3-SiO_2 系玻璃陶瓷是牙科材料。载有银离子并以 $LiTi_2(PO_4)_3$ 为骨架的磷酸盐多孔玻璃陶瓷在抗菌剂方面得到应用。具有红外辐射性能的玻璃陶瓷在医疗保健产品中得到应用。

（3）碳素材料

碳素材料虽然成分单一，但是结构千变万化。生物碳素材料包括低温热解各向同性碳、碳纤维、气相沉积碳、金刚石膜、碳/碳复合材料、含硅碳等。不同的碳素材料分别用于制作人工心脏瓣膜、人工关节等。

牙齿受损伤脱落后，植入的人工牙根和牙槽骨之间难以形成新的牙周膜，容易松动，而且咀嚼时产生的应力直接作用到牙槽骨上，会引起不适感。用碳素材料制成的牙根，因为生物相容性好，弹性模量与骨质相近，植入牙床后不易松动。

与血液接触，特别是与心血管接触的生物材料，血液相容性是其首要的性能要求。在初期研制人工机械心脏瓣膜时发现，在合金材料人工心脏瓣膜表面产生血凝。低温热解同性碳具有抗凝血性，能与血液长期接触而不产生血凝。各向同性碳表面喷涂 TiN 和 TiO 可提高机械瓣的抗凝血性能。

碳纤维用于制作肌腱组织工程支架。采用碳/碳复合材料制备的股骨头也已用于临床。

（4）金属材料

该类材料是目前人体承重材料中应用最广泛的材料，在其表面涂上活性生物材料后可增加它与人体环境的相容性。同时它还能制作各类其他人体骨的替代物。钴铬钼合金和钛合金（Ti_6Al_4V）是目前人工关节常用的两种材料。为了降低 Ti_6Al_4V 合金中 V 和 Al 带来的潜在毒性，国际上正在不断开发无V或无Al的钛合金，目前已有多种无V或无Al的钛合金用于临床。

不锈钢材料用于制作骨内固定器材，包括骨钉、骨板、骨针、骨棒、脊柱内固定器材等。为了进一步提高骨内固定器材的力学性能和耐腐蚀性能，不少品种已采用钛合金制造。在合金表面喷涂 TiO_2 和 TiN 层，可进一步提高骨钉、骨板的性能。

管腔内支架（ES）是介入医学诊疗的一种重要器械。它是在人体管腔狭窄症采用球囊扩张成形术时发展起来的新器械，它主要解决了狭窄的人体管腔经球囊扩张后引起内膜损伤，弹性回缩，组织过度增生和肿瘤细胞长入等问题。目前临床中不仅在冠状动脉、胸（腹）主动脉、骼动脉、股动脉、肾动脉、下腔静脉等血管系统，而且在食管、气管、胆道、十二指肠、尿道等非血管系统也愈来愈多地应用ES。冠状动脉腔内支架、周围血管腔内支架一般采用不锈钢、镍钛合金、钽等制造；食管、气管、胆管以及胸（腹）主动脉、骼动脉和股动脉等管腔内支架一般采用复合材料制造，如不锈钢、镍钛合金丝、记忆合金丝和聚硅氧烷或聚氨酯复合，以及不锈钢丝和聚酯纤维针织物复合等。冠状动脉支架发展最快。不锈钢在X射线下不易看清，金属钽和镍钛合金在X射线下清晰可见。

4.2.3 生物活性材料

生物活性材料（bioactive materials）是一类能诱出或调节生物活性的生物医学材料。但是，也有人认为生物活性是增进细胞活性或新组织再生的性质。现在，生物活性材料的概念已建立了牢固的基础，其应用范围也大大扩充。一些生物医用高分子材料，特别是某些天然高分子材料及合成高分子材料都被视为生物活性材料。羟基磷灰石是一种典型的生物活性材料。由于人体骨的主要无机质成分为该材料，故当材料植入体内时不仅能传导成骨，而且能与新骨形成骨键合。在肌肉、韧带或皮下种植时，能与组织密合，无炎症或刺激反应。生物活性材料主要有羟基磷灰石、磷酸钙、磁性材料、生物玻璃等。

（1）羟基磷灰石

羟基磷灰石是目前研究最多的生物活性材料之一，作为最有代表性的生物活性陶瓷——羟基磷灰石［$Ca_{10}(PO_4)_6(OH)_2$，简称HA］材料的研究，在近代生物医学工程学科领域一直受到人们的密切关注。羟基磷灰石是脊椎动物骨和齿的主要无机成分，结构也非常相近，与动物体组织的相容性好，无毒副作用，界面活性优于各类医用钛合金、硅橡胶及植骨用碳素材料。因此可广泛应用于生物硬组织的修复和替换材料，如口腔种植、牙槽脊增高、耳小骨替换、脊椎骨替换等多个方面。另外，在HA生物陶瓷中耳通气引流管、颌面骨、鼻梁、假眼球以及填充用HA颗粒和抑制癌细胞用HA微晶粉方面也有广泛的应用。又因为该材料受到本身脆性高、抗折强度低的限制，因此在承重材料应用方面受到了限制。目前制备多孔陶瓷和复合材料是该材料的重要发展方向，制备涂层材料也是其重要分支之一。

（2）磷酸钙生物活性材料

磷酸钙（CPC）生物活性材料主要包括磷酸钙骨水泥和磷酸钙陶瓷纤维两类。前者是一种广泛用于骨修补和固定关节的新型材料，国内研究抗压强度已达60MPa以上。后者具有一定的机械强度和生物活性，可用于无机骨水泥的补强及制备有机与无机复合型植入材料。

CPC固化后，其化学成分与骨组织的无机成分相似，晶相结构亦与骨组织相近。它的优点还在于易于成型，可根据缺损部位的形状大小任意塑型，便于临床应用。CPC的缺点是力学性能较差。选择与CPC骨水泥相容性好，同时可提高其强度和韧性的添加剂，制备复合材料，是CPC骨水泥发展的方向。

磷酸钙纤维或晶须具有良好的生物活性和生物相容性，对人体无毒副作用，是生物陶瓷材料和有机高分子材料的理想增强材料。

（3）生物磁性材料

生物磁性材料用作造影剂、示踪剂、人工骨、治疗癌症的人工发热体等。

用作造影剂的磁性材料可以是细粉状的纯铁、磁铁矿、铁氧体和铁钴合金，在外磁场的作用下，停留在选定的部位，用于磁共振成像。利用X射线拍摄生物体软组织照片时，一般采用硫酸钡作为造影剂。但人服用硫酸钡会产生痛苦和不适。磁性材料无毒，且对X射线也有强烈的吸收，可以代替钡盐用于拍摄肠胃、血管、支气管等软组织器官的X光照片，供诊断和研究之用。适宜的磁性材料铁氧磁体细粉，可采用饮服、注射或喷雾的方式被送入生物体或人体内。

热疗是肿瘤治疗技术中的一个非常重要的方法。磁致热疗是将磁粒用于肿瘤的热疗。在磁场的引导下，将磁粒植入肿瘤病灶内，然后在外部交变磁场的作用下，产生磁致热效应，将富有磁粒的肿瘤部位加热到43～48℃之间，杀死癌细胞同时又不伤害正常细胞。如用糖衣包裹氧化铁粒子伪装后，可以逃过人体免疫细胞的攻击，进入肿瘤组织内，加上交换磁场，氧化铁粒子将治疗部位的温度维持在45～47℃，可杀死肿瘤细胞，临近的健康组织却不受到明显影响。磁致热疗法治疗肿瘤，动物实验效果良好。

在磷酸钙生物活性材料中添加磁性成分，如$ZnFe_2O_4$，合成具有微弱静磁场效应的人工骨材料。用这种材料制成的人工骨，保留了磷酸钙生物相容性和生物降解性好的优点，且能刺激新骨的形成，治疗较大的骨缺损。

（4）生物玻璃陶瓷

生物玻璃陶瓷的是在玻璃中引入CaO、P_2O_5，通过热处理可析出磷灰石晶体，具有优良的生物相容性与生物活化性。Na_2O-CaO-SiO_2-P_2O_5系生物玻璃植入生物体内后，从其表面溶出Na^+，玻璃表面就生成富SiO_2凝胶层。在自然骨一侧，骨细胞生长繁殖成骨胶原纤维，随着Ca^{2+}及P^{5+}从玻璃中溶出，在骨胶原纤维周围以羟基磷灰石晶体的形态析出，生物活性玻璃与活骨两者就能稳定地结合在一起了。

生物活性是生物玻璃材料最显著的特点。生物活性玻璃材料在生物体内可以与周围的骨形成稳定的结合，并帮助受损或缺失的骨快速地生长痊愈。如玻璃中的硅氧基团能与生物体内的蛋白质氨基酸形成肽键，从而更快更多地实现骨键合。

在某些基玻璃中通过受控晶化出适当大小的云母晶体，可制备具有可加工（如车、削、铣、钻）性的生物玻璃。采用两步受控析晶的方法，可由Na_2O/K_2O-MgO-Al_2O_3-SiO_2-CaO-P_2O_5-F系玻璃制得含氟金云母（$Na_{0.5\sim1}Mg_3AlSi_3O_{10}F_2$）和氟磷灰石的微晶玻璃。氟金云母是层状硅酸盐晶体，沿其［001］晶面有良好的解理，提供加工性能；而氟磷灰石晶体则提供了生物活性。通过实验证明这种新材料既有生物相容性和生物活性，又能用加工金属的工艺制成复杂的植入体，它被植入体内后能有与周围组织交互生长为骨性结合，且机械强度较高。所以这种生物陶瓷作为人工骨、骨螺钉、夹板等植入材料有良好的应用前景。

4.2.4 生物降解材料

生物可降解材料指材料在生物体内通过溶解、酶解、细胞吞噬等作用，在组织长入的过程中不断从体内排出，修复后的组织完全替代植入材料的位置，而材料在体内不存在残留。理想的骨修复材料应该是可以降解的，其降解速率能与骨组织的生长速率相匹配，在骨组织的生长过程中，材料逐步降解，最后完全被新骨替代。最早使用的可降解无机骨修复材料为石膏，其在体内4周左右能完全降解，降解速率过快，使新骨的生长速率跟不上材料的降解速率。β-磷酸三钙是目前使用较为广泛的一种可降解磷酸盐陶瓷材料，但也存在着降解速率与组织生长速率不能匹配的缺点。其他一些磷酸钙陶瓷材料，根据晶相和结晶度的不同，降解速率也不尽相同，其中羟基磷灰石陶瓷由于结构较稳定，降解速率缓慢，在体内24周后降解也只有5%。

人体内除一些功能复杂的脏器器官发生损害或有大面积的组织发生创伤需要永久性替换

外，其他组织的损害都可在生物材料的帮助下自行愈合，重建功能。因此用于这些场合的生物材料的降解性能就成了十分重要的性能之一。要想获得具有合适降解速率的复合材料，就要对现有可降解材料的降解特性有所了解。

可生物降解的材料有天然高分子、生物合成高分子、人工合成高分子、生物活性玻璃、磷酸三钙等。天然高分子均为亲水性材料，如胶原、明胶、甲壳素、淀粉、纤维素、透明质酸等，它们在人体内的降解速率与材料在人体生理环境下的溶解特性有关。例如明胶分子能够溶于与体液具有相似 pH 值（为 7.4）的生理盐水中，因而必须先进行交联才能作为材料在人体中使用，其交联产物在人体内降解-溶解的速率很快，几天内就可被人体完全吸收。与此相对应，在正常生理环境下不溶解的天然高分子，如甲壳素（在酸性环境下溶解），其降解速率就要慢得多。

生物合成高分子是一类由细菌发酵产生的聚酯高分子，其最具代表性的例子是聚 β-羟基丁酸酯（PHB）。该材料的降解速率与一种 PHB 降解酶的存在密切相关，在海洋、土壤等富含 PHB 降解酶的自然环境下，材料能够较快地降解；在与体液相似的缓冲溶液中，因为缺乏 PHB 降解酶，而 PHB 又是一种高结晶度的材料，疏水性强，因而其降解速率就非常缓慢。与以上两类材料的降解行为相比，人工合成高分子的降解速率有较大的变化。短的为一个月左右，长的可以达到几年；降解模式和特性也有着更为丰富的内容。人工合成高分子主要有脂肪族聚酯，包括聚乳酸（PLA）、聚乙醇酸（PGA）、聚已内酯（PCL）、聚酸酐以及它们之间的共聚物等。在降解速率方面，聚酸酐的降解速率普遍高于聚酯；聚酯中，材料的降解速率随其亲水性的增加而增快，其中聚乙醇酸降解速率最快，约为一个月左右，聚乳酸次之，大约需要 3～6 个月，聚已内酯最慢，需要几年左右。在降解模式方面，聚酯与聚酸酐也明显不同。聚酸酐的降解先从材料的表面进行，在表面部分材料被降解后，再逐渐深入到内层；聚酯则是本体降解行为，降解同时发生在材料的外部和内部。此外，就聚酯材料而言，线形分子和网状分子材料的降解特性也不一样。线形材料的降解速率与质量损失不成线性关系，材料的机械强度在其失重很小时就发生大幅度的衰减；相比较而言，网状材料的降解行为更为理想一些，材料机械强度的衰减与其质量损失成近似或良好的线性关系。

生物活性玻璃（BG）是含硅、钠、钙、磷四种元素氧化物的无机活性材料，能够引导骨生长，并能与周围骨组织形成良好的键合作用。BG 的降解是含硅和钠的离子逐渐被溶解，而含磷和钙的离子重新沉积的过程。对于尺寸为 300～350μm 的活性粒子来说，含硅和钠的离子从外到内全部被置换完需要一年左右，而内层和外层磷和钙的含量逐渐趋近，达到与人体骨组织相近则需要两年左右。

不同材料的降解速率差别很大，降解模式也不同。因而通过不同组分或结构之间的复合就可以得到降解特性更为细腻、降解速率可调的新材料，更好地满足实际使用。不同降解速率的材料形成的复合材料，其降解速率不一定是两种组分各自降解速率的简单叠加，而是与组分之间的相容性、相态结构、结晶度的变化有关。另外对于有机/无机复合材料来说，可降解的无机组分还可影响到有机组分的降解速率，其溶解重沉积过程能够阻碍或抑制材料内部输水孔洞的形成，从而使材料的整体降解速率下降，减缓了材料的机械强度随降解过程的衰减。

4.2.5 生物复合材料

生物复合材料的基材可分为高分子基、金属基和陶瓷基三类。它们既可以作为生物复合材料的基材，又可作为增强体或填料，它们之间的相互搭配或组合形成了大量性质各异的生物医学复合材料。利用生物技术，一些活体组织、细胞和诱导组织再生的生长因子被引入到生物医学材料中，大大改善了其生物学性能，并可使其具有药物治疗功能，已成为生物医学材料的一个十分重要的发展方向。根据材料植入体内后引起的组织反应类型和水平，它又可分为近于生物惰性的、生物活性的、可生物降解和吸收等几种类型。人和动物中绝大多数组织均可视为复合材料，生物复合材料的发展为获得真正仿生的生物材料开辟了广阔的途径。

4.2.5.1 磷酸钙陶瓷基复合材料

磷酸钙主要包括羟基磷灰石（HAP）和磷酸三钙（TCP），它们具有良好的生物相容性并已广泛用于临床。磷酸钙材料具有骨引导性，它不仅能引导新骨从宿主骨沿植入体界面或向植入体内部生长，而且能够与周围骨组织形成良好的骨性结合。然而纯粹的磷酸钙材料在具体应用的时候还存在着一些缺陷。以块状材料为使用形式的羟基磷灰石脆性大，不易加工，与周围组织吻合不好，会引发伤口破裂和继发感染等问题；用于填充牙槽的粒状羟基磷灰石则伴有颗粒游走，移位而使充填高度降低以及压迫神经引发疼痛等不足之处。为克服这些缺陷，进一步提高和改善材料的骨引导和骨诱导作用，以及形成可降解性的骨修复材料，将磷酸钙材料与高分子材料进行了复合，形成了各种各样的基于磷酸钙的有机/无机复合材料。

骨生长因子（BMP）具有骨诱导活性，对促进骨缺损的修复具有重要作用，但 BMP 无法单独制成骨的形状，需要其他支撑材料成型方能使用；另外单独的 BMP 在体内吸收较快，需要将其固定在载体上，才能缓慢释放充分发挥其作用。因此将 BMP 与多孔块型磷酸钙陶瓷复合，就可以充分发挥两者的优势，得到骨诱导性能优于两纯组分的复合材料。胶原具有较好的黏结性，可用来粘接或固定 HAP 颗粒，克服其单独使用所引发的颗粒游走、移位、压迫神经等并发症。其复合形式有以下三种：①将胶原制成管状容器，容纳 HAP 材料；②一定浓度的胶原溶液与颗粒状 HAP 混合成糊状，采用注射法植入；③一定浓度的胶原溶液与颗粒状 HAP 按一定比例复合，冻干成型或干燥成型后植入。

人体内某些器官或组织比如关节和心脏瓣膜等损害后，需要永久性替换，这时就要用到非降解的生物材料。人体内常用的非降解高分子材料有聚乙烯、聚甲基丙烯酸甲酯、聚氨酯、涤纶等，它们都具有较好的生物相容性。块状 HAP 材料也是一种非降解的材料，由于其不耐磨损，无法诱导周围结缔组织的生长，因而不适于作关节的修复材料来使用。涤纶布在临床上可用作心脏、血管的修补以及人工肌腱等，在人体内稳定，不引起不良反应，力学性能上则具有柔韧性好、能承受张力等优点。另外涤纶布还可诱导纤维结缔组织增厚反应，因此以涤纶布来包裹块状的 HAP 人工胸骨假体，可以重建关节囊，起到稳定和恢复关节的功能，防止假体移位而损伤周围器官。

4.2.5.2 生物玻璃基复合材料

生物活性玻璃是一类广泛用于骨修复的无机活性材料。为了能更好地利用这一材料，人们将 BG 与可生物降解的高分子材料进行了复合，制成了具有连续孔洞结构的三维骨架材料。这一骨架材料是由 BG 与可降解高分子材料形成的复合微球构成的，微球之间通过热处理黏附在一起，骨架的空隙就是微球之间的间隙。BG 与聚乳酸-聚乙醇酸共聚物（PLAGA）形成的三维复合骨架材料，其弹性模量要高于纯聚合物形成的骨架材料，而压缩强度则有所下降。另外对材料的体外细胞实验表明，复合骨架材料能够促使Ⅰ型胶原的形成和破骨细胞的繁殖，并且其Ⅰ型胶原的含量要高于纯聚合物骨架材料，此外复合骨架材料的表面还发现有纯聚合物骨架材料不具有的矿化物质沉积，这一切都表明 BG/PLAGA 复合骨架材料是一种比纯聚合物骨架材料更优越的可降解的骨修复材料。

4.3 绿色纳米材料

4.3.1 纳米材料的含义和发展

纳米仅仅是一个尺度概念，就像毫米、微米一样，1nm 是 1m 的十亿分之一（即 1nm＝

10^{-9}m)，并没有物理内涵。人们发现，当材料的尺寸小到纳米级以后（1～100nm），材料的某些性能就会发生突变，即出现传统材料所不具备的特殊性能，因此，这种既不同于原来组成的原子、分子，也不同于宏观物质的具有特殊性能的材料，即为纳米材料。

纳米材料的学术定义是：在三维尺寸中至少有一维处于纳米量级的材料，用通俗的话讲：纳米材料是用尺寸只有几个纳米的极微小的颗粒组成的材料。由于它尺寸特别小，于是就产生了两种效应，即小尺寸引起的表面效应和量子效应。因此其物理性能发生极大变化：一是它对光的反射能力变得非常低，低到<1%；二是机械性能、力学性能成倍增加；三是其熔点会大大降低；四是有特殊的磁性。

1984年，德国萨尔兰大学的Gleiter以及美国阿贡试验室的Siegel相继成功地制得了纯物质的纳米细粉。Gleiter在高真空的条件下将粒径为6nm的Fe粒子原位加压成形，烧结得到了纳米微晶块体，从而使纳米材料进入了一个新的阶段。1990年7月，在美国巴尔的摩召开了第一届国际纳米科学技术会议（Nano-ST），正式宣布纳米材料科学成为材料科学的一个新分支。从此，纳米材料成为继互联网、基因等被人们关注的热点名词之后的又一亮点，很快引起了世界各国材料界和物理界的极大关注和广泛重视，形成了世界性的“纳米热”。

从材料的结构单元层次来说，纳米材料介于宏观物质和微观原子、分子的中间领域。在纳米材料中，界面原子占极大比例，而且原子排列互不相同，界面周围的晶格结构互不相关，从而构成与晶态、非晶态均不同的一种新的结构状态。纳米材料的出现，无疑是现代科学的重大突破。它在材料科学、凝聚态物理学、机械制造、信息科学、电子技术、生物遗传、高分子化学以及国防和空间技术等众多领域都有着广阔的应用前景，因此，对纳米材料的研究将极大地改变人们的思维方式和传统观念，深刻影响国民经济未来的发展。

在纳米材料中，纳米晶粒和由此而产生的高浓度晶界是它的两个重要特征。纳米晶粒和由此而产生的高浓度晶界是纳米材料的两个重要特征，通常大晶体的连续能带分裂成接近分子轨道的能级，高浓度晶界及晶界原子的特殊结构导致材料的力学性能、磁性、介电性、超导性、光学性能乃至热力学性能的改变。纳米材料与普通的金属、陶瓷及其他固体材料一样，都是由同样的原子组成的，只不过这些原子排列成了纳米级的原子团，成为组成这些新材料的结构粒子或结构单元。其常规纳米材料中的基本颗粒直径不到100nm，包含的原子不到几万个。一个直径为3nm的原子团包含大约900个原子，几乎是英文里一个句点的百万分之一，这个比例相当于一条300多米长的帆船跟整个地球的比例。纳米材料研究是目前材料科学研究的一个热点，其相应发展起来的纳米技术被公认为是21世纪最有前途的科研领域。

纳米材料大部分由用人工制备的，属于人工材料，其分类方法很多，如表4-1所列。

表4-1 纳米材料的分类

分类方式	类 别
按化学组成分类	纳米金属、纳米晶体、纳米陶瓷、纳米玻璃、纳米高分子、纳米复合材料等
按材料物性分类	纳米半导体、纳米磁性材料、纳米非线性材料、纳米铁电体、纳米超导材料、纳米热电材料等
按用途分类	纳米电子材料、纳米生物医用材料、纳米敏感材料、纳米光电子材料、纳米储能材料等

4.3.2 绿色纳米材料的合成

传统纳米材料微粒的合成方法种类较多，大体可分为物理法、化学法和物理化学法来合成，也可用气相法、液相法和固相法等合成方式。绿色纳米材料的合成（或制备）从反应原料的绿色化、溶剂的绿色化、反应催化剂的绿色化等角度，考虑反应的适用性，可以利用以下几种方法合成（或制备）。

4.3.2.1 气相合成法

纳米微粒气相合成法分为气体冷凝法、活性氢-熔融金属反应法、电加热蒸发法和化学气相凝聚法等。

(1) 气体冷凝法

气体冷凝法是指在低压氩、氮等惰性气体中加热金属，使其蒸发后形成超细微粒。

加热方式有：电阻加热法、等离子喷射法、高频感应法、电子束法和激光法。不同加热方式制备出的纳米微粒的量、品种、粒径大小及分布等存在一定程度上的差异。

气体冷凝法的原理是在超高真空条件下将制得的纳米微粒紧压致密得到纳米微晶。通过分子涡轮泵使其达到0.1Pa以上的真空度，然后充入低压（约2kPa）的纯净氦气或氩气，将物质（如金属、某些离子化合物、过渡金属氮化物及易升华的氧化物）置于坩埚内，利用钨电阻加热器或石墨加热器逐渐加热蒸发，随惰性气体的对流，原物质烟雾向上流动接近充液氮的冷却棒，从而冷却，在其表面集聚形成纳米微粒，用聚四氟乙烯刮刀刮下获得相应的纳米粉。

气体冷凝法可通过调节惰性气体的温度、压力，调节物质的蒸发温度或速率来控制纳米微粒粒径的大小。

(2) 活性氢-金属反应法

活性氢-金属反应法的原理是使含有氢气的等离子体与金属间产生电弧，金属熔融，电离出的氮气、氩气等气体和氢气溶入熔融金属，然后在释放出的气体中形成金属的超微粒子，用离心收集器、过滤式收集器使微粒与气体分离，从而获得纳米微粒。

(3) 电加热蒸发法

电加热蒸发法的原理是将碳棒与金属相接触，通电加热使金属熔化，金属与高温碳素反应并蒸发形成碳化物纳米超微粒子。此方法主要用于制备一些如Cr、Ti、Zr、Mo、W和Ta等金属的碳化物纳米粒子。

(4) 化学气相凝聚法

化学气相凝聚法的基本原理是利用高纯惰性气体为载气，携带金属有机前驱物如六甲基二硅烷等，进入钼丝炉（炉温为1100～1400℃），惰性气体气氛的压力处于低压（100～1000Pa）状态，原料热解形成团簇，进而凝聚成纳米粒子，最后附着在内部充满液氮的转动衬底上，用刮刀刮入纳米粉收集器中。

4.3.2.2 液相合成法

(1) 沉淀法

把沉淀剂加入到盐溶液中反应后，在一定温度下使溶液发生水解，形成不溶性的氢氧化物、水合氧化物或盐类并从溶液中析出，将沉淀经过热处理而得到纳米材料。

其特点是简单易行，但纯度低，颗粒半径大，适合制备氧化物。

此法分为共沉淀法、均相沉淀法和金属醇盐水解法等几种类型。

(2) 水热合成法

水热反应是高温高压下在水溶液或蒸汽等流体中合成，再经分离和热处理得到纳米粒子。

其特点是纯度高，分散性好、粒度易控制。

此法可分为水热氧化、水热沉淀、水热合成、水热还原、水热分解和水热结晶等几种类型。

(3) 溶胶-凝胶法

溶胶-凝胶法是一种制备玻璃、陶瓷等无机材料的工艺，用此法制备纳米微粒的原理是使金属化合物经溶液、溶胶、凝胶而固化，再经干燥、焙烧等热处理而生成纳米粒子。

其特点是反应物种多，产物颗粒均一，过程易控制，适于氧化物和ⅡA～ⅥA族化合物的制备。

（4）微乳液法

两种互不相容的溶剂在表面活性剂的作用下形成乳液，在微泡中经成核、聚结、团聚、热处理后得纳米粒子。

其特点是粒子的单分散性和界面性好，ⅡA～ⅥA族半导体纳米粒子多用此法制备。

4.3.2.3 固相合成法

纳米材料固相合成法是从固相到固相的变化来实现制备纳米粉体。固相中，分子、原子的扩散很迟缓，集体状态多样化，利用此法制得的固相粉体和最初固相可以是同一物质，也可以是不同物质。

纳米微粒固相合成法的机理过程是将大块物质的微粒尺寸不断降低的过程以及将最小单位（分子或原子）组合构筑的过程。

其中，尺寸降低过程是指物质无变化，采用机械粉碎（球磨法、喷射法等进行粉碎）、化学处理（溶出法）等；组合构筑过程是指物质发生变化，采用热分解法（大多为盐的分解）、固相反应法（大多为化合物）、火花放电法（如用金属铝生成氢氧化铝）等。

此法特点是一步经固相物质即可制备纳米粉体。

4.3.3 绿色纳米材料的主要性能

4.3.3.1 基本物理效应

由于纳米材料集中体现了小尺度、复杂结构、高集成度和强相互作用以及高比表面积等现代科学技术发展的特点，于是呈现出许多特有的性质，在催化、滤光、光吸收、医药、磁介质及新材料等方面有广阔的应用前景，同时也将推动基础研究的发展。其具有的基本物理效应如下。

（1）表面效应

纳米材料的表面效应是指纳米粒子的表面原子数与总原子数之比随粒径的变小而急剧增大后所引起的性质上的变化。纳米微粒尺寸小，表面能高，仅次于表面的原子占相当大的比例，随着粒径的减小，表面原子数迅速增加，原子本位不足和高的表面能，使这些表面原子具有高的活性，极不稳定，很容易与其他原子结合。例如金属纳米粒子在空气中会燃烧；无机的纳米粒子暴露在空气中会吸附气体，并与气体进行反应。

（2）量子尺寸效应

当纳米粒子的尺寸下降到某一值时，金属粒子费米面附近电子能级由准连续变为离散能级；并且纳米半导体微粒存在不连续的最高被占据的分子轨道能级和最低未被占据的分子轨道能级，使得能隙变宽的现象，被称为纳米材料的量子尺寸效应。由于纳米粒子细化，晶界数量大幅度地增加，可使材料的强度、韧性和超塑性大为提高。其结构颗粒对光、机械应力和电的反应完全不同于微米级或毫米级的结构颗粒，使得纳米材料在宏观上显示出许多奇妙的特性。例如：纳米相铜强度比普通铜高5倍。又例如：光吸收显著增加并产生吸收峰的等离子共振频移，从有序态向无序态转变等。

（3）纳米材料的体积效应

由于纳米粒子体积极小，所包含的原子数很少，相应的质量极小。因此，许多现象就不能用通常有无限个原子的块状物质的性质加以说明，这种特殊的现象通常称为体积效应。

其中有名的久保理论就是体积效应的典型例子。久保理论是针对金属纳米粒子费米面附近电子能级状态分布而提出的。随着纳米粒子的直径减小，能级间隔增大，电子移动困难，电阻率增大，从而使能隙变宽，金属导体将变为绝缘体。

(4) 宏观量子隧道效应

指纳米颗粒具有贯穿势垒的能力。

4.3.3.2 扩散及烧结性能

由于在纳米结构材料中有大量的界面，这些界面为原子提供了短程扩散途径，因此，纳米材料具有较高的扩散率。这种性能使一些通常在较高温度下才能形成的稳定相或介稳相在较低温度下就可以存在。另外，也可使纳米结构材料的烧结温度大大降低。

4.3.3.3 力学性能

与传统材料相比，纳米材料的力学性能有显著的变化，一些材料的强度和硬度成倍地提高。例如，纳米碳管的强度是钢的上百倍，而其质量仅是钢的1/6，它不仅具有良好的导电性能，而且还是目前最好的导热材料。

4.3.3.4 光学性能

纳米微粒由于其尺寸小到几个纳米或十几个纳米，而表现出奇异的小尺寸效应和界面效应，因此，其光学性能也与常规的块体及粗颗粒材料不同。例如，纳米金属粉末对电磁波有特殊的吸收作用，可作为军用高性能毫米波隐形材料、红外线隐形材料。

4.3.3.5 电学性能

介电和压电特性是材料的基本物性之一，纳米级半导体的介电行为（介电常数、介电损耗）及压电特性同常规的半导体材料有很大的不同。如纳米半导体材料的介电常数随测量频率的减少呈明显上升趋势。

4.3.4 绿色纳米材料的应用

4.3.4.1 绿色纳米材料在环境产业中的应用

纳米技术对空气中20nm以及水中的200nm污染物的降解是不可替代的技术。要净化环境，必须用纳米技术。现在已经制备成功了一种对甲醛、氮氧化物、一氧化碳能够降解的设备，可使空气中的有害气体大大降低，该设备已进入实用化生产阶段；利用多孔小球组合光催化纳米材料，已成功用于污水中有机物的降解，对苯酚等其他传统技术难以降解的有机污染物，有很好的降解效果。

近年来，不少公司致力于把光催化等纳米技术移植到水处理产业，用于提高水的质量，已初见成效；采用稀土氧化铈和贵金属纳米组合技术对汽车尾气处理器件的改造效果也很明显；对治理淡水湖内藻类引起的污染，最近已在实验室初步研究成功。

4.3.4.2 绿色纳米材料在能源环保中的应用

合理利用传统能源和开发新能源是我国当前和今后的一项重要任务。

在合理利用传统能源方面，现在主要是净化剂、助燃剂，它们能使煤充分燃烧，燃烧当中自循环，使硫减少排放，不再需要辅助装置。另外，利用纳米技术改进汽油、柴油的添加剂已经出现，实际上它是一种液态小分子可燃烧的团簇物质，有助燃、净化作用。

在开发新能源方面，国外进展较快，就是把非可燃气体变成可燃气体。现在国际上主要研发能量转化材料，我国也在进行研究，它包括将太阳能转化成电能、热能转化为电能、化学能转化为电能等。

4.3.4.3 绿色纳米材料在生物医药中的应用

这是我国进入WTO以后一个最有潜力的领域。目前，国际医药行业面临新的决策，那就是用纳米尺度发展制药业。纳米生物医药就是从动植物中提取必要的物质，然后在纳米尺度组合，最大限度地发挥药效，这恰恰是我国中医的想法。在提取精华后，用一种很少的骨架，比如人体可吸收的糖、淀粉，使其高效缓释和形成靶向药物。对传统药物的改进，采用纳米技术可以提高一个档次。

4.3.4.4 绿色纳米材料在其他方面的应用

（1）在医药方面的应用

21世纪的健康科学，将以出人意料的速度向前发展，人们对药物疗效的要求越来越高。用亲脂型二元纳米协同界面包覆的中药成分将使心脑血管疾病的有效治疗不再是幻想，它将使中药科学走向世界。

其他如用数字纳米粒子包裹的智能药物进入人体，可主动搜索并攻击癌细胞或修补损伤组织，使用纳米技术的新型诊断仪器，只需检测少量血液就能通过其中的蛋白质和DNA诊断出各种疾病。

另外，对纳米微粒的临床医疗以及在放射性治疗等方面的应用也进行了大量研究，并取得了很大的成功。

（2）在涂料方面的应用

如果将透明、疏油、疏水的纳米材料颗粒组合在大楼表面或瓷砖、玻璃上，大楼就不会被空气中的油污弄脏，瓷砖和玻璃也不会沾上水蒸气而永远保持透明，这种表面涂层技术是当今世界关注的热点。上述方法是在传统的涂层技术中，添加纳米材料获得了纳米复合体系涂层，实现了功能的飞跃。

其他诸如将纳米 TiO_2 添加在汽车、轿车的金属闪光面漆中，能使涂层产生丰富而神秘的色彩效果；在变色镜中添加纳米材料，变色速度加快，可作为士兵防护激光镜；在纤维和衣物上使用纳米 TiO_2，仅用清水清洗，就可以将衣物洗净，可以避免洗涤剂对衣物的损伤。

（3）在精细化工方面的应用

在橡胶中加入纳米 SiO_2，可以提高橡胶的抗紫外线辐射和红外线反射的能力，同时，也提高了橡胶的耐磨性和介电特性。另外，在其他精细化工领域如塑料、涂料等，都能够发挥重要作用。

（4）在纳米电子方面的应用

如果在卫星上用纳米集成器件“小鸟”卫星，可部分替代现有的卫星系统，这样会使卫星更小，更容易发射，成本也更低。

（5）在催化方面的应用

在化学化工领域中，使用纳米微粒作催化剂可大大提高反应效率，控制反应速率，甚至使原来不能进行的反应也能进行。例如，纳米 TiO_2 既具有较高的光催化活性，又能耐酸碱，对光稳定、无毒、便宜易得，是制备负载型光催化剂的最佳选择。

绿色纳米材料在物质世界中的应用，还包括利用纳米孔膜从根本上解决海水淡化技术的问题；利用纳米修复材料对损坏的材料进行诊断和修复；利用纳米药物无须针管注射，以免出现注射感染等很多方面的问题。

绿色纳米材料的应用涉及各个领域，在机械、电子、光学、磁学、化学和生物学领域有着广泛的应用前景。通过纳米技术对传统产品加以改进，增加其高科技含量以及发展纳米结构的新型产品，使材料科学在各个领域发挥举足轻重的作用。

4.4 绿色建筑装饰材料

4.4.1 绿色建筑装饰材料概述

4.4.1.1 绿色建筑装饰材料的含义

建筑装饰材料是指建筑装饰所用的材料，如水泥、混凝土、陶瓷、玻璃、金属、石材、木材、涂料、塑料等。而绿色建筑装饰材料是绿色产品在建筑装饰领域的延伸，它并不是指某种材料，而是对建筑装饰材料在整个生命周期过程中“健康、环保、安全”等属性的一种要求。绿色建筑装饰材料的含义包括以下几个方面：①具有高使用效率和优异的性能，能降低使用过程中该材料的消耗，如轻质高强混凝土；②制备过程中能大量利用工业废弃物作为原材料，如添加大量粉煤灰的粉煤灰水泥；③生产过程中消耗的资源和能源相对较低，环境污染最小，如用现代先进工艺和技术生产的高质量水泥；④能大幅度地减少建筑能耗（包括生产和使用过程中的能耗），如具有轻质、高强、防水、保温、隔热、隔声等功能的新型墙体材料；⑤能改善居室生态环境和保健功能，如抗菌、除臭、调温、调湿、屏蔽有害射线的多功能玻璃；⑥废弃后还可以作为资源或能源被利用。

绿色建材代表了21世纪建筑材料的发展方向，是符合世界发展趋势和人类要求的建筑材料，必然在未来的建材行业中占主导地位，成为今后建筑材料发展的必然趋势。

4.4.1.2 建筑装饰材料与生态环境

建筑装饰材料的整个生命周期，包括原料采集、产品制造、产品使用、废弃物再循环等阶段，都会对环境造成一定的影响。下面简要说明建筑材料生命周期的各个阶段对资源、能源和环境的影响。

（1）原料采集阶段对环境的影响

建筑装饰材料，如水泥、玻璃、陶瓷、金属等的原材料大多都是不可再生的天然矿物原料，其消耗量非常巨大，我国每年为生产建筑材料要消耗各种矿产资源70多亿吨，其中大部分是不可再生的矿石、化石类资源，全国人均年消耗量达5.3吨。另一方面，由于对矿石开采的管理不善和对矿石原料的加工技术落后，导致建筑材料行业对不可再生资源的综合利用率非常低，进一步加剧了资源短缺的问题。表4-2列出了我国部分建材的资源消耗情况。

表4-2 我国部分建材的资源消耗情况

类　别	铁	钢	铝	水泥	玻璃	陶瓷	黏土砖	防水涂料
资源消耗量/(t/t)	5.0	12.1	5.5	1.7	1.4	1.3	1.9	1.2
资源效率/%	20.0	8.3	18.2	58.8	71.4	76.9	65.5	78.7

此外，矿石的采掘过程产生了大量的粉尘、噪声和固体废弃物，造成大气、水体和环境的污染；砂石、矿石的大量采掘所形成的土地转化和转移还带来了一系列生态环境问题，如河床、植被、土壤破坏和水土流失。

（2）生产阶段对环境的影响

建材行业尤其是传统建材工业大都是高温工业，在生产过程需消耗大量能源。1995年，我国建材行业总能耗为2.2亿吨，占全国总能耗的17.1%。从1995年开始，我国建材工业消耗能源就突破了2亿吨标准煤，且一直保持占全国能源消耗15%以上的水平。与国外同类产品相比，我国主要建材产品的生产能耗比国外高10%～20%。

除了能源的消耗以外，污染物的排放是建材生产过程中的另一个严重的问题。建筑材料生产过程中燃烧煤、油、燃气排放出大量的有害气体（如CO_2、SO_2、H_2S、NO_x、CO等）。全国建材工业每年排放的CO_2达8亿吨以上，是造成地球温室效应的主要原因之一。此外，化学建材生产企业的超标废水大量排放，窑灰、废渣乱堆或倒入江湖河海，造成水体污染。

除废水、废气外，建材工业的另一个污染源是工业固体废弃物，如工业生产过程中产生的废料、废渣、粉尘和污泥等有毒的和无毒的废弃物，大约有95%的废弃物都堆在陆地上。表4-3列出了2002年我国主要建材产品的资源、能源消耗及CO_2排放量的情况。

表 4-3　2002 年我国主要建材产品的资源、能源消耗及 CO_2 排放量

产　品	资源消耗量/10^4t	能源消耗量/10^4t 标准煤	CO_2 排放量/10^4t
水泥	99360	10000	5600
平板玻璃	1400	500	1400
建筑卫生陶瓷	10000	4000	10800
砖瓦	140000	6000	10000
合计	250760	20500	27800

(3) 使用阶段对环境的影响

建筑材料使用阶段对环境的影响首先表现在其将耗费很多能量。建筑物是建筑材料使用的最主要的表现形式。建筑物的使用和维护首先需要消耗大量能源。大部分建筑物能源消耗是用作室内温度调节，采暖、空调、照明及设备运转需消耗大量的能源。据估计，全球高达 1/3 的一次性能源是用于建筑物的使用和维护。在我国，仅占全国人口 14%的采暖人口每年用于采暖的能源高达 1.3 亿吨标准煤以上，占全国能源生产的 15%，保温不良的墙体造成的热损失估计达 1.2 亿吨标准煤，按单位面积计算，住宅采暖能耗相当于发达国家的 3 倍。在拥有 4 千多幢高层建筑的上海，建筑物已经成为一个“耗能大户”，一项调查显示，建筑使用能耗已占上海全市能耗的 20%左右，目前仍然在以每年 1%的速度增长。

建筑材料使用阶段对环境的影响也表现在其带来的污染对人体健康的影响，包括建筑物的室内环境污染、建筑施工过程中的噪声污染和噪光。

室内环境污染主要指有害气体污染物、固体污染物及辐射污染。

① 气体污染物主要有有机气体挥发物，如甲醛、苯类、酚类，此外，还有新鲜的加气混凝土、砖、石材和水泥等建材中含有的放射性铀系元素在衰变过程中放出的氡气。来自不同建筑和装修材料的游离甲醛的危害已经引起重视，室内没有明显污染源的甲醛含量为 0.134～0.67mg/m³，使用各种装修材料的空间游离甲醛含量可达到 2.3mg/m³。对人体健康的主要危害有眼、呼吸道刺激症状，产生变态反应，免疫功能异常，肝肺损伤，神经衰弱症等。当空气中甲醛浓度超过 30mg/m³ 时，可致人死亡。美国环保署宣布它为可疑致癌物。

② 固体污染物主要包括石棉纤维等微粒，建筑的保温、隔热、吸声、防震材料常常采用以石棉纤维为主要材料的泡沫石棉、石棉水泥制品等，这些石棉纤维飘散到空气中，通过呼吸进入人体内，可引起“石棉肺”，石棉已被国际癌症研究中心确定为致癌物，现已限制使用。

③ 辐射污染主要是由于某些矿渣、炉渣、粉煤灰、花岗岩、大理石、陶瓷中的放射性物质超量。我国国家标准规定建筑材料 γ 辐射量应在 20μg/h 以下，建筑材料取材地点不同，其放射性也不同。

建筑施工时的噪声已成为城市四大污染之一，对人体健康的危害越来越引起人们的关注。噪声对人的听觉、神经系统、心血管都造成损害。据测试，有相当部分的施工现场噪声都在 90～100dB，远高于国家规定的噪声控制标准。

噪光是指对心理和生理健康产生一定影响及危害的光线，主要指白光污染和人工白昼。近年来，我国许多城市大面积采用玻璃幕墙和白色瓷砖装饰建筑外墙面，由此造成的白光污染较严重。据光学专家测定，镜面玻璃的反射系数达 82%～90%，比釉面砖石类外装饰建筑墙面的反射系数大 10 倍左右，超过人体所能承受的范围。研究发现，长时间在白色光亮污染环境下工作和生活的人，易导致视力下降，同时还会产生神经衰弱症状。因玻璃幕墙对周围建筑和街景的折射而造成的错觉，会影响车辆和行人的交通安全。

(4) 建筑材料解体、废弃过程对环境的影响

大部分建筑施工和建筑物解体、拆除后形成许多难以处理的建筑垃圾，如废弃混凝土、废

建筑玻璃纤维、陶瓷废渣、金属、石棉、石膏、装饰装修中的塑料、化纤边料等。在欧洲，建筑拆迁的固体废弃物每年就有（2.21～3.35）亿吨。20 世纪 90 年代初，欧盟每年排出的废弃混凝土为 5000 万吨，美国为 6000 万吨，日本约为 1200 万吨，其他国家也面临类似的情况。而且，废弃混凝土的排放量每年都在增加。废弃混凝土占有一定的土地和空间，不燃烧、不腐烂、难拆卸、难分类、回收附加值低。数量巨大的建筑垃圾所造成的环境压力，已引起国内外的广泛关注。

4.4.1.3　建筑装饰材料绿色化方向

随着人类能源及环境意识的改变，材料的发展大致经历了以下四个主要阶段：①毫无节制地向自然界索取和废弃；②污染末端治理；③生产和使用过程的环境协调化改造；④材料生态化设计。

目前国内外的建筑装饰材料的发展主要是在第三阶段，即环境协调化为主的发展阶段，主要是朝着节约能源、节约资源、改善生态环境几个方向发展。

（1）节约能源

建材是一类高能耗行业，其能源消耗主要是在生产和使用阶段，因此，人们正从这两个方面寻找降低能耗的途径。生产阶段的能耗可以通过改进现有的材料组成、生产设备及生产工艺过程等来降低，例如：低钙硅比的高贝利特硅酸盐水泥可以使熟料的烧成温度比传统的硅酸盐水泥降低 100℃，从而节煤 20%～30%，同时还可以减少 CO_2 的排放量；提高浮法平板玻璃窑炉的熔化规模，改革熔窑结构及提高耐火材料质量可以有效降低平板玻璃的单位能耗，同时可以降低单位产品污染物的排放量。使用阶段的能耗可以通过使用开发新能源的材料和节能保温材料来降低，例如：采用太阳能光电屋顶、太阳能电力墙、太阳能光电玻璃等先进的太阳能利用技术可以有效地解决建筑本身的能源需求问题，还可以将多余的电力送入电网；采用先进的门窗材料和门窗结构也是建筑节能的重要方面，低辐射-热反射中空玻璃具有双重保温性能，在欧洲已广泛用于生态建筑中。

（2）节约资源

建筑装饰材料行业也是高资源消耗性行业，这一行业要实现可持续发展必须解决资源消耗问题，这就要求对废弃物进行再利用，从而实现物流的闭合回路。建材行业节约资源主要通过以下几种途径：①建筑废弃物的再生利用，如废弃混凝土破碎作为再生集料制造混凝土，不仅可以解决天然集料资源紧缺的问题，还能减少城市废弃物的堆放及污染等问题，从而实现混凝土生产的物质循环闭路化；②危险性废料的再生利用，如采用水泥回转窑处理可燃性废弃物，这一方法对各种有毒性、易燃性、腐蚀性、反应性的危险废弃物具有很好的降解作用，且不向外排放废渣，焚烧的残渣和绝大部分重金属都被固定在水泥熟料中，是一种合理的处理方法，已被国内外众多水泥企业采用；③工业废渣的综合利用，如利用粉煤灰制造粉煤灰水泥、加气混凝土、蒸养混凝土砖、烧结粉煤灰砖、粉煤灰砌块等；④利用其他废料制造建筑材料，如利用废塑料、生活垃圾、下水道污泥、河道淤泥、废玻璃、废旧轮胎等。

（3）改善生态环境

随着人们对健康生活环境的追求，对建筑装饰材料也提出了更高的要求，从对环境没有污染发展到可以改善环境。改善居室生态环境的绿色材料主要包括抗菌材料、负离子涂料、调温材料、调湿材料、调光材料和电磁屏蔽材料。抗菌材料具有抗菌、防污染、分解空气中的有害气体、净化室内空气等功能，如表面镀一层二氧化钛薄膜的自洁净玻璃，在太阳光的照射下可以自行分解出电子和空穴，激活空气中的氧成为活性氧，从而杀死大多数病菌和病毒，还可以降解油污等有机污染物。负离子涂料是添加了具有释放空气负离子功能的天然无机非金属矿物，形成高分子纤维多孔网膜，空气中的水分子可以通过高分子网膜孔隙与天然物质基材料发生碰撞，产生空气负离子，使人置身于类似森林的环境中。调温材料利用材料的相变潜热，使建筑物可以自动吸热、储热、防热，如将分散的石蜡小颗粒掺入保温材料中。调湿材料可以调节居室中的湿度，如可调湿硅酸钙人造木材在湿度大时可吸收水分，空气干燥时可逐渐放出吸附水。调光材料是将内墙材料和发光材料结合起来，使居室的整个墙壁发出柔和的光线，减少光污染。电磁屏蔽材料可以通过镀覆电磁屏蔽膜或覆设金属丝网来实现，既可屏蔽室外的电磁辐射，又可防止室内的电磁信号泄露出去，起到保密的作用。

外国科学家从发展战略角度预测，21 世纪将以研究开发节能、节省资源、环保型的绿色建材为中心工作，研究和开发节省资源的建筑材料、废弃混凝土和建筑材料的回收利用、高性能长寿命建筑材料、生态水泥、抑制温暖化建材生产技术、绿化混凝土、家具舒适化和保健化建材等。下面简单介绍建筑中用量较多的水泥、建筑陶瓷、建筑玻璃、墙体材料和涂料的发展情况。

4.4.2 水泥

4.4.2.1 水泥原料及工艺简介

水泥原料主要由石灰质原料、黏土质原料和校正原料三部分组成。石灰质原料其主要成分为 $CaCO_3$，是水泥熟料中 CaO 的主要来源，一般生产 1t 熟料约用 1.2～1.4t 石灰质原料，占原料总量的 80%以上。黏土质原料其主要化学成分是 SiO_2、Al_2O_3 和 Fe_2O_3，为熟料提供 SiO_2、Al_2O_3 和 Fe_2O_3，一般生产 1t 熟料约需 0.2～0.4t 黏土质原料。校正原料是为了弥补部分成分的不足，往往选用铁质、硅质和铝质等校正原料。除原料外，水泥生产需要大量的燃料，按其物理状态不同可分为固体、液体和气体三种。

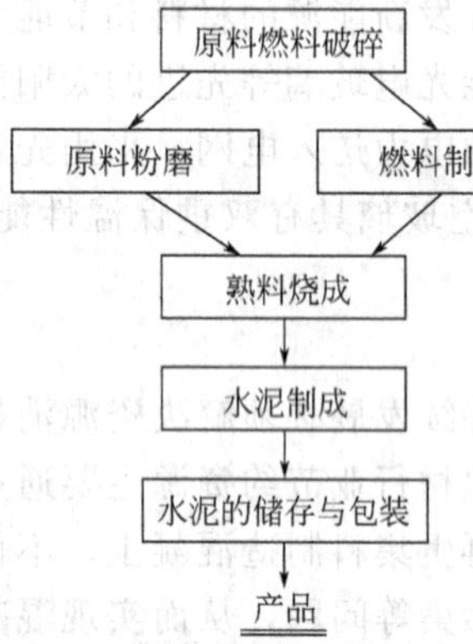

水泥的主要生产工艺流程如图 4-1 所示，包括原料燃料破碎、原料粉磨、燃料制备、熟料烧成、水泥制成、水泥的储存与包装。

图 4-1 水泥的主要生产工艺流程

(1) 原料燃料破碎

水泥的原料及固体燃料进厂时，其粒度较大，多数超出了粉磨设备允许的进料粒度，粒度过大也不利于烘干、运输与储存等工艺环节，因此须采用机械挤压或冲击的方法减小物料粒度，为下一步的粉磨作好准备。

(2) 原料粉磨

粉磨是使原料的粒度进一步降低，使不同原料可以更好地接触，有利于水泥熟料的烧成。

(3) 燃料的制备

原煤不能直接用于煅烧熟料，一般用煤磨将含有一定水分的原煤烘干磨成细度为 88μm、筛余 10%左右、水分小于 1%的煤粉，使煤能在一定空间内充分燃烧，形成较高的热力强度，以利于煅烧的进行。

(4) 熟料烧成

原料燃料准备好后，需要对水泥生料进行高温煅烧生成熟料，这是水泥生产的重要环节，其产量、质量直接影响水泥的产量、质量以及水泥的生产成本。

(5) 水泥制成

熟料出窑再经冷却机冷却后，须经过储存，其目的是降低熟料温度，以保证磨机的正常操作，改善熟料质量，提高易磨性和作为缓冲环节，有利于窑磨生产的平衡和控制调配入磨熟料的质量。等熟料降至合适的温度后，再送到粉磨车间粉磨，得到水泥粉料。

(6) 水泥的储存与包装

水泥熟料粉磨后进入水泥储库储存一定的时间，可以起到以下作用：有时间对水泥粉料的性能进行检测，以确保出厂水泥的质量；在存放过程中水泥吸收空气中的水分使游离 CaO 消解，改善水泥的质量；降低储存水泥的温度以利于水泥的输送与包装；对水泥的粉磨及包装起调节缓冲作用，以实现粉磨车间的连续作业及水泥包装及时出厂。

最后需对水泥粉料进行包装，采用袋装和散装两种形式。袋装通常采用纸袋、编织袋或编织物和包装纸结合的复合袋，散装水泥则采用专用的散装车将出库水泥直接送至水泥使用点。

4.4.2.2 我国水泥工业“环境负荷”现状分析

由于水泥的主要成分是硅酸盐，具有同地球环境和大气圈亲和共融的属性，其本身是一种生态产品。但是，传统水泥工业工艺、设备、管理落后，对天然资源和能源消耗量大，利用效率低，排放粉尘及有害气体污染环境。下面从水泥的原料消耗、能源消耗及污染物排放这几方面对我国水泥工业环境负荷作简单的分析。

（1）原料消耗

石灰石是水泥生产的主要原料，消耗量巨大，据统计每年生产水泥就要消耗大约 6 亿吨石灰石，并且冶金、化工、轻工、医药等行业也需要大量石灰石，可用于水泥制造业的石灰石可采储量仅约 250 亿吨，照这样发展下去，几十年之后我国水泥生产将难以为继。

（2）能源消耗

水泥工业是典型的能源消耗型工业，水泥熟料的煅烧需要耗费大量的燃料（主要是煤），另外，水泥生产过程中所用到的各种机械设备，如破碎、粉磨等，都需要消耗大量电力能源。我国现有技术水平每吨水泥生产的平均电耗约为 110kW·h，平均煤耗约为 128kg 标准煤，分别比国际先进水平高出 18%和 50%。2005 年我国水泥总产量为 10.6 亿吨，水泥工业总耗电量约为 1060×10^8kW·h，总耗煤量约为 1.44 亿吨标准煤。可见，降低我国水泥工业能源消耗量潜力非常大。

（3）污染物排放

水泥厂一直被看作是污染源，其排放大量的气体、固体和液体的污染物。

气体污染物主要包括 CO_2、SO_2 及 NO_x。CO_2 主要由水泥熟料烧成过程中燃料燃烧及碳酸盐分解产生，2002 年全国水泥工业 CO_2 排放量约为 5.5 亿吨，2005 年我国水泥工业 CO_2 的排放量约为 8 亿吨。SO_2 来源于原料、燃料所含的硫化物，2005 年全国水泥行业 SO_2 的排放量约为 100 万吨。NO_x 的形成分高温 NO_x 及燃料 NO_x 两个部分，前者是空气中的 N_2 在高温状态下与 O_2 化合形成的，后者是燃料中的 N 与空气中的 O_2 在挥发分燃烧的低温状态下化合形成的，2005 年全国水泥工业 NO_x 排放量约 100 万吨。

固体污染物主要是烟尘、粉尘及其他固体废物。粉尘颗粒大于 10μm 的很快就会落到地面，称为落尘；颗粒小于 10μm 的称为飘尘，其中相当大的一部分比细菌还小，可以几小时甚至几天、几年地漂浮在大气中，尤其是直径在 0.5～5μm 的飘尘不能为人的鼻毛所阻滞和呼吸道黏液所排除，可以直接到达肺泡被血液带到全身，引起呼吸困难等问题。2003 年我国水泥工业烟尘和粉尘排放总量是 809 万吨（绝大多数是中小型水泥厂排放），占我国全年烟粉尘排放总量的近 40%，按 13 亿人口计算，人均负荷量达 6.2kg。2004 年水泥工业烟尘排放量为 46 万吨，占全国工业烟尘排放总量的 5.76%；水泥工业粉尘排放量为 520 万吨，占全国工业粉尘排放总量的 63.74%。位于全国工业行业粉尘排放量首位。

液体污染物是指废水的排放，2004 年水泥工业废水年排放量为 2.68 亿吨，废水排放达标率为 93.44%，占全国废水总排放量的 1.21%。相对来说，水泥工业废水排放量较少。

从上述分析可见，水泥工业的环境负荷主要在于石灰石、燃料及电力资源能源的消耗和 CO_2、SO_2、NO_x、粉尘的排放。

4.4.2.3　水泥的绿色化途径

根据水泥行业问题的分析和绿色水泥的目标，水泥行业将围绕资源、能源消耗节约化、生产过程环保化、产品质量优质化几个方面大力进行改革与创新，以实现水泥工业的可持续发展。绿色水泥工业的发展方向主要可以分为以下几个方面。

（1）建立现代化新型干法水泥技术创新体系

水泥行业应进一步开拓原材料资源，加大原材料资源地质勘探工作的力度，摸清原料资源的储量、品位和分布情况，提倡矿山资源优化开采利用与均化以及生料质量前馈控制。避免对现有较高品位水泥原料矿山不科学地乱采乱挖，通过合理搭配开采与均化低品位矿山来生产高标号水泥，使资源得到充分利用。此外，原料入厂后，通过在线快速分析进行前馈控制，可大大简化厂内预均化与生料均化，能够既保证生料质量，又节省投资。

其次，水泥企业应采取一切措施降低能耗，这必须创建新型干法生产线和提高煤炭利用效率并完善现有的粉磨设备。需要深入研究以下几个方面的技术：①新型烧成体系，包括高效、低阻预热预分解技术，无烟煤、劣质燃料燃烧技术研究，低温余热发电技术与装备、预分解短窑技术开发，高效冷却系统；②高效节能粉磨系统，对立式磨、辊压机、筒辊磨、高效选粉机进行完善与优化组合，形成节能型粉磨系统，使水泥生产电耗指标大幅下降；③自动化与计量技术，包括在线生产过程的综合优化控制技术、装备和质量检测与控制专用检测仪器、计量装备等。

再者，必须严格地限制粉尘的排放，迫切需要装备高效的收尘设备并加强操作管理，应在较近期内将粉尘排放量降低到 50mg/m^3 以下的水平。环保技术与装备有：高浓度、高滤速、强力清灰、低阻力、高效新型袋收尘器；采用计算机与网络技术对大型电除尘器综合进行控制、远程诊断与管理，以及新型收尘技术及结合收尘工艺的脱硫技术与装备。

（2）综合利用其他行业的固体废弃物，降低水泥资源及能源的消耗

水泥工业不仅自身产生的固体废弃物较少，还可以将其他行业的某些工业废渣、废料、城市固体垃圾等作为水泥生产的原料和燃料，主要应用如下。

① 工业废弃物作水泥生产的原料　一些工业废料如煤矸石、粉煤灰、废砂、铁矿渣、高炉炉渣，以及含有 CaO、SiO_2、Al_2O_3 等成分的淤泥，只要其成分经配料后在煅烧熟料允许的范围内，均能作原料煅烧水泥熟料。此类工业废弃物作水泥原料时，一方面可以消化工业废弃物，另一方面，由于高炉炉渣等工业废弃物中的 $CaCO_3$ 已分解为 CaO，这样就可以大幅度降低煅烧过程的热耗和废气中 CO_2、NO_x 的排放量。

以粉煤灰为例，其主要由活性 SiO_2 和 Al_2O_3 组成，可代替黏土组分进行配料。由于粉煤灰的产生过程就相当于一个熟化过程，因此可以省掉熟化消耗的能量；粉煤灰中未完全燃烧的炭粒在熟化过程中的燃烧也有助于能耗的降低；此外，粉磨普通硅酸盐水泥时，加粉煤灰作混合材料能起一定的助磨作用，提高效率，降低能耗。粉煤灰水泥具有如下特点：早期强度低，后期增长率大，比普通硅酸盐水泥大一倍。粉煤灰水泥制成的浆体浇筑实体致密，不易产生裂缝，水泥石结晶完整，耐风化，适用于道路、堆场、机场跑道、水坝等工程。其次，粉煤灰水泥浆体干缩性小，能明显降低混凝土的干性收缩与脆性。第三，粉煤灰水泥浆体水化热偏低，适用于高温季节施工或大体积混凝土工程施工。第四，粉煤灰水泥胶砂流动度大，和易性好，在相同塌落度时可比普通硅酸盐水泥减少拌和水，从而减小水灰比。最后，粉煤灰水泥耐硫酸盐性能好，长期处在有硫酸盐的介质中基本无侵蚀现象。可见，粉煤灰水泥比传统水泥具有更好的环境协调性。

② 工业废料用作水泥生产的燃料　在煅烧的过程中，窑内物料将在高温（水泥回转窑中物料温度接近 1500℃，火焰烟气温度约 2000℃）和氧化气氛中停留较长时间，工业废料，如

废轮胎、废塑料、废溶剂、废机油以及城市垃圾等中的有机化合物将被氧化分解并放出热量，可供煅烧熟料所用。同时，一些有毒有害的工业有机物经高温氧化分解而消除毒性，且此过程在负压操作的窑内不会逸出有害气体。此外废弃物燃料中的无机物和有毒的重金属残留在熟料内作为熟料成分，避免其对环境的毒害。

但是必须指出，为保证水泥熟料的质量，须对废弃物进行预处理以保证成分稳定。为此必须发展有关的处理装置以及输送、储存、计量装备，在此基础上才能大规模使用。同时在使用过程中必须保证操作人员的安全，以及合理地限制有害物的排放量。

③ 工业废弃物作水泥生产的混合材　此类工业废弃物有高炉炉渣、锰铁矿渣、铬铁渣、赤泥、增钙液态渣、粉煤灰、沸腾炉渣以及钢渣等。采用工业废弃物作混合材的优点是可以生产一些具有特种性能的水泥。以矿渣水泥为例，和普通水泥相比，具有抗渗性较好、抗硫酸盐侵蚀性较强等优点，但也有早期强度较低、耐磨性能较差、抗冻性差等缺点。

④ 城市垃圾在水泥工业中的综合利用　城市垃圾一般是指城市居民的生活垃圾、商业垃圾、市政管理和维护中所产生的垃圾。我国现已积存垃圾60亿吨，侵占土地达5亿平方米。城市垃圾中无机成分能够替代水泥原料，有机物部分可以作为燃料提供热能。利用水泥熟料烧成系统处理城市垃圾是近年水泥行业提出的一条新的垃圾处理途径。该方法一方面利用回转窑系统降解垃圾中的有毒气体，另一方面剩余的灰渣可以作为水泥的原料，有害的灰渣和重金属可以被固化在水泥熟料中。

（3）大力推广散装水泥

制造袋装水泥的纸袋，不仅需要采伐大量的树木，耗费宝贵的森林资源，而且在制袋过程中要消耗大量的淡水，产生大量的造纸污水。另外，因纸袋破损，每年有近600万吨的水泥排放到大气中，既浪费资源又污染环境。据统计，每推广使用1万吨散装水泥，可节约包装用纸60t，折合优质木材330m^3，节约用电7.2×10^4kW·h、煤炭78t、烧碱0.4t。散装水泥避免使用包装纸袋或塑料袋，防止了水泥袋拆用后造成的废弃物对环境的二次污染。采用散装水泥同时也为混凝土生产中采用机械化自动上料、自动称量、减少浪费和污染提供了一定保证。散装水泥无论是在储存、质量保证、出口贸易等方面，还是在减轻工人劳动强度方面都体现出了强大的生命力。目前，我国散装水泥仅占全年水泥总产量的15%左右，而工业发达国家已达到90%左右。

4.4.3　建筑卫生陶瓷

4.4.3.1　建筑卫生陶瓷简介

建筑卫生陶瓷是指主要用于建筑物饰面、建筑物构件和卫生设施的陶瓷制品，可分为卫生陶瓷、陶瓷墙地砖、饰面瓦和陶管等，其中卫生陶瓷和墙地砖占其总量的90%以上。卫生陶瓷是指用作卫生设施的涂釉的陶瓷制品，如洗面器、大便器、小便器等；墙地砖是指由黏土和其他无机原料生产的陶瓷薄板，如玻化砖、抛光砖等。

建筑卫生陶瓷的原料包括坯用原料、釉用原料和色料三部分。传统的建筑卫生陶瓷坯用原料主要包括黏土、长石类、石英原料和助熔剂原料，还有低温快烧原料，如页岩、红土等，此外，一些工业原料和城市垃圾也可作为建筑卫生陶瓷的原料，如煤矸石、粉煤灰、高炉废渣、萤石矿渣等。釉是涂敷在陶瓷坯体表面的一层玻璃质，可以起装饰作用，也可提高其抗污性，釉料的用量只有坯体的1/10左右，但其品位要求较高，其中铁、钛的含量极少，如优质软质黏土、长石、石英、滑石、石灰石等。色料可以添加在釉中，也可在釉表面进行着色装饰，色料大都是含金属离子的化工物质。

建筑卫生陶瓷的生产工艺主要由三个重要环节组成，即配料及坯料制备、成型和烧成。

① 配料及坯料制备过程是根据不同制品的性能要求和工艺要求，制定科学合理的坯釉料

配方，配料后，经过粉碎、过筛、除铁、脱水、制泥（或干燥造粒，或搅拌化浆）等工序，将混合物料按照成型工艺的要求，加工成含水率不同的可塑成型泥（含水率为18%～29%）、压制成型粉料（含水率为1.5%～15%）或注浆成型泥浆（含水率为30%～35%）等。

② 成型过程就是将坯料加工成为具有既定形状和尺寸的半成品，大致上可分为可塑法、压制法和注浆法等。可塑法是以泥料的可塑性为基础，采用手工雕镶、模印、拉坯、挤坯、旋坯、车坯、滚压等方法成型；压制法是将坯料制备成含水率小于15%的颗粒状粉料，采用各种压力机械，在模具中加压成型；注浆法是将具有流动性的泥浆注入模具内，由于模具的吸水作用，使泥浆中分散的原料颗粒黏附在模壁上，形成与模型形状相同的坯体层，并随着时间的延长而逐渐增厚，当达到一定程度时，发生干燥收缩而与模壁脱离，形成粗坯。坯体经干燥、修坯、施釉等处理后，进入烧成过程。

③ 烧成过程是将处理好的坯体经高温处理，形成预期的矿物组成和显微结构，大致包括水分蒸发、氧化分解与晶型转化、玻璃化成瓷和冷却阶段。从室温至300℃为坯体的水分蒸发阶段，主要是排除、干燥剩余水分和吸附水，坯体基本不收缩。300～950℃为氧化分解与晶型转变阶段，坯体内部发生较复杂的物理化学变化，包括黏土中结构水的排除，碳酸盐的分解，有机物、碳素和硫化物被氧化，石英晶型转变，并伴随有坯体中结构水与分解气体排出、坯体质量减轻、气孔率提高、机械强度提高、颜色变浅等变化。950℃至烧成温度为玻璃化成瓷阶段，这一阶段除了继续发生水分排除和氧化还原等反应，还会形成大量的液相促进晶粒的长大和致密度的提高，气孔率降至最低，机械强度和硬度增加，釉面具有光泽，坯体实现瓷化烧结。冷却是制品烧成工艺的最后阶段，按一定的冷却工艺冷却到常温得到最终的产品。

4.4.3.2 我国建筑卫生陶瓷行业“环境负荷”现状分析

(1) 资源消耗

一直以来，黏土在陶瓷产业中具有重要的地位，是一种宝贵的不可再生资源。随着建筑卫生陶瓷的市场需求逐年攀升，产量的不断增加，所耗费的黏土资源量迅速增长。根据我国目前陶瓷墙地砖和卫生瓷的生产规模和产量估算，陶瓷墙地砖年耗陶瓷原料量约为6160万吨，卫生瓷年耗陶瓷原料量约为146万吨，总计达6300多万吨。目前，由于缺乏统一有效的管理体系，瓷土矿被乱挖滥采，优先的资源也不能得到充分利用，加剧了建筑卫生陶瓷的资源紧缺。现今广东佛山诸多陶瓷企业迫于地方政府对环保等方面的要求越来越高，而不断加快产业梯度转移的步伐，寻找新资源地，把生产基地迁往粤东西两翼地区，甚至是省外矿产资源丰富的地区。

(2) 能耗现状

建筑卫生陶瓷工业能源主要消耗在干燥和烧成两大工序中，两者的能耗约占总能耗的80%以上，其中约有61%用于烧成工序，20%用于干燥。我国建筑卫生陶瓷行业经过20多年的引进、消化、吸收工作，整个行业水平有了大幅度的提高，但与国外先进技术相比，差距还是很大，发达国家的能源利用率一般高达50%以上，美国达57%，而我国仅达到28%～30%。表4-4列出了我国卫生陶瓷生产能耗和国外先进技术的统计数据。

表4-4 国内外卫生陶瓷生产能耗比较

项 目	综合能耗/(kJ/kg)	烧成能耗/(kJ/kg)	项 目	综合能耗/(kJ/kg)	烧成能耗/(kJ/kg)
国外先进水平	238～476	3350～8370	国内一般水平	400～1800	20930～41860
国内先进水平	—	6280～16740	国内落后水平	—	62790～79530

我国建筑卫生陶瓷行业燃料主要包括原煤、重渣油、煤气、天然气，日用陶瓷每年消耗不少于348.23万吨标准煤，其中原煤折合205.93万吨标准煤，占总能耗的59.14%；重渣油折合73.57万吨标准煤，占总能耗的21.13%；煤气、天然气$2.31\times10^7m^3$，占总能耗的

0.88%；电力 1.151×10^9 度，占总能耗的 13.35%；其他能源消耗折合 19.16 万吨标准煤，占总能耗的 5.50%。

(3) 污染物排放

废气来自于各类燃烧器产生的烟气。我国各燃烧器多采用油类、气体类和煤作燃料，所产生的烟气一般都未经过处理就被排放，特别是采用燃煤或某些重渣油时燃烧不充分，烟气中含有大量有害成分和烟尘。国外各类燃烧器多采用洁净气体燃料，燃烧充分，有毒气体排放量少，同时对烟气进行处理，达到净化目的。

废水来自于车间地面的清洗水、硬质料的洗刷水、喷雾干燥塔的清洗水、抛光线上的抛光用水等，其中主要杂质是陶瓷原料，通过几级沉淀池，搅拌后压滤清水再利用。与国外相比，我国清水的利用与其差距很大，我国与意大利同等规模的生产线相比，每天产生的废水多30%～40%。

固体废物分为烧成前和烧成后的废弃物。我国陶瓷生产烧成前的废品以及冲洗喷雾干燥塔、冲洗地面、收尘器里的灰尘、泥渣，基本作为原料重新使用，但烧成后的废品一般不回收使用，我国一年的陶瓷废次品废弃物为 1300 万吨左右，占用了大量土地。

4.4.3.3 建筑卫生陶瓷的绿色化方向

我国建筑卫生陶瓷业经过近 20 年的发展，其产量一直居世界首位，已成为名副其实的生产和消费大国，形成了以广东、福建、山东、河北、四川、浙江、上海及周边地区为主要产区的格局。但是，由于技术比较落后、管理不善等原因，造成资源紧缺、能耗过高、性能较差等问题，为了实现建筑卫生陶瓷业的可持续发展，绿色化成为一种必然趋势。

(1) 矿产资源的保护与合理利用

首先，必须保护和合理利用优质陶瓷原料资源。随着我国建筑卫生陶瓷产业的飞速发展，敲响了优质陶瓷原料资源耗竭的警钟。一方面，产量的增加消耗了大量的原料；另一方面，优质资源的滥采滥挖，浪费严重，污染严重，使许多优质非金属矿资源濒临枯竭。因此，保护和合理利用优质陶瓷原料资源是建筑卫生陶瓷产业绿色化的重要内容。

其次，要开发利用红土类低质原料。红土类陶瓷原料俗称为红页岩、黄页岩、紫砂岩、红黏土、红土岩等，其矿物组成为水云母、高岭石、蒙脱石，并夹有石英、长石、方解石等非黏土矿物。低质原料还包括铁、钛含量高的陶瓷原料，以及各种工业尾矿、废渣、垃圾，如煤矸石、粉煤灰、金矿尾砂、冶金矿渣、废玻璃等。我国红坯陶瓷墙地砖长期让消费者疑惑、误解甚至拒绝。“红坯”与“白坯”两类产品，就实用价值来讲没有本质差别，产品优质高档的关键是在内在性能满足使用要求的前提下，外观装饰艺术效果的优质高档化。世界陶瓷墙地砖主要生产于意大利、西班牙，甚至南美的巴西、墨西哥等都采用红坯原料来生产高档施釉陶瓷墙地砖。中国建筑材料科学研究院通过对红土类原料及红坯施釉陶瓷墙地砖的分析，提出可以以碳酸盐含量较高的矿物生产陶质砖，以含有伊利石的红土类原料生产细炻砖，整个产品的质量关键在于底釉、面釉及性能匹配的情况。

再者，开发节土性产品是节约资源的一个有效途径，如生产超薄型墙地砖。墙地砖在追求大规格砖的同时，为满足强度等性能要求，其厚度不断增加，这必然会造成资源的更大浪费。现今，已可以采用流延成型技术制造 1800mm×1200mm×3mm 的超薄装饰大板。

(2) 节能降耗措施

① 原料制备过程节能措施

a. 提倡建筑卫生陶瓷原料的专业化供应，陶瓷企业只需购买合适的粉料，直接球磨，这样可以减少粗颚式破碎机等粗中碎系统，既减少粉尘污染又节省能源，原料质量稳定且有利于资源的合理使用。

b. 采用连续式、大吨位球磨机进行细磨，产量可提高 10 倍以上，电耗仅为原来的 20%。球磨机内衬采用橡胶衬，既可减小球磨机的负荷，又可增加球磨机的有效容积，单位产品电耗可以降低 20%以上。采用氧化铝球进行球磨，既可缩短球磨时间，又可节电 35%左右。还可以根据工艺配方不同向泥浆中加入适量的减水剂、助磨剂等以及制定合理的料、球、水的比例。

c. 完善和推广新型干法制粉技术。目前我国几乎所有的大中型陶瓷墙地砖生产厂家都采用湿法工艺制造粉料，将原料加水细磨成含水量约为 32%～40%的泥浆，再经喷雾干燥为含水量约为 5%～6%的陶瓷粉料，供半干压成型用。湿法工艺能耗高，并产生大量的废气。干法制粉工艺将密度相近的原料直接称量破碎，在增湿机中加水至 6%～8%造粒，进硫化干燥床将粉料干燥到成型所需的 5%～6%的水分后使用。干法制粉工艺简单，设备投资少，泥浆脱水量不高，能耗低（是湿法工艺的 1/7～1/6），在意大利等国的中档产品生产中已得到广泛应用。但干法制粉也存在一定的不足，如原料密度须尽量接近、配方不易准确、流动性和均匀性较湿法制粉差等，影响其推广使用。我国于 20 世纪 90 年代初设计制造了增湿造粒机及干法制粉成套设备，并在四川等地成功投入生产。当前应进一步深入研究，不断改进完善工艺，使它制备的粉料的流动性、均匀性等指标，符合大型压机对粉料的要求。

② 成型与干燥过程节能措施　对于陶瓷墙地砖成型，应选用大吨位、宽间距的压机，其压力大，产量高，压制的砖坯质量好，合格率高，在同等条件下电耗可减少 30%以上。目前，我国开发出的 2000～4000t 级的压机已被比较普遍地使用。最近广东科达机电股份有限公司和佛陶集团力泰机械有限公司开发了最高吨位达到了 7800t 的大吨位液压全自动陶瓷压砖机系列，为我国陶瓷工业的发展打下了良好的基础。

对于卫生陶瓷可采用高中压注浆成型技术，把传统石膏模依靠毛细管力吸水成型的机理变为采用多孔塑料模压滤排水机理，使成型次数由 1 天/次提高到 10～30min/次，模具寿命达 20000 次以上，可节省模具干燥和加热工作环境所需的热能。

对于干燥过程的能耗降低可以通过选择先进的干燥设备，如英国 CDS 公司推出的空气快速干燥器，用于卫生瓷、日用瓷、黏土砖和耐火材料，干燥周期可缩短 46%～83%，平均节能 50%。佛山有关陶瓷厂开发的辊道式宽断面干燥器，完全不用辅助热风炉，只用窑炉余热，热效率、干燥成品率大大提高。此外，可以利用新的加热干燥方法，如微波干燥技术，微波的加热方式为体加热，可以避免传统的加热方式造成的温差，使蒸发时间与常规加热相比大大缩短，可以最大限度地加快干燥速度，极大地提高生产效率，由此而节约了大量的能源消耗，且微波能源利用率高，对设备及环境不加热，仅对物料本身加热，运行成本比传统干燥低。

③ 陶瓷制品烧成过程中的节能措施

a. 发展低温快烧技术　陶瓷的烧成温度是陶瓷生产最主要的参数之一，是影响产品性能的一个重要因素。陶瓷烧成温度越高，能耗就越高，我国陶瓷业中同类产品不同地区的烧成温度差别较大，就瓷器而言，北方的烧成温度在 1300℃左右，而南方则高达 1400℃。据热平衡计算，若烧成温度降低 100℃，则单位产品热耗可降低 10%以上，且烧成时间缩短 10%，产量增加 10%，热耗降低 4%。因此，在陶瓷行业中，应用低温快烧技术，不但可以增加产量，节约能耗，而且还可以降低成本。“低温快烧”一是建立在低温快烧原料的开发利用上；二是建立在先进窑炉技术的发展上，因而我们应从这两方面入手，以实现低温快烧技术，降低能耗。

b. 采用洁净液体和气体燃料　目前，陶瓷窑炉中的燃料除了煤气、轻柴油、重柴油外，还有的用原煤。统计表明，隧道窑使用的原煤如改为煤气可节约燃料 60%，使用的重油如改为煤气可节约燃料 30%～40%。另外，洁净液体、燃气等洁净能源的使用，燃烧充分，减少了烟尘及有害气体的排放量，可以结合裸烧明焰烧成技术提高产品的质量。可见采用洁净的液体、气体燃料，一方面可以大大节约能源，另一方面可以减少对环境的污染。

c. 采用裸烧明焰烧成技术　目前，我国陶瓷窑炉烧成方式主要有：明焰钵烧，隔焰裸烧和明焰裸烧。明焰钵烧是以煤为燃料，将产品放入匣钵进行烧成，匣钵的加入占用了大量空间，热稳定性差，能耗大，烧成周期长。隔焰裸烧以重油为燃料，制品直接放入炉中进行烧成，火焰所产生的热不直接与制品作用，窑内温度不均匀，能耗高。明焰裸烧不用匣钵和隔焰板，使热气体和制品之间直接传热、传质，取消匣钵之后减少了匣钵的吸热，有利于降低热耗和缩短烧成周期，也消除了匣钵占据的空间，增大了窑炉的装坯容积，提高了生产能力，因此明焰裸烧是最合理、也是最先进的烧成方式。以隧道窑为例，根据热平衡测定，明焰裸烧单位产品热耗最低，为4000～15500kJ/kg产品；其次是隔焰裸烧，为19800～76700kJ/kg产品；而明焰钵烧单位产品热耗最高，为50000～103600kJ/kg产品。

d. 采用先进的窑炉设备　烧成过程是企业能耗最高的工艺过程，窑炉的先进性关系到整个企业能耗的高低。目前，陶瓷行业中使用较多的主要窑型有：隧道窑（明焰或全纤维）、辊道窑及梭式窑三大类。表4-5列出了不同窑型烧成卫生瓷的能耗比较，可见辊道窑的能耗最低，其次为隧道窑，最后为梭式窑。辊道窑还具有产量大、质量好、自动化程度高、操作方便、劳动强度低、占地面积小等优点，因此，辊道窑是现阶段建筑卫生陶瓷生产工艺的最佳选择。

表4-5　不同窑型烧成卫生瓷制品的能耗比较

窑　型	烧成温度/℃	烧成周期/h	单位能耗/(kJ/kg)	窑　型	烧成温度/℃	烧成周期/h	单位能耗/(kJ/kg)
明焰隧道窑	1200～1280	16～24	6700～9200	辊道窑	1230～1260	8～12	3100～4200
全纤维隧道窑	1230～1260	10～18	4200～6700	梭式窑	1240～1260	12～23	9200～10500

此外，通过改善窑体结构也可降低能耗。研究表明，增加窑炉的长度和宽度、降低窑炉的高度，可以有效降低能耗。如当辊道窑窑高由0.2m升高至1.2m时，热耗增加4.43%，窑墙散热升高33.2%；宽从1.2m增大到2.4m，单位制品热耗减少2.9%，窑墙散热降低25%；当窑长由50m增加到100m时，单位制品热耗降低1%，窑头烟气带走热量减少13.9%。

窑炉中采用高效、轻质保温耐火材料及新型涂料也能有效降低能耗。轻质砖的隔热能力是重质耐火砖的2倍，蓄热能力则为重质耐火砖的一半，而硅酸铝耐火纤维材料的隔热能力则是重质耐火砖的4倍，蓄热能力仅为其11.48%，因而使用这些新型材料砌筑窑体，节能效果非常显著。另外，为了减少陶瓷纤维粉化脱落，可利用多功能涂层材料来保护陶瓷纤维，既达到了提高纤维抗粉化能力的目的，又增加了窑炉内的传热效率，节能降耗。

e. 充分利用窑炉余热　在陶瓷制品的烧成过程中，供坯体物理化学反应的能量只占总热耗很小的一部分，其他热耗在于：制品、窑车及窑具冷却，烟气排出带走的能量和窑炉表面的散热，此三者占辊道窑总能耗的70%以上。目前对于窑炉表面的散热还没有切实可行的利用方法，主要是从冷却换热风和烟气的利用入手。冷却换热风时温度较高的洁净热源，可以直接应用于粉体坯体的干燥、生产车间的采暖、高温窑炉的助热风等。烟气中含有部分不完全的燃烧组分和一定的湿气，应用范围较冷却换热风小，一方面可以直接进行坯体的干燥或采暖，另一方面可以通过换热器对洁净空气进行加热，再利用洁净空气，可加大这部分热量的应用范围。余热利用在国外受到重视，视其为陶瓷工业节能的主要环节。目前，国外将余热主要用于干燥和加热燃烧空气。利用冷却带220～250℃的热空气供助燃，可降低热耗2%～8%，这不但能改善燃料的燃烧，提高燃料的利用系数，降低燃料消耗，还提高了燃烧温度，为使用低质燃料创造了条件。

窑炉节能技术还包括窑车窑具材料轻型化、采用高速烧嘴、加强窑体密封性和制定窑内压力制度、采用一次烧成新工艺、采用单螺杆式空压机、自动化控制技术等。

(3) 环境污染治理措施

① 粉尘污染治理　首先，提倡原料的专业化生产，取消现阶段的粗中碎系统。再者，选用先进的工艺流程和设备，使生产机械化、自动化、连续化是防尘除尘的关键。建筑陶瓷生产多为开放式作业，加强设备密闭、减少车间内的粉尘散发点尤其重要。原料输送采用封闭输送设备，使粉尘只能在该封闭罩内飞扬，靠自重下落，定期收集清理。建筑陶瓷生产的扬尘点很多，因此设置机械除尘系统是不可缺少的。机械除尘系统是由引风机、除尘器、集尘罩、除尘风管及其他附件构成的。对现阶段我国建筑陶瓷企业主要的粉尘污染源——喷雾干燥工段，可增加高效除尘器，收集尾气中的粉尘。

② 烟气污染治理　我国建筑陶瓷企业中 SO_2 气体主要来自喷雾干燥尾气和窑炉烟气，有效的处理方法可以采用脉冲电晕法、微波技术和电化学法。脉冲电晕法是通过电晕放电使烟气中的 O_2、H_2O 等分子被激活、裂解或电离可产生活性很强的自由基（如 O·、OH·等）以及非平衡等离子体中的高能电子，能够使被电晕放电激活的活性粒子把 SO_2、NO_x 分子氧化成 SO_3、NO_2，再与添加剂生成相应的盐而净化烟气。微波技术是利用微波直接处理烟气，使其中的 SO_2、NO_x 生成 SO_3 和 NO_2，在水中形成 H_2SO_4 和 HNO_3 达到净化的目的。电化学法利用电子作为洁净的氧化还原反应参与物，直接地或间接地进行化学物质间的转换，且氧化剂或还原剂可以再生，不需要像化学过程中那样大量应用氧化剂或还原剂。例如，先将 SO_2 用 NaOH 溶液吸收后形成 $NaHSO_3$ 和 Na_2SO_3，在电解槽阴极室中被还原为 $S_2O_4^{2-}$，NO 被溶液中的 Ce^{4+} 氧化为高价氮的含氧化合物，分离出 Ce^{4+} 后的高价氮氧化物与混有氧气的氨气作用生成 NH_4NO_3，在电解槽阳极室中电化学再生 Ce^{4+}。

③ 废水污染治理　建筑卫生陶瓷生产过程中耗水量较大，主要来源于压滤、设备与地面冲洗、抛光冷加工等，废水中的主要杂质为陶瓷原料。可根据废水中污染物的成分，分别进行沉降处理，部分沉降物经压滤可回收利用，抛光冷加工的废渣另行填埋处理，废水通过絮凝剂处理后清水循环利用。

④ 固体废弃物的处理　利用陶瓷废次品、废料、废泥的主要途径有：烧成前的废坯、废渣可搅拌或球磨与原配料混合重新使用；烧后的废瓷可破碎后作瘠性陶瓷原料用于坯料或加入釉料中使用；一些混色的废料可集中批量生产特殊的深色制品；废石膏可以再生利用或用于水泥生产；报废的窑具、耐火材料可以通过分类加工用于生产普通耐火材料。其次，陶瓷废次品、废渣、废泥等，经过加工可代替砂、石，用作混凝土的集料，生产各种混凝土制品，或用于烧制墙体砖、透水砖、劈开砖，生产免烧砖，或铺填路基及填埋矿坑等，以求得到充分治理利用。

(4) 产品性能提升

① 进一步提高产品使用寿命　提高产品质量、延长使用寿命是绿色化的重要方向。建筑卫生陶瓷产品釉面的硬度、耐磨度、防水解性能；产品的抗后期龟裂性、抗冻性、坯釉及中间层性能匹配性、抗折强度；无釉瓷质砖的耐污染性等直接影响产品的使用寿命和使用效果，应进一步改进提高。

② 降低产品放射性比活度　企业为了提高瓷质砖的装饰艺术效果，在坯料中添加了含有硅酸锆的锆英砂，由于四价锆与放射性物质伴生，因此会造成产品的放射性超过指标；另外，某些地区个别陶瓷原料本底放射性比活度较高，也造成了产品放射性核素偏高。因此，必须选择低放射性陶瓷原料和控制放射性核素偏高的原料用量，以进一步控制和降低产品的放射性，保证产品的健康安全。

③ 节水卫生瓷　卫生瓷是家庭用水的主要器具材料，开发推广节水型卫生瓷产品具有重

要意义。节水型卫生瓷产品的设计开发，应根据流体力学、人体工程学、陶瓷工艺学、建筑物卫生间设计等综合因素进行，同时重视卫生瓷配件的配套，重视研究卫生间用水循环系统，以实现生活用水的节省和循环利用，这是一项系统工程。

④ 抗菌陶瓷　抗菌陶瓷除了原有的使用功能外，还具有消毒、杀菌、除臭的功能，可以避免细菌的交叉感染，杀死各类细菌，阻止细菌的繁殖和微生物生长，消除污垢，净化室内空气等，可广泛用于医院、幼儿园、学校等公共场所，也可用于厨房、卫生间等。抗菌陶瓷的制备方法一般有两种，一种是在陶瓷釉料中加入无机抗菌剂，另一种是在陶瓷制品的表面涂敷一层 TiO_2 料浆，再经煅烧形成光催化 TiO_2 膜。

4.4.4 建筑玻璃

4.4.4.1 建筑玻璃简介

建筑玻璃有多种分类方法，如按制造方法不同，建筑玻璃通常可以分为平板玻璃、深加工玻璃和熔铸成型玻璃三类。

平板玻璃生产工艺过程主要包括配料、混合、熔制、成型、退火、检验、切裁、选片、储存，其中成型方法有浮法、引上、平拉、压延等，平板玻璃的品种有普通平板玻璃、本体着色玻璃、压花玻璃等。一般平板玻璃是通过浮法生产的，浮法玻璃在经济和质量上是其他生产方法不可比拟的。它是通过玻璃熔体浮在锡液的表面，利用其自重和表面张力的作用，加上纵、横两个方向上的强制拉引，在锡槽中玻璃的温度由 1050℃左右下降至 600℃而成型为板状。

深加工玻璃主要有中空玻璃、夹层玻璃、镀膜玻璃和钢化玻璃四类。中空玻璃是将两片以上的平板玻璃或加工玻璃中间用间隔条隔开，形成充满干燥空气的空间，四周的间隔条用有机粘接剂封接。夹层玻璃是在两片以上的玻璃中间夹入有机塑料透明膜，通过加热、加压黏结制成的，可防止玻璃破损时飞散伤人。镀膜玻璃是在玻璃的表面镀覆一层或多层金属或化合物薄膜，使其具有某些特殊的功能，如热反射玻璃。钢化玻璃是对平板玻璃进行热处理在表面形成压应力层以提高其机械强度和抗热冲击性能，钢化玻璃破碎时形成粒状碎片，可避免伤人。

熔铸玻璃包括玻璃砖、空心玻璃砖、玻璃马赛克、微晶装饰玻璃、槽形玻璃等，它们的熔制工艺相近而成型工艺不同。熔铸玻璃具有装饰功能，空心玻璃砖和槽形玻璃还具有保温和隔声的功能。

4.4.4.2 绿色建筑玻璃的绿色化方向

（1）能耗降低

建筑玻璃中产量大且总耗能高的是平板玻璃。我国大部分平板玻璃都是采用浮法生产的，生产平均规模在 400t 左右，而能耗、质量和成本达到最佳状态的规模在 500t 以上。因而，提高玻璃窑炉的熔化规模是降低能耗的主要途径之一，规模的扩大对于污染物的单位产品排放量也有很大改善。

采用合理的燃烧方式也有利于能耗的降低，如全氧燃烧技术。玻璃熔制过程所需要的热量大多通过燃料和氧气在高温下燃烧获得。传统的燃料燃烧所需的氧气是由空气提供的，空气中的氧气含量仅有 21%，而约占空气 79%的氮气是有害无益的。空气助燃时必须把大量的氮气加热到熔窑操作温度而浪费大量能量。而在全氧燃烧过程中，因为无氮气参与，从而可以提高燃烧温度和火焰传播速度，使得能量利用率提高，加之废气大量减少导致热损失减少，因而全氧燃烧比空气助燃能耗低得多。此外，全氧燃烧技术可以避免氮氧化物等有毒气体的排放，减少环境污染。全氧燃烧技术还有助于窑炉设备投资及维护费用的降低，提高玻璃的产量和质量。

玻璃熔窑的余热利用对节能和清洁生产有积极的推动作用，如采用在窑尾设计余热换热器产生蒸汽用于重油拌热或采暖、利用烟气的余热预热即将进炉的碎玻璃或配合料、低温余热发电等。利用烟气的余热来预热进入窑炉的碎玻璃和配合料，不仅可以降低玻璃熔窑的能耗，同时还可以减少污染物的排放、延长窑炉寿命，提高质量和产量，是一种有效的节能环保技术。

能耗的降低还可以通过设计新型合理的熔窑结构，如独立真空澄清窑、电辅助加热系统、熔化池鼓泡等，以及提高玻璃窑炉用耐火材料的质量等方法进行。

(2) 污染的防治

就玻璃工业来讲，对环境的污染主要包括大气污染、废水污染和噪声污染三个方面。减少有害物质排放，尤其是氧化氮（NO_x）的排放，是玻璃业界始终努力的方向，通过工艺方法的改进已经取得了一些有效的进展。

燃料燃烧产生的废气是玻璃业主要污染源之一，主要包括硫氧化物、氮氧化物和碳氧化物等。对硫氧化物的治理方法主要有高空排放和排烟脱硫法，其中排烟脱硫法又分为干法、湿法、半干法三种，其基本反应机理都是使烟气中的硫氧化物与吸收剂发生反应，生成硫酸盐，目前，石灰-石灰石/石膏法（半干法）是最经济、最成熟、最有效且应用最广的方法。氮氧化物主要为 NO_2、NO 及其他氮氧化物，常用 NO_x 表示。目前，控制氧化氮的最有效的方法是减少发生量，如采用全氧燃烧技术、电加热、低氮喷枪等，也可通过改善燃烧参数和工艺条件来减少其发生量。此外，化学还原法使氧化氮还原为氮气也是一种有效的方法。CO_2 是燃料燃烧不可避免的产物，控制 CO_2 的方法就是改善工艺减少单位产品燃料的消耗量。

玻璃生产线的废水主要是洗涤用水，其中主要含无机悬浮固体，通过一般的沉淀和吸附处理即可达到排放标准。对于 pH 值较高的废水，可以采用化学中和的处理办法，如果废水中含有微量有害金属离子，可以采用离子交换的处理办法。

粉尘产生于原料的破碎、粉碎、筛分、输送及其熔化过程中的部分废料。玻璃生产线常用的收尘方式有离心收尘、洗涤收尘、过滤收尘、静电收尘、重力收尘、惯性收尘等，通过各种收尘装置将回收超细粉制成粒化料，使资源得到有效利用。

噪声也是玻璃工业的一种污染，分为空气动力性噪声（如鼓风机、通风机、制瓶机等）、机械性噪声（如破碎、粉碎等设备的机械振动）、电磁性噪声（如变压器、电磁加料机所产生的噪声）等几种。降低噪声的方法包括以下几个方面：通过设计平滑的气流通道、采用阻尼材料制造零部件、安装消声器等对设备进行消声减震处理；采用减震、隔震、吸声、隔声等建筑处理及设备设计处理，来阻止噪声传播；采用扩张室消声器、扩张室-阻性复合消声器、共振阻抗复合消声器等来削弱空压机设备的机械噪声。

(3) 废玻璃的资源化

废玻璃的来源有两种，一是生产过程中淘汰的废品和裁切边，再就是在建筑上使用后形成的建筑垃圾。生产中产生的废玻璃大多作为熟料回炉再利用。一般采用空气喷吹或水洗的办法处理回收后的玻璃垃圾中所含的灰尘。回收并净化处理的玻璃垃圾有多种再生方法，如无色玻璃垃圾可以回炉再造平板玻璃或玻璃器皿，杂色玻璃垃圾可以用作生产瓶罐的原料，也可以用于制造装饰玻璃砖。废玻璃也可作为集料制造水泥混凝土或沥青混凝土，将废玻璃粉碎成粉状再与粗集料和水泥制成砌块、机砖或水磨石，玻璃粉还可用来烧制保温隔声的泡沫玻璃，还可以用废玻璃制造玻璃棉。玻璃再生在技术上难度不大，其再生利用率可以达到很高，关键要建立良好的回收—处理—再生—应用循环再生体系。

(4) 产品性能的提升

节能是绿色建筑对建筑玻璃的第一需求，为满足采光、装饰与立面设计要求，建筑门窗洞口有不断增大的趋势，因此洞口是能量流失的重要原因之一。最早的节能窗玻璃为中间冲有空气的双层中空玻璃，利用空气良好的保温性能来增加整个玻璃的热阻。为减少空气间层内的传导和对流，亦可在间层中充入比空气黏滞度更高、热导性能更低的气体，如氩气、氪气，可进一步降低中空玻璃的导热系数。实际上典型的双层玻璃热传递大部分是以红外辐射的方式进行的，可以在玻璃表面镀覆一层对红外线有很强反射能力的薄膜，同时设置增透膜以保证可见光的透过率，这种低辐射（low-E）玻璃，对长波辐射是不透明的，对常温热能起阻挡的作用。此外，应选用导热性能差的间隔条以解决间隔条的热桥问题。

安全性是绿色建筑对建筑玻璃的又一要求。由于玻璃具有脆性易碎和碎片尖锐的缺点，可能会给人们造成很多的意外伤害，如玻璃碎片高空坠落、人体撞击等导致玻璃碎片伤人。1997年实施的《建筑玻璃应用技术规程》规定钢化玻璃和夹层玻璃可用作安全玻璃。对有可能发生人体与玻璃碰撞的场合必须使用安全玻璃，如玻璃隔墙、落地窗、浴室用玻璃等，对有防火要求的隔墙需使用防火夹层玻璃。

绿色建筑也要求玻璃能够防止化学污染和物理污染。一般的无机玻璃在常温范围是非常稳定的，不会造成化学污染。但是对涂覆有机膜层和与有机材料复合的建筑玻璃应考察其化学污染性，还可开发功能玻璃达到防止污染的积极作用。抗菌玻璃就是一种能够抑制细菌生长发育的材料，它是在化学稳定差的玻璃中熔入抗菌金属离子，这些离子可以在有水汽的环境下缓慢溶出达到抗菌的作用。功能性建筑玻璃的使用不当也会造成光污染、热污染、色污染等物理污染。在使用热反射玻璃的建筑物周围，当太阳、玻璃与被反射光照射物成某一角度时，强烈的阳光会使行人、司机、住户感受刺眼炫目的反光，尤其是会造成住户的室内温度升高，这是由于热反射玻璃在反射红外线的同时，也反射了大量的可见光。国际上的共识是控制可见光反射率在20%以内，在此指标下不会产生炫目的反光，可见光的透过率也能提高，使采光效果得到改善，发挥热反射玻璃的节能、装饰之长，避光污染之短。对于热污染则需要通过建筑物的设计来解决，避免反射的太阳能投射到其他建筑或人群密集区域。可见光通过有色玻璃，如热反射玻璃、吸热玻璃、贴膜玻璃等时，其一部分波长的光被吸收，进入室内后的阳光变成为滤色光。在滤色光环境中，眼睛所看到的颜色都是失真的，长久工作、生活在这样的环境中会使人的视觉分辨力下降，严重者会造成精神压抑和性格扭曲。为减轻有色玻璃的负面作用，应限制使用范围，比如医院、实验室、图书馆、学校、博物馆、幼儿园等建筑应限制使用，同时应推广使用高可见光透过率、低红外光透过率的有色玻璃。

4.4.5 墙体材料

4.4.5.1 墙体材料简介

我国人口的增加、城市建设步伐的加快、人们生活质量的提高、居住条件的改善、建筑业的高速发展，使资源和环境的压力越来越大，已对社会经济的可持续发展和人类自身的生存构成了严重的威胁，必须大力开发和推广新型墙体材料，从根本上改变传统墙体材料大量占用耕地、消耗能源、污染环境的状况，形成可持续发展的新兴产业。因此对墙体材料提出了具有自重轻、安装快、施工效率高、提高抗震性、降低能耗、节约资源等更高的要求。

新型墙体材料有以下六大类：①非黏土砖，包括孔洞率大于25%非黏土烧结多孔砖和空心砖，混凝土空心砖和空心砌块，烧结页岩砖；②建筑砌块，包括普通混凝土小型空心砌块，轻集料混凝土小型空心砌块，蒸压加气混凝土砌块和石膏砌块；③建筑板材，包括玻璃纤维增强水泥轻质多孔隔墙条板，纤维增强低碱度水泥建筑平板，蒸压加气混凝土板，轻集料混凝土条板，钢丝网架水泥夹芯板，石膏墙板，金属面夹芯板，复合轻质夹芯隔墙板、条板；④原料中掺有不少于30%的工业废渣、农作物秸秆、垃圾、江河淤泥的墙体材料产品；⑤预制及现浇混凝土墙体；⑥钢结构和玻璃幕墙。墙体材料的性能指标主要有尺寸偏差、外观质量、强度性能、石灰爆裂、耐久性能、泛霜性能、干燥收缩值、孔洞率、吸水率、黏结性能、耐火极限、隔声量、热阻、放射性等。

4.4.5.2 墙体材料现状

我国墙体材料工业的生产技术水平与发达国家相比，差距十分巨大。即使与国内其他行业相比，墙体材料行业也是一个较为落后的行业。我国是世界上为数不多的仍以实心黏土砖为主要墙体材料的国家之一，且实心黏土砖产量十分巨大，但绝大部分是由生产规模小、工艺技术落后、大量浪费能源和污染环境的乡镇砖厂生产的。近年来全国实心黏土砖的产量仍高达5400亿块，空心砖的年产量约为300亿块，废渣砖约350亿块，其他砖合计约为1000亿块；建筑砌块目前全国的年产量约为7000万立方米；其他砌块中，煤渣混凝土砌块年产量约300万立方米，天然轻集料混凝土砌块80万立方米，陶粒混凝土砌块50万立方米，粉煤灰硅酸盐小型空心砌块约为50万立方米，石膏砌块约为20万立方米。

目前我国新型墙体材料的总量约占墙体材料总量的30%。尽管其生产企业数量较多，且产品的种类不少，但大多数企业的生产规模小、技术水平低、产品质量差、应用落后，尚不能成为墙体材料的主体力量。由建筑围护墙体的保温隔热性能差而造成的冬季采暖和夏季空调能量消耗也十分惊人。每年制砖的生产能耗和北方地区采暖能耗两者合计占我国全年能耗的15%以上。

4.4.5.3 墙体材料绿色化方向

墙体材料绿色化通过以下几方面考虑：充分利用工农业废弃物，节约土地资源，发展墙体材料的可再生利用；降低材料的生产能耗和建筑物的使用能耗；减少生产和使用过程中有害物质的排放；开发多功能墙体材料。外墙材料要求轻质、美观、高强、抗冲击、防火、抗震、保温、隔声、抗渗、抗大气腐蚀。内墙材料要求轻质、强度高、抗冲击性能好、防火、隔声、杀菌、防霉、调湿、无放射性等，用作隔断时要求安装与拆卸灵活。为实现上述目标，常采用以下几种途径。

① 利用固体废弃物生产新型墙体材料。

墙体材料主要为无机材料，其组成主要是骨料和胶结料，具有这种特征的固体废弃物均可考虑作为原料制造墙体材料，如矿业废弃物、工业废弃物、城市废弃物、农业废弃物。

矿业废弃物主要来自采矿、选矿产生的废石、尾矿，以及选煤废料。采矿过程中产生了大量废料，包括覆盖的岩石、低品位矿石等。尾矿为选矿时排出的细粉状废弃物，尺寸不等，类似粗砂到特细砂，其成分取决于矿源和选矿方法。选煤废料主要是煤矸石，成分为硅、铝、铁、钙、硫的氧化物。在各种固体废弃物中，矿业废弃物排放量最大。

工业废弃物是指工业化生产过程中产生的废弃物。工业废渣包括的种类很多，如冶金行业的废渣（高炉渣、转炉渣、铸造渣等）、煤生产和使用中产生的废渣（粉煤灰、煤渣等，燃煤脱硫产生的固硫灰渣）、化学工业产生的废渣（硫渣、磷渣）等。工业废弃物在靠近城市的地方已得到了较好的利用，但更多的是被放在堆场里。

城市废弃物包括垃圾、污泥、拆毁的建筑等。垃圾的处理方式多为堆放（堆肥法），经济发达的城市已采用深埋和焚化。焚化是目前处理垃圾最有效的方法，焚化后的体积仅占原体积的20%。焚烧形成的灰渣是可用的，具有一定活性，可作建材的原材料。建筑废弃物主要是指建筑施工过程中产生的弃土、弃料及其他废弃物，主要有废弃混凝土、砂浆、黏土烧结制品、玻璃、石材等。污水处理、河湖的疏浚产生了大量的淤泥也是城市的主要废弃物。城市废弃物若经过加工处理，既可作为新型墙材的原材料，同时又减少了废弃物的占地面积和环境污染。

农业废弃物是指收获以后产生的秸秆、谷壳等。秸秆、谷壳等农业废弃物是不断再生的自然资源，再生的周期短，从材质看多呈纤维状，可用来增强制品的机械性能，以及制造绝热材料等，有着广泛的应用前景。

固体废弃物可以考虑作为新型墙体材料的集料、胶凝材料和胶凝材料组分、某些化学添加剂的载体和增强材料。

固体废弃物具有一定的强度，大多含较多硅质，最直接、最简单的是作集料用。矿业废料经破碎筛分可作粗集料和细集料，首钢已立项建设用矿山废料加工成集料的生产线。工业灰渣和煤矸石可作为轻集料、细集料和微集料。铜渣、锰渣、硫渣、煤矸石、玻璃等带有不同颜色的物质可作为色质集料生产装饰性墙体材料。

工业副产石膏中的磷石膏、氟石膏、烟气脱硫石膏等含有二水硫酸钙，已用于制造石膏墙材。工业灰渣经燃烧或高温熔融，具有了火山灰活性，经磨细加工成粉体，尤其是微粉和超细粉体还可作为胶凝材料的组分；有的灰渣如冶金渣、高钙粉煤灰渣、油母页岩灰渣等本身就具有自硬性。

由于某些化学添加剂，如防冻剂、防水剂、促凝剂、减水剂等掺加量很少，若直接加入混合物料中进行混合不容易被分散均匀，使化学添加剂的功效不能充分发挥，因此可以通过将适量的磨细固体废弃物作为载体与添加剂一起先混合均匀，再掺入拌和料中搅拌就容易使其均匀分散。同时固体废弃物的作用，如保水、增黏作用、填充密实作用、火山灰作用等也得以发挥，此外，还可以改善拌和物的工作性，或增强硬化体的致密性，还可提高制成品的耐久性能。

增强材料有纤维状、片状和颗粒状，主要是经加工处理过的植物包括农业废弃物，像麦秆、稻草、竹、锯末、谷壳等。作为增强材料用的固体废弃物，首先应能同胶凝材料黏结，在此基础上发挥增强材料的作用，以增强胶凝材料的机械性能。

② 发展蒸压法制造墙体材料，有重点地发展几种具有节能、轻质、多功能等优点的建筑板材。

采用蒸压法制造块状或板状墙体材料的优点在于：可以采用石灰或电石泥部分或全部代替水泥，减少水泥的用量，还可掺加相当量的石英砂、粉煤灰、矿渣等硅质材料；极大地缩短生产周期，由蒸养制品的 14～28 天缩至 2～3 天；某些性能，如高比强度、低干缩率等得到提高。

建筑板材可用作灵活隔断，也可用作框架轻板建筑的外墙，有极为广阔的应用领域。现今，我国建筑板材的品种多达 30 余种，大多数板材质量较好，但也存在质量不过关的情况，在使用中出现较多问题。因此，很有必要有重点地引导几种符合节能、轻质、多功能与施工便捷等要求的建筑板材大力发展。根据近年来全国若干地区使用的经验，可重点发展的建筑板材归纳如下。

a. 外墙板　加气混凝土条板；内嵌绝热材料的 GRC 板；外侧为 GRC 面板，内侧为纸面石膏板，内嵌绝热材料的复合板；外侧为蒸压纤维水泥板或纤维增强硅酸钙，内侧为纸面石膏板，内嵌绝热材料的复合板；彩色钢板与绝热材料组成的复合板；钢筋混凝土与绝热材料组成的复合板；外侧为铝塑板，内侧为纸面石膏板，内嵌绝热材料的复合板。

b. 内墙板　加气混凝土条板；两侧为纸面石膏板，内嵌或不嵌隔声材料的复合板；两侧为蒸压纤维水泥板或纤维增强硅酸钙板，内嵌隔声材料的复合板；两侧为蒸压纤维水泥或纤维增强硅酸钙薄板，内灌轻集料水泥的夹心板；GRC 轻质多孔条板；轻集料混凝土多孔条板；石膏轻集料多孔条板；刨花板与木屑板。

③ 增加高效绝热材料的产量，广泛采用集绝热与装饰于一体的外墙外侧绝热技术，扩大绝热材料在建筑领域中的应用。

工业发达国家绝热材料的主要应用领域是建筑业，其用量占总产量的 70%～90%，而我国绝热材料仍主要用于工业，建筑业的用量只占其总产量的 20%左右。原因在于：一是我国建筑节能起步较晚，尚未在大范围内开展；二是由于绝热材料的售价较高，大多数房地产开发商未采用或很少采用绝热材料。

为节约资源，现今大力推广采用空心砖、空心砌块等材料作为外墙结构材料，这些必须与高效绝热材料相结合才能满足建筑节能的要求。LCA分析表明采用上述结构材料与一定厚度的矿棉板或膨胀聚苯乙烯板组成复合墙体后，可以大幅度降低在建筑物采暖期由墙体流失的能量，并可显著减少CO_2、SO_2与NO_x等有害气体的排放量，对减轻环境负荷有重要意义。

根据绝热材料在墙体中的位置，外墙的复合绝热技术分为三类：a. 绝热材料位于结构层的内侧的外墙内侧绝热；b. 绝热材料位于结构层的中部的外墙中间绝热；c. 绝热材料位于结构层的外侧的外墙外侧绝热。这三种技术的典型构造法及其优缺点见表4-6。可见，采用外墙外侧绝热虽构造较为复杂，但其优点显著多于内侧绝热与中间绝热，应大力推广外墙外侧绝热技术。

表4-6　三类外墙复合绝热技术典型构造法及优缺点

技术类别	典型构造法	优　点	缺　点
外墙绝热	1. 现场施工：饰面层（带色聚合物水泥砂浆）＋增强层（被复合玻璃纤维网格布或镀锌钢丝网）＋绝热层（EPS板或矿棉板）＋结构层； 2. 预制带饰面外绝热板，用粘挂结合法固定于结构层上	基本上可消除热桥；绝热层效率高，可达85%～95%；墙体内表面不发生结露；不减少使用面积；适用于新建房屋和旧房改造；室温较稳定，热舒适性好	冬季、雨季施工受到一定限制；采用现场施工，对所用聚合物水泥砂浆以及施工质量均有严格要求，否则面层易发生开裂；采用预制板时，对板缝处理有严格要求，否则在板缝处易发生渗漏；造价较高
中间绝热	1. 现场施工：结构层中间填入绝热层（矿棉板或玻璃棉板或EPS板）； 2. 预制复合板（钢筋混凝土之间嵌入绝热层）	施工较便利；绝热性优于内侧绝热技术，使用功能尚可；用现场施工法，造价不高	有热桥，绝热层效率仅为50%～75%；墙体较厚，减少使用面积；墙体抗震性不够好；预制复合板若接缝处理不当易发生渗漏
内侧绝热	结构层＋绝热层（矿棉板或玻璃棉板或EPS板）＋面层（纸面石膏板或无纸石膏板或GRC轻板）	对面层无耐候性要求；施工便利；施工不受气候影响；造价适中	有热桥，绝热层效率仅为30%～40%；墙体内表面易发生结露；若面层接缝不严而有空气渗漏，易在绝热层上结露；减少了有效使用面积；室温波动较大

4.4.6　涂料

4.4.6.1　涂料简介

涂料是一种可借助特定的施工方法涂覆于物体表面，对被涂物具有保护、装饰、色彩标志、特殊用途或几种作用兼而有之的一类成膜物质。涂料是由主要成膜物质、次要成膜物质和辅助成膜物质组成的。主要成膜物质又称基料，是自身就能形成致密涂膜的物质，主要是各种油脂和树脂，可以是天然物、动植物油等，也可以是人工合成的，如酚醛树脂等。次要成膜物质自身不能形成完整涂膜，但能与主要成膜物质一起参与成膜，能赋予涂膜色彩或某种功能，包括颜填料、功能材料添加剂。辅助成膜物质包括溶剂、稀释剂、助剂。溶剂和稀释剂使涂料便于生产加工、施工和形成完好涂膜，助剂有催干剂、稳定剂、分散剂、增塑剂、消泡剂、乳化剂、消光剂等。

涂料用途广，功能多，品种已达近千种，存在着多种分类方法。可按用途来分类，如分为建筑涂料、工业涂料和维护涂料，建筑涂料又分为室内用、室外用、木材用、金属用和混凝土用等，工业涂料包括船舶涂料、电器绝缘涂料、汽车涂料、纸张涂料、塑料涂料等。也可按施工方法分类，如分为刷用涂料、喷漆、烘漆、电泳涂料、自泳涂料、流态床涂装用涂料等。还可按涂料的作用来分，如分为打底涂料、防锈涂料、防腐涂料、防火涂料、耐高温涂料、头度涂料、二度涂料等。此外还有按漆膜的外观来分类的，如分为大红涂料、有光涂料、无光涂料、半光涂料。皱纹涂料、锤纹涂料等。目前国内外使用最广泛的是根据成膜物质分类，分为十八类，见表4-7。

表 4-7 涂料类别与代号

序号	代号	涂料类别	序号	代号	涂料类别	序号	代号	涂料类别
1	Y	油性涂料	7	Q	硝基涂料	13	H	环氧树脂涂料
2	T	天然树脂涂料	8	M	纤维素涂料	14	S	聚氨酯涂料
3	F	酚醛树脂涂料	9	G	过氯乙烯涂料	15	W	元素有机涂料
4	L	沥青涂料	10	X	乙烯涂料	16	J	橡胶
5	C	醇酸树脂涂料	11	B	丙烯酸涂料	17	E	其他
6	A	氨基树脂涂料	12	Z	聚酯涂料	18		辅助材料

若主要成膜物质由两种以上的树脂混合组成，则按在成膜物质中起决定作用的一种树脂为基础作为分类的依据。

4.4.6.2 涂料的污染

(1) 对大气的污染及危害

涂料对大气的污染多属于局部地区污染。但涂料在生产、施工、固化过程中大量 VOC (volatile organic compound) 的排放，目前已成为不可忽视的大气污染源。有机溶剂挥发到大气中称为一次污染或原发性污染，人如果吸入含有溶剂超标的空气，就会对人体造成危害。合成涂料中的未完全反应单体、有机溶剂、添加剂、重金属离子等大部分带有毒性，给地球生态和人体健康带来了极大的甚至是不可逆转的影响。污染物可直接或间接地进入生物体或者人体，干扰或改变体内正常生理功能，能引起种群变异或减少。近年来有资料报道已表明，多环芳烃 (PAHs)、多氯联苯 (PCBs)、表面活性剂及增塑剂等许多化学物质都具有类雌激素的作用。该类物质进入脊椎动物体内会影响脊椎动物的生殖，进入人体能有致癌、致畸作用。涂料中 VOC 吸收光子产生光化学反应，还会对局部地区光化学烟雾的形成产生促进作用，从而使一次污染物转化为毒性更大的二次污染物（也称继发性污染物），如臭氧、醛类、过氧乙酰硝酸等。

(2) 涂料对水质的污染及危害

涂料对水质的污染可以分为海水和淡水两部分。

涂料对海洋的污染主要是由船体防污涂料造成的。自 20 世纪 60 年代发现有机锡的防污特性以来，有机锡特别是三丁基锡 (TBT) 防污涂料被大量用于船体防污，来阻止海中生物（如贻贝、海藻等）在吃水线下船体上的生长，可有效减少海洋污损生物对海洋船舶和建筑物造成的危害。后来人们发现 TBT 对环境有许多负面影响，甚至给海湾、港口、船坞等局部海域的海洋生物带来毁灭性威胁。例如，20 世纪 70 年代末有机锡污染曾使法国防卡琼湾的牡蛎养殖业一度瘫痪，幼蚝和成体牡蛎养殖业直接经济损失近 1.5 亿美元。有机锡防污涂料对海洋生态环境的破坏性影响已引起了人们的警觉，现在已经限制乃至禁止使用有机锡防污涂料，取而代之的将是无锡的或其他新型的无毒防污涂料。

涂料在生产过程中会产生废水，其中常含有酚类、苯类及重金属，不经处理或经不完全处理后排入江、河、湖泊，会造成淡水咸化，有毒物质还会进一步沉积富集渗入地下水中，破坏地球水资源循环。酚是一种化学助致癌剂。在饮水中含有酚类 0.25～4mL/L 时味觉与嗅觉均可感知，其口服致死量为 530mg/kg。长期以来，涂料业界广泛应用的着色颜料都含有重金属离子，如铬、铅及镉，它们都会对人体和环境造成很大的影响。铬是致癌金属，尤其是六价格，其毒性可达三价铬的 100 倍。铅是目前使用最为广泛的污染元素，其对造血系统的作用主要涉及大脑、小脑以及脊髓和周围神经；其对肾的影响同可逆性的污染元素。镉化物毒性很大，主要通过饮水和食物摄入人体。涂料在使用过程中，涂膜不断老化、粉化而不断开裂、剥落，其中的颜料、填料被雨水冲刷，慢慢排入水中，造成污染。另外，大气的污染也可交叉引起水质的污染。

4.4.6.3　涂料的绿色化方向

绿色涂料可以从三个层次来看。第一个层次是涂料总有机挥发量（VOC），有机挥发物对环境、社会和人类自身构成直接的危害。涂料是现代社会中的第二大污染源，现在发现几乎所有的溶剂都能发生光化学反应（除了水、丙酮等）。第二个层次是溶剂的毒性，指生产和施工过程中那些和人体接触或吸入后可导致疾病的溶剂。例如，乙二醇的醚类曾是一类水性涂料常用的溶剂，被作为无毒溶剂而被大量地使用，但在20世纪80年代初发现乙二醇醚是一类剧毒的溶剂。第三个层次是对用户的安全问题，一般来说，涂料干燥以后，它的溶剂基本上可以挥发掉，但这需要一段时间，特别是室温固化的涂料，有的溶剂挥发得很慢，用户长时间接触某些有毒溶剂，会对人体健康造成一定的伤害。

（1）水性涂料

水性涂料是以水为分散剂，可有效避免涂料中溶剂带来的污染，具有无毒、无臭、不燃、易实现自动化涂装等优点。涂料树脂的水性化有三个途径：一是在分子链上引入阳离子或阴离子，使其具有水溶性或增溶分散性；二是在分子链中引入强亲水集团，如羧基、羟基、醚基、氨基、酰胺基等，通过自乳化分散于水中；三是外加乳化剂乳液聚合或树脂强制乳化形成水分散乳液。根据树脂分子量及水性化途径可将水性涂料分为水溶性、水分散性和水乳化三类。

水性涂料中以水分散性涂料品种最多，由于其储存稳定性好、性能较优、使用方便而被广泛开发使用。水分散性涂料通过将高分子树脂分散在有机溶剂-水混合溶剂中而形成，其关键是在高分子化合物上引入亲水基团以获得水溶性树脂。现主要采用成盐法来实现，通过反应将聚合物主链变成阳离子或阴离子，如带氨基的聚合物以羧酸类中和成盐。水分散性涂料仍然会含部分有机溶剂（作助溶剂），但量较少，VOC值低。如汽车阴极电泳涂料的VOC含量低于2%。

作为涂料，水性涂料还存在一些不足之处：稳定性差，有的耐水性差；水的高汽化焓使成膜所需能量高，烘烤型能耗高，自干型干燥慢；表面污物易使涂膜产生缩孔等。但水性涂料可显著降低涂料中的VOC含量，且在很多场合其性能能够达到要求，因而是涂料发展的一大趋势。

（2）无溶剂涂料

无溶剂涂料包括粉末涂料和光固化涂料。由于不含溶剂，环境污染问题可得到较彻底的解决，因此无溶剂涂料受到了极大的重视，发展十分迅速。

粉末涂料是由树脂、颜料、填料及添加剂组成的，不包含有机溶剂，固体分含量为100%。粉末涂料的VOC接近于零，比传统溶剂型涂料的综合效能高，节能降耗，涂层耐候、耐久和耐化学性能优越，这些优点使其品种和产量在不断提高和扩大，产量仅次于水性涂料，约占总量的20%。此外，还可进行涂装后回收利用过喷粉末，减少浪费，提高涂料利用率。目前，粉末涂料在低温固化、涂膜薄层化及复合化三个方面取得了一定的进展。低温固化粉末涂料的固化温度在150℃，较一般粉末涂料固化温度低近30℃，使生产速度和生产效率得到了提高，扩大了实用范围。涂膜的厚度是决定其外观的重要因素之一，粉末涂料中涂膜厚度较难控制，一次喷涂的膜层较厚（40μm以上），薄膜化和表面平滑困难，这限制了粉末涂料的应用范围。美国PPG公司开发的Enviracryl涂料，为宝马轿车涂装，取得了很好的效果，现已在欧美上市。复合粉末涂料是将特殊的热固性环氧树脂涂料与特殊的丙烯酸树脂粉末涂料混合而成，这种粉末涂料作为无溶剂涂料的代表，与水性涂料一样，受到涂料涂装产业界的重视，正朝着低温固化、合成原子和分子构件、功能化、专用化、美术化、研究开发新型固化剂几个方向发展。

光固化粉末涂料是一项将传统粉末涂料和光固化技术相结合的新技术，它是利用对波长为300～450nm的紫外线敏感的光敏剂产生自由基引发聚合，最终固化成膜。光固化粉末涂料由光固化树脂、光引发剂和各种添加剂组成，其中光固化树脂和光引发剂的选择尤为重要。光固化树脂是光固化粉末涂料的主要成膜物质，是决定涂料性质和涂膜性能的主要成分，按其固化机理可以分为自由基型和阳离子型两种。自由基型光固化树脂是具有C═C不饱和双键的树脂，如丙烯酰氧基、甲基丙烯酰氧基、乙烯基、烯丙基等；阳离子型光固化树脂是具有乙烯基醚或环氧基团的树脂。光引发剂是对光固化速率起决定性作用的关键组成，因产生的活性中间体不同，可分为自由基型光引发剂和阳离子型光引发剂两类。自由基型光引发剂有分裂型和提氢型，前者受光激发后分子内分解自由基，是单分子光引发剂，如安息香醚类；后者需要与一种含活泼氢的化合物配合，通过夺氢反应形成自由基，是双分子光引发剂，如二苯甲酮类。阳离子光引发剂都是鎓盐，在光照下分解成离子基和自由基，可引发阳离子聚合和自由基聚合。添加剂主要包括颜料、填料和各种助剂。颜料具有提供颜色、遮盖底材、改善涂层的性能、改进涂料的强度等功能。填料主要是为了降低涂料的成本，改善涂料的流变性能。在紫外线固化粉末涂料配方中，助剂也是重要的组成部分，对涂膜的外观有很大的影响，常用的助剂有流平剂、消泡剂、消光剂、粉末松散剂和固化促进剂等。

（3）高固体分涂料

在施工黏度下，固体分高达80%（质量分数）的溶剂型涂料统称为高固体分涂料，有醇酸、聚酯、环氧、聚氨酯和丙烯酸等。高固体分涂料一道涂膜厚，施工效率高，具有良好的装饰性和环境性。高固体分涂料近年来发展很快，其增长速度超过了5%，在美国汽车涂料中有90%是高固体分涂料。

（4）超临界CO_2喷涂技术

虽然人们花费了大量的精力来减少涂料中VOC的排放量，但是环保要求的不断提高促使人们对绿色涂装技术继续进行探索研究。超临界CO_2涂装技术是一种既能保证涂膜外观，又能大幅降低VOC排放量的绿色涂装技术，其核心是采用超临界CO_2代替涂料中的有机高挥发性溶剂。此外，也在研究采用超临界CO_2为反应介质制备与CO_2具有高相容性的涂料树脂，彻底摆脱对有机溶剂的需求。涂料的绿色涂装是刚刚起步的涂料清洁生产的重要组成部分，也是绿色涂料的重要内容之一。

4.4.7 环境净化材料

随着人类生产活动和社会活动的增加，环境质量日趋恶化，自工业革命以来，由于大量燃料的燃烧、工业废弃物和汽车尾气的排放等原因，曾发生多起与环境污染有关的公害事件，已经引起了世界各国的重视。因此，各种净化材料应运而生。净化材料是指：在与废物接触中，通过物理的、化学的变化而使得废物中的有毒有害物质被除去，从而达到排放标准，而有毒有害物质本身通过这种物理、化学变化并不对环境产生危害。此外，大量净化技术和工艺也运用到环境净化中，使环境治理有了很大提高。

常见的环境净化材料有大气污染控制材料、水污染控制材料以及其他污染物控制材料等。大气污染控制材料一般分为吸附、吸收和催化转化材料。水污染控制材料有沉淀、中和以及氧化还原材料。其他的环境净化材料有过滤、分离、杀菌、消毒材料等。另外，还有减少噪声污染的防噪、吸声材料以及减少电磁波污染的防护材料等。以下主要介绍大气污染和水体污染的控制材料和技术。

4.4.7.1 大气污染控制材料

（1）大气污染简介

大气层是人类生存的重要组成部分。纯净的空气主要由氮气、氧气、氩气等组成，还有少量的水蒸气、二氧化碳等，成分和比例相对稳定。因为人类的生产和生活活动使大气中增加了其他成分，当大气成分的变化增加到环境所能允许的极限时，会使大气质量发生恶化，在人类的生活、工作、人体健康和精神状态、建筑物及设备财产等方面会直接或间接地产生恶劣影响，这种现象就是大气污染。大气污染有复杂成因。首先，进入大气的污染物，经过自然条件的物理作用和化学作用，或是向广阔的空间扩散稀释，使其浓度下降；或是受重力作用，使较重粒子沉降于地面；或是在雨水洗涤下返回大地；或是被分解破坏等从而使空气净化。这种大气的自净化作用是一种自然环境的调节机能，当大气污染物的浓度超过其自净化能力时，会对人类及动植物产生危害，即出现大气污染。在人类生产、生活过程中，大气污染是不可避免的，主要污染物是煤粉尘、二氧化硫、一氧化碳、氮氧化物等。我国是一个工业化程度还比较低的发展中国家，能源结构比例中煤炭所占比例高达73%，石油为21%，天然气和水能仅占2%和4%，因此大气污染相当严重。污染类型可分为煤烟型、汽车尾气型、煤烟＋汽车尾气型和复合型。

大气是人类赖以生存的重要要素之一，搞好大气净化，为人类生活提供清洁的空气，是关系到保护和改善人们生活环境，促进社会发展的一件大事，是我们每个人的责任和义务。

(2) 大气污染控制材料

从物理及化学原理看，大气污染控制技术主要是利用大气中各成分间不同的物理、化学性质，如溶解度、吸附饱和度、选择性化学反应等，借助分子间和分子内的相互作用力来进行分离、转化。

从工艺上看，处理大气污染物通常有吸收法、吸附法和催化转化法。

目前，治理大气污染通常使用吸附法、吸收法和催化转化法。从材料科学与工程的角度看，无论是吸收法、吸附法还是催化转化法，都要借助于一定的材料介质才能实现。因此，在环境工程材料里，相应地有吸收剂、吸附剂以及催化剂等材料介质。可以说，环境净化材料是构成净化处理的主体，是大气污染治理的关键技术之一。

① 吸收法与吸收剂　利用各种成分在吸收剂中的溶解度不同或者与吸附剂中的成分发生选择性化学反应，从而将有害组分从气流中分离出来的方法称为吸收法。该方法是分离、净化气体混合物最主要的方法之一，被广泛用于净化SO_2、NO_x、HF、H_2S、HCl等废气。具有吸收作用的物质称为吸收剂。一般来说，选择吸附剂的基本原则是：吸收容量大，选择性高，饱和蒸气压低，有适宜的沸点，黏度小，热稳定性高，腐蚀性小，价廉易得。

② 吸附法与吸附剂　吸附法净化气态污染物就是使废气与表面多孔的固体物质相接触，利用固体表面存在的未平衡的分子引力或化学键力将废气中的有害成分吸附在固体表面，从而达到净化的目的。该方法主要用于净化有机废气。具有吸附作用的物质称为吸附剂。吸附剂种类繁多，可分为无机吸附剂和有机吸附剂，天然吸附剂和合成吸附剂。对气体净化吸附剂的基本要求是：具有大的比表面积和孔隙率大的吸附容量，有良好的选择性，易于再生，具有一定的粒度，机械强度大，化学稳定性好，热稳定性好，原料来源广泛，价格低。工业上广泛采用的吸附剂有以下几种。

a. 活性炭　活性炭是一种具有非极性表面、疏水性的吸附剂，对有机物具有亲和性，常被用来吸附空气中的有机溶剂或用来净化某些气态污染物，也可以用来脱臭。

b. 活性氧化铝　活性氧化铝是指氧化铝的水合物加热脱水而形成的多孔物质。它吸附极性分子，无毒，机械强度大，不易膨胀。在污染物控制技术中常用于石油气的脱硫及含氟废气的净化。

c. 硅胶　硅胶是用硅酸钠与酸反应生成硅酸凝胶，然后在115～130℃下烘干、破碎、筛分而制成各种粒度的产品。硅胶具有很好的亲水性，在工业上主要用于气体的干燥和从废气中回收烃类气体。

d. 离子交换树脂　离子交换树脂属于新型吸附材料。是一种具有多孔网状结构的固体，它由树脂母体和活性基团两部分组成。离子交换树脂根据官能团的性质不同可分为强酸、弱酸、强碱、弱碱、复合、两性及氧化还原树脂七类。目前市场上已经开发出一种高分子二氧化硫吸附剂，是以价廉易得的丙烯腈、苯乙烯为原料，经交联、悬浮共聚制成多孔径珠状树脂，再经碳化处理，得到的一种网状格架且强度大且坚硬的吸附材料。

(3) 催化转化及催化剂

催化转化是使气态污染物通过催化剂床层，经历催化反应，转化为无害物质或易于处理和回收利用的物质的方法。该法具有无需使污染物与主气流分离避免可能产生二次污染、对不同的污染物都具有很高的转化率等特点。广泛用于有机废气和臭氧的催化燃烧，以及汽车尾气的催化净化。催化剂是能够改变化学反应速率而本身的化学性质在化学反应前后不发生变化的物质。催化剂通常是由主活性物质、载体和助催化剂组成的。催化转化法选用催化剂的原则：应有很好的活性和选择性、足够的机械强度、良好的热稳定性和化学稳定性，以及具有尽可能长的寿命和经济性。

稀土汽车尾气净化催化剂是近年来发展起来的一类重要的环境工程材料，它能够在一定条件下催化大气中的有害气体成分，如 NO_x、CO、CH 等转化为 N_2 和 CO_2。汽车尾气的净化催化剂通常采用铂、钯、铑等贵金属作为主要的活性组分。近年来，为了节约贵金属资源，开始研究利用过渡金属、稀土元素部分替代或全部替代贵金属，进行汽车尾气净化处理，取得了很好的效果。

二氧化钛光催化剂的研究近年来成为材料科学研究的热点之一，由于其具有化学性能稳定、无毒、价廉以及光催化活性高等特点而引起了广泛的重视。

4.4.7.2　水体污染控制材料

城市的污水，包括工业废水和生活的废水，成分极其复杂，主要包括需氧物质、难降解的有机物、藻类等营养物质、农药、油脂、固体悬浮物盐类、致癌细菌和病毒、重金属以及零星漂浮杂质。导致对人类是危害和对资源的浪费极其严重。

常用的废水处理方法可分为以下三类。

① 分离处理　即通过各种外力的作用使污染物从废水中被分离出来，通常在分离过程中并不改变污染物的化学性质。

② 转化处理　即通过化学或生化的作用，改变污染物的化学性质，使其转化为无害物质或可分离的物质，再经分离处理予以除去。

③ 稀释处理　即将废水进行稀释混合，降低污染物的浓度，减少危害。

针对不同的水处理方法，开发了不同用途的环境工程材料。目前，用于废水分离工艺的环境工程材料主要包括用于过滤、吸附的滤料、吸附剂、膜分离材料等；用于废水生化处理的环境工程材料主要有用于固定微生物的金属或陶瓷载体；用于废水化学处理的环境工程材料主要有高效率并且不产生二次污染的各种催化剂，如二氧化钛光催化剂等。

治理水污染，就是要清除水体中的污染物，使水质指标达到排放标准，按工艺过程现代废水处理技术一般可分为三级。

一级处理：主要去除废水中的悬浮固体和漂浮物质，包括筛滤、沉淀等处理方法。同时还通过中和及均衡等预处理方法对废水进行调节。通过一级处理，一般废水的生化需氧量可降低 30%。

二级处理：主要采用各种生物处理法，利用微生物的新陈代谢作用，将水中有机物质转化为无机物质或细胞物质，从而去除废水中的胶体和溶解状态的有机污染物。这种方法可将水的生化需氧量降低90%以上，经过处理的水可以达到排放标准。

三级处理：主要去除残留的污染物和营养物质以及其他溶解物质，经过一级处理和二级处理的废水中，还含有不同程度的污染物，必要时仍需采用多种工艺流程，如曝气、吸附、化学絮凝和沉淀、离子交换、电渗析、反渗透、氯消毒等，作深度处理和净化。

废水中的污染物组成相当复杂，往往需要采用几种方法的组合流程，才能达到处理要求。下面介绍一些新材料和新技术，以及它们在污水治理中的应用。

(1) 微波技术在污水治理中的应用

微波是指频率为$3\times10^2\sim3\times10^5$MHz的电磁波，最初主要用于通信、广播电视等行业。由于微波具有加热高效快速、节能省电、加热源与加热材料不直接接触、可进行选择性加热、便于控制、设备体积小且无废物生成等特性，已经成功运用在环境保护领域中。在污水处理方面微波技术具有高效、节能、省时、操作条件简单、无二次污染等优点。

微波直接作用于废水：亦称为直接辐射法，是指把废水直接放在微波场中照射。

微波作用于吸附材料或涂料：处理污水中的有机污染物常用的一种方法是活性炭吸附法，但吸附后的活性炭表面有机物却难以处理。微波技术则可以解决这一问题，先将污染物吸附到活性炭或其他吸附剂上，然后再置于微波场中辐射，这就是所谓的微波再生技术。微波再生技术能有效地解吸活性炭表面的有机物，使活性炭再生并有利于有机物的消解和回收再利用。

微波技术已广泛应用于废水处理领域，在某些废水处理中达到了很好的处理效果。

(2) 光催化技术在污水处理中的应用

光催化氧化技术是利用半导体作为催化剂，半导体被价电子占有的能带称为价带，相邻的那个较高的能带即激发态称为导带，在价带与能带之间存在禁带。当用能量大于禁带宽度的光照射时，能量大于禁带宽度的光电子被吸收，将价带的电子激发到导带，在导带中带有电子，在价带中产生空穴。电子具有还原性，空穴具有氧化性。空穴具有极强的获取电子的能力，能将水中的OH^-和H_2O分子氧化成具有强氧化性的OH·自由基，OH·自由基具有402MJ/mol的反应能，可以破坏有机物中的C—C，C—H，C—O，C—N，N—H键，将许多难降解的有机物氧化成为CO_2和H_2O等无机物。

光催化氧化作为一种新型治理污染的技术，应用前景非常可观。在对燃料废水、表面活性剂废水、含油废水、含酚废水、农药废水等的降解方面均有良好的效果。

(3) 吸附剂在污水处理中的应用

利用吸附剂的物理吸附、离子交换、络合等特点，能够去除水中的各种金属离子，主要用于处理含重金属元素的废水。天然黏土能吸收重金属、多环芳烃、碳氢化合物和苯酚等，可用于石油化工厂的污水净化。此外，物理吸附还能够吸附水中的颗粒物以及部分有机污染物。吸附剂的开发主要考虑其吸附效率、选择性、成本等性能。

天然沸石由于具有来源广泛、处理效果好、不产生二次污染等优点，目前已逐渐替代传统的活性炭吸附剂成为主要的水处理吸附剂。

近年来对改性多聚糖吸附剂的研究也引起了人们的重视，实验证明，这种多糖吸附剂具有非常优秀的去除水体中污染物的能力，与传统的吸附剂相比更具竞争实力。

离子交换树脂是前几年较流行的吸附剂，用离子交换法可以清除废水中的可溶性无机盐，若某种离子型的盐分子为MX，则其离子交换反应分别为：

$$R{-}H + M^+X^- \longrightarrow R{-}M + H^+X^-$$

$$R{-}OH + H^+X^- \longrightarrow R^-X + H_2O$$

式中，R—H和R—OH分别表示阳离子交换树脂和阴离子交换树脂。两者可以分别用强酸和强碱进行再生后再重复利用。经过离子交换后，水中的矿物质可以完全除净从而得到高质量的纯水。几种吸附剂的比较如表 4-8 所列。

表 4-8　几种吸附剂的比较

吸附剂		吸附机理	吸附物质	去除效率	特点
腐殖酸类吸附剂		化学吸附(离子交换、络合等)	各种金属离子	可达 80%	来源广泛、价格低廉
碳类吸附剂		物理吸附	无选择性	很高	价格较高
矿物吸附剂	沸石	离子交换	各种金属离子	较高	储量丰富、廉价易得
	黏土	净负电荷作用	各种金属离子	可达 90%	储量丰富、廉价易得
高分子吸附剂	离子交换纤维	离子交换	各种金属离子及有机物	—	可用于深度处理
	壳聚糖	螯合	重金属离子	较高	处理特定的工业废水
生物材料吸附剂	微生物	表面络合反应以及向细菌内部缓慢扩散	不同菌种针对特定的金属离子	—	成本低、处理效果好、吸附机理复杂
	藻类	化学吸附	有毒金属离子	—	成本低

(4) 沉淀分离材料在污水处理中的应用

沉淀分离法也是水处理中经常使用的分离工艺。该法是利用水中悬浮颗粒与水的密度不同进行污染物分离的一种废水处理方法，可以除去水中的沙粒、化学沉淀物、混凝处理所形成的絮凝体和生物处理后的污泥。理论上分为自由沉淀、絮凝沉淀、分层沉淀和压缩沉淀等。

以下从生态环境材料的角度介绍用于絮凝沉淀的絮凝剂和化学沉淀的沉淀剂两种材料的应用。

① 絮凝沉淀的絮凝剂材料　在絮凝沉淀分离过程中，常常用到的絮凝沉淀材料有混凝剂和助凝剂两大类，混凝剂是在混凝过程中投加的主要化学药剂。

常见的混凝剂有无机多价金属盐类和有机高分子聚合物两大类。前者主要有铝盐和铁盐，后者主要有聚丙烯酰胺及其变性物。铝盐主要有硫酸铝、明矾和聚合氯化铝三种。铁盐主要有硫酸亚铁、三氯化铁以及聚合硫酸铁三种。

② 化学沉淀的沉淀剂材料　化学沉淀也是一种常用的污水沉淀分离处理方法，主要利用投加的化学物质与水中的污染物进行化学反应沉淀，形成难溶的固体沉淀物，然后进行固液分离，从而除去水中的污染物。通常将这类能与废水中污染物直接发生化学反应并产生沉淀的化学物质称为沉淀剂。化学沉淀法按所加入的沉淀剂成分不同可分为氢氧化物沉淀剂、硫化物沉淀剂、铬酸盐沉淀剂、碳酸盐沉淀剂、氯化物沉淀剂等几大类。

(5) 氧化还原法在污水处理中的应用

氧化还原属于一种污水化学转换处理工艺。用于氧化还原处理的材料主要是各种化学试剂，包括氧化剂、还原剂以及催化剂等。常用的氧化还原材料有活泼非金属材料和含氧酸盐；常用的还原材料有活泼金属原子或离子；常用的催化剂有活性炭、黏土、金属氧化物及高能射线等。

4.4.8　绿色包装材料

4.4.8.1　绿色包装材料的定义和内涵

“绿色包装材料”是在 1987 年联合国环境与发展委员会的《我们共同的未来》的报告中首次提出的概念，这之后绿色包装材料出现飞速发展，是包装业的一个革命性的变革。1992 年 6 月联合国环境与发展大会通过了《里约环境与发展宣言》、《21 世纪议程》，在全世界范围内又掀起了一个以保护生态环境为核心的绿色浪潮。

绿色材料，又称环境协调材料ECM（Environmental Conscious Materials）或生态材料（Eco-materials），是指那些具有良好使用性能或功能，并对资源和能源消耗少，对生态与环境污染小，有利于人类健康，再生利用率高或可降解循环利用，在制备、使用、废弃直至再生循环利用的整个过程中，都与环境协调共存的材料。

而绿色包装材料正是在“绿色材料”理念下发展起来的现代包装材料。它是指在满足功能要求的前提下，具有良好的环境兼容性的材料，其在制备、使用以及用后处置等生命周期的各阶段，具有最大的资源及能源利用率和最小的环境影响。根据世界专业学者目前的研究结论，我们可以将绿色包装材料定义为：能循环复用、再生利用或降解腐化，不造成资源浪费，并在材料存在的整个生命周期中对人体及环境不造成公害的包装材料。

当前世界上普遍认为绿色包装材料应符合绿色包装的“4R1D”的原则：① 包装材料使用量的减量化（reduce）；②能重复利用（reuse）；③可回收再生（recycle）；④包装材料废弃后能量再生（recover）；⑤废物能自然降解（degradable）。

4.4.8.2 绿色包装材料的基本分类

绿色包装材料是在可持续发展观的指导下，注重与环境的协调性，有利于保存自然资源，对人类和生态环境无害或损害最少化的包装材料。对其进行分类研究有助于我们明确绿色包装材料的基本研究和发展的方向。基于这点，按照可持续发展观，绿色包装材料大致有以下几种分类方法。

（1）按照材料化学性质及包装业中使用量进行分类

主要分为以下四大类。

① 纸包装材料　包括一次性纸制品容器、纸包装薄膜、可食性纸制品、蜂窝夹心纸板等。由于纸的原料是来源广泛的可再生资源，易回收、易再生、易降解，是一类有发展前景的绿色包装材料，包装用纸正向低定量、高强度、多功能性（防腐、防菌、耐火、耐酸、耐水、保鲜、消声、隔热和缓冲等）、可复用、可再生、可循环、易降解等方向发展，此外还包括纸包装材料清洁生产工艺的研发。

② 塑料包装材料　包括可降解塑料、可复用再生塑料、轻量化、薄型、高性能塑料，无氟化泡沫塑料等。其中可降解塑料是目前比较有发展潜力的一种绿色包装材料。根据其降解机理可以分为：光降解塑料、生物降解塑料、光和生物双降解塑料三种。

③ 玻璃包装材料　玻璃材料具有良好的化学稳定性、阻隔性、成型性和包装性。玻璃材料易于回收再生，可减少资源和能源消耗以及环境污染，其废弃物对环境的污染相对较小，所以玻璃材料仍然是一类受欢迎的包装材料。现在玻璃包装材料主要的发展方向是提高玻璃强度、薄壁、轻量化。

④ 金属包装材料　主要包括钢材和铝材两大类。金属包装材料最大的特点是具有较高的机械强度、牢固、耐用等，是化工产品、食品以及一些液体商品包装的良好材料。金属包装材料易于回收，容易处理，其废弃物对环境的污染相对较小，一类典型的环保材料。主要存在的问题是金属矿产资源及冶炼技术限制了金属包装材料的广泛使用。其研究主要是向用材减量化和无毒化方向发展。

（2）按照环境保护要求及材料使用后的回收性质进行分类

大致分为三大类（见图4-2）。

① 可回收处理再利用的材料　包括纸张、纸板材料、模塑纸浆材料、金属材料、玻璃材料，通常的线型高分子材料（塑料、纤维），也包括可降解的高分子材料。

② 可自然风化回归自然的材料　包括纸制品材料（纸张、纸板、模塑纸浆材料）；可降解的各种材料（光降解、生物降解、氧降解、光/氧降解、水降解）及生物合成材料、草和麦秆

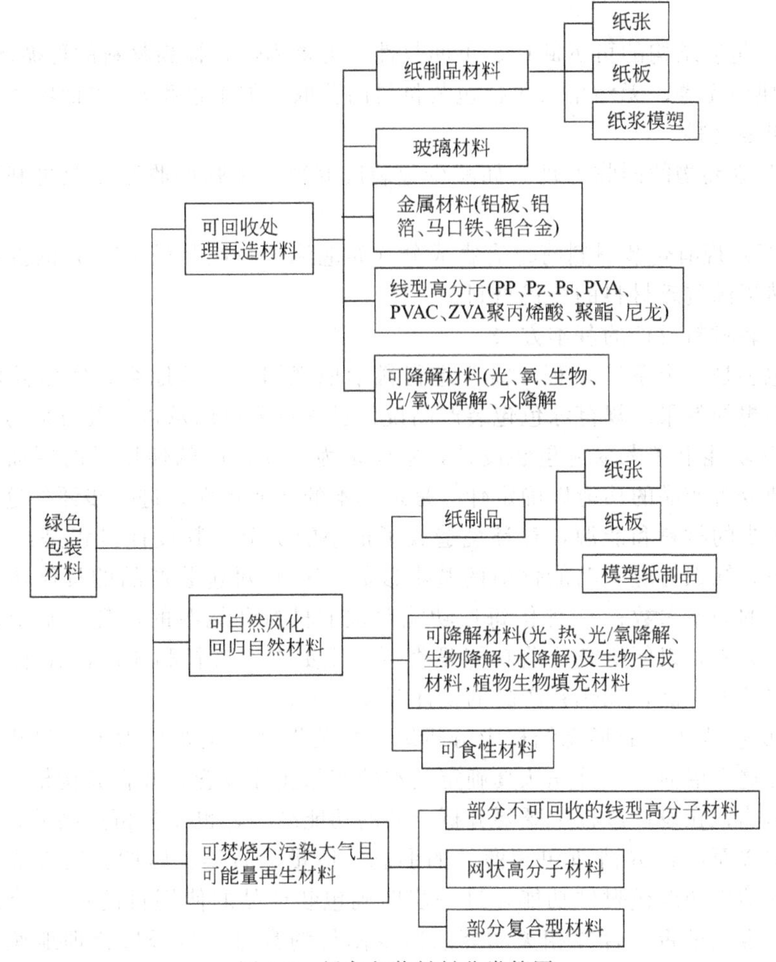

图 4-2　绿色包装材料分类简图

填充、贝壳填充、天然纤维填充材料等；可食性材料。

③ 准绿色包装材料　即可回收焚烧，不污染大气且可能量再生的材料。包括部分不能回收处理再造的线型高分子、网状高分子材料、部分复合型材料（塑-金属）、（塑-塑）、（塑-纸）等。

4.4.8.3　绿色包装材料的设计

绿色包装相对于传统包装而言，其最大的特点是将环境保护的观念贯穿于产品包装的生命周期全过程中，即从原材料获取、加工、制作、销售、使用、废弃物回收再生直至最终处置的全过程均不应对环境及人体造成公害。传统包装应具备保护、方便、促销三大功能，而绿色包装除此以外，还必须具备一个重要的环保功能，且把包装对环境的影响减小到最低程度。产品绿色包装生命周期的全过程如图 4-3 所示。

（1）绿色包装材料设计的基本原则

由于绿色包装在具备保护、方便、促销三大功能的同时又必须体现绿色环保的主题，故绿色包装设计必须遵循“4R1D”的原则。具体表现在以下几个方面。

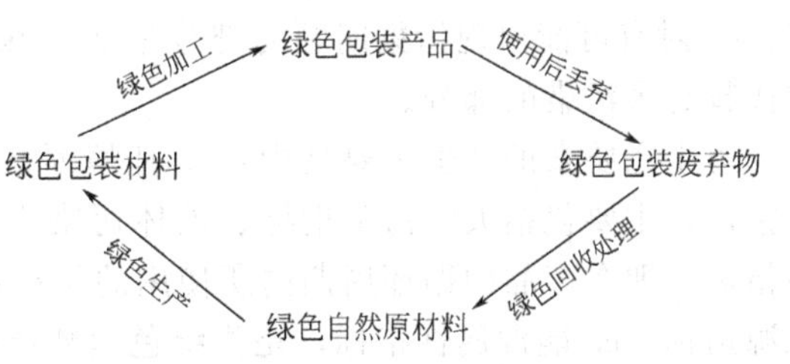

图 4-3　绿色包装材料生命周期过程

① 优化包装设计，简化结构，实行包装减量化，减少包装材料的种类，减少材料消

耗，节约资源。

② 强化产品包装结构的可拆卸性、可回收性及可重用性，提高材料的可循环再生率。

③ 开发和使用无毒、无污染（包括包装材料的获取与加工过程）、可回收重用、可再生利用或可降解的包装材料。

④ 加强包装废弃物的回收处理。如减少包装废弃物，加强回收重用及再利用，以及安全处置。

⑤ 研究与开发现有包装材料有毒有害成分（如泡沫塑料制品的CFC）的控制技术和替代技术，以及自然资源贫乏材料的替代材料。

(2) 绿色包装材料设计的基本方法

发展绿色包装是一个系统工程，需要进行科学地规划、科学地组织实施并取得科技新成果，才能取得理想的效果。规范绿色包装产品设计过程主要可以从以下几方面考虑。

① 功能　从功能上考虑绿色包装设计，主要是为了使产品的使用目的更加合理，其基本的思想是详细地分析产品的功能以确定什么是最基本的功能特性，进一步评估这些功能的实现是否消耗了比较少的材料和能源，对环境造成了最小的负荷。其设计过程是：a. 量化地定义产品的功能价值，标识对应于功能价值的基本参数；b. 针对包装产品的具体功能列出其目标及理论和实践上的测量参数；c. 评估每项功能单位上材料和能源的消耗，基于理论和实际上的测量参数进行分析，以便研究这些功能是否可以用更少的材料和能源消耗来实现；d. 比较新的包装产品与参考产品，优化新产品的设计开发对策。

② 结构　从包装产品的形态结构上分析绿色包装设计，主要是为了使包装结构更加科学实用、美观。在这个层面上，首先认真确定基本的产品属性概念，并在其构架下考虑如何改进产品对环境的影响，在设计过程中既要分析产品的功能结构，也要分析产品的材料结构。

在功能结构方面：a. 弄清所包装商品的形态、体量、品类、属性、运输范围，分析确定包装产品主体的结构功能或附件功能，进一步明确包装产品的使用目的；b. 分析包装设计的整体结构功能，推敲是否可合并相关功能或减少附件的数量，是否最合理地使用了材料；c. 是否还可以节省材料和减少体积及质量。

在材料结构方面：a. 包装材料的属性同包装用途配置合理；b. 整体分析产品的材料构成和可拆卸性、使用实效；c. 尽量在同一包装产品中减少材料种类数，以便分类回收。

③ 循环周期　从包装产品的循环周期上考虑绿色产品设计，便于在整个产品循环周期内对资源消耗、环境负荷作总体描述。具体设计方法是：a. 建立包装产品循环周期的运行构架；b. 列出包装材料消耗总数，评估在原材料状态下的能源消耗；c. 测定包装产品在运输和使用过程中的能源消耗，测定包装产品中再生材料的回收利用率；d. 测定包装产品最终废弃物的数量。

④ 评价　包装产品的构成要素及社会生态要素是绿色包装设计主要评价指标体系。

对产品的构成要素的评价是指：a. 把包装产品分解为相对独立的部分，简要描述它们的制造过程；b. 对每一部分的生产过程可能产生的环境问题和健康损害状况进行数据分析和评定；c. 对有可能出现污染问题的部分采取特殊的制造工艺，也可通过合理化的产品功能和结构代替有害污染的部分。

对生态要素的评价主要是指：a. 环境属性指标，即在包装产品的安全周期内与环境有关的指标，主要包括大气污染指标、液体污染指标、固体污染指标和噪声污染指标；b. 资源属性指标，即在产品的循环周期内所使用的材料资源指标、设计资源指标、信息资源指标和人力资源指标；c. 能源属性指标，是指绿色包装产品所消耗的利用率和回收处理能耗等指标。

针对上述评价要素及指标，一方面参照现行的环境保护标准、行业标准及相关的政策、法规进行评价；另一方面以现有产品及相关技术作为参照物，通过对比来评价。

4.4.8.4 绿色包装材料的发展趋势

随着可持续发展战略的实施，绿色包装正逐步成为包装设计的主流方向。绿色包装要求包装设计既能保证商品的性能完好，又符合环境保护和资源再生的要求。所以，绿色包装材料应该朝着以下几个方向发展。

(1) 合理化设计

合理化设计已成为绿色包装设计发展的主流之一，它推崇的是最合理的包装结构，最精练的造型、最低廉的成本。合理的包装取决于完整性与包装成本的平衡性。因此，在包装设计过程中，应以“4R1D”准则对各个环节把关，提高资源的利用率。注重材料的选择，要求多使用可进行生物降解和再生循环使用的材料进行包装，尽量选用以自然材料如贝壳、竹、木、土、石、棉、麻、棕、草等为主的传统环保材料，因地制宜，量材施用。

(2) 以减量化、无害化和资源化作为开发的主要方向

在保证包装保护、方便和促销等主要功能的基础上，应努力减少包装材料用量，限制过度包装，发展适度包装，努力开发轻量化、薄壁化的高功能新材料。如对啤酒瓶采用一次性更轻更薄的玻璃瓶包装，在减轻质量、降低运输成本的同时，还可避免回收啤酒瓶重新灌装后爆炸伤人。又如，采用新型轻质的镁金属材料部分替代马口铁罐，制作质轻、坚固、美观的小型包装罐，用以包装涂料和黄油等。

无害化是绿色包装材料必须具有的特性，无毒无害、无氟化。可降解已是当前绿色包装材料的开发方向，也是今后主要发展方向。无毒无害系指在产品（材料）生命周期全过程中，选择原材料、提取原材料。生产工艺过程中，生产出的产品以及废弃后处置等各个阶段均不能对人身及环境造成危害；无氟化是指制品在制冷和发泡过程中，不使用破坏大气臭氧层的氟氯物质；可降解则是指包装废弃后，废弃物能在自然环境中自行消解，不对环境产生污染。

资源化有两层含义，一是开发的绿色包装材料应符合我国资源国情，藏量丰富，且是可再生资源。如用我国藏量丰富的竹材开发竹胶板包装箱取代木箱包装；开发植物纤维材料作食品快餐包装和缓冲包装材料。二是包装材料要易回收、易再生。为此，要重视开发包装材料无公害回收再生技术，尤其是塑料包装材料的回收再生技术，使包装用完后废弃材料可再资源化。

(3) 制定和完善绿色包装材料的法令法规

绿色包装材料的开发使用和绿色包装的发展，没有政府和法规的强制要求是难以取得理想效果的。因为绿色包装材料的研究、开发需要花费相当大的人力、物力，形成绿色包装又需具备特殊技术，这必然导致包装材料和容器的成本上升。目前生产厂家和使用者的环境意识还较薄弱，是不会自觉用较高成本去生产和使用环保包装的，故须通过立法来管理绿色包装材料的生产、使用，以促进绿色包装材料和绿色包装的发展。以立法来强制推行绿色包装的发展也是世界各国普遍采用的行之有效的方法。制定行之有效的法规，一方面应吸收借鉴发达国家的经验，另一方面则应进行包装环境科学的研究工作，更需注意的是必须结合我国国情，发挥广大人民群众的积极性和社会主义制度的优越性。

绿色包装材料是人类进入高度文明、世界经济进入高度发展的必然需要和必然产物，它是在人类要求保持生存环境的呼声中和世界绿色革命的浪潮中应运而生的，是不可逆转的必然发展趋势。故此，现今在全世界范围内大力发展绿色包装材料无论是从地球保护的实际角度，或是从世界经济持续发展的全局角度，还是从高新包装材料技术的学术角度来说，都有着十分重大的意义。

对于我国，发展“绿色包装工程”正是加入 WTO 后，迎接世界经济全球化，冲破国际绿色贸易壁垒和促进可持续发展战略实施的必然选择。我国是一个出口大国，只有实施“绿色包

装工程”，才能使产品在包装上达到国际标准。同时我国也是一个包装废弃物产生大国，必须要解决好包装与环境问题。所以，我国包装行业从保护环境、节约能源、节约资源的角度出发，走可持续发展的道路已经成为必然的选择。

4.5 绿色能源材料

绿色能源材料是指实现新能源的转化和利用以及发展新能源技术中所要用到的关键材料。它是发展新能源的核心和基础。绿色能源材料主要包括储氢合金材料为代表的镍氢电池材料、嵌锂碳负极和 $LiCoO_2$ 正极为代表的锂离子电池材料、燃料电池材料、Si 半导体材料为代表的太阳能电池材料和发展风能、生物质能以及核能所需的关键材料等。当前的研究热点和技术前沿包括高容量储氢材料、锂离子电池材料、质子交换膜燃料电池和中温固体氧化物燃料相关材料、薄膜太阳能电池材料等。

4.5.1 绿色能源材料的特点

① 绿色能源材料把原来习用已久的能源变成绿色能源。例如从古代起，人类就使用太阳能取暖、烘干等，现在利用半导体材料才能把太阳能有效地直接转变为电能。再有，过去人类利用氢气燃烧来获得高温，现在靠燃料电池中的触媒、电解质，使氢气与氧气反应而直接产生电能，并有望在电动汽车中得到应用。

② 一些绿色能源材料可提高储能和能量转化效果。如储氢合金可以改善氢的存储条件，并使化学能转化为电能，金属氢化物镍电池、锂离子电池等都是靠电极材料的储能效果和能量转化功能而发展起来的新型二次电池。

③ 绿色能源材料决定着核反应堆的性能与安全性。新型反应堆需要新型的耐腐蚀、耐辐射材料。这些材料的组成与可靠性对反应堆的安全运行和环境污染起决定性作用。

④ 绿色能源材料的组成、结构、制作与加工工艺决定着绿色能源的投资与运行成本。例如，太阳能电池所用的材料决定着光电转换效率，燃料电池及蓄电池的电极材料及电解质的质量决定着电池的性能与寿命，而这些材料的制备工艺及设备又决定着能源的成本。

4.5.2 绿色能源材料的研究重点及意义

① 研究新材料、新结构、新效应以提高能量的利用效率与转换效率。例如，研究不同的电解质与催化剂以提高燃料电池的转换效率，研究不同的半导体材料及各种结构以提高太阳能电池的效率、寿命与耐辐射性能等。

② 资源的合理利用。绿色能源材料的大量利用必然涉及材料所需原料的资源问题。例如，太阳能电池若能部分取代常规发电，所需的半导体材料要在百万吨以上，对一些元素如镓、铟等而言是无法满足的。因此一方面尽量利用丰度高的元素，如硅等；另一方面实现薄膜化以减少材料的用量。当新能源发展到一定规模时，还必须考虑废料中有价元素的回收工艺与循环使用。

③ 安全与环境保护。这是新能源能够大规模应用的关键。例如，锂电池具有优良的性能，但由于锂二次电池在应用中出现过因短路造成的烧伤事件，以及金属锂因性质活泼而易于着火燃烧，因而影响了应用。为此，研究出用碳素体等作负极载体的锂离子电池，使上述问题得以避免。另外有些绿色能源材料在生产过程中对环境造成污染，如核废弃物，这些都是绿色能源材料科学研究必须解决的问题。

④ 绿色能源材料规模生产的制作与加工工艺。在绿色能源材料的研究开发阶段，材料组成与结构的优化是研究的重点，而材料的制作和加工常使用现成的工作与设备。到了工程化的阶段，材料的制作和加工工艺与设备就成为关键的因素。在许多情况下，需要开发针对绿色能

源材料的专用工艺与设备以满足材料产业化的要求。这些情况包括：大的处理量；高的成品率；高的劳动生产率；材料质量参数的可靠性；环保及劳动保护；低成本等。

⑤延长材料的使用寿命。用绿色能源材料及其装置对已有技术进行取代所遇到的最大问题是成本有无竞争性。从材料的角度考虑，要降低成本，一方面要从上述研究开发要点方面进行努力；另一方面还要延长材料的使用寿命。这方面的潜力是很大的，要从解决材料性能退化的原理着手，采取相应措施，包括选择材料的合理组成或结构、材料的表面改性等，并要选择合理的使用条件。

下面将主要对绿色二次电池、燃料电池、太阳能电池等绿色电池材料进行介绍。

4.5.3 绿色二次电池

在电池中，有一类电池的充、放电是可逆的。放电时通过化学反应可以产生电能，通过反向电流（充电）时则可使体系回复到原来状态，即将电能以化学能的形式重新储存起来。这种电池成为二次电池或蓄电池。

铅酸电池和镉镍电池是早已广泛应用的二次电池，但理论比能量都很低，其商品电池一般只能达到30～40W·h/kg。同时，铅和镉都是有毒金属，对环境污染的问题已引起世界环境保护界的关注。因此发展高比能量、无污染的新型二次电池体系一直受到科技界和产业界的重视。新型二次电池有采用储氢合金负极的金属氢化物镍电池（表示为Ni/MH电池）和锂离子电池（表示为LIB电池）。它们是20世纪90年代初刚刚问世便取得异常迅猛发展的新型二次电池体系。由于它们不含有毒物质，所以又被称为绿色电池。绿色二次电池的研究开发一直是国际上一系列重大科技发展计划的热点之一。基于新材料和新技术的高能量密度、无污染、可循环使用的绿色电池新体系不断涌现并迅速发展成新一代便携式电子产品的支持电源和电动车、混合动力车的动力电源。预计到2010年绿色动力电池市场将超过240亿美元。显然，绿色电池的产业发展将对国民经济产生巨大影响。

在电池技术研究不断创新的同时，国际上已有若干大型二次电池储能调峰电站进入试运行，同时用作光伏电池和风能发电的储能。不仅促进了能源的有效利用，而且与使用绿色电池的电动汽车产业相互推动。

4.5.3.1 Ni/MH二次电池

金属氢化物镍电池（Ni/MH电池）是一种以储氢合金作为负极的新型二次电池。现已广泛用于移动通信、笔记本计算机等各种小型便携式电子设备，并正在被开发成商品化电动汽车的动力源。与至今尚在广泛应用的Ni/Cd电池相比，Ni/MH电池具有以下显著优点：①能量密度高，同尺寸电池，容量是Ni/Cd电池的1.5～2倍；②无镉污染，所以Ni/MH电池又被称为绿色电池；③可大电流快速放电；④电池工作电压也为1.2V，与Ni/Cd电池有互换性。

由于以上特点，Ni/MH电池在小型便携电子器件中获得了广泛应用，已占有较大的市场份额。随着研究工作的深入和技术的不断发展，Ni/MH电池在电动工具、电动车辆和混合动力车上也正在逐步得到应用，形成新的发展动力。

（1）Ni/MH电池的原理

由Ni/MH电池正极材料和储氢合金（表示为M）负极材料组成电池。碱性电解质水溶液不仅起到了离子迁移电荷的作用，而且电解质水溶液中的负离子和水在充放电过程中分别参与了正、负极的反应。

Ni/MH电池的电容量一般均按正极容量限制设计，因此电池负极的容量应超过正极容量。这样在充电末期，正极产生的氧气可以通过隔膜在负极表面还原成水和负离子回到电解液中，从而避免或减轻了电池内部压力积累升高的现象。同时，当正极析出的氧扩散到负极与氢反应时，不仅消耗掉一部分氢，影响负极的电极电位，还因氢与氧的反应，释放出大量的热，使电池内温度显著升高，从而加速了电极反应。在恒电流充电的条件下，上述两种效应导致电池充电电压降低。在大电流充电时，上述现象更为明显。因此，通常利用充电曲线上电压下降10mV作为判定充电的终点，在快速充电下可使电池的充电效率接近85%，内压一般不大于0.5MPa，外壁升温一般不高于30℃。

(2) Ni/MH电池的结构性能

目前商品Ni/MH电池的形状有圆柱形、方形和扣式等多种类型。按电池的正极制造工艺分类，则有烧结式和泡沫镍式（含纤维镍式）两大类。

从表观上看，Ni/MH电池与Ni/Cd电池无明显区别。但在电池参数设计、材料选择、电极工艺等方面都有很大不同。这是由Ni/MH电池内压的特点和综合性能要求所决定的。

Ni/MH电池具有良好的高倍率放电性能和长的循环寿命，它在20℃条件下的放电性能最佳。由于低温下（0℃以下）MH的活性低和高温时（40℃以上）MH易于分解析出H_2，致使电池的放电容量明显下降，甚至不能工作。Ni/MH电池高温性能降低，是它在手提式电脑应用中与锂离子电池竞争逐步失利的原因之一。

(3) Ni/MH二次电池正、负极材料的发展现状

在研制和生产Ni/MH电池的初期，不少厂家采用生产Ni/Cd电池用的烧结式正极。这种正极的体积比容量最佳值约为450mA·h/cm³，因此限制了Ni/MH电池容量的提高。随着泡沫镍和纤维镍材料的出现和应用，采用高孔率泡沫镍或纤维镍和高密度球形$Ni(OH)_2$制造的氧化镍正极体积比容量已提高到650mA·h/cm³以上，从而可使电池的能量密度得到显著提高。

目前生产Ni/MH电池所用的储氢负极材料有AB_5型合金和AB_2型合金两种。到目前为止，欧洲、亚洲及美国的大多数电池厂家都采用前者作为负极材料。该类合金的比容量一般为280～330mA·h/g，易于活化，可以采用一般拉浆工艺制造电极，在电池中配合泡沫镍正极，不仅可以达到高的容量指标，而且可使电池自放电率低于25%，循环寿命超过500次。

为了在手机和手提式电脑中与锂离子电池竞争市场，近几年来，Ni/MH电池的技术不断得到改进，产品性能不断提高。发展高功率和大容量Ni/MH电池技术一直是国际上的研究热点。

我国是稀土元素最丰富的国家。因此有效地利用这一资源，发展我国的新型金属氢化物镍电池和相关材料的产业一直受到国家科技部、信息产业部及国家计委的重视和支持。近年来，我国已形成了一批储氢合金材料、高密度球形$Ni(OH)_2$和连续泡沫镍的规模生产厂。我国也针对电动自行车和电动摩托车发展的要求，研制了相匹配的方形电池，并投入试用。

由国内外Ni/MH电池发展现状及应用前景不难看出，Ni/MH电池仍然处于鼎盛发展时期。虽然在手提式电脑中的用量会有所下降，但由于在电动工具、混合动力车等方面用量会增加，Ni/MH电池总的市场需求不会减少。

4.5.3.2 锂离子二次电池

锂是金属中最轻的元素，且标准电极电位为−3.045V，是金属元素中电位最负的元素，长期以来受到化学电源科学工作者的极大关注。自20世纪70年代以来，以金属锂为负极的各种高比能量锂原电池分别问世，并得以广泛应用。其中，由层状化合物二氧化锰作正极、锂作负极和有机电解液构成的锂原电池获得了最为广泛的应用，它是照相机、电子手表、计算器、各种具有存储功能的电子器件或装置的理想电源。

(1) 锂离子电池的工作原理

锂离子电池在充电时，锂离子从正极中脱嵌，通过电解质和隔膜，嵌入到负极中；反之电

池放电时，锂离子由负极中脱嵌，通过电解质和隔膜，重新嵌入到正极中。由于锂离子在正、负极中有相对固定的空间和位置，因此电池充放电反应的可逆性很好，从而保证了电池的长循环寿命和工作的安全性。

（2）锂离子电池的结构和性能

目前商品锂离子电池按形状分类有圆柱形、方形和扣式（或钱币形）。按正极材料分类，有氧化钴锂型、氧化镍锂型和氧化锰锂型。

圆柱形锂离子电池的结构与Ni/MH或Ni/Cd电池无明显区别，内部极群皆为卷绕式，壳盖间皆采用塑料密封胶卷，并以机械方式进行卷边压缩实现密封。然而圆柱形锂离子电池的盖体设计远较Ni/MH或Ni/Cd电池复杂。为了保证电池的绝对密封和安全，电池盖子是一个组合件，具有多种保护功能，其中有过充电保护机构及在内压过高时自动破裂的安全阀。该安全阀一旦打开，电池即失效，但电池却不会爆炸。此外，盖中还有一个正温度系数的电阻原件(PTC)。当外部电流过大或电池局部温度过高时，PTC的阻值陡然升高，起到降低或终止充、放电的作用。该元件在外部电流下降并使温度降到某一值后，阻值又能恢复到合适值，从而保证电池可继续正常放电和充电。

由于锂离子电池的电解液是由有机溶剂和无机盐构成的，室温电导率比水溶液电解质低近两个数量级。因此，为了使商品锂离子电池能在较高电流下充、放电，电极必须很薄，以增加电极的总面积，降低电极的实际工作电流密度。

方形锂离子电池是针对手机日益小型化和薄型化的趋势发展起来的，和圆柱形锂离子电池一样，方形电池的盖子上也有一种经特殊加工的破裂阀，以防止电池内压过高而可能出现的安全问题。同样，方形锂离子电池的极群也是卷绕起来的，它完全不同于方形Ni/MH和Ni/Cd电池的叠片式结构。与圆柱形电池不同，方形电池的正极柱是一种金属-陶瓷或金属-玻璃绝缘子，它实现了正极与壳体之间的绝缘。无论是方形电池或圆柱形电池，基本生产工艺流程是相同的，只是两种电池封口方式完全不同。方形电池采用激光焊接，实现壳盖一体化，而圆柱形电池是传统的卷边压缩密封。对所有商品锂离子电池来说，控制充电过程非常重要，它是先恒电流然后恒电压，电流自动衰减的过程。

（3）锂离子电池的发展现状和前景展望

产量大、用途广的商品锂离子电池主要是圆柱形和方形氧化钴锂型电池。锂离子电池的高温性能和储存特性远优于金属氢化物镍电池。锂离子电池除了可以采用不同正极材料之外，还可以采用不同电解质，因此这种电池可以做成任意形状，并且可以做得很薄。

锂离子电池自1990年问世以来发展速度极快，这是因为它正好满足了移动通信及手提式电脑迅猛发展对电源小型化、轻量化、长工作时间和长循环寿命、无记忆效应和对环境无害等的迫切要求。随着锂离子电池生产量的增加、成本的降低及性能的继续提高，它在小型电器中的应用也将不断增长。为了满足这种增长，生产厂家势必不断开发新产品，扩大市场范围以及研究新材料。锂离子电池的发展方向为：①发展电动汽车用大容量电池；②提高小型电池的性能；③加速聚合物电池的开发以实现电池的薄型化。

4.5.4 燃料电池

4.5.4.1 概述

燃料电池是一种直接将储存在燃料和氧化剂中的化学能高效地转化为电能的发电装置。这种装置的最大特点是由于反应过程不涉及燃烧，因此其能量转换效率不受“卡诺循环”的限制，能源转换效率高达60%～80%，实际使用效率是普通内燃机的2～3倍。另外，它还具有燃料多样化、排气干净、噪声小、环境污染低、可靠性高及维修性好等优点。燃料电池被认为是21世纪全新的高效、节能、环保的发电方式之一。

(1) 燃料电池的特点

① 能量转换效率高　燃料电池能量转换效率比热机和火力发电的能量转换效率要高得多。无论是热机还是它带动的发电机组，其效率都受到卡诺热机效率的限制，目前汽轮机或柴油机的效率最大值仅为40%～50%，当用热机带动发电机发电时，其效率仅为35%～40%。而燃料电池理论上能量转换效率在83%以上。在实际应用时，其总效率也有望在80%以上。

② 可减少大气污染　燃料电池的最终产物主要是水，避免了对大气的污染。

③ 特殊场合的应用　对氢氧燃料电池而言，发电后产物只是纯净水，所以在载人宇宙飞船等航天器中可兼作航天员的饮用水。燃料电池无可动部件，操作时很安静，而无声工作对军事目的乃是至关重要的。

④ 高度的可靠性　燃料电池的特点还在于具有高度的可靠性。主要体现在燃料电池发电装置是由单个电池堆叠成电池组构成的。单个电池串联的电池组并联后确定了整个发电装置的规模。燃料电池的可靠性还体现在，即使处于额定功率以上过载运行，或低于额定功率运行，它都能承受而效率变化不大。当负载有变动时，它的响应速度也快。燃料电池无可动部件也是其可靠性高的原因之一。

⑤ 燃料电池的比能量高　随着工作时间的延长，燃料电池的比能量高的优点愈发突显出来。这是因为，对于封闭体系的电池，如镍氢电池或锂离子电池与外界没有物质的交换，比能量不会随时间变化，但是燃料电池由于不断补充燃料，随着时间的延长，其输出能量也越来越多。

⑥ 辅助系统　由于燃料电池需要不断地提供燃料，移走反应生成的水和热量，因此需要一个比较复杂的辅助系统。特别是如果燃料不是纯氢，而是含有杂质或简单的有机物作为燃料，就必须有净化装置或重整设备，同时还应考虑到能量综合利用的问题。这就是说，燃料电池必须和若干辅助系统组成一个体系才能工作。

(2) 燃料电池分类

① AFC（碱性燃料电池）　在AFC中，浓KOH溶液既当电解液，又可作为冷却剂。它起到了从阴极向阳极传递OH^-的作用。电池的工作温度一般为80℃，并且对CO_2中毒很敏感。

② PEMFC（质子交换膜燃料电池）　PEMFC又称为固体聚合物燃料电池（SPFC），一般在50～100℃下工作。电解质是一种固体有机膜，在增湿情况下，膜可传导质子。一般需要用铂作催化剂，电极在实际制作过程中，通常把铂分散在炭黑中，然后涂在固体膜表面上。但是铂在这个温度下对CO中毒极其敏感。CO_2对PEMFC性能影响不大。PEMFC的分支——直接甲醇燃料电池（DMFC），受到愈来愈多的重视，有的文章中将其单列。

③ PAFC（磷酸燃料电池）　PAFC工作在200℃左右。通常电解质储存在多孔材料中，承担从阴极向阳极传递OH^-的任务。PAFC常用铂作催化剂，也存在CO中毒问题。CO_2的存在对PAFC性能影响不大。

④ MCFC（熔融碳酸盐燃料电池）　MCFC使用碱性碳酸盐作为电解液，它通过从阴极向阳极传递CO_3^{2-}来完成物质和电荷的传递。在工作时，需要向阴极不断补充CO_2以维持CO_3^{2-}联系传递过程，CO_2最后从阳极被释放出来。电池工作温度在650℃左右，可使用镍作催化剂。

⑤ SOFC（固体氧化物燃料电池）　SOFC中使用的电解质一般是掺入氧化钇或氧化钙的固体氧化锆，氧化钇或氧化钙能够稳定氧化锆晶体结构。固体氧化锆在1000℃高温下可传递O^{2-}。MCFC和SOFC属于高温燃料电池，这种燃料电池对原料气的要求不高，从而燃料H_2/CO能连续输入到电池中。另外，燃料的处理过程可直接在阳极室中进行，例如天然气重整

化。在MCFC中需要额外催化剂。高温燃料电池的优点是对冷却系统要求不高，电池效率较高。

4.5.4.2 碱性燃料电池

碱性燃料电池是最早获得应用的燃料电池。

(1) 碱性燃料电池原理

通常用氢氧化钾或氢氧化钠为电解质，导电离子为氢氧根离子，燃料为氢。

阳极反应：$H_2+2OH^- \longrightarrow 2H_2O+O_2$ 标准电极电位为－0.828V

阴极反应：$\frac{1}{2}O_2+H_2O+2e^- \longrightarrow 2OH^-$ 标准电极电位为0.401V

总反应为：$\frac{1}{2}O_2+O_2+H_2 \longrightarrow H_2O$ 理论电动势为0.401－(－0.828)=－1.229V

碱性燃料电池的催化剂主要用贵金属铂、钯、金、银等和过渡金属镍、钴、锰等。

(2) 碱性燃料电池的特点

碱性燃料电池的优点如下：

① 效率高，因为氧在碱性介质中的还原反应比在其他酸性介质中强烈；

② 因为是碱性介质，可以用非铂催化剂；

③ 因工作温度低，碱性介质，所以可以采用镍板作双极板。

碱性燃料电池的缺点如下：

① 因为电解质为碱性，易与CO_2生成K_2CO_3、Na_2CO_3沉淀，严重影响电池性能，所以必须除去CO_2，这给其在常规环境中的应用带来很大的困难；

② 电池的水平衡问题很复杂，影响电池的稳定性。

4.5.4.3 质子交换膜燃料电池（PEMFC）

质子交换膜燃料电池也称为聚合物电解质燃料电池，也有将其称为固体聚合物燃料电池。

(1) 质子交换膜燃料电池的工作原理

燃料（含氢、富氢）气体和氧气通过双极板上的导气通道分别到达电池的阳极和阴极，反应气体通过电极上的扩散层到达质子交换膜。在膜的阳极一侧，氢气在阳极催化剂的作用下解离为氢离子和带负电的电子，氢离子以水合质子的形式，在质子交换膜中从一个磺酸基转移到另一个磺酸基，最后到达阴极，实现质子导电。质子的这种转移导致阳极出现带负电的电子积累，从而变成一个带负电的端子。与此同时，阴极的氧分子与催化剂激发产生的电子发生反应，变成氧离子，使阴极变成带正电的端子，其结果在阳极带负电终端和阴极带正电终端之间产生了一个电压。如果此时通过外部电路将两极相连，电子就会通过回路从阳极流向阴极，从而产生电能。同时，氢离子与氧离子发生反应生成水。

PEMFC具有高功率密度、高能量转换效率、低温启动、环境友好等优点，最有希望成为电动汽车的动力源。

(2) 影响质子交换膜燃料电池性能的关键因素

① 质子交换膜　质子交换膜（PEM）是质子交换膜燃料电池的核心材料，其性能好坏直接影响电池的性能和寿命。质子交换膜由高分子母体和离子交换基团构成，它与一般化学电源的隔膜有很大的不同。首先是作用不同，它不只是一种隔膜材料，也是电解质和电极活性物质的基底；其次是特点不同，通常电池的隔膜属于多孔性膜，而PEM实际上是一种选择透过性膜。

② 电催化剂　PEMFC通常采用氢气和氧气作为反应气体，电池反应生成物是水，阳极为氢的氧化反应，阴极为氧的还原反应。为了加快电化学反应的速率，气体扩散电极上都含有一定量的催化剂，其作用原理是通过改变反应的途径使反应的活化能降低，从而提高电化学反应

速率。电极催化剂包括阴极催化剂和阳极催化剂两类。

对于阴极催化剂，研究的重点一方面是改进电极结构，提高催化剂的利用率；另一方面是寻找高效廉价的可替代贵金属的催化剂。阳极催化剂的选用原则与阴极催化剂相似。目前，PEMFC 主要采用铂作电极催化剂，它对于两电极反应均有催化活性，而且可以长期工作。

③ 膜电极组件　通常将质子交换膜燃料电池的电极称为膜电极。所谓膜电极是指由质子交换膜和其两侧的多孔扩散电极组成的阳极、阴极和电解质的复合体。膜电极主要由五部分组成，即阳极扩散层、阳极催化剂层、质子交换膜、阴极催化剂层和阴极扩散层。

膜电极组件是 PEMFC 的核心组成部分，是影响 PEMFC 性能、能量密度分布及其工作寿命的关键因素。膜电极组件的制备共有及其结构优化又是 PEMFC 研究中的关键技术，它既决定了 PEMFC 的工作性能，又影响其实用性。

4.5.4.4　直接甲醇燃料电池（DMFC）

目前直接甲醇燃料电池电解质是聚合物，因而它是质子交换膜燃料电池的一种，只是燃料不是氢而是甲醇罢了。

（1）直接甲醇燃料电池原理

其原理与上述的质子交换膜燃料电池的工作原理基本相同。不同之处在于直接甲醇燃料电池的燃料为甲醇（气态或液态），氧化剂仍为空气或纯氧。

其阳极和阴极催化剂分别为 Pt-Ru/C（或 Pt-Ru 黑）和 Pt/C。其电极反应为：

阳极：　$CH_3OH + H_2O \longrightarrow CO_2\uparrow + 6H^+ + 6e^-$

阴极：　$\frac{3}{2}O_2 + 6e^- + 6H^+ \longrightarrow 3H_2O$

电池的总反应为　$CH_3OH + \frac{3}{2}O_2 \longrightarrow CO_2\uparrow + 2H_2O$

（2）对直接甲醇燃料电池的研究重点

① 直接甲醇燃料电池性能研究　研究的内容包括运行参数对直接甲醇燃料电池的影响，如温度、压力、Nafion 类型、甲醇浓度等的影响。

② 新型质子交换膜研究　质子交换膜是直接甲醇燃料电池的核心部分。但在直接甲醇燃料电池系统中会引起甲醇从阳极到阴极的渗透问题。这一现象是由于甲醇的扩散和电渗共同引起的。由于甲醇的渗透导致阴极性能衰退，电池输出功率显著降低，直接甲醇燃料电池系统使用寿命缩短，因此要使直接甲醇燃料电池进入商业化，必须开发出性能良好、防止甲醇渗透的质子交换膜。

③ 甲醇膜渗透研究　目前直接甲醇燃料电池研究中尚未解决的一个主要问题是甲醇从阳极到阴极的渗透问题，这在典型的全氟磺酸膜中尤为严重。

④ 电催化剂研究　迄今为止，在所有催化剂中，Pt-Ru 二元合金催化剂被认为是甲醇氧化最具活性的电催化剂。Pt-Ru 催化剂的催化机理被公认为是“双功能机理”。关于此机理的争论为：是否存在另外的电子或空间效应。“双功能机理”的解释为：Ru 活性点吸附含氧粒子的电位要比纯 Pt 表面低 0.2～0.3V，被吸附的含碳粒子从吸附发生的位置通过表面扩散优先进行氧化。Pt-Ru 活性点吸附含碳粒子的活性要大于 Ru-Ru 或 Ru 原子簇。Ru 的最佳表面组成会使 Pt-Ru 的活性点达到最大。

4.5.4.5　磷酸燃料电池（PAFC）

磷酸燃料电池是目前应用最多的分布式燃料电池电站。

（1）磷酸燃料电池的反应原理

当氢为燃料、空气为氧化剂时，PAFC 内的化学反应如下：

阳极反应：　$H_2 \longrightarrow 2H_2 + 2e^-$

阴极反应：　　　$\frac{1}{2}O_2+2H_2+2e^- \longrightarrow H_2O$

总反应：　　　$\frac{1}{2}O_2+2H_2^- \longrightarrow H_2O$

(2) 磷酸燃料电池部件

磷酸燃料电池电解质采用由碳化硅和聚四氟乙烯制成的微孔隔膜，浸泡浓磷酸制成。

氢氧电池采用铂作催化剂，炭黑作催化剂载体制成。当电极和电解质组合成单电池时，电解质中部分磷酸进入氢氧多孔气体扩散电极，形成稳定的三相界面。双极板起着分隔氢气和氧气，同时传导电池内部热量和电流的作用，由于磷酸的强腐蚀性，故采用石墨作双极板材料。

4.5.4.6　熔融碳酸盐燃料电池（MCFC）

熔融碳酸盐燃料电池是在650℃左右工作的燃料电池。熔融碳酸盐燃料电池原理和其他燃料电池类似，但显著不同的是在熔融碳酸盐燃料电池的阳极室生成二氧化碳，而阴极室消耗二氧化碳。在阳极室氢气被电化学氧化成二氧化碳。

阳极反应：　　　$H_2+CO_3^{2-} \longrightarrow H_2O+CO_2+2e^-$

阴极反应：　　　$\frac{1}{2}O_2+CO_2+2e^- \longrightarrow CO_3^{2-}$

总反应：　　　$H_2+\frac{1}{2}O_2+CO_2$（阴极）$\longrightarrow H_2O+CO_2$（阳极）

因此在MCFC中，需要二氧化碳的循环系统。

4.5.4.7　固体氧化物燃料电池（SOFC）

固体氧化物燃料电池是通过一种离子传导陶瓷将燃料和氧化剂气体中的化学能直接转化为电能的发电装置，也成为陶瓷燃料电池（CFC）。与其他燃料电池相比，固体氧化物燃料电池能量转换效率高，全固态结构操作方便；与目前正在应用开发作为汽车动力电源的固体聚合物燃料电池（SPFC）相比，固体氧化物燃料电池具有燃料适用面广、不需要贵金属催化剂等优点，因此被认为是最具发展前途的燃料电池。

(1) 高温固体氧化物燃料电池

① 原理　固体氧化物燃料电池用固体氧化物作电解质，目前常用稀土氧化钇稳定的氧化锆作电解质，这种材料在高温下，如900～1000℃下，有传递阳离子的能力。在阴极，氧分子得到电子被还原为阴离子：$O_2+4e^- \longrightarrow 2O^{2-}$。

阴离子在电解质膜两侧电位差和浓差作用下，通过电解质膜的氧空位传递到阳极侧，并与阳极燃料氧化反应，当燃料为氢时，反应为：

$$2O^{2-}+2H_2 \longrightarrow 2H_2O+4e^-$$

当燃料为CO时，反应为：　$2O^{2-}+2CO \longrightarrow 2CO_2+4e^-$

因此总反应为：　　　$2H_2+O_2 \longrightarrow 2H_2O$（当燃料为H时）

或　　　$2CO+O_2 \longrightarrow 2CO_2$（当燃料为CO时）

② 固体电解质　固体电解质是通过离子移动而导电的。现在已经了解的固体氧化物燃料电池的工作原理是，当氧化钇和氧化锆混合在一起时，一些Y^{3+}从锆的晶格位置上取代Zr^{4+}，但由于Y^{3+}和Zr^{4+}的电荷不同，因此导致一定数量的阳离子的晶格位置空缺，亦称为“空穴”。在高温下，阳离子经由这些空穴位置而穿过晶格，从而完成阳离子移动全过程。

③ 电极材料　高温固体氧化物燃料电池的阴极，一般用锶掺杂的锰酸镧，其具有高的氧化还原电催化剂活性、良好的电子导电性，更重要的是其热膨胀系数与氧化锆相匹配。

SOFC的阳极一般是50～100μm厚的镍-氧化锆陶瓷。固体氧化物的阳极催化剂主要集中在镍、钴、铂、钌等过渡金属和贵金属，其中镍是SOFC中广泛采用的阳极电催化剂。

固体氧化物燃料电池中另一重要的元件就是双极板，由于900～1000℃高温下的氧化还原气氛使其选择十分困难。对固体氧化物电极材料的要求是：具有催化活性，能催化氢气、一氧化碳和碳氢化合物；电子导电性高于 10S/cm；化学性能稳定；具有高的表面形态稳定性；机械性能稳定；价格低。

④ 固体氧化物燃料电池结构　固体氧化物燃料电池分圆筒式、平板式和波浪式三种。

(2) 低温（400～600℃）固体氧化物燃料电池（LTSOFC）

① 氧离子传导型 LTSOFC　作为 LTSOFC 的固体电解质，要求低温下具有较高的氧离子电导率，电子电导可以忽略，而且能在稳定工况下保持高的结构和化学稳定性，与电极匹配良好。目前发现的可能用于 LTSOFC 的电解质包括掺杂的 CeO_2、Bi_2O_3 和 $LaGaO_3$ 等氧离子导体。这些氧离子导体的离子电导率均高于 SOFC 中普遍使用的氧化锆电解质。

② 质子传导型 LTSOFC　质子传导型 LTSOFC 的原理类似于质子交换膜燃料电池，燃料在阳极离解成质子，质子通过固体电解质到达阴极，与氧气发生反应生成水。由于水是在阴极侧生成，可以随空气排出，因此燃料不必经过水处理就可以循环利用，从而简化了装置，降低了操作成本，同时提高了能量转换效率。

③ 氧离子-质子共传导型 LTSOFC　氧离子-质子共传导型 SOFC 是近年来燃料电池领域提出的新概念，它不同于任何传统的燃料电池。在操作过程中，氧离子和质子分别从阴极和阳极通过固体电解质向相反的方向迁移，与燃料和氧气发生反应，分别在阳极室和阴极室生成水。

研究发现，一定的质子传导的存在可以促进电极反应和电解质-电极界面间的动力学，而且氧离子-质子共传导可以提高电解质总的离子迁移数和相应的离子电导率，同时也提高了电流交换率，导致高的电流输出。

④ 问题和展望　目前 LTSOFC 的研究与开发主要解决以下两个方面的问题。

一是新材料。目前开发的几类低温电解质中，DCO、SOC 和 CSC 是最有希望的材料，但是这几类材料的性能还有待于进一步研究，特别是材料的稳定性。此外，必须开发新型阴极材料，减小界面极化电阻。在阳极材料方面，主要是直接利用碳氢燃料，避免积碳问题。

二是新理论。新型 LTSOFC 突破了传统燃料电池的理论界限，集合了 SOFC、MCFC 和 SPFC 的优点，具有重大的理论价值和实用价值。

4.5.4.8　特种燃料电池

(1) 金属-空气燃料电池

金属-空气燃料电池是另一类很有前途的电池，因为它用的燃料是金属，和我们前面介绍的氢-空气电池类似，所以有的文献也将其归纳为燃料电池类。但它的燃料是预先放置在电池内部的，不符合燃料电池的另一重要特征：燃料电池的燃料几乎完全由电池外部供给。所以也有人不同意将其称为燃料电池。

(2) 再生式燃料电池

① 再生燃料电池（RFC）　再生燃料电池结合了电解池和燃料电池的两种功能，燃料电池模式工作时利用化学活性物质（如氢气等）反应对外供电，电解池模式工作时利用电能将水等物质转化成活性物质（如氢气）储能以作为燃料电池的燃料，使过程得以循环进行。再生式燃料电池作为蓄能系统与目前已应用的铅酸蓄电池、Ni-Cd 电池、Ni-H_2 电池相比，具有更高的能量及比功率等，可广泛应用于航天和汽车。

② 再生燃料电池种类　再生燃料电池的分类方法也很多，可以按反应活性物质、按电解质和燃料电池组合以及电解质来分类。

a. 按照反应活性物质分类，分为以下几类。

(a) 氢氧再生燃料电池　氢氧再生燃料电池结合了电解池和燃料电池的两种功能，工作原理是将水电解技术与氢氧燃料电池技术相结合，在燃料电池状态下运行时，$2H_2+O_2 \longrightarrow 2H_2O$ 并产生电能；电解池状态下运行时，利用电能电解水，即 $2H_2O \longrightarrow 2H_2+O_2$，使氢氧燃料电池的燃料 H_2、氧化剂 O_2 可通过水电解过程得以“再生”，起到蓄能作用，产生的氢气和氧气在需要的时候可以作为燃料，使过程得以循环进行。

氢氧再生燃料电池作为蓄能系统与目前已应用的铅酸蓄电池、Ni-Cd 电池、Ni-H_2 电池相比，具有更高的能量及比功率，使用中无自放电，而且不受放电深度及电池容量的限制，所产生的高压氢气、氧气可拥有空间站及卫星的姿态和环境控制。反应是在极为安全廉价的纯水、氢气和氧气之间进行转化的，运送补给方便，所以是一种具有广阔发展前景的新型储能电池，广泛应用于航天和军事领域，缺点是循环效率比低于铅酸蓄电池、Ni-Cd 电池、Ni-H_2 电池。

(b) 多硫化钠（钾）-溴（氯或碘）再生燃料电池　材料及操作条件：电极为聚丙烯腈活性炭毡，阳离子交换膜为钠型 Nafion-115，阳极电解液为 Na_2S_2（2mol/L）水溶液，阴极电解液为溶解于溴化钠（2mol/L）的溴水（1mol/L）溶液，阴极、阳极电解液的循环量为 30mL/min，操作温度为 353K。

电极反应如下：传递到再生燃料电池电极表面的电解液发生电化学反应后流出电池，电极本身不参与反应，在放电时阳极电极反应为：

$$(x+1)\ Na_2S_x \longrightarrow 2Na^+ + xNa_2S_{x+1} + 2e^- \quad (x=1\sim4)$$

可简化为以下两步：　$S^{2-} \longrightarrow S+2e^-$；$S^{2-}+xS \longrightarrow S_{x+1}^{2-}$

Na^+ 通过阳离子交换膜到达阴极。

阴极电极反应为：　$Br_2+2Na^++2e^- \longrightarrow 2NaBr$

放电时总的电池反应：　$(x+1)\ Na_2S_x+Br_2 \longrightarrow xNa_2S_{x+1}+2NaBr$

在标准状态下，电池电压为 1.42V（$x=4$）；1.54V（$x=1$），充电时逆向进行。

(c) CO-CO_2 再生固体氧化物燃料电池　K. R. Sridhar 等报道了利用再生固体氧化物燃料电池探索火星。

(d) 热可再生燃料电池　Yuji Ando 等报道了利用低温热能（如太阳能）的异丙醇-丙二酮可再生燃料电池，其工作原理如下：

负极：

$$(CH_3)_2CHOH(l) \xrightarrow{\text{催化剂}} (CH_3)_2CO(l)+H_2(g)+Q(\text{吸热})$$

$$H_2(g) \xrightarrow{\text{质子变换膜}} 2H^++2e^-$$

正极：

$$(CH_3)_2CO(l)+2H^++2e^- \xrightarrow{\text{催化剂}} (CH_3)_2CHOH(l)$$

负极在一定温度及合适的催化剂作用下发生异丙醇脱氢反应，氢气在催化剂作用下电离为氢离子并失去电子，生成的氢离子穿过质子交换膜到达正极，正极 $(CH_3)_2CO$ 在一定催化剂作用下发生加氢反应又生成了 $(CH_3)_2CHOH$，这些反应是可逆的，从而使反应能够循环进行。

b. 按照电解池和燃料电池组合分类，分为以下几类。

(a) 分离式　分离式的可再生燃料电池的电解池、燃料电池彼此是分开的，其他子系统也差不多。系统中，燃料电池、储水罐和电解池从上到下排列，燃料电池、电解池、主储水罐、副储水罐、控制阀门和储氢气（氧气）罐通过相应管线连接。燃料电池模式工作时候，利用副储水罐来的水湿化氢气，湿化后的氢气进入负极，氧气进入正极，正极产生的水依靠重力进入主储水罐。电解池模式工作时，主储水罐的水依靠重力进入电解池的正极，电解池正极产生的氧气通过管线进入到储氧气罐中，电解池负极产生的氢气经过水汽分离器后进入储氢气罐以便于燃料电池模式时使用。

分离式的可再生氢氧燃料电池的优点是系统各自独立、放大和维修；缺点是系统复杂，能量密度和质量密度都较低。

(b) 一体式　一体式的可再生氢氧燃料电池的电解池、燃料电池彼此串联在一起放在同一装置中，电解池和燃料电池在各自电极和电池区域中交替进行充、放电工作。

(c) 可逆式　可逆式的可再生氢氧燃料电池的电极材料负极（氢电极）一般由 Pt/C 和联结剂组成，正极（氧电极）一般由 Pt-Ir/C、Pt-Ru/C 或者 Pt-Ru-(Ir、Rh、Os)/C 和联结剂按一定比例组成，电解质为质子交换膜。由于这些催化材料具有双功能作用，氧电极催化剂既能够使氧气还原成水，也能够使水氧化成氧气；氢电极既能够使氢气氧化成氢离子，又能够使氢离子还原成氢气，因此可逆式可再生氢氧燃料电池是双效电池，能够以燃料电池和电解池两种模式工作。

与分离式和一体式的可再生氢氧燃料电池相比，可逆式的可再生氢氧燃料电池具有系统结构紧凑、体积和质量能量密度高等优点。

c. 按电解质分类，分为以下几类。

(a) 石棉膜-碱性 KOH 水溶液可再生燃料电池。

(b) 离子交换膜可再生燃料电池，包括质子交换膜可再生燃料电池和钠离子交换膜可再生燃料电池。

(c) 以氧化钇稳定的氧化锆作为电解质的再生固体氧化物燃料电池。

(3) 直接生化燃料电池

在正常的人体新陈代谢过程中，人体内的葡萄糖与氧气发生化学反应时会产生电能，这正是生化燃料电池的原料。

在这类电池中，电池转移反应是直接由生物化学原料承担的。这种氧化还原系统不需要常用的金属催化剂而需要像酶这类的生化催化剂。这类催化剂常常是很特殊的，并且会使燃料电池系统中产生一些相当有趣的反应。

而生物燃料电池能够直接转化成这种电能。这种新型微型电池可以植入人体，与人体皮肤下或脊髓中含葡萄糖的体内液体建立起有机联系，从而产生出有用的生物电能。这种新型电池可以在接近人体正常血液温度和碱度的条件下工作：37℃，pH 值为 7.2；能够产生出相当于一块手表纽扣电池提供的电压：1.9μV，足以驱动一部葡萄糖微型传感器，对糖尿病人的身体状况进行监视跟踪。

(4) 直接碳燃料电池（DCFC）

原理是将碳电极插入熔融碳酸盐中，同时将空气不断地鼓入熔融碳酸盐中，连接金属空气管和碳电极即构成 DCFC。

因为反应物碳和生成物 CO_2 都是在不同相形态下的纯物质，所以其化学势是固定的，与转换的实际使用的燃料无关。由于碳和空气不直接接触，所以排出的气体减少 4 倍。而生成的 CO_2 可用于石油开采，而不增加附加的费用。DCFC 使用融盐作电解质。维持融盐上方气氛中水的含量，可以保持燃料电池处在高水分的环境中，这样，生成碳酸盐而减少了 DCFC 的 CO_2 排放量。

DCFC 是唯一的使用固体燃料的燃料电池，DCFC 直接将煤变成电而不需要燃料。DCFC 之所以吸引人是由于有以下几个优点：①碳的体积能量密度很高，可达到 20.0kW·h/L，超过许多其他物质，如氢 2.4kW·h/L，锂 9.3kW·h/L，镁 11.8kW·h/L 以及汽油 9.0kW·h/L，天然气 4.2kW·h/L，2# 柴油 9.8kW·h/L，它们都比碳的体积比能量低；② 在理想状态下，没有熵变，热能可以 100% 地转化成电能。但 DCFC 离实用化还有一定的差距。

4.5.5　太阳能电池

太阳能是一种取之不尽、用之不竭的能源。太阳能发电是指将太阳光辐射转化为电能的技术。其中一类，是把太阳光辐射转换成热能，再利用热能进行发电，称为太阳能热发电。另一类，是利用半导体 p-n 结器件的光伏效应，把太阳能直接转换成电能，称为太阳能光伏发电。太阳能电池是一种利用光生伏打效应把光能转变为电能的器件，又叫光伏器件。物质吸收光能产生电动势的现象，称为光生伏打效应。这种现象在液体和固体物质中都会发生，但只有在固体中，尤其是在半导体中，才有较高的能量转换效率。所以，人们又常常把太阳能电池成为半导体太阳能电池。

4.5.5.1 太阳能电池的工作原理

太阳能是一种辐射能，它必须借助于能量转换器才能变成为电能。这个把光能变换成电能的能量转换器，就是太阳能电池。下面以单晶硅太阳能电池为例简单介绍太阳能电池是如何把光能转换成电能的。

太阳能电池工作原理的基础，是半导体 p-n 结的光生伏打效应。所谓光生伏打效应，简言之，就是当物体受到光照时，物体内的电荷分布状态发生变化而产生电动势和电流的一种效应。当太阳光或其他光照射半导体 p-n 结时，就会在 p-n 结的两边出现电压，叫做光生电压。使 p-n 结短路，就会产生电流。

众所周知，物质的原子是由原子核和电子组成的。原子核带正电，电子带负电。电子就像行星围绕太阳转动一样，按照一定的轨道围绕着原子核旋转。单晶硅的原子是按照一定的规律排列的。硅原子的外层电子壳层中有 4 个电子。每个原子的外层电子都有固定的位置，并受原子核的约束。它们在外来能量的激发下，如在太阳光辐射时，就会摆脱原子核的束缚而成为自由电子，并同时在它原来的地方留出一个空位，即半导体物理学中所谓的“空穴”。由于电子带负电，空穴就表现为带正电。电子和空穴就是单晶硅中可以运动的电荷。在纯净的硅晶体中，自由电子和空穴的数目是相等的。如果在硅晶体中掺入能够俘获电子的硼、铝、镓或铟等杂质元素，那么它就成了空穴型半导体，简称 p 型半导体。如果在硅晶体中掺入能够释放电子的磷、砷或锑等杂质元素，那么它就成了电子型的半导体，简称 n 型半导体。若把这两种半导体结合在一起，由于电子和空穴的扩散，在交界面处便会形成 p-n 结，并在结的两边形成内建电场，又称势垒电场。由于此处的电阻特别高，所以也称为阻挡层。当太阳光照射 p-n 结时，在半导体内的电子由于获得了光能而释放电子，相应地便产生了电子-空穴对，并在势垒电场的作用下，电子被趋向 n 型区，空穴被趋向 p 型区，从而使 n 区有过剩的电子，p 区有过剩的空穴；于是，就在 p-n 结的附近形成了与势垒电场方向相反的光生电场。光生电场的一部分抵消了势垒电场，其余部分使 p 型区带正电，n 型区带负电。于是，就使得在 n 区和 p 区之间的薄层产生了电动势，即光生伏打电动势。当接通外电路时便有电能输出。这就是 p-n 结接触型晶体硅太阳能电池发电的基本原理。如果把数十个、数百个太阳能电池单体串联、并联起来，组成太阳能电池组件，在太阳能的照射下，便可获得相当可观的输出功率的电能。

4.5.5.2 太阳能电池分类

太阳能电池多为半导体材料制造，发展至今，业已种类繁多，形式各样。

（1）按照结构分类

① 同质结太阳能电池　由同一种半导体材料构成一个或多个 p-n 结的太阳能电池。如硅太阳能电池、砷化镓太阳能电池等。

② 异质结太阳能电池　用两种不同禁带宽度的半导体材料在相接的界面上构成一个异质 p-n 结的太阳能电池，如氧化铟锡-硅太阳能电池、硫化亚铜-硫化镉太阳能电池等。如果两种异质材料的晶格结构相近，界面处的晶格匹配较好，则称为异质面太阳能电池。如砷化铝镓-砷化镓异质面太阳能电池等。

③ 肖特基太阳能电池　用金属和半导体接触组成一个“肖特基势垒”的太阳能电池，也

叫做MS太阳能电池。其原理是基于金属-半导体接触时在一定条件下可产生整流接触的肖特基效应。目前已发展成为金属-氧化物-半导体太阳能电池，即MOS太阳能电池；金属-绝缘体-半导体太阳能电池，即MIS太阳能电池。

(2) 按照材料分类

① 硅太阳能电池　以硅材料作为基体的太阳能电池，如单晶硅太阳能电池、多晶硅太阳能电池、非晶硅太阳能电池等。制作多晶硅太阳能电池的材料，用纯度不太高的太阳级硅即可。而太阳级硅由冶金级硅用简单的工艺就可加工制成。多晶硅材料又有带状硅、铸造硅、薄膜多晶硅等多种。用它们制造的太阳能电池有薄膜和片状两种。

② 硫化镉太阳能电池　以硫化镉单晶和多晶为基体材料的太阳能电池，如硫化亚铜-硫化镉太阳能电池、碲化镉-硫化镉太阳能电池、硒铟铜-硫化镉太阳能电池等。

③ 砷化镓太阳能电池　以砷化镓为基体材料的太阳能电池，如同质结砷化镓太阳能电池、异质结砷化镓太阳能电池等。

4.5.5.3　问题与展望

太阳能电池的应用长期受到价格昂贵的制约。随着世界光伏工业的持续扩大，以及效率不断上升，太阳能电池的制造规模也不断扩大、成本持续下降。1997年以后，受到日本、德国、美国等发达国家屋顶计划的刺激，世界光伏工业的发展加速，中国、印度、朝鲜、墨西哥、韩国、沙特等国都有各自的计划，其目标都是提高太阳能电池的性能价格比，增加投资，发展光伏系统。太阳能电池组件的平均年增长率达到36%，发电方式也从离网应用发展到并网发电。目前世界光伏发电累积装机容量已经超过1500MW；太阳能电池商用组件效率达到15%～18%；商用发电成本在0.15～0.25美元/(kW·h)之间，在不少领域和地区已经具有相当强的竞争力。2002年世界光伏工业产量已达595MW，相当于35亿美元的产业。预计到2010年太阳能电池组件的年产量将达到1600MW，太阳能电池组件的价格约为2美元/W。今后太阳能电池工业将更加迅猛发展。

思考题

1. 建筑装饰材料绿色化方向是什么？试举例说明。
2. 绿色包装材料怎样分类，其发展趋势是什么？
3. 高分子材料有哪些优点和缺点？
4. 什么是绿色高分子材料？
5. 绿色高分子材料在开发中应考虑哪些问题？
6. 高分子材料的降解途径有哪些？
7. 如何实现高分子材料的可持续发展？
8. 聚乳酸的合成方法有哪些，各有什么特点？
9. 生物材料的发展经历了哪几个阶段？
10. 如何评价生物材料？
11. 生物材料分哪几类？
12. 生物材料应具备哪些性质？
13. 简述生物降解材料的特点和应用。
14. 生物陶瓷材料的主要缺点是什么？如何克服？
15. 简述生物磁性材料的应用。
16. 简述生物活性材料的种类和特点。
17. 纳米材料的学术定义是什么？

18. 绿色纳米材料的合成方法主要有哪几方面？简述各自的原理和特点。

19. 纳米材料分类方式有几种？纳米材料大约有几种？

20. 纳米材料的性能有几方面？绿色化学主要利用其什么性能？

21. 绿色纳米材料的应用前景如何？主要在哪几个领域应用？

22. 绿色能源材料的特点有哪些？

23. 简述燃料电池的工作原理。

24. 燃料电池的种类有哪些？

25. 什么是太阳能电池？请简述其工作原理。

26. 结合对绿色化学的理解，谈谈你对绿色化工产品现状的看法以及对未来发展的想法和建议。

参考文献

[1] Ajioka M, Enomoto K, Suzuke K, et al. Basic properties of polylactic acid produced by the direct condensation polymerization of lactic acid. Bull Chem Soc, 1995, 68: 21-25.

[2] Binner J G P, Reichert J. Processing of hydroxyapatite ceramic foams. J Mater Sci, 1996, 31: 5717-5723.

[3] Murray M G S, Wang J. An improvement in processing of hydroxyapatite ceramics. J Mater Sci, 1995, 30: 3061-3071.

[4] Stobierska E, Paszkiewicz Z. Porous hydroxyapatite ceramics. J Mater Sci Lett, 1999, 18: 1163-1165.

[5] Suchanek W, Yoshimrua M. Processing and properties of hydroxyapatite-based biomaterials for use as hard tissue replacement implants. J Mater Res, 1998, (1): 94-117.

[6] Vergeten M, de Wijin R, Blitterswijk V, et al. Hysroxyapatite/poly (L-lactide) composites: An animal study on push-out strengths and interface histology. J Biomed Mater Res, 1993, 27: 433-437.

[7] 蔡建岩. 纳米科技发展现状与趋势. 长春大学学报, 2005, 15 (4): 71-74.

[8] 陈初平, 李武客, 詹正坤. 社会化学. 北京: 高等教育出版社, 2004.

[9] 陈敬中, 刘剑洪. 纳米材料科学导论. 北京: 高等教育出版社, 2006.

[10] 冯新德. 21世纪高分子化学展望. 高分子通报, 1999, (3): 1-9.

[11] 顾汉卿, 徐国风. 生物医学材料学. 天津: 天津科技翻译出版公司, 1993.

[12] 新材料领域专家委员会. 新材料研究发展预测及对策. 材料导报, 1999, 13 (1): 1-5.

[13] 郝建原, 邓先模. 复合生物材料的研究进展. 高分子通报, 2002, (5): 1-8.

[14] 李爱民, 孙康宁, 尹衍升等. 生物材料的发展、应用、评价与展望. 山东大学学报（共学版）, 2002, 32 (3): 287-293.

[15] 李辉, 郝冉, 冯茂强. 纳米科技的研究领域及前景展望. 山西科技, 2005, (2): 17-18.

[16] 马剑华. 绿色化学、纳米技术与环境保护. 温州大学学报, 2003, (2): 107-110.

[17] 盛敏刚, 张金花, 李延红. 生物降解材料聚乳酸的合成及应用研究. 资源开发与市场, 2007, 23 (9): 775-777.

[18] 石璞, 戈明亮. 高分子材料的绿色可持续发展. 化工新型材料, 2006, 34 (12): 33-36.

[19] 唐膺, 翁文剑. 生物陶瓷的发展与应用. 材料科学与工程, 1994, 13 (2): 63-64.

[20] 汤顺清, 周长忍. 生物材料的发展现状与展望（综述）. 暨南大学学报（自然科学版）, 2000, 21 (5): 122-125.

[21] 王强, 李海燕, 郑萍等. 纳米材料在环境保护中的应用进展. 云南化工, 2002, 29 (6): 30-32.

[22] 王迎军, 宁成云, 陈楷等. 生物活性梯度涂层中羟基磷灰石的相转变与结构稳定性. 硅酸盐学报, 1998, 26 (5): 656-661.

[23] 魏荣宝, 梁娅, 孙有光. 绿色化学与环境. 北京: 国防工业出版社, 2007.

[24] 肖旭贤, 何琼琼. 磁性纳米生物材料在医学上的应用. 生物技术通报, 2006, (3): 11-14.

[25] 俞耀庭．生物医用材料．天津：天津大学出版社，2000．
[26] 奚廷斐．生物材料产业现状及发展战略．新材料产业，2004，(12)：24-38．
[27] 张立德，牟季美．纳米材料和纳米结构．北京：科学出版社，2001．
[28] 卓玉国．绿色高分子及其发展现状．中国环境管理干部学院学报，2004，14 (3)：40-42．
[29] 邹翰．21世纪我国生物材料科学展望．物理，1997，26 (5)：264-267．
[30] 中国建筑材料科学研究院．绿色建材与建材绿色化．北京：化学工业出版社，2003．
[31] 任强．绿色硅酸盐材料与清洁生产．北京：化学工业出版社，2004．
[32] 张钟宪．环境与绿色化学．北京：清华大学出版社，2005．
[33] 李学燕．实用环保型建筑涂料与涂装．北京：科学技术文献出版社，2006．
[34] 张学敏．涂料与涂装技术．北京：化学工业出版社，2006．
[35] 马保国．水泥工业的环境负荷及控制途径．水泥工程，2005，(2)：79-82．
[36] 闫浩，胡澄清．中国建筑卫生陶瓷行业发展现状及趋势．中国陶瓷，2006，42 (6)：5-7．
[37] 曾令可．陶瓷工业能耗的现状及节能技术措施．陶瓷工业，2006，(1)：109-115．
[38] 吴凡．陶瓷工业废水治理与综合利用．工业与实践，2007 (2)：20-22．
[39] 董峰．陶瓷工业固体废弃物的回收再利用．硅酸盐通报，2005，25 (3)：124-127．
[40] 周美茹．玻璃工业的环境污染及防治．建材技术与应用，2003，(1)：23-24，29．
[41] 刘晓勇．利用窑炉烟气余热预热玻璃配合料．玻璃，2004，177 (6)：14-16．
[42] 谢尧生．固体废弃物在新型墙体材料中的应用．砖瓦世界，2007 (6)：2-6．
[43] 葛雁．涂料对环境的污染及其防治．浙江化工，2001，32 (1)：29-30．
[44] 唐林生．水性涂料研究进展．现代化工，2003，23 (6)：14-17．
[45] 湖南大学．环境工程概论．北京：中国建筑工业出版社，1994．
[46] 上官铁梁，范文标，徐建红．中国大气污染的研究现状和对策．山西大学学报（自然科学版），2000，23 (1)：91-94．
[47] 王天民．生态环境材料．天津：天津大学出版社，2000．
[48] 孙胜龙．环境材料．北京：化学工业出版社，2002．
[49] 左铁镛，聂祚仁．环境材料基础．北京：科学出版社，2003．
[50] 李佳，翁端．环境工程材料的研究现状及发展趋势．科技导报，2006，24 (7)：9-13．
[51] 雷永泉，万群，石永康．新能源材料．天津：天津大学出版社，2000．
[52] 毛宗强．氢能——21世纪的绿色能源．北京：化学工业出版社，2005．
[53] 罗运俊，何梓年，王长贵．太阳能利用技术．北京：化学工业出版社，2005．

第5章　绿色纤维与纺织品

人类进入21世纪以后，世界各国都面临严重的地球环境保护问题。随着全世界对生态环境的不断重视，各种利用天然资源、有利于环保的绿色产品被研究开发，绿色纺织品（生态纺织品）就是其中一大类。绿色纺织品已成为21世纪纺织工业的突出主题，绿色纺织品这一概念涵盖绿色纤维、绿色染化料及绿色生产过程。

在纺织品的加工过程中，往往存在着大量极易被人们所忽视的破坏环境和危害人体健康的因素，尤其是在科技进步和社会发展的今天，人类对于纺织品及服装的要求除了美观大方外，也越来越追求舒适性和功能性。但是在纺织品的多功能加工中也存在着大量的污染，如毛织物的防缩机可洗加工中，通常应用氯及其衍生物，但在防毡缩过程中会形成AOX（absorable organochloides，可吸收的有机氯化物），也将对环境造成极大的危害；纺织品的抗皱免烫整理过程中通常使用含甲醛的整理剂，织物上游离的甲醛会导致人体呼吸道炎症；并引起头痛、皮肤过敏等病症；其他如阻燃、抗菌防臭等，也都存在一定的环境问题。当然，在一般的纺织品加工中也存在此类问题。仅就棉花的生产而言，其含有的杀虫剂就高达35种之多，残余物将引发皮肤病，严重的会导致癌症；另外，印染、后整理加工也是极易造成环境污染的环节。所以说，生产出符合环保和生态指标要求的纺织品，降低或消除纺织品生产、加工中的污染，获得“无过程污染”或“零污染”的“绿色纺织品”，保护生态环境以及消费者的身体健康，已成为现代纺织品生产开发的趋势和热点，尤其是在人类环保意识不断增强，纺织品“生态标签”推行以来，“绿色纺织品”的研发，更是得到了各国的重视。

近年来，世界各国尤其是欧美等发达国家相继制定了一系列环保法规和标准，对进口纺织品实施安全检测，限制了非生态纺织品的市场流通和消费。生态纺织品标准（Oeko-Tex Standard 100）的颁布和施行，在国际贸易中掀起了一股“绿色浪潮”（详见表5-1）。

根据国际生态纺织品标准Oeko-Tex Standard 100，对纺织品中的禁用染料、有机氯载体、甲醛残留量、防腐剂、可溶性重金属残留物、农药（杀虫剂）残留量、织物酸碱度（pH值）、染色牢度和特殊气味（如霉味、恶臭味、鱼腥味或其他异味）等都提出了检测标准。只有通过这种检测并合格后才能挂生态纺织品标签，在国际市场上才能通行无阻。因此，绿色纺织品已成为当今世界纺织品开发的主旋律。

2003年我国第一个有关纺织品生态安全性能要求的国家强制标准GB 18401—2003《国家纺织产品基本安全技术规范》正式出台。该标准的出台，标志着我国在生态纺织品领域的法制化和标准化方面迈出了实质性的重大一步。该标准已于2005年1月1日起施行，产品涉及由天然或化学纤维为主要原料的衣着用或装饰用纺织材料，其考核内容包括pH值、甲醛含量、色牢度（耐水、耐汗、耐干摩和耐唾液）、禁用偶氮染料和异味。相对于国际上现有的一些生态纺织品标准，该强制标准对纺织品生态安全性能的考核只选择了上述五项基本要素，被认为是保证纺织产品对人体健康无害而提出的最基本要求。

由于纺织产品上所可能涉及的有害物质种类繁多，对人体可能造成的危害也各不相同。从严格意义上讲，产品满足本规范的要求并不意味着广义上的对人体的绝对安全。

表 5-1　Oeko-Tex Standard 100 规定的检测项目及限定值

产品分类	Ⅰ婴儿	Ⅱ直接与皮肤接触	Ⅲ不直接与皮肤接触	Ⅳ装饰材料
酸碱值[1](pH值)	4.0～7.5	4.0～7.5	4.0～9.0	4.0～9.0
甲醛/(mg/kg)				
法规 112	n.d.[2]	75	300	300
可萃取重金属/(mg/kg)				
锑(Sb)	30.0	30.0	30.0	30.0
砷(As)[3]	0.2	1.0	1.0	1.0
铅(Pb)	0.2	1.0	1.0[4]	1.0[4]
镉(Cd)	0.1	0.1	0.1[4]	0.1[4]
铬(Cr)	1.0	2.0	2.0	2.0
六价铬[Cr(Ⅵ)]	低于检出线[5]			
钴(Co)	1.0	4.0	4.0	4.0
铜(Cu)	25.0	50.0[4]	50.0[4]	50.0[4]
镍(Ni)[6]	1.0	4.0	4.0	4.0
汞[7]	0.02	0.02	0.02	0.02
杀虫剂/(mg/kg)[7]				
总量(包括五氯苯酚/四氯苯酚)	0.5	1.0	1.0	1.0
含氯酚及 OPP/(mg/kg)				
五氯苯酚(PCP)	0.05	0.5	0.5	0.5
2,3,5,6-四氯苯酚(TeCP)	0.05	0.5	0.5	0.5
邻苯基苯酚(OPP)	0.5	1.0	1.0	1.0
PVC 增塑剂(邻苯二甲酸酯类)/%				
DINP,DONP DEHP,DIDP BBP,DBP/总量	0.1			
有机锡化合物/(mg/kg)				
三丁基锡(TBT)	0.5	1.0	1.0	1.0
二丁基锡(DBT)	1.0			
染料				
可分解出致癌芳香胺的染料	不得使用[5]			
致癌染料	不得使用			
致敏染料	不得使用[5]			
有机氯染色载体/(mg/kg)[8]	1.0	1.0	1.0	1.0
抗菌整理	没有[8]			
阻燃整理				
普通	没有[8]			
PBB,TRIS,TEPA	不得使用			
色牢度(沾色)[9]				
耐水	3	3	3	3
耐酸性汗液	3～4	3～4	3～4	3～4

续表

产品分类	Ⅰ婴儿	Ⅱ直接与皮肤接触	Ⅲ不直接与皮肤接触	Ⅳ装饰材料
色牢度(沾色)[9]				
耐碱性汗液	3～4	3～4	3～4	3～4
耐干摩擦[10]	4	4	4	4
耐唾液和汗液	坚牢			
可挥发物的挥发/(mg/m^3)				
甲醛	0.1	0.1	0.1	0.1
甲苯	0.1	0.1	0.1	0.1
苯乙烯	0.005	0.005	0.005	0.005
乙烯基环己烷	0.002	0.002	0.002	0.002
4-苯基环己烷	0.03	0.03	0.03	0.03
丁二烯	0.002	0.002	0.002	0.002
氯乙烯	0.002	0.002	0.002	0.002
芳香烃化合物	0.3	0.3	0.3	0.3
有机挥发物	0.5	0.5	0.5	0.5
气味的测定				
普通	没有异常气味[12]			
SNV 195 651[11]	3	3	3	3

① 那些在后道加工中进行湿处理的产品，其pH值允许范围是4.0～10.5；产品分类为Ⅳ的皮革产品、涂层或层压（复合）产品，其pH值允许范围是3.5～9.0。

② n.d. 相当于按日本法规112测试方法低于20mg/kg的吸光度值。

③ 仅适用于天然材料（包括木质材料）及金属材料。

④ 对无机材料制成的辅料无要求。

⑤ 合格限定值：对Cr(Ⅵ)为0.5mg/kg，对芳香胺为20mg/kg，对致敏染料为0.006%。

⑥ 包含欧盟指令94/27/EC的要求。

⑦ 仅适用于天然纤维。

⑧ Oeko-Tex允许的整理除外。

⑨ 对洗涤褪色型产品无要求。

⑩ 对颜料、还原染料或硫化染料，其最低的耐干摩色牢度允许为3级。

⑪ 适用于纺织地毯、床垫以及发泡和有大面积涂层的非用于穿着的物品。

⑫ 无霉味、高沸石油馏分气味、芳香烃或香水的气味。

5.1 绿色纤维

5.1.1 绿色纤维的定义、标准与分类

“绿色”的真正含义包括生命、节能和环保三个方面。因此，绿色纤维必须符合以下标准：首先是对生命的保护，它必须是采用对周围环境无害或少害的原料制成的对人体健康无害的产品；其次，在制造过程中不能采用有氯漂白处理，不能进行防霉蛀整理和阻燃整理，不能使用可分解有毒偶氮染料和致癌、过敏染料，产品中甲醛含量、可提取重金属含量、浸出液pH值、色牢度及杀虫剂残留量等指标符合绿色标准；第三，产品质量和制造环境符合国际标准要求。生产环境必须有利于职工身体健康，符合节能和环保要求，废弃物可生物降解，符合可持续发展和生态循环经济发展的需要。

从生态学角度来说，所谓绿色纤维至少应具备以下特征中的一项或多项：

① 生产纤维的原料主要来自于再生资源或可利用废弃物，不会造成生态平衡的失调和掠夺性资源的开发；

② 纤维在生产过程中未受污染，特别指原料种植过程中农药、化肥的污染或生产中的一些有毒化工原料的污染；

③ 纤维在生产过程中不会对环境造成污染；

④ 纤维制成品用后可回收或能自然降解，不会对生态环境造成危害；

⑤ 纤维及其制成品对人体具有某种或多种保健功能。

绿色纤维的主要品种有：麻、棉、彩色棉、羊毛、羊绒、桑蚕丝、Lyocell（Tencel）纤维、聚乳酸纤维（PLA 纤维）、甲壳素纤维、运用新型熔融纺丝工艺生产的纤维（如熔纺氨纶、熔纺腈纶）、可降解纤维、用回收废料制造的纤维等。

5.1.2 绿色纤维开发及发展现状

绿色纤维主要来源于天然纤维以及人们利用新的纤维原料和生产工艺制得的绿色纤维。传统天然的植物和动物纤维，如棉、麻、丝、毛作为主要的纺织原料，一直占据统治地位。随着纺织工业纤维原材料的深度开发和科学技术的不断提高，新型绿色纤维不断被研究开发利用。新型绿色纤维的开发思路主要有：

① 从自然界中去探索，开发可利用天然纤维资源，如罗布麻、香蕉纤维、桑皮纤维、椰壳纤维、竹纤维、海藻纤维、甲壳质纤维等；

② 利用生物技术和基因工程技术开发天然彩色纤维，如天然彩棉、彩色羊毛、彩色兔毛等；

③ 从农业、工业等的废弃物中回收再利用；

④ 开发利用新纤维原料及新的纤维生产工艺，如聚乳酸纤维、熔纺氨纶、熔纺腈纶，Lyocell（Tencel）纤维等。

生物可降解纤维一直是绿色纤维的研究热点。生物可降解纤维是指在自然界微生物如细菌、霉菌和藻类的作用下，可完全分解为低分子化合物的纤维材料。目前，研究最多的生物可降解纤维主要有海藻纤维、聚乳酸纤维、Lyocell（Tencel）纤维、牛奶纤维、甲壳质与壳聚糖纤维等。

5.1.3 绿色纤维简介

5.1.3.1 “绿色”棉花纤维

（1）有机棉纤维

棉花在栽培中，会受到农药杀虫剂、除草剂以及化肥的严重污染。棉花中含有大约 35 种杀虫剂和除草剂，一些国家棉花作物一季喷洒农药 30～40 次，这些对人体健康和生态环境有害的物质会残留在纤维内，成为潜在的健康危害。因此，在棉花种植过程中，应采用有机耕作，多施有机农肥，对棉铃虫害采用生态防治方法，尽量少用或不用农药和化肥，以保证收获的棉花是不含毒害物质的绿色有机棉纤维。

绿色有机棉认定有一定的标准，只有满足下列标准种植的棉花才能称为绿色有机棉。

① 必须在停止喷洒化学肥料、农药三年以上的田地里种植，并且种植有机棉的土地必须与非施行有机种植的土地分开。

② 种子必须没有使用过杀虫剂。

③ 不能使用杀虫剂、除草剂和落叶剂。

有机棉的生产始于 20 世纪 80 年代末期的土耳其。目前已经推广到美国、印度、中国、巴西、哥伦比亚、希腊、日本、埃及和地中海东沿岸等许多国家。其中美国的研究和生产水平居世界领先地位。我国的有机棉主要生产基地在新疆和山东。

(2) 天然彩色棉纤维

天然彩色棉是一类含有天然色素的棉花品种。天然彩色棉纤维的颜色、性状主要是纤维细胞中腔里色素物质的沉积所致，受遗传因子的控制。天然彩色棉种植过程中抗虫害性明显，因而可以少施农药，降低来自农药中有毒物质的污染。天然彩色棉的耐旱性和耐瘠薄性较好，特别适合于旱地种植，因而也可以减少化肥的施用，防止土质恶化。天然彩色棉手感柔软，吸湿透气、保暖性好，由其制成的纺织品在加工过程中可免去漂白和染色等工序，这不仅减少了加工工序，并相应减少了污水的排放和能源的消耗，更重要的是极大地降低了因染色而可能引入有害染料的风险。如果天然彩色棉纺织产品的加工全过程都采用绿色的染化料和无污染的工艺及设备。则其就可称得上是真正意义上的全生态或绿色产品。天然彩色棉广泛适用于内衣、内裤、T恤、文胸、背心、袜子、衬衫、睡衣和毛巾、线毯、浴巾、床单、浴衣、毛巾被等贴身衣着和家织产品，特别是适用于婴幼儿服装和用品。

目前，天然彩棉色谱不全，主要有棕色和绿色两种。与白色常规棉相比，仍存在产量潜力不高的缺点。从棉花纤维品质方面来看，无论是棕色还是绿色彩棉，与常规白色棉相比，纤维品质性状仍较低，主要表现在纤维长度短，不利于纺精梳纱和高支纱。纤维比强度低，形成的产品耐劳度不够，易损坏和变形。

5.1.3.2 麻纤维

麻纤维是除棉纤维之外可用于纺织加工的另一大类天然植物纤维。麻纤维是从某些植物茎、叶等部分取得的供纺织用的韧皮纤维和叶纤维的统称。苎麻、亚麻、黄麻、洋麻、大麻、青麻和罗布麻都是韧皮纤维，蕉麻、剑麻和凤梨麻都是叶纤维。我国各种麻类纤维资源十分丰富，苎麻尤为著名。麻类纤维一般强度较高，不易腐烂，是纺制夏令衣着、帆布、消防水带、包装材料等产品的原料。

(1) 大麻纤维

大麻纤维是取大麻韧皮经脱胶加工而成的纤维素纤维。我国的大麻品质优良，产量居世界首位。大麻纤维分子的聚合度较小，纤维中腔较大。大麻纤维表面很粗糙，纵向有许多裂隙和孔洞，并与中腔相连，因此具有卓越的吸湿透气性能。大麻纤维横截面比苎麻、亚麻、棉、毛都复杂，中腔常与外形不一。经光线照射，一部分形成多层折射或吸收，大量形成了漫反射，使大麻织物不仅看上去光泽柔和，而且具有优良的防紫外线辐射功能。

大麻纤维对多种细菌和霉菌具有明显的杀灭、抑制作用，是典型的绿色保健纤维。大麻纤维中含有大麻酚类抗菌物质可灭杀霉菌类微生物。大麻酚类物质水溶性差，在烧碱存在下，可以转变成钠盐而溶解或部分溶解于水。在大麻脱胶或去除果胶、木质素、脂蜡质等的过程中，大部分的大麻酚类物质会随之去掉，但仍有微量化学结构稳定的大麻酚类物质即使经染整加工，也会嵌入到纤维素基质中，与大麻纤维素和木质素牢固地结合，这部分大麻酚类物质是一种非溶出性的、天然的抗菌物质，而且，极其微量大麻酚类物质的存在就足以灭杀霉菌类微生物。正是这部分大麻酚类物质在大麻纤维的抗菌中起到了关键作用。

大麻酚能杀灭霉菌的作用机理是通过阻碍霉菌代谢作用和生理活动，破坏菌体的结构，最终导致微生物的生长繁殖被抑制，使菌体死亡。大麻酚能破坏霉菌类微生物实体的形成、细胞的透性、有丝分裂、菌丝的生长、孢子萌发，阻碍呼吸作用及细胞膨胀，促进细胞原生质体的解体和细胞壁损坏等。

大麻纤维有卓越的吸湿性和透气性。这就使在潮湿情况下生存繁殖的霉菌类代谢作用和生理活动受到抑制。大麻纤维富含氧气可破坏厌氧菌的生存环境。

(2) 罗布麻

罗布麻纤维是一种韧皮纤维。纤维细长而有光泽，呈非常松散的纤维束，个别纤维单独存在。罗布麻纤维是一种两端封闭，中间有胞腔，中部粗而两端细的细胞状物体。截面呈不规则腰子形，中腔较小。纤维纵向无扭转，表面有许多竖纹并有横节存在。罗布麻纤维的平均纤度约为0.3～0.4tex，长度与棉纤维相近，平均长度为20～25mm，长度分布不匀。罗布麻纤维色泽洁白，质地优良。罗布麻具有优良的吸湿、透气、透湿性。同时，由于罗布麻纤维内部为空腔多棱形，纤维在接收太阳光中的紫外线时，紫外线会被无规则地折射并被吸收；另外，由于麻纤维中的半纤维素也会大量吸收紫外线，因此罗布麻纤维具有好的紫外线屏蔽功能。麻纤维的抑菌性能众所周知，研究表明，罗布麻具有良好的抑菌性能，罗布麻对金黄色葡萄球菌、大肠杆菌和白色念珠菌都有明显的抑制作用。

罗布麻含强心苷类（西麻苷、毒毛旋花子苷）、芸香苷、多种氨基酸（谷氨酸、丙氨酸、缬氨酸）、槲皮素等药用物质。中医理论认为，罗布麻性凉甘苦，具有清热、平肝、息风、降压及利尿等功效。用罗布麻制成的罗布麻茶、罗布麻药片和罗布麻烟等可治疗高血压等症。罗布麻的枝叶内的白色乳汁含罗布麻苷，对心脏病、高血压有疗效，是目前国内外广泛用于临床的复方罗布麻降压片的制药原料。罗布麻植物的地上部分可被中医入药，具清热降火、平肝熄风的功效，主治头痛、脑晕、失眠等症。因此，罗布麻除了具有一般麻类纤维的吸湿、透气、透湿性好、强力高等共同特性外，其产品还具有一定的医疗保健作用。

罗布麻纤维由于其表面光滑无卷曲，抱合力小，纺纱制成率低，成纱质量不够理想。经过多年的努力，随着罗布麻纤维前处理工艺的改善，以及采用精干罗布麻的"堆仓养生"工艺技术，提高了罗布麻纤维的抱合力，使纱线强力提高10%以上，制成率接近70%，特别是对罗布麻与棉纤维的混纺产品的开发相当成功。

5.1.3.3 天然蛋白纤维

（1）山羊毛

从绒毛山羊和普通山羊身上取下的粗毛和死毛统称为山羊毛，山羊的毛发分为内外两层。内层为柔软、纤细、滑糯、短而卷曲的绒毛，称山羊绒；外层为粗长而无卷曲的粗毛，即为山羊毛。山羊毛由鳞片层、皮质层和髓质层组成，髓质层占纤维直径的一半。山羊毛的平均直径为50～200μm，细并离散较大，长度束齐度较差，皮质层多呈皮芯结构，其正皮质细胞主要集中在毛的中心，而偏皮质细胞分布在周围，故山羊毛粗长而无卷曲。山羊毛特定的结构使其具有粗、长、刚硬的外形，光滑，明亮，卷曲少，以及摩擦系数小等特性，因而纤维间的抱合力小，可纺性差，未经处理不能纺织加工。

近几年国内外新发展起来的羊毛拉伸细化技术，周期短，效果好，已获得成功。它是由澳大利亚于20世纪90年代面世的毛纺织工业具突破性的先进技术。它是采用特殊的化学和物理相结合的方法：①把羊毛大分子之间的氢键、盐式键和二硫键断开，通过拉伸使羊毛大分子间发生滑移，从而实现拉伸抽细；②使拉伸滑移后的大分子在新的位置上建立新的牢固的交键，从而实现定形。经过该技术处理的羊毛，细度减少15%～20%，长度增长35%～45%，而且拉伸细化后的羊毛具有手感柔软、光泽亮丽、避免毡缩、适于机洗，可满足市场开发轻薄、舒适、易护理的毛纺产品的要求，拓宽了细支、超细支羊毛的原料来源，提高了羊毛的使用价值和附加值。

（2）乌苏里貉毛

乌苏里貉是经济价值较高的野生动物，近年来随着饲养技术的提高，貉已被大量人工养殖，貉皮以毛绒丰厚、保暖性好而著称，目前主要以裘皮形式应用。据有关文献对乌苏里貉毛与阿尔巴斯白山绒及美利努超细羊毛进行了测试对比。结果表明：貉毛的平均细度为15.37μm，与山羊绒相当；平均长度达到60mm，比山羊绒长；平均卷曲个数233.3/25mm，大于山羊绒和羊毛；平均断裂强力 3.68cN，略低于山羊绒和羊毛，但其断裂伸长率为 56.03%，大于山羊绒和羊毛；其动静摩擦系数略大于山羊绒而小于羊毛。由此可见，乌苏里貉毛具有优异的纺织加工性能，手感柔软蓬松，色泽自然柔和，柔韧有弹性，可与山羊绒媲美；且其长度比山羊绒长，故较山羊绒更容易纺出高支数的纱线，它在高档新原料、新面料的开发上，具有很高的开发价值。

（3）蚕丝纤维

蚕丝由丝胶和丝素两部分组成，结构如图 5-1 所示。在外面的是丝胶，它约占蚕丝的 25%～30%，溶解于水；在里面的是丝素，亦即所谓的真丝，它约占蚕丝的 70%～75%，不溶解于水；其他尚有蜡质脂肪、灰分等。桑蚕丝由 18 种氨基酸组成，它和人体皮肤有极好的相容性。真丝纤维较细，表面十分光滑，它和人体的皮肤摩擦刺激的系数在各类纤维中是最低的（纱布为 36.7%，棉为 20.5%，麻为 20.0%，羊毛为 16.7%，蚕丝仅为 7.4%）。真丝的 pH 值也是 6～6.5，与人体皮肤表面的 pH 值（约为 6～6.5）相近。因此，丝纤维织物穿着舒适。

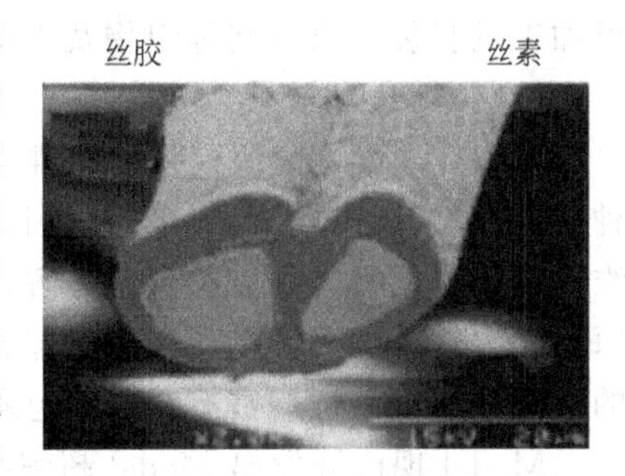

图 5-1　丝纤维结构

另外，丝纤维具有其他纤维所没有的柔和优雅的玉白光泽。这是由丝素纤维的断面形态、原纤结构，特别是表层的原纤结构，以及由多层丝胶、丝素形成的近似于与表面平行的层状结构所形成的。目前，科研人员已经相继开发出各种家养彩色丝。由于其不需染色，且色牢度又好，所以是发展前景很好的绿色天然纤维。

5.1.3.4　人造可降解纤维

（1）Lyocell（Tencel）纤维

Lyocell 纤维是国际人造及合成纤维标准局为由有机溶剂纺丝法制得的纤维素纤维所命名的属名。Tencel 是 Lyocell 纤维的一个商品名。Tencel 由英国考陶尔兹（Courtaulds）公司生产并专利注册。我国称为天丝纤维。Lyocell 纤维性能优异，其物理机械性能远远超过普通黏胶纤维，可与棉及合成纤维媲美，而且是一种性能优良的可生物降解的化学纤维。

Lyocell 纤维是将天然纤维素原料直接溶解在无毒 NMMO（*N*-甲基吗啉-*N* 氧化物，又称氧化胺）和水的混合溶剂中制成纺丝液，工艺过程的工序相对简单，所耗时间短。生产周期可降至 8h；可用于干法、湿法、干湿法纺丝成型；纺速达到 300～400m/min；溶剂回收率达 97%～99%；所采用的化学品毒性比乙醇还要低，对环境无污染，是名副其实的绿色工艺。

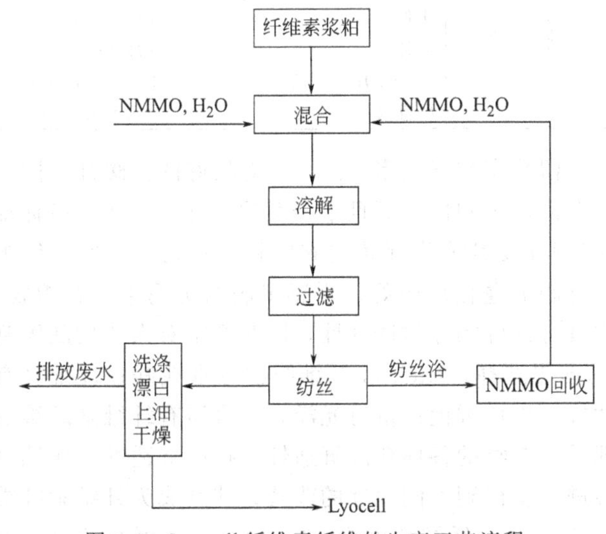

图 5-2　Lyocell 纤维素纤维的生产工艺流程

Lyocell 纤维素纤维的生产工艺流程如图 5-2 所示。

Lyocell 纤维作为一种新型的纤维素纤维具有以下优点：①具有纤维素纤维的所有天然性能，以及良好的吸湿性、舒适性；②具有较高的干强和湿强。天丝纤维取向度好，分子排列紧密程度高于棉和黏胶纤维许多，强力较高，干强接近涤纶，湿强约为干强的 85%，比黏胶纤维湿强下降稳定，天丝纤维能承受一定机械作用力及化学药剂的处理；③天丝纤维的聚合度较高，大约为500～550，比黏胶纤维高，其结晶度也高于黏胶纤维，因此，天丝纤维强度较高，湿模量较高，织物的缩水率很低，由它制成的服装尺寸稳定性较好，具有洗可穿性；④纤维的表面光滑，其织物具有丝绸般的光泽和悬垂性；⑤Lyocell纤维织物的后处理方法比黏胶纤维更广，可以得到各种不同的风格和手感。

Lyocell纤维集天然纤维与合成纤维的优异性能于一身，能开发出多种新颖独特的产品。在服用、装饰及产业用三大领域都有广泛的应用。可用于制造针织物、机织物和非织造织物，可加工成服装、家内装饰织物及工业用布等。

(2) Modal（莫代尔）纤维

Modal纤维是高湿模量的纤维素再生纤维，是从高质量的木浆纤维中提炼后纺制而成的一种特殊的黏胶纤维。原料采用欧洲的榉木。因该产品原料全部为天然材料，是100%的天然纤维，对人体无害，并能够自然分解，对环境无害。Modal纤维的产品特点包括：以天然原木为原料，柔软、顺滑，有丝质感，穿着舒适，有真丝一般的光泽，频繁水洗后依然柔顺，有极好的吸湿性和透气性，富有亮丽的色彩，不会产生原纤化，是改善织物性能理想的混纺纤维。

Modal现已开发出Modal超细纤维、Modal彩色纤维、Modal抗紫外线纤维、Modal抗菌纤维等。

(3) Richcel（丽赛）纤维

Richcel纤维是经典的高湿模量纤维素纤维，生产原料来源于天然针叶树精制专用木浆，属于可再生资源。Richcel纤维的生产工艺是采用高酯化度、高黏度的黏胶原液在多组分、低浓度的低温凝固浴中纺丝成形；按照凝固－拉伸－再生的顺序进行；全程清洁生产，安全环保；回收碱液采用膜分离技术。纤维及其制品可再生、废弃物可自然降解，对环境友好，是符合可持续发展方向的纤维材料。

Richcel纤维断裂强度高，断裂伸长小，吸水率低，织物形态稳定性好，耐碱性好，在与棉混纺时能经受丝光处理。其结构与性能如表5-2所列。

表5-2 Richcel纤维结构与性能

	项目	数值		项目	数值
纤维结构	横截面	全芯结构，圆形	纤维性能	回潮率	13%
	聚合度	450～550		干强	3.5～4.2N/dtex
	结晶度	45%～50%		湿强	2.6～3.4N/dtex
	晶区厚度	8～14nm		干伸	10%～13%
	微细结构	有原纤结构		湿伸	13%～15%
	取向度	80%～90%		5%NaOH处理后湿强	2.2～2.6cN/dtex
	羟基可及度	45%～55%		刚性模量(5%伸长)	90cN/dtex

由于丽赛短纤卷曲度较好，因此纤维中存留静态空气较多，因而具有较好的保暖性。同时作为绿色环保纤维，丽赛纤维与人体皮肤具有良好亲和性，而且十分柔软，许多舒适性指标都接近于羊绒，被业界称为“植物羊绒”。这些特性使其成为保暖内衣原料上乘之选。丽赛纤维初始模量较大，回弹性好，利用这一性能，可制成蓬松度较好、手感丰满的仿毛类毛衫织物。由于丽赛纤维吸湿性较好，由其织成的织物具有良好的导湿透气性，同时纤维对人体皮肤无刺激性，且柔软滑润，因而是生产T恤面料的理想选择。Richcel纤维织物悬垂性好；纤维具有较高的取向度和适量稳定的结晶度，可染性好，染色鲜艳；富有光泽，适合所有纤维素纤维的染整工艺和染料应用；特别是经过丝光处理后，织物的各项热湿舒适性、接触舒适性、压感舒适性、外观光泽、染色性能和染色质量都会进一步得到不同程度的改善，使其成为纤维素纤维的重要闪光点。丽赛纤维线密度为1.11～5.56dtex，纤维长度为38～100mm，可纯纺也可混

纺。几种常见的纺织纤维性能比较见表5-3。

表5-3 几种常见的纺织纤维性能比较

项目纤维名称	干强度/(cN/dtex)	干拉伸率/%	湿强度/(cN/dtex)	湿拉伸率/%	原纤化等级	水膨润度/%	结晶度
Lyocell G-100	4.0～4.2	15～17	3.4～3.6	17～19	4	67～40	40
Lyocell A-100	3.8～4.0	11～16	2.6～3.2	10～14		77	
Modal	3.2～3.4	13～15	1.9～2.1	14～16	1	78	25
Richcel	3.4～4.2	10～13	2.5～3.4	13～15	3	60	45～50
Viscose	2.2～2.6	22～23	1.3～1.6	18～24	1	90	25
Cotton	1.8～3.1	3～10	2.2～4.0	25～30	2	45	
涤纶	4.2～5.2	25～35	4.2～5.2	25～35		3	

注：Viscose为普通黏胶纤维。

丽赛纤维从根本上克服了普通黏胶纤维的缺点，秉承了该系列纤维的所有优点，实现了其他高湿模量纤维素纤维所不能突破的优良性能。

(4) 竹纤维

竹纤维的原料是竹子，它是一种速生材，一年即可生长成型，2～5年成熟后可砍伐使用。因为竹子的生长不需施用各类化肥，其自身又能产生负离子和有防虫抗菌作用，因此其生长过程中因无病虫害而免除了农药的污染。

竹纤维具有良好的绿色环保性，制品质地柔软、滑爽，亲和肌肤，能改善人体的微循环血流，激活组织细胞，有效调节神经系统，疏通经络，使人体产生温热效应，改善睡眠质量，具有很好的保健功能。

竹纤维由于分子结构的特点，其细度、白度与普通黏胶纤维接近，结晶度较普通黏胶纤维高，强力较好，染色吸收、渗透性强，韧性、耐磨性较高。竹纤维表面光滑，横截面接近圆形，纵向呈多条较浅的凹槽孔隙，这些凹槽孔隙能够产生毛细管效应，使得竹纤维具有优良的吸湿、放湿性能。竹纤维的干强大于湿强，伸长率在干、湿状态下相差较大，弹性回复率较好，且湿态弹性回复率较干态大，因而具有一定的抗皱性能。竹纤维的不足之处是耐酸、耐碱性较差，由于竹纤维中纤维素分子对酸的稳定性较差，在高温下酸对纤维有较强的破坏作用。此外，由于竹纤维多孔隙的结构，又使其在碱中的膨润和溶解作用较为强烈，因而竹浆粕纤维对酸、碱的耐受能力均较低。

竹纤维按其加工方法不同分为再生竹纤维和天然竹纤维两种。再生竹纤维又称为黏胶竹纤维或竹浆纤维，它以竹浆为原料，采用化学的方法将竹片制成符合纤维生产要求的浆粕经溶解纺丝而成，现已经应用于纺织领域。天然竹纤维又称为原生竹纤维，它是用机械、物理等方法将竹子直接加工制成的纤维。前者可纺性能更好，更便于竹纤维产品的开发和生产，后者环保、保健性能更好。

竹纤维中含有一种名为“竹琨”的抗菌物质，具有天然抗菌、防臭、抗紫外线功能。竹纤维中的叶绿素和叶绿素铜钠具有较好的除臭作用。再生竹纤维在纤维素提纯纺丝过程中保护天然的抗菌、防紫外线物质，使它们始终结合在纤维素大分子上，其织物经多次反复洗涤、日晒也不失抗菌、抑菌、防紫外线作用，它与其他纤维在后整理中加入抗菌剂、抗紫外线剂有本质的区别。竹纤维的紫外线穿透率为0.06%，棉的紫外线穿透率为25%。

再生竹纤维的制备方法主要有溶剂纺丝法和黏胶纺丝法。

再生纤维素溶剂纺丝法一般采用干喷、湿喷纺丝工艺，纺丝原液的制备常采用*N*-甲基吗啉氧化物、二甲基亚砜/聚甲醛作溶剂。由于溶剂纺丝法的生产工艺条件苛刻，对浆粕品质要求较高，溶液回收难，最终产品成本高，从而限制了其应用。

再生竹纤维的黏胶纺丝法，首先用硫酸盐蒸煮、多段漂白工艺制备竹浆粕，接着用碱和二硫化碳处理竹浆粕，使其溶解在 NaOH 溶液中制成黏胶溶液，用湿法纺丝工艺制成竹纤维。再生竹纤维的生产工艺流程如图 5-3 所示。

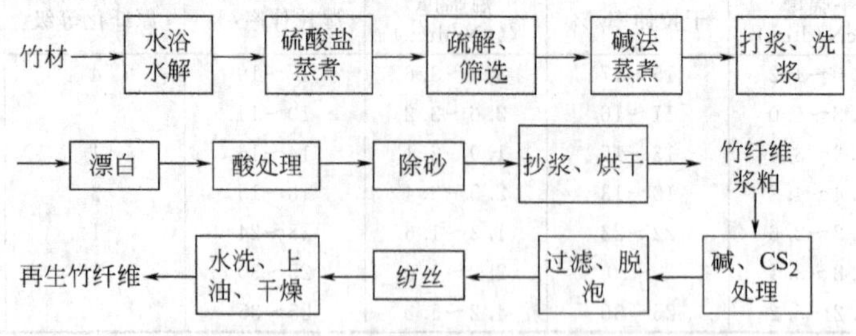

图 5-3　再生竹纤维的生产工艺流程

天然竹纤维的加工是通过物理、机械的方法将竹子脱青、反复压轧、碾平、梳理后，采用部分脱胶工艺，除去糖、脂肪，然后再进行不完全脱胶，制成竹原纤维，实现竹纤维的单纤化。得到的纤维不添加化学试剂，纤维直径为 0.04～0.5mm，长度为 10～200mm。天然竹纤维的生产工艺流程如图 5-4 所示。

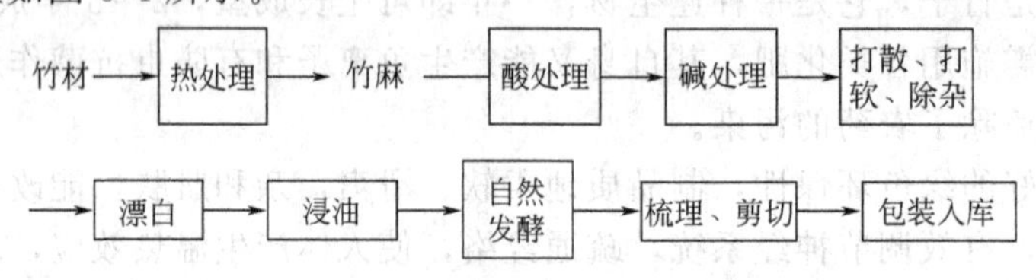

图 5-4　天然竹纤维生产工艺流程

竹纤维既可以纯纺，也可以与棉、麻、丝、毛、黏胶、莫代尔、天丝及各种合成纤维混纺或者交织。可广泛应用于机织服装面料、针织内衣、床上用品、医用卫生品、装饰日用品等，用它制成的服装被称为“人的第二肌肤”。

利用我国资源丰富的竹类资源，开发绿色竹纤维及其纺织品，不仅有利于开阔竹材的应用领域，提高竹材的利用价值，而且有利于竹资源的深层次开发、纺织工业的结构调整和产业升级。

(5) 牛奶纤维

牛奶纤维具有天然抗菌功效，不会对皮肤造成任何过敏反应。牛奶纤维中所含的蛋白质等成分为人体所必需，对人体皮肤有较好的营养和保护作用，当它接近人体皮肤表面时，有一种滑爽透气的感觉。

牛奶纤维的制造方法有两大类，即纯牛奶纤维和混合牛奶纤维。

纯牛奶纤维是根据牛奶中蛋白即酪蛋白是线状的，可以制成纤维。蛋白质中含有无数个肽键，肽键使大分子具有很好的柔性，且使大分子之间能形成氢键，从而使其具有较高的分子间力。蛋白质与水形成胶体溶液，经纺丝后，随着水分的去除，大分子互相靠拢，分子间形成氢键，多肽链平行排列，甚至扭在一起，转化为不溶于水的固化丝条。

纯牛奶纤维是根据天然丝质本身所含蛋白质较高的原理，将液态牛奶去水、脱脂，加上糅合剂制成牛奶浆，再经纺丝而成。由于牛奶中水占 85%以上，首先要除去多余的水分，经蒸发浓缩使其含水占 60%左右，然后经脱脂、碱化等加工制得无脂的乳浊液；并通过半透膜分离，将蛋白质收集起来，再加入无离子水和蛋白质黏合剂制成原液，最后将原液进行过滤和脱泡，纺丝成形，纺出的丝条将进一步作热拉伸、干燥、定型等一系列后加工处理，便得到牛奶纤维。其工艺流程如下：

牛奶蒸发浓缩→脱脂→碱化→分离→糅合→过滤→脱泡→纺丝→拉伸→干燥→定型→成品

除了纯牛奶纤维外，还有一类是含牛奶蛋白纤维的混合牛奶纤维，通常也称为牛奶纤维。混合牛奶纤维的纺丝基本上均为溶液纺丝，其原液的制备一般有共混法、交联法和接枝共聚法。共混法是牛奶乳酪和聚丙烯腈共混纺丝制成纤维。交联法是以牛奶乳酪和丙烯腈加入交联剂进行高聚物交联反应，制成纤维。接枝共聚法是以牛奶乳酪和丙烯腈在体系发生高聚物接枝反应后再制成纺丝溶液，纺成纤维。混合牛奶纤维集天然纤维和合成纤维的优点于一身。它比棉、丝强度高，比羊毛防霉、防蛀性能好，还有天然的抑菌功能。牛奶丝面料质地轻盈、柔软、滑爽、悬垂、飘逸；穿着透气、导湿、爽身；外观光泽优雅、华贵、色彩绚丽且具润肌养肤、柔软皮肤、杀菌、消炎、洁肤除臭的保健功效。

(6) 大豆蛋白纤维

大豆蛋白纤维是由我国纺织科技工作者自主开发，并在国际上率先实现了工业化生产的一种纤维，是迄今为止我国获得的唯一完全知识产权的纤维发明，其中蕴藏着巨大的经济价值。大豆蛋白纤维的原料来自于自然界的大豆粕，数量大且可再生，不会对资源造成掠夺性开发。在大豆蛋白纤维的生产过程中不会对环境造成污染，使用的辅料、助剂均无毒，且大部分助剂和半成品纤维均可回收重新使用，生产过程符合环保要求。大豆蛋白纤维既具有天然蚕丝的优良性能，又具有合成纤维的机械性能。它的出现既满足人们对穿着舒适性的追求，又符合服装免烫、洗可穿的潮流。另外，在大豆蛋白纤维的生产过程中不会对环境造成污染。由于所使用的辅料、助剂均无毒，且大部分助剂和半成品纤维均可回收重新使用，而提纯蛋白后留下的残渣还可以作饲料，因此其生产过程完全符合环保要求。

大豆蛋白纤维生产工艺流程如下：

大豆粕水浸→分离→沉淀→水洗→再次沉淀→甩干→溶解→过滤→接枝→二次接枝→熟成→过滤→储存→过滤→脱泡→过滤→纺丝→脱水→湿牵伸→浴牵伸→烘干→预热→热定型→冷却→集束→致密→水洗→上油→烘干→卷曲→热定型→切断→打包→入库

(7) 甲壳质纤维和壳聚糖纤维

甲壳质纤维和壳聚糖纤维，是用甲壳质或壳聚糖溶液经高科技加工纺制而成的纤维，是继纤维素之后的又一种天然高聚物纤维。甲壳素是自然界中含量仅次于纤维素的一种有机化合物，是虾、蟹、昆虫等外壳和菌、藻类细胞壁的重要成分，每年自然界合成的甲壳素有几十亿吨之多，资源十分丰富。但甲壳素不是以纯的形式出现的，它存在于含有蛋白质和碳酸钙的复合物中，其制备过程实际是甲壳素与复合物分离的过程。制备甲壳质纤维分为两个阶段：①采用稀酸和氢氧化钠处理，以预先去除钙与蛋白质，然后脱碱，将脱乙酰的甲壳素溶于适当的溶剂中，配制成一定浓度的纺丝溶液；②通过纺丝制成具有一定强伸度的纤维。

壳聚糖纺丝浆液的制备工艺流程如图 5-5 所示。

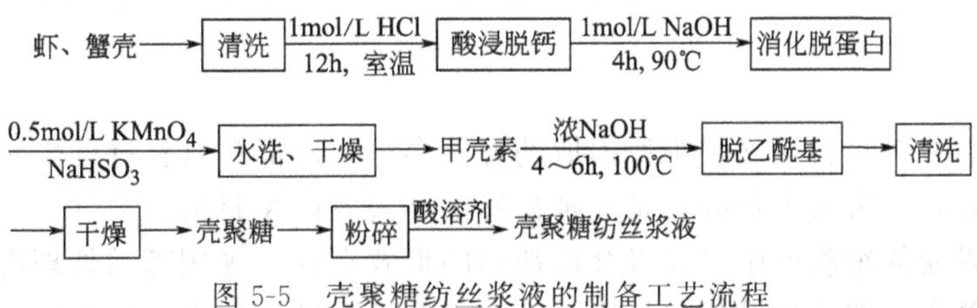

图 5-5　壳聚糖纺丝浆液的制备工艺流程

甲壳素制备并不复杂，关键是要提高生产率和分子质量。要获得高脱乙酰度的壳聚糖，需控制反应过程，获得浓度适当的甲壳质浆液。最理想的纺丝浆液浓度为 1%～10%（质量）。浓度过大，不易溶解，造成纺丝困难，浓度过低则很难制成理想的纤维。

壳聚糖纺丝浆液纺丝进一步制备甲壳质纤维的工艺流程如图 5-6 所示。

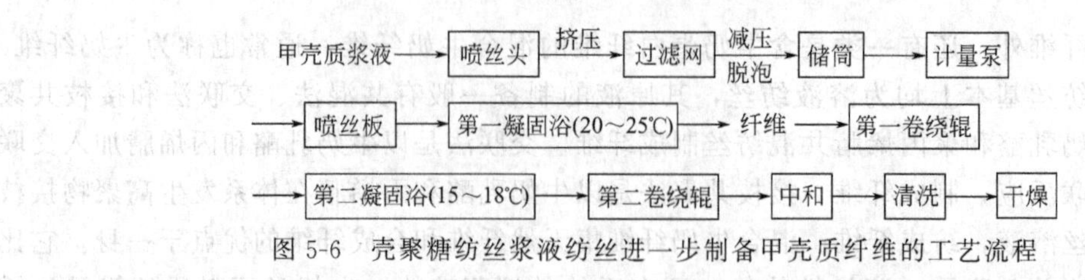

图 5-6 壳聚糖纺丝浆液纺丝进一步制备甲壳质纤维的工艺流程

甲壳素纤维呈碱性和高度的化学活性，用甲壳素纤维制成的纺织品可以防治皮肤病，并能抗菌、防臭、吸汗保湿，穿着也十分舒适。甲壳质纤维最早由于其高生物活化性及与生物体的亲和性而应用于医学领域的缝合线和人造皮肤。甲壳素缝合线由甲壳质微细纤维捻线而成，这种缝合线既能满足手术操作时对强度和柔软性的要求，同时还具有消炎止痛、促进伤口愈合的功效，术后无需拆线，可自行被人体吸收，是最为理想的手术缝合线。甲壳质纤维制造的人造皮肤，通过血清蛋白质对甲壳素微细纤维进行处理，提高其吸附性能，然后剪切为 5～15mm 长的短纤维，制成无纺布，具有柔软、透气、吸水、舒适的特点，对创面浸出的血清蛋白质具有很高的吸附性，因而有利于创伤愈合。在各类人造皮肤中，甲壳素人工皮肤综合医疗效果最佳，同时还能起到止血、消炎、镇痛的作用。甲壳素纤维已实现批量生产，主要用于医疗卫生领域。

甲壳质纤维同时具有极强的抗菌能力和优良的吸湿保温性，属于天然的环保型材料。通过纤维的纯纺或混纺，制成包括各种时装、内衣、袜子、睡衣、婴儿装及运动装等，不仅达到抗菌的效果，而且特别能满足人们对舒适性的要求。

甲壳质或壳聚糖纤维的酸、碱生产工艺虽然比较成熟，但此生产工艺污染较大。且壳聚糖的特性不稳定（如脱乙酰度不均匀、分子量变化大、乙酰基所在的位置不能固定等）。研究采用酶法脱蛋白，化学试剂用量少，蛋白质回收容易。例如，蛋白酶（Rhozyme-62）来对虾壳水解脱蛋白，100 份 1mm 的干虾壳粉，用 1 份酶，在发酵罐中，控制 pH 值为 7，温度为 60℃，以 400r/min 的速度搅拌反应 6h，然后离心分离，再用蒸馏水洗净，在空气中 65℃下干燥 16h 即可得到脱蛋白甲壳素。

采用甲壳素脱乙酰酶脱去甲壳素的乙酰基来制备壳聚糖可取代浓碱热解脱乙酰生产壳聚糖的方法，不仅可以解决严重的环境污染问题，而且能降低能耗，解决浓碱热处理所得产品乙酰化程度不均匀、分子量降低等问题。但是，目前也存在一些问题，如产生甲壳素脱乙酰酶菌株的产酶能力低，酶活低，同时天然存在的甲壳素都是结晶态的，而结晶态的甲壳素并不是甲壳素脱乙酰酶的良好底物，对于水不溶甲壳素，酶法脱乙酰效果并不理想。在加酶前对甲壳素进行处理，以改善酶与底物之间的相互作用，对于提高酶催化脱乙酰的速度和产率是必要的。实验研究证明，以部分脱乙酰的水溶性壳聚糖为底物，M. rouxii CDA 可催化其脱乙酰达到 97％的脱乙酰度。

（8）海藻纤维

海藻纤维的原材料来自褐藻类中所提取的海藻多糖，产品具有良好的生物相容性及可降解吸收性等特殊功能，属可再生资源，是一种良好的环境友好型材料。

海藻多糖在褐藻的细胞壁中主要以金属盐类的形式存在。先用稀酸处理海藻，使不溶性海藻酸盐转变为海藻酸，然后加碱加热提取，生成可溶性的钠盐溶出。过滤后，加钙盐生成海藻酸钙沉淀。该沉淀经酸液处理转变成不溶性的海藻酸，脱水后加碱转变成钠盐，烘干后即为海藻酸钠。在可用作制备海藻纤维的原料中，最常用的即是海藻酸钠。海藻酸分子是由 β-D-甘露糖醛酸（M）和 α-L-古罗糖醛酸（G）共聚而成的，两者以不规则的排列顺序分布于分子链中，两者以交替 MG 或多聚交替（MG）相连接。其分子结构如图 5-7 所示。

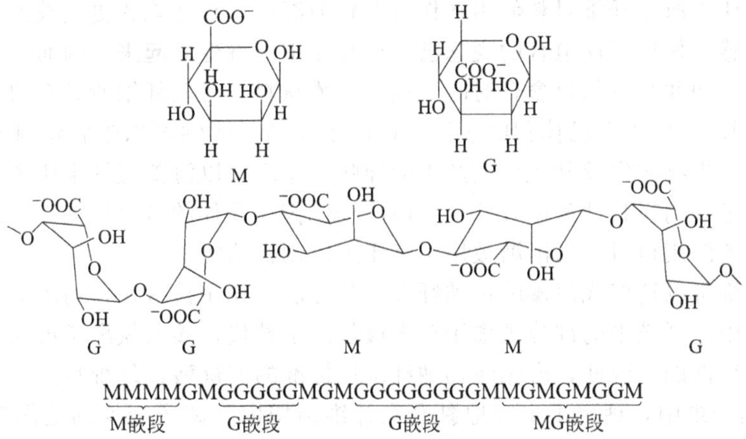

MMMMGMGGGGGMGMGGGGGGGGMMGMGMGGM

M嵌段　G嵌段　G嵌段　MG嵌段

图 5-7　海藻纤维原料分子结构

不同来源提取的海藻酸盐，其甘露糖醛酸和古罗糖醛酸的比例是不同的。古罗糖醛酸中的羧基位于碳/碳/氧三角形的顶上，它比甘露糖醛酸中的羧基有更大的活性。对于 GG 块来说，两个相同单元的立体化学结构能产生一个空间，钙离子能进入其间。当二价金属离子与邻近的 GG 块接触时，海藻酸钠中 G 单元上的 Na^+ 与二价离子发生离子交换反应，大分子中的 G 基团堆积形成交联网络结构。从而转变成水凝胶。在海藻纤维的制备过程中，常使用含钙离子的水溶液作凝固浴。当海藻酸钠从喷丝孔挤出到凝固浴中时，Ca^{2+} 与 G 上的多个 O 原子发生螯合作用，使得海藻酸链间结合得更紧密，链链间的相互作用最终将会导致三维网络结构（即凝胶）的形成。

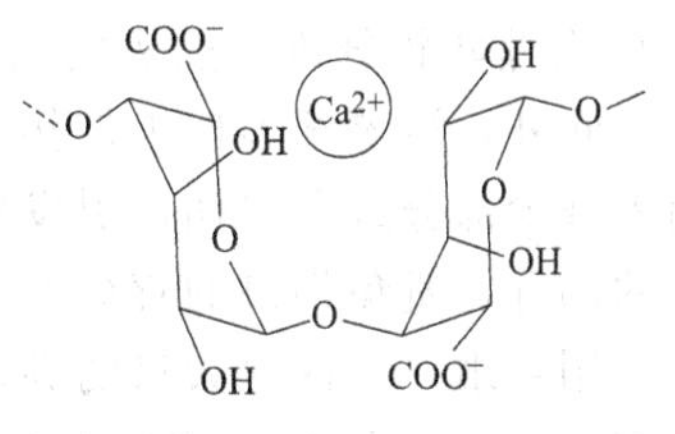

图 5-8　G 嵌段与 Ca^{2+} 的结合方式

海藻酸钠大分子中两均聚的 G 嵌段中间形成了钻石形的亲水空间。当这些空间被 Ca 占据时，Ca^{2+} 像鸡蛋一样位于蛋盒中，与 G 嵌段形成的“蛋盒”结构，如图 5-8 所示。

聚合物变成了胶，水能被吸收到邻近的链之间。作为强钙结合的结果是高 G 海藻酸盐形成的胶其强度高于高 M 海藻酸盐形成的胶。

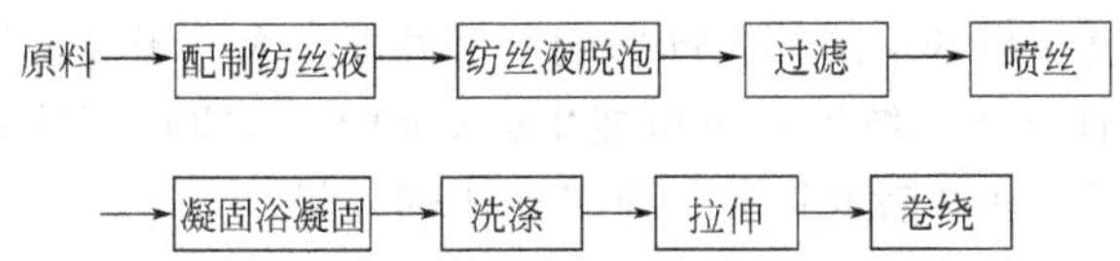

原料 → 配制纺丝液 → 纺丝液脱泡 → 过滤 → 喷丝

→ 凝固浴凝固 → 洗涤 → 拉伸 → 卷绕

图 5-9　海藻纤维制备工艺流程

海藻纤维通常由湿法纺丝制备，其工艺流程如图 5-9 所示。

将海藻酸钠溶解于适当的溶剂中以配成纺丝溶液，将纺丝液从喷丝孔中压出后射入到凝固浴（氯化钙浴液）中，这样海藻酸钠长丝便裹上了一层水不可溶的海藻酸钙冷凝而成海藻纤维。该纤维可以洗涤、牵伸、干燥、切割并进一步加工。

英国最先研究了将海藻酸钠转变成海藻酸钙得到海藻纤维，再将纤维加工成无纺布。英国公司 BritCair 生产的 KALTOSTAT 就是将从各种海藻中提取的能形成海藻纤维分子的物质，经湿法纺丝得到海藻纤维，加工成治疗伤口的非织造布型创伤被覆材料。

海藻纤维的主要用途是制备创伤被覆材料。由于海藻纤维创伤被覆材料本身具有优异的亲和性，能帮助伤口凝血、吸除伤口过多的分泌物、保持伤口维持一定湿度继而增进愈合效果。海藻纤维被覆材料在与伤口体液接触后，材料中的钙离子会与体液中的钠离子交换，使得海藻纤维材料由纤维状变成水凝胶状。由于凝胶具亲水性，可使氧气通过、阻挡细菌，进而促进新组织的生长，这使得海藻纤维材料使用在伤口上较为舒适，在移除或更换被覆材料时也会减少病人伤口的不适感。伤口湿性愈合的观念已在近几年中慢慢建立起来，因而随之发展出了新一代具有保持伤口湿润并减少伤口愈合时间的创伤被覆材料。海藻纤维所具有的另一个特性是吸收性，它可以吸收20倍于自己体积的液体。也由于其高吸收性可以吸收伤口的渗出物，所以可以使伤口减少微生物滋生及其所可能产生的异味。总之，以海藻酸纤维所制作的非织造布创伤被覆材料结合了其高吸收性和成胶性，从而能提供伤口较佳的愈合环境。所以，海藻纤维材料作为一种良好的医用材料，已渐渐被用于临床上的创伤治疗。

海藻酸钙纤维可以转变成海藻酸钙钠纤维，其方法是先用盐酸，再用碳酸处理海藻酸钙纤维。在这一过程中，纤维中的部分钙离子首先被氢离子替代，接着氢离子再被钠离子替代。因为海藻酸钠是水溶性的，因此，海藻酸钙钠纤维比标准的海藻酸钙纤维具有更高的吸收能力。

在高G海藻纤维中，钙离子牢固地黏合在纤维结构内，离子交换的范围较小。海藻纤维作为创伤被覆材料，高G海藻纤维遇到伤口分泌物时只有轻微膨胀，纤维与绷带的整体结构在伤口处理期间不会受到太大的干扰。在高M海藻纤维中，钙离子很容易被钠离子取代，纤维极大地膨胀并形成柔软的胶。高G纤维的膨胀性能通过将钠离子引入到纤维而发生很大的改善。高G海藻酸钙钠纤维的吸水率大大高于高G海藻酸钙纤维，这也表明纤维中的钠离子有较好的水黏合能力。高M海藻酸钙纤维对盐水的吸收能力大大高于高G海藻酸钙钠纤维与高G海藻酸钙纤维，这表明高M海藻纤维具有较高的凝胶能力。

此外，海藻纤维作为创伤被覆材料可加入一些抗菌剂，来抵抗一些容易引起感染的细菌，用来减少部分或深层伤口引发感染的危险。这种医用材料可以覆盖在皮肤缝线处和外科手术切口的部分，避免伤口的感染。德国Zimmer公司新研制成用纤维素和海藻制成的新型保健和医疗专用纤维，它内含大量的碳水化合物、氨基酸和丰富的矿物质等。纤维能产生远红外辐射和负离子，在35℃时，该纤维有高达90%的远红外辐射率，远红外辐射将激活细胞中的分子，加速血液循环，有利于人体保暖。负离子有利于加速新陈代谢和保持人体健康，同时细胞分子被激活，细胞将保持活力，人体的自然恢复能力也随之提高。海藻纤维制备的纺织品也可以用于衬衣、家用纺织品、床垫等。

海藻纤维自身还具有阻燃性。阻燃机理可能与其自身的羧基以及含有的金属离子有关。如果海藻酸纤维大分子中含有钙离子或钠离子，在海藻纤维的燃烧过程中就可能生成碱性环境，再者由于多糖环上含有羟基基团，在碱性环境和羟基基团的共同影响下，海藻酸大分子极易发生脱羧反应，生成不燃性的CO_2而冲淡可燃性气体的浓度；也可能生成CaO和$CaCO_3$沉淀而覆盖于纤维大分子表面，发生覆盖或交联作用。在两者共同作用下产生阻燃效果。

(9) 聚乳酸纤维（PLA）

聚乳酸纤维（PLA）是一种新型的环保型纤维。是一种与天然纤维极其相似的树脂纤维。其可贵之处在于除兼有天然纤维和合成纤维的优良性能外，是以天然糖为原料（从玉米、小麦、甜菜和大米中提炼），应用发酵工艺生产乳酸（一种食品添加剂），再经过蒸馏精炼工艺，然后聚合、纺丝而成的。聚乳酸纤维有许多优良特性。

① 聚乳酸纤维的一个重要的优点是对环保有利，它是一种能完全生物降解的纤维，废弃后在土壤和水中，会在微生物作用下分解成二氧化碳和水，随后在光合作用下，它们又可生成淀粉。这个循环过程，既能重新得到聚乳酸纤维的起始原料——淀粉，又能借助光合作用减少空气中二氧化碳的含量。如果将废弃物焚烧处理，由于燃烧值低，也不会对焚烧炉造成损伤。与其他聚合物相比，PLA聚合物焚烧时比较干净，其燃烧时与纸张、纤维素和碳水化合物较相似。PLA聚合物在一定的湿度环境下，即使没有微生物，也可降解为乳酸（单体），其降解的速率视温度和湿度而定。在比较典型的填埋温度下，其降解所需时间为2～10年。

② 聚乳酸纤维不溶于水，熔点高达170℃以上，具有与聚酯纤维类似的物理性质。聚乳酸可以在已有的纤维制造设备上加工成各种短纤维、长丝和单丝。并且纺丝速度快、温度低、能耗少。聚乳酸纤维除纺出常规纤维外，还可纺出织造功能性面料的细旦纤维。纺出的纤维可用常规纺织设备加工成各种织物，可以纯纺也可与棉、毛、合成纤维等混纺。

③ 聚乳酸纤维性能优越，有极好的悬垂性、滑爽性、吸湿透气性、耐晒性；聚乳酸纤维具有无毒、防毒和抗菌作用，还具有丝绸般的光泽，以及良好的肌肤触感等。

(10) 蜘蛛丝蛋白纤维

蜘蛛丝是一种特殊的蛋白纤维，它的强度高于钢丝，可伸长30%。它既耐高温又耐低温，力学性能优于任何一种天然纤维和目前生产的各种化学纤维。目前的采制方法主要如下。

① 将蜘蛛（黑寡妇蜘蛛）丝蛋白基因注入到奶牛的胎盘中进行特殊培育，等到奶牛长大后所产下的奶含有蜘蛛丝蛋白，经提炼后可纺成这种新颖的纤维既保持了牛奶纤维的精美和柔韧性，强度又比钢高10倍，因此被称为“牛奶钢”和“生物蛋白钢”。

② 用“电穿孔”法在蚕卵中“注射”蜘蛛基因，使家蚕分泌出含有蜘蛛拖延丝的蚕丝。转基因动物的乳腺中产生的重组蚕丝完全可溶，无需使用有机溶剂，不会造成环境污染，是可再生资源。生产的纤维强度是芳纶的3～4倍，却仅有其质量的25%。

③ 德国科学家将蜘蛛体内的一种基因植入土豆和烟草等植物中，成功地培育出了能够产生丝蛋白的转基因植物，这种做法成本极低。其植株内产生的蛋白质丝蛋白含量超过20%。

5.1.3.5 可用于治理环境污染的绿色纤维

在众多绿色环保纤维中，有些绿色纤维不仅对人体和环境无污染，而且具有治理环境污染的功能。

离子交换纤维是一种纤维状的离子交换材料，与颗粒状的离子交换树脂相比，具有直径小，比表面积大的特点，因而交换和洗脱速度更快，被广泛应用于水溶液中微量元素的提取和有害物质的去除，使水得到深度净化，如去离子水的制备。离子交换纤维除了可除去水中的金属离子、阴离子外，同时对蛋白质等有机大分子、菌体等的吸附能力优良，使处理后的水质良好。国外已将离子交换纤维和反渗透膜或超滤膜组合成小型超纯水制造装置，并实现了商业化，用于电子行业所需的超纯水的制备。另外，目前核电站产生的带放射性污染的水也是靠离子交换纤维来净化的。

由中空纤维制成的膜更是处理工业废水的高效绿色材料。制作膜的纤维材料种类很多，膜的品种也很多，它们适用于各种不同的场合，可以除去水中各种有机、无机物质。目前，膜技术已广泛用于印染、造纸、电镀等各种化工行业的工业污水处理以及纯净水的生产、海水淡化等领域。

活性炭纤维具有多孔结构和很大的比表面积，可以通过物理吸附除去水中多种有害物质，如有效除去水中致味、致色物质及其有害的酚类、胺类、农药等物质。载银、载碘的活性炭纤维可100%地杀灭金黄色葡萄球菌、大肠杆菌、白色念珠菌等。目前用活性炭纤维制成的净水器已商业化。

开发绿色纤维是发展生态纺织品的前提，只有纤维从生产加工到用后处理都是对环境和人体无害的，才能开发真正意义上的绿色产品。随着科学技术的发展，许多新技术不断应用到纤维生产领域，再加上新天然纤维的开发、利用，大大地丰富了纺织纤维的外延和内涵。纺织行业的“绿化”工作是纺织行业发展的必由之路，绿色纤维的开发、使用有着重要的意义。

5.2 绿色纺织印染助剂

纤维原料具备了“绿色”的特性，但采用绿色纤维作原料所生产的纺织产品是否也是绿色的，则在很大程度上取决于其后道的纺、织、染整等加工过程是否也是“绿色”的。特别是是否采用了“绿色”的染料、助剂和其他化学品。

一般来说，印染助剂给纺织品带来的生态影响和毒素危害的来源主要有：①印染助剂本身；②生产印染助剂的原料；③使用印染助剂过程中所产生的毒素。

印染助剂对环境的影响主要是其安全性和生物可降解性。安全性是能否投入生产使用首要考虑的问题，包括急性毒性和慢性毒性、致癌性、致变异性、对水生物的毒性和生理效应等。生物可降解性近年来受到人们的重视，生物可降解性差的印染助剂将会积聚起来，从而造成对环境的严重影响。表 5-4 中所列为传统纺织品中可能含有的禁用或限用原料；表 5-5 中所列为禁用纺织助剂分类。

表 5-4 传统纺织助剂中可能含有的禁用或限用原料

助剂种类	原料种类
精炼剂、洗涤剂	直(支)链烷基苯磺酸钠、壬基酚聚氧乙烯醚系列、无机磷
去油剂	烷基芳烃类有机溶剂、氯代烯烃
均染剂、皂洗剂	TX(NP)系列表面活性剂、烷基苯磺酸
固色剂	甲醛
黏合剂	含甲醛的交联剂
杀菌防霉	阳离子活性剂、重金属离子、苯酚类
树脂整理剂	甲醛
非硅柔软剂	阳离子表面活性剂
硅类柔软剂	TX(NP)系列乳化剂

表 5-5 禁用纺织助剂分类

禁用物质类别	纺织助剂品种
致癌物	甲醛、含卤素阻燃剂、含环状氮柔软剂
环境激素	含氯有机载体、增塑剂、杀虫剂及含重金属化合物
过敏物质	挥发性有机溶剂、甲醛
其他有害物质	含壬基酚非离子表面活性剂、阳离子柔软剂、烷基苯磺酸钠、无机磷酸、碱、刺激性物质

5.2.1 绿色印染助剂的定义、标准与分类

所谓“绿色印染助剂”是指符合环保和生态要求的印染助剂。它必须具有在染整工艺中的应有功能；使用后，织物上残留的有害物质低于规定限度；对水和空气的污染减小到最低限度。

某些项目具有明确的界限，如 Oeko-Tex Standard 100 所规定的生态纺织品技术标准。有些规则暂无明确的限度，只能参照一些发达国家的规定与做法。一般认为，印染助剂的生态学性质可以从以下几点来衡量：

① 产品分子结构是否符合相应的法律规定；

② 产品应用以后是否在织物上残留有毒和有害物质，残留量是否低于有关指标；

③ 产品使用过程中是否会产生污染大气的有害气体；

④ 产品使用后产生的废水是否便于处理和排放；

⑤ 供货单位是否具有本专业技术水准的严密质量管理保证体系。

印染助剂包括的种类很多，如洗净剂、精炼剂、渗透剂、漂白助剂、沉淀剂、稳定剂、均染剂、乳化剂、分散剂、促染剂、防染剂、拔染剂、固色剂、助溶剂、黏合剂、增稠剂；还包括柔软剂、树脂整理剂、抗静电剂、阻燃剂、卫生整理剂、防水剂、防油剂、易去污整理剂、抗紫外线整理剂等后整理剂。他们由各种有机化合物、无机化合物及其他物质所组成，但其中

用得最多的是各种类型的表面活性剂，约占80%～85%，是各种印染助剂的主要组分。

绿色印染助剂应具有好的生物降解性或可去除性，例如欧盟指出，绿色表面活性剂必须具有90%的平均生物降解度和80%的最初生物降解度。不同的表面活性剂的生物降解性列于表5-6中，部分非环保型助剂及其代用品列于表5-7中。

表 5-6 表面活性剂的生物降解性

表面活性剂	最初生物降解度/%	总BOD值消除百分率/%	碳去除率/%
直链烷基苯磺酸钠	93	54～65	73
十二烷基聚氧乙烯醚(3)硫酸酯	98	73	88
α-烯烃磺酸盐	89～98	77.5	85
$C_{11\sim15}$仲醇聚氧乙烯(3)硫酸钠	97	68～90	—
$C_{13\sim18}$仲烷基磺酸盐	96	77	80
壬基酚聚氧乙烯醚(9)	4～80	0～9	8～17
壬基酚聚氧乙烯醚(2)	4～40	0～4	8～17
脂肪醇聚氧乙烯醚(3～4)	78	70～90	80
苯基环己醇聚氧乙烯醚(9)	0～50	0～4	—
聚醚(氧乙烯、氧丙烯)	>80	20	18

表 5-7 部分非环保型助剂及其代用品

非环保型助剂	可替代产品
PVA浆料难以生物降解	采用天然淀粉类及变性淀粉或天然动物胶、动物油脂衍生物
烷基酚聚氧乙烯醚(APBO),降解后生成酚类,有一定毒性	脂肪醇聚氧乙烯醚(FABO),如FC、平平加O及烷基多苷(APG)、聚醚等
十二烷基苯磺酸钠具有刺激性,致畸性	采用十二烷基聚氧乙烯醚硫酸盐(AES)、仲烷基磺酸钠(SAS)、α-烯烃磺酸盐(AOS)、脂肪酸甲酯磺酸盐(MES)等
含氯漂白剂能使废水中AOX值增加,且有其他污染物	用H_2O_2漂白剂可降低有害污染物
氨三乙酸(NTA)、乙二胺四醋酸钠(EDTA)、二乙烯三胺五醋酸等作螯合剂或作氧漂稳定剂都不易生物降解	二乙烯三胺五亚甲基膦酸(DTPMP)、聚丙烯酸钠(PASS)及部分羟基羧酸
三聚磷酸钠(STPP)用于洗涤剂中作助洗剂,排放后能增加水体富营养化,造成水质恶化,使鱼类和水生生物死亡	可用4A沸石、偏硅酸钠及水溶性树脂聚氧乙烯(PEO)
氯氟烯烷类溶剂作羊毛洗涤精炼剂,对环境污染严重,已禁用	水系精炼剂
净洗剂LS有致癌性,已禁用	用净洗剂U、AES、SAS等替代可生物降解
分散剂N、NNO、MF、CNF	合成木质素磺酸钠、分散剂WA、TW
固色剂Y、B、M等	用低醛固色剂、无醛固色剂等
柔软剂S-1、HRQ、MS-20、MS-80、TR等均为硬脂酸与甲醛的反应物,有一定的毒性,生物降解性差	选用生物降解性好的天然脂肪酸及其衍生物为原料的柔软剂及适量有机硅
树脂整理剂,特别是氨基树脂含大量甲醛,已禁用	用低甲醛树脂M2D或无甲醛树脂代替,免烫整理树脂用丁烷四羧酸(BTCA)或柠檬酸(PMA)改性等
防水剂PF、AEG、703、FTC、FTG、MDT等中都含有甲醛	用有机硅防水剂
防水剂CR等为三氯化铬与硬脂酸的反应产物,其三价铬离子大大超标,已禁用	用同类铝盐或有机硅防水剂
阻燃剂中毒性较大的三氧膦(APO)、2,3-二溴丙基磷酸酯(TDBPP)等,已禁用	用锆系、铌系阻燃剂
防霉剂五氯苯酚(PCP)毒性大,已禁用。有机锡、有机汞、霉菌净ASM、DDT(二氯二苯三氯乙烷)等抗菌整理剂都有毒性	国内已研制壳聚糖抗菌防霉产品及进口DC-5700
聚氨酯湿法涂层常含有溶剂DMF废水排放,对人体有毒害	

5.2.2 绿色印染助剂的来源与一般制造方法

在原有的印染助剂的基础上，利用新技术开发、改进其生产工艺及组成，得到具有环保功能的绿色印染助剂。

(1) 提纯和复配技术

开发新型的表面活性剂和利用已有表面活性剂复配是提高产品性能的两个方面。许多表面活性剂经检测都是环保高效的品种，工业产品由于原料原因，会在产品中带进一些杂质，如未反应原料副产物、有毒或有害物质等，限制了这些表面活性剂的应用。表面活性剂的复配除了对其化学结构和生产工艺进行改进外，还可以将其与一些温和性好的表面活性剂协同复配，以增加复配体系的环保性。

（2）纳米技术

利用纳米技术通过表面效应、量子效应和宏观隧道效应制造出可生物降解化学品或仿生化学品，以及纳米级微乳液柔软剂等。

（3）微乳化技术

微乳化技术可以大大提高纺织化学品的渗透性，如柔软剂微乳化技术改进织物的柔软性，还可提高柔软剂的利用率，减少环境污染，这种技术已在有机硅柔软剂的制造中广泛应用。

5.2.3 绿色印染助剂简介

5.2.3.1 绿色表面活性剂

表面活性剂在工业生产和人类日常生活中的应用越来越广，并占有特殊而重要的地位。但表面活性剂在生产和使用过程中对人体及环境生态系统造成了严重的危害。在洗涤剂中加入一定量的表面活性剂可以增强洗涤剂的溶解性和洗涤性，但由于这些溶剂具有一定的毒性，会对皮肤产生明显的刺激作用。大量使用表面活性剂还会对生态系统产生潜在的危害。如含有磷酸盐的表面活性剂在使用时使河流湖泊水质产生“富营养化”；烷基苯磺酸钠（ABS）的生物降解性差，在洗涤剂中的大量使用所产生的大量泡沫造成了城市下水道及河流泡沫泛滥。为了满足人们日益增强的保健需求，保护环境，开发对人体尽可能无毒无害及对生态环境无污染的表面活性剂意义重大。

绿色表面活性剂是由天然的或可再生资源加工而成的，即具有天然性、温和性，以及低刺激性等优良特点。同传统表面活性剂一样，绿色表面活性剂具有亲水基和憎水基。与传统表面活性剂相比，绿色表面活性剂具有高效强力去污性、优良的配伍性及良好的环境相容性，并表现出良好的乳化性、洗涤性、增溶性、润湿性、溶解性和稳定性等。

在纺织工业中，绿色表面活性剂可作为纺织品柔软剂，用于棉纱线的煮炼和染色等工序中，具有优良的润湿性、乳化性、净洗性及分散性。在丝光和柔软整理中使用，可使处理后的织物滑爽、色泽鲜艳、柔软丰满，使用效果明显优于传统表面活性剂。

绿色表面活性剂的研究开发领域主要有：①利用天然资源，设计或改进分子结构，开发新型绿色表面活性剂，包括淀粉系列、松香系列非离子表面活性剂等；②开发生物表面活性剂。生物表面活性剂具有优于化学合成表面活性剂的理化特性，与化学合成表面活性剂相比，生物表面活性剂具有选择性好、用量少、无毒、能够被生物完全降解、不对环境造成污染，可用微生物方法引入化学方法难以合成的新化学基团等特点；③Gemini 表面活性剂，这类表面活性剂是将两个单链的普通表面活性剂在离子基处通过化学键连接在一起，从而极大地提高表面活性；④传统表面活性剂的改性，改善其性能，增强其生物降解性或提高其应用性能。如对 LAS 进行了改性，用带甲基支链的疏水基代替直链疏水基，改善 LAS 冷水溶解性，并可提高耐硬水性，产品生物降解性与改性前相近。

5.2.3.2 绿色整理剂

（1）防皱整理剂　传统的防皱整理剂主要为 *N*-羟甲基酰胺类化合物，在织物整理时会释放出大量的甲醛，严重影响操作人员健康；整理后的织物，在存放或穿着过程中还会分解释放出大量的甲醛，刺激人类肌肤与呼吸道黏膜，甚至引起癌变。织物上的甲醛释放量尽管可以通过控制工艺条件达到 Oeko-Tex Standard 100 的要求（0.1mg/kg），但实际生产过程中很难保证它的稳定性。随着国际范围内绿色环保意识的日益增强，开发无甲醛整理剂代替传统的有害整理剂，已成为必然的发展趋势。

科研工作者相继推出了一系列无甲醛整理剂，如多元羧酸类整理剂、环氧树脂水溶性热反应性聚氨酯整理剂、二醛类整理剂、反应性有机硅整理剂、天然高聚物壳聚糖以及其他抗皱整理剂，如淀粉改性物、丝素整理剂、双羟乙基砜等。

① 多元羧酸防皱整理剂　多元羧酸防皱整理剂种类很多，目前研究较多的是三元羧酸和四元羧酸，如丁烷四羧酸、丙三羧酸、聚马来酸和柠檬酸。

一般认为多元羧酸与纤维素羟基反应分两步进行：第一步相邻两羧基脱水生成环酐中间体；第二步环酐中间体与纤维素羟基发生酯化反应，进而形成纤维素大分子之间的酯交联。多元羧酸通过酯交联使得相邻纤维素大分子以共价键相连接，加强了纤维素大分子之间的相互作用力和弹性恢复力，从而起到了防皱的目的。

a. 丁烷四羧酸　丁烷四羧酸简称 BTCA。它的防皱作用主要是依靠纤维素分子与整理剂之间发生酯键交联。多元羧酸在高温及催化剂作用下，相邻的两个羧基脱水生成酸酐。然后酸酐再与纤维素分子的羟基发生酯化反应形成交联。它具有效果好、价格贵的特点，是国内外公认最好的多元羧酸防皱整理剂。

在相同使用条件下，BTCA 整理过的织物免烫性能和 2D 树脂整理织物相似，而且 BTCA 整理织物的机械性能较 2D 树脂好，如前者撕破强力比后者高 13%～26%，断裂强力高23%～27%，然而 BTCA 作为整理剂的价格较高，限制了 BTCA 的工业应用。

b. 柠檬酸（CA）　柠檬酸原料易得，安全无毒，但整理效果不如 BTCA。整理织物有泛黄、耐洗度差等问题。

柠檬酸（CA）曾一度被认为是 BTCA 的替代品，但是实践表明 CA 作为整理剂，产生的酯交联数目较少，交联程度较低，折皱回复角提高较少，耐洗性差，整理效果与 BTCA 还有较大差距。一些研究认为，α-羟基对酯化反应有不利影响；另外，CA 分子中含有 α-羟基，在高温焙烘时，CA 分解产生多种不饱和羧酸，生成易发色的共轭双键，从而导致织物在整理后容易泛黄；并且，按照环酐理论，如果第一个酯化反应发生在中间羧基上，第二个活泼环酐中间体就难以生成。因而不能产生酯交联，这也是导致其整理效果较差的一个原因。

c. 聚合型多元羧酸防皱整理剂　不饱和多元酸中含有双键官能团，在一定引发体系中可以发生聚合反应，生成含有更多羧基的长链化合物，该聚合物可以酯化交联更多的纤维素羟基，从而达到较好的防皱整理效果。聚马来酸（PMA）是被研究得最多的一种聚合多元羧酸防皱整理剂。

PMA 在结构上与 BTCA 极其近似，可通过酯键与纤维素分子形成多点连接，从而获得较好的整理效果。PMA 合成工艺简单，以马来酸酐为基本单体、过氧化物为催化剂，通过自由基聚合合成的具有一定分子量的聚多元羧酸无醛防皱整理剂 PMA，在适当的条件下对棉织物进行防皱整理，可获得良好的防皱整理效果，其整理成本略高于改性 2D 树脂。

PMA 既可以自聚，也可以与其他单体进行共聚，如可以与衣康酸、丙烯酸等共聚。

② 环氧类化合物　作为织物防皱整理剂的环氧类化合物，分子中含有两个或以上环氧基，可以与纤维分子中的羟基、羧基、氨基发生反应，赋予纤维素等纤维防皱性能。由于环氧类化合物不用甲醛作为原料，分子中不含甲醛，也不含亚氨基，因此其整理品没有吸氯问题及鱼腥气味。但其成本偏高，防皱效果不如 2D 树脂。

③ 含硫化合物　含硫化合物作为纤维防皱整理剂，代表是 β-双羟乙基砜（BHES）。它是双官能团的反应性整理剂，在碱性条件下与纤维素纤维的羟基发生交联。性能优良，但高温焙烘后织物泛黄，工艺复杂，使其应用受到局限性。

④ 水溶性聚氨酯　水溶性聚氨酯是由二异氰酸酯和多元醇反应制得的，是一种具有热交

联反应性的水溶性聚合物。它不含甲醛，化学稳定性好，能与水以任意比例混合。对纤维的渗透性和扩散性高，耐久性好。用于棉和丝绸的抗皱整理，棉织物的折皱回复角可从95.3°提高到125.2°，丝织物的折皱回复角从200.5°提高到262.7°。水溶性聚氨酯作为整理剂能够改善织物的弹性和耐磨性，但其耐高温稳定性差，易产生泛黄。

⑤ 反应性有机硅　有机硅技术的发展，使得应用有机硅对纺织品进行各种特殊整理变得简单易行。例如有机硅羊毛防缩整理、有机硅抗菌卫生整理、有机硅防辐射整理和有机硅阻燃整理等。有机硅的种类繁多，其中带反应集团（如硅醇基、乙烯基、环氧基、氨基等）的有机硅，不仅可以赋予织物抗皱性，而且可以改善织物的手感和透气性，提高织物的耐机械强度。由于有机硅的易成膜性、高弹性和高度滑爽柔软性，该类整理剂在达到整理目的的同时，对织物的手感、白度、穿着舒适性等无不良影响。

有机硅作为织物防皱整理剂，可通过两方面达到防皱整理效果：一是整理工作液中低分子有机硅初缩体进入纤维内部，利用有机硅分子上的活性官能团和丝素分子进行交联；二是整理工作液中高分子有机硅在纤维表面形成高弹性分子膜，这样使织物具有耐久的防皱整理效果。

有机硅作为织物防皱整理剂，单独使用价格高，使用双醛与多元醇反应制得的双半羧醛作为交联剂并与环醚改性硅醚配合，防皱效果更佳。

⑥ 甲壳素及其衍生物　甲壳素是节肢类和甲壳类动物外壳的主要成分。甲壳素分子脱乙酰基化，便生成壳聚糖。因为壳聚糖的溶解性较甲壳素大大改善，因此壳聚糖又叫可溶性甲壳素。以壳聚糖为主要成分的多功能织物整理剂效果好，且无甲醛问题，整理织物具有防皱、防缩、强力保留率高、耐磨、抗静电等优良性能。但整理后手感较硬，易泛黄，应配以柔软剂使用。用反应性有机硅和壳聚糖混合整理棉织物，能有效提高织物的抗皱性，且织物白度几乎不变，并具有较好的耐洗性。

(2) 抗菌整理剂

随着人们对与日常生活紧密联系的衣着的要求越来越高，人们的衣着正朝着功能化、健康化发展。与人体紧密接触的织物较容易吸附细菌、真菌等微生物，这些微生物在合适的外界条件下，会迅速繁殖，并通过接触等方式传播疾病，影响人们的身体健康和正常的工作、学习和生活。织物抗菌整理就是使织物具有抑制菌类生长的功能，维持卫生的衣着生活环境，保证人体健康。

抗菌整理剂主要有无机、有机和天然三类。早期抗菌剂基本都属于有机系列，大多是含氮、硫、氯等元素的各类复杂化合物，其主要品种有：季铵盐类、醇类、酚类、醛类、双胍类、有机金属类、吡啶类、噻吩类等。该类抗菌剂短期杀菌效果好，但大多都有耐热稳定性差、寿命短等缺点。

为了克服传统抗菌剂的缺陷，研究者纷纷将目光投向了有机抗菌剂的替代物——无机抗菌剂。特别是无机纳米系抗菌剂具有耐热性高、抗菌性强、安全可靠等特点，是当前研究较广的绿色抗菌剂。另外，利用天然物质提供同样抗菌功能的想法，引起了人们的极大兴趣。天然抗菌剂成为了另一种环保型整理剂。

① 无机纳米抗菌剂　纳米载银无机抗菌剂和纳米氧化锌是当前研究应用较为活跃的绿色抗菌剂。

银离子不仅具有很好的抗菌性，同时还具有良好的耐洗性。且对人体无毒无刺激，因而载银无机抗菌剂作为一种绿色抗菌剂受到人们的广泛关注。纳米载银无机抗菌剂是银离子和纳米级无机化合物载体的复合体，它是利用纳米载体微粒表面含有许多纳米级微孔的特殊结构特征，采用离子交换的方法，将银离子固定在诸如沸石、硅胶、膨润土等疏松多孔的纳米载体材料的微孔中而获得的。

纳米氧化锌与普通氧化锌相比，具有许多优异的、特殊的性质，如无毒和非迁移性等。由于量子尺寸效应和具有极大的比表面积，在抗菌整理时，具有用量少、高效等优点，这对于开发、生产绿色环保织物具有积极的意义。

无机纳米氧化锌抗菌剂的抗菌反应条件是通过光反应使有机物分解来达到抗菌效果。在阳光尤其是紫外线的照射下。粒子中的价带电子被激发跃迁到导带。形成光生电子-孔穴对。并在空间电荷层的电场作用下，发生有效分离。这种粒子经光催化对细菌的作用表现在两个方面：一方面光生电子及光生孔穴与细胞膜或细胞内组分反应而导致细胞死亡；另一方面，光生电子或光生孔穴与水或空气中的氧反应，生成·OH、O_2^-、HO_2·等活性氧类。这些氧化能力极强的活性氧类与细胞内组分发生生化反应而导致细胞死亡。纳米 ZnO 在纺织品上的抗菌性能高效显著。

利用无机纳米材料开发抗菌纺织品主要有添加法和后整理法。添加法是将纳米材料如 TiO_2、ZnO 等加入纺丝液中，使之生产出具有抗菌性能的合成纤维。优点是耐久性好，抗菌功效能够稳定存在，但是由于纳米材料容易聚集产生大的颗粒，纺丝过程中容易堵塞纺丝口。天然纤维由于无法在生产过程中添加功能性材料，只能采取后整理的办法。通过浸轧、涂层等方法将纳米粉体处理到织物上，从而使织物获得抗菌性。

② 天然抗菌剂　天然抗菌剂中，从动物中提取的主要有甲壳质、壳聚糖和昆虫抗菌性蛋白质等，从植物中提取的主要有桧柏、艾蒿、芦荟等提取物，还有从矿物中提取的抗菌剂。

壳聚糖具有抗菌性，对各种细菌、真菌有较好的抗菌作用，有许多资料报道了壳聚糖对纺织品的抗菌加工。壳聚糖的抗菌机理一是通过吸附在细胞表面形成高分子膜，阻断其营养物质的吸收，从而起到抑菌作用；二是通过渗透进入细胞体内，吸附细胞体内带阴离子的细胞质，发生絮凝作用，扰乱细胞正常生理活动，从而杀灭细菌。据有关报道，革兰阳性菌的细胞壁较厚，结构紧密，且细胞壁含有丰富的磷壁酸使细胞壁形成一个负电荷环境，因此对金黄色葡萄球菌，前一种作用起主导作用；革兰阴性菌细胞的壁薄，对大肠杆菌，后一种作用起主导作用。

另外，也可将甲壳质粉加入到纺丝液中制备甲壳质纤维，然后与其他纤维混纺，生产出具有抗菌保健功效的高档绿色抗菌纺织品。

(3) 阻燃整理剂

目前，国内外都在开发阻燃纺织品，一般用于穿着、家用纺织品工业等。纺织品阻燃整理有两种方式。一种是添加型，即将阻燃剂与纺丝原液混合，或将阻燃剂加到聚合物中再纺丝，使纺出的丝具有阻燃性能；另一种是后整理型，即在纤维或织物上进行阻燃整理。阻燃剂按有效元素分类，可分为磷系、氯系、溴系和锑基、铝基、硼基阻燃剂等。阻燃剂中最常用的卤系阻燃剂虽然具有其他阻燃剂系列无可比拟的高效性，但是由于这种助剂燃烧时会散发出有毒气体和烟雾，对环境和人的危害极大。且环保问题是助剂开发和应用商关注的焦点，所以国内外一直在调整阻燃剂的产品结构，加大高效环保型阻燃剂的开发。现介绍其中几种环保且具有应用前景的阻燃剂。

① 磷系阻燃剂　无卤、低烟、低毒的环保型阻燃剂一直是人们追求的目标。磷系阻燃剂主要包括红磷阻燃剂，无机磷系的聚磷酸铵（APP）、磷酸二氢铵、磷酸氢二铵、磷酸酯等；有机磷系的非卤磷酸酯等。聚磷酸铵为该系列环保型且市场前景较好的代表产品。

聚磷酸铵（ammonium polyphosphate，简称 APP）是长链状含磷、氮的无机聚合物。由于其具有化学稳定性好、吸湿性小、分散性优良、密度小、毒性低等优点，广泛用于塑料、橡胶、纤维作阻燃处理剂。聚磷酸铵的聚合度是决定其作为阻燃剂产品质量的关键，聚合度越高，阻燃防火效果越好。

② 无机水合物　无机水合物主要包括氢氧化镁、氢氧化铝、改性材料如水滑石等。

在无机阻燃剂的应用中，阴离子型层状功能材料作为阻燃剂发展迅速。它是一类具有特殊结构的无机化合物，其化学组成可表示为：

$$[\sum M_{1-x}^{2+}\sum M_x^{3+}(OH)_2]^{x+}(\sum A^{n-})_{x/n}\cdot zH_2O,$$

式中，M^{2+}为二价离子，一般为Mg^{2+}；M^{3+}为三价金属离子；A为阴离子。这种材料简称为水滑石（LDHs）。由于水滑石独特的层状结构及层板组成和层间阴离子的可调变性，使其作为无机功能材料在催化、离子交换、吸附、医药等领域都得到了广泛的应用。作为无卤高抑烟阻燃剂，水滑石可广泛应用于塑料、橡胶、涂料等领域。

③ 有机硅阻燃剂　有机硅系阻燃剂是一种新型无卤阻燃剂。有机硅具有优异的热稳定性，这是由构成其分子主链的—Si—O—键的性质决定的，有机硅聚合物的燃点几乎都在300℃以上，具有难燃性。由于其独特的性能，有机硅阻燃剂将在不能使用含卤阻燃剂的场所获得更广泛的应用。

④ 纳米阻燃剂　各种类型的纳米复合材料由于其超细的尺寸，其性质比相应的宏观或微米级复合材料均有较大改善，材料的热稳定性和阻燃性能也有较大幅度的提高。采用无机层状硅酸盐来改善高聚物的性能是当今一个研究热点。如以季铵盐改性的蒙脱土与熔融高聚物共混制得的纳米复合材料的机械性能大大优于未改性的同类高聚物。就阻燃性能而言，当这种材料含2%～5%的纳米无机物时，其热释放速率可大大降低（下降50%～70%）。

5.2.3.3　绿色精炼剂

随着纺织染整工业的加速发展，染整前处理工艺经过了不断进化，逐渐被短流程工艺所代替。传统的前处理因无法准确控制精炼剂的用量，易导致纺织半成品的毛效差异，因此，目前推广高效短流程前处理工艺。短流程工艺对所使用的精炼剂提出了较高要求：在50g/L左右碱用量下有高渗透性，在200g/L左右碱用量下有强耐碱性，不能出现漂油、沉析等不良现象，以保证短流程工艺的顺利进行，为后处理打下良好基础。一般的市售精炼剂都含磷或酚类等成分，精炼效果尚好，但随废水进入大自然后，易降解为有害物质，对环境造成污染，将逐步被减用或禁用。精炼剂大都是由非离子表面活性剂和阴离子表面活性剂复配而成的，具有润湿、渗透、乳化、分散和增溶等功能。用得最多的是占世界表面活性剂1/3的烷基苯磺酸钠和占7.5%的烷基酚聚氧乙烯醚（APEO）。十二烷基苯磺酸钠经皮肤吸收后对肝脏有损害，以及会引起脾脏缩小等慢性症状，甚至有致畸和致癌性。对于生物降解性是以非离子表面活性剂APEO最低，仅为0～9%，而且它的低EO代谢物对水生生物有毒性，最终代谢物烷基酚为环境激素，欧洲已于20世纪80年代禁止使用。同时，双（氢化牛油烷基）二甲基氯化铵（DTDMAC）、二硬脂酰基二甲基氯化铵（DSDMAC）、二硬化牛油二甲基氧化铵（DHTDMAC）、乙二胺四乙酸（EDTA）和二乙烯三胺五乙酸（DTPA）组成的制剂和配方也已禁止应用。

新型绿色精炼剂中，非离子表面活性剂都使用脂肪醇聚氧乙烯醚（包括合成的异构醇聚氧乙烯醚）聚醚和烷基多糖苷（APG）来取代APEO。APG使用淀粉或葡萄糖为原料，具有无毒、无刺激、生物降解快等特点。阴离子表面活性剂则以脂肪醇聚氧乙烯醚硫酸酯（AES）、仲烷基磺酸钠（SAS），α-烯烃磺酸盐（AOS）等取代十二烷基苯磺酸钠。用这些取代化学品制得的绿色精炼剂有：BASF（巴斯夫）公司开发的Laventin CW用于高温精炼；Laventin LNB因浊点较低，适用于低温非连续精炼；Laventin TX 1537是含有少量酯基的表面活性剂，浊点较高，适用于原棉煮炼；Kieralon OLB Cone适用于各种煮炼工艺。

ICI公司开发的Lenetol HP-jet是棉织物高性能低泡精炼剂，生物降解性很好，适合于在喷射设备中使用。Lanaryl RK可用于涤纶超细纤维去油剂，使精炼后残留率低于0.2%，也可用于棉/氨纶和涤/氨纶的精炼，是一种可生物降解的非离子表面活性剂和一种不含油有机氯溶剂拼混而成的，Bayer（拜耳）公司的 Tannex GEO 属稀土助剂，是高效、低泡、耐碱和双氧水的环保型无机化合物精炼剂，使用时无需添加渗透剂、螯合剂。

5.2.3.4 绿色匀染剂

常用的分散染料高温匀染剂都是由芳香族酚聚氧乙烯硫酸酯盐与非离子型表面活性剂复配而成的，有些品种含有 APEO 和可吸附性有机卤化物。新开发的绿色匀染剂，如 BASF 公司的 Palegal SFD，它在低温时起缓染作用，进入高温阶段（125～130℃）时具有促染作用，它对各种拼混染料有同步效应，有良好的匀染作用。另外，还有 DyStar 公司的 Levegal PK、Levegal HTC 和 Eastern 公司的 Polyolyol HZV-S 等都不含非环保型表面活性剂，安全性高，生物降解性好，都是绿色匀染剂。

5.2.3.5 绿色柔软剂

纺织品柔软剂种类很多，以阳离子和非离子型居多，占柔软剂总量的 90%以上。从柔软效果分析，阳离子型季铵盐类柔软剂的柔软效果最好，特别是双长链烷基季铵盐用得最多，但生物降解性较差，有些还有毒性。部分非离子型柔软剂如柔软剂 HRQ、MS-200、TR 等因含 *N*-羟甲基使织物甲醛超标。

目前纺织品柔软剂以有机硅为主，包括羟基硅油、甲基硅油和氨基硅油，消耗最多的是氨基硅油微乳液。氨基硅油本身无毒，也易生物降解，它的微乳液是加入大量非离子乳化剂(APEO 或 AEO)，造成生物降解率下降。甲基硅油乳液的 5 天后生物降解去除率为 94%，氨基硅油巨乳液（粒径 150～250mm）中乳化剂的加入量为硅油的 4%～6%，生物降解率为 92%；而微乳液（粒径 20～30mm）中乳化剂加入量为 40%～50%，生物降解率仅为 74%，最近上市的亲水性氨基硅油不含乳化剂的产品是对环境最为安全的。

5.2.3.6 绿色增稠剂

涂料印花色浆中的挥发性有机物烃类废气主要来自增稠剂，不仅污染环境而且不安全。近年来已普遍采用聚丙烯酸的合成增稠剂，例如：英国 AlcoprintPTF，Caropol 846、876；国产的 KG201、KG401 及增稠剂 CTF。CTF 是丙烯酸和丙烯酰胺的共聚物，增稠能力强、不分层、不结块、不沉降、印花浆流变性和触变性好。BASF 公司开发的增稠剂 Lutexal GPECO，废气排放量很低，是一种较好的环保型增稠剂。

5.2.3.7 绿色固色剂（无甲醛固色剂）

直接染料和酸性染料结构中，都具有亲水性磺酸基和羧酸基，因此与还原染料、分散染料、不溶性偶氮染料相比，其湿处理牢度较低；而活性染料，尽管染料与纤维素纤维之间能以共价键结合，但当水解染料或对未键合染料皂洗不充分时，也会使湿处理牢度下降。同时还存在酸性条件或碱性条件下的分解而使牢度下降。对于直接、活性、酸性等阴离子水溶性染料，要提高其湿处理牢度，可以设法使染料变成不溶性，或在织物上赋予一层透明薄膜，增进染料的水洗牢度或抵抗大气对染料的不良作用。这种为提高染料湿处理牢度和其他牢度而在染料上染纤维前后另外加入的辅助助剂即为固色剂。

自第二次世界大战以来，人们一直沿用双氰胺与甲醛缩合的树脂固色剂 Y 作为直接染料、酸性染料染棉和丝绸的固色剂。20 世纪 70 年代开始发现固色剂 Y 在整理后具有很高的游离甲醛含量（>200mg/kg），幼儿内衣用其固色后导致皮肤发炎，甚至发生溃疡，从而引起人们的重视，开始研制无醛固色剂。国内也从 20 世纪 80 年代初开始研制生产无醛固色剂，到 90 年代德国公布禁用染料以后，凡出口纺织品上的游离甲醛不能超过 100mg/kg，而且规定凡低于 10mg/kg 的纺织品才能称为无甲醛制品，低于 50mg/kg 的称为少甲醛或低甲醛制品，内衣织物则一定要用无甲醛制品。这些规定促进了无甲醛固色剂的发展与研究。

无甲醛固色剂按照分子的离子性可分为阳离子型和非离子型；按其固色机理的不同可分为交联反应型和吸附型；按其分子大小的不同可分为低分子型和高分子型（包括树脂型）；按其用途的不同可分为活性染料型、直接染料型、酸性染料型和金属络合染料型等。但是这些分类也不是绝对的，有的既是阳离子型也是交联反应型，同时对活性染料、直接染料都有很好的固色效果。因此，无甲醛固色剂大体上可分为三大类型：聚阳离子化合物型、阳离子多胺树脂型和聚非离子化合物型。

5.3 绿色染料

5.3.1 天然染料

天然染料也叫天然色素。天然染料一般来源于植物、动物和矿物质，以植物染料为主。植物染料是从植物的根、茎、叶及果实中提取出来的，如靛蓝、茜草、紫草、红花、桑、茶等。动物染料数目较少，主要取自贝壳类动物和胭脂虫体内，如虫（紫）胶、胭脂虫红、虫胭脂等。矿物染料是从矿物中提取的有色无机物质，如铬黄、群青、锰棕等。近年来人们发现细菌、真菌、霉菌等微生物产生的色素也可作为天然染料的来源。部分纯天然染料的特性见表5-8。

表 5-8 部分纯天然染料的特性

植物名称	商业名称	染料分类	含湿率/%	溶解度/%	溶液 pH 值	灰分/%
儿茶刺槐	卡奇	酸性/媒染/分散	6.0±0.2	95±2	6.0±0.4	7±1
尼罗河洋槐	阿拉伯胶	酸性/媒染	3±1	95±2	7±1	27±2
菲律宾锦葵	粗糠紫荚粉	媒染/分散	4±1	10.4±2.0	6.3±0.3	5±3
檀香	紫檀木	媒染/分散	5±2	29±2	6±1	11±2
迦太基石榴	石榴皮	酸性/媒染	6±2	95±2	4.3±0.2	11±2
栎皮粉	五倍子	酸性/媒染	3±1	96±2	4.0±0.2	11±2
大黄黏液	喜马拉雅大黄	媒染/分散	5.0±1.5	30±5	3±1	5±3
西洋茜草	茜素	媒染/分散	5±2	95±2	8.0±0.2	35±5
如曼斯海树	金码头	媒染/分散	12.0±1.5	14±3	3±1	3±1
顶生李茎	樱桃李	酸性/媒染	5±1	97±2	3.5±0.5	7±2
木蓝	靛蓝	还原	5±1	4±2	5±1	63±7

同合成染料相比，天然染料在生态环保方面有以下明显优势。

① 天然染料的制备不会造成污染。天然染料主要为植物染料，其色素分别存在于花、果、皮、茎、叶和根中。而大部分植物色素是可溶于水的；故对植物染料一般直接用水萃取。将植物含色素的部分粉碎后，在水中浸泡一定时间，再加热煮沸 20～30min，所得的溶液即为染液。这一加工过程，基本上是绿色加工，不会造成环境污染。

② 天然染料穿着安全。天然染料不像许多合成染料那样有致癌、致畸作用或引起过敏反应。同时天然染料具有较好的生物降解性，与自然环境有好的相容性。

③ 天然染料具有一定的药物保健功能。除染色功能外，天然染料还具有药物、香料等多种功能。天然染料大多为中药，在染色过程中，其药物和香味成分与色素一起被织物吸收，使染后的织物有自然的清香，并对人体有特殊的药物保健功能。利用这种药物保健功能，可生产绿色保健服装。如：用红花中提取的色素染制的服饰具有促进血液循环的作用。紫草具有抗菌消炎和抗病毒等多种药理作用，临床用于治疗皮炎、湿疹和银屑病等症。采用紫草染色面料制成的内衣裤，对皮肤的保健功能是十分明显的。

④ 天然染料具有独特的色调和风格。合成染料虽然鲜明亮丽，但天然染料的庄重典雅也

是合成染料所不能比拟的。天然染料产生的色泽相对来说是温和的、柔和的、微妙的，并产生安静的效果。日本某研究所曾以“从天然染料和合成染料各20个染色样本中选出你最喜爱的颜色”为题，对日本国内300多名不同年龄、职业和地区的女性进行了调查，结果显示，大多数年轻的白领女性更偏爱天然染料的颜色。另外，利用天然染料可对历史上古老的珍贵纺织品进行保存和修复。

“缬”（音 xié）字，古代专指在丝织品上印染出图案花样。蜡缬、绞缬、夹缬被称为“三缬”，是中国最古老的天然染料印染工艺，历史可追溯至已有1500余年的东汉时期。蜡染、扎染、镂空印花等工艺都是这些古老工艺的经典代表。

譬如，扎染（即绞缬）用布为棉白布或棉麻混纺白布，也可以用丝绢。主要染料来自大理苍山上生长的寥蓝、板蓝根、艾蒿等溶液，尤其是板蓝根。以前用来染布的板蓝根都是山上野生的，属多年生草本，开粉色小花，后来用量大了，染布的人家就在山上自己种植，好的可长到半人高，每年三四月间收割下来，先将之泡出水，注到木制的大染缸里，掺一些石灰或工业碱，就可以用来染布。以板蓝根、蓝靛为主，传统蓝靛染料与化学染料相比，其色泽自然，退变较慢，不伤布料，经久耐用，穿着舒适，不会对人体皮肤产生不良刺激。像板蓝根一类的染料同时还带有一定的消炎清凉作用，对人体还有一定保健作用。在回归自然，倡导绿色、健康的今天，扎染布被广泛用来制作衣裤、被子、枕巾、桌布等与人体肌肤直接接触的日用品，格外得到消费者的欢迎。

扎染工艺流程如下。

（1）扎花

扎花，即扎疙瘩。在布料选好后，按花纹图案要求，在布料上分别使用撮皱、折叠、翻卷、挤揪等方法，使之成为一定形状，然后用针线一针一针地缝合或缠扎，将其扎紧缝严，让布料变成一串串“疙瘩”。

（2）浸染

浸染，即将扎好“疙瘩”的布料先用清水浸泡一下，再放入染缸里，或浸泡冷染，或加温蒸煮热染，经一定时间后捞出晾干，然后再将布料放入染缸浸染。如此反复浸染，每浸一次色深一层，即“青出于蓝”。

浸染到一定的程度后，最后捞出放入清水，将多余的染料漂除，晾干后拆去缬结，将“疙瘩”挑开，熨平整，被线扎缠缝合的部分未受色，呈现出空心状的白布色，便是“花”；其余部分成深蓝色，即是“地”，便出现蓝底白花的图案花纹。至此，一块以青、白两色为主调，有“青花瓷”般淡雅之感的扎染布就完成了。

天然植物染料色素染色虽应用长久，但都是经验性和粗放型的，重演性差，缺乏指导印染工艺的理论，有待于进一步探索。主要原因是天然染料本身也有一定缺点，具体如下。

① 天然染料的产量较低，收获天然染料费工、费时，也比较困难。目前，合成染料的生产一般是在水性介质中进行的，其原料的转化率很高。而天然染料是从植物或动物中分离出来的，除了氧化或还原等工艺外，一般都不作任何化学改性。在大多数情况下，从大量的植物或动物原料中只能得到少量的染料。在某些情况下，为使动物产生染料还必须提供特殊的饲料。

世界市场对靛蓝的需要量每年约为14000t，这就需要14亿磅（1磅≈0.4536kg）靛蓝叶子，而98%的叶子将沦为废物。茜红是茜草的树龄达到3年左右后，在其树根的外表树皮下发现的。此时，茜草的根部只有0.25in（1in＝0.0254m）粗，2ft（1ft＝0.3048m）长。将根部掘出后干燥，粉化，即成为适用的材料。从干燥树根中只能得到2%的染料。因此，98%的树根又只能被弃之作为废物。烟脂虫红是一种最重要的天然红颜料，也是至今为止在自然界中获得的最鲜艳的红染料。这一染料是在以仙人掌为饲料的脑脂虫中被发现的。在最好的情况下，每公顷仙人掌只可得6磅烟脂虫红，也就是说要获得6百万磅染料至少需要1百万公顷土地。

另外，如胡萝卜素在胡萝卜、红棕榈油、南瓜子中的含量小于0.5%；藏红在藏红花雌蕊中的含量相对较多，但也只有7%。由此可见，要收集足够多的天然染料，其成本必然相对较高，并可能造成自然界的过度开发。

② 天然染料缺乏一定的标准化。天然植物染料缺乏像合成染料那样的规范化标准，产品没有同一性，无法按质量标准付诸应用。由于原料产地、提取方式等的差异，天然染料在灰分含量、湿度、pH值、光谱强度和染料强度等方面不尽相同，染色结果重现性不好。

③ 除少数几种外，天然染料普遍存在染色牢度差的问题。尽管媒染和某些后处理可提高染色牢度，但因为天然染料发色基因固有的不稳定性，导致天然染料耐洗和耐光牢度低。如用天然染料所染的黄色，日晒牢度仅为3～4级。

④ 天然染料给色量低，染色时间长，也制约了其发展。

⑤ 天然染料需要与媒染剂结合才具有直接性。常用的媒染剂是铝、酒石、铬、锡、铁、铜、丹宁酸、草酸和氨等。采用这些物质作为媒染剂，大都会在染色废液中产生金属污染，并会使染色后的纺织品上含有重金属物质。并且其给色量、色泽牢度性能以及色相都会随所使用的媒染剂不同而变化。如当茜红用明矾和石灰作媒染剂在棉上染色时，可得到红色相，而用锡作媒染时得粉红色，用铁作媒染剂则得紫色，用铬时则得棕色。

我国是一个地大物博、植物资源丰富的国家，天然染料色素的生产，其社会效益和经济效益都十分可观，对改善生态环境更具有深远的意义。因此，如能克服天然染料在印染技术上应用的缺点，对开发绿色纺织品意义重大。

图5-10所示为天然分散染料的结构。

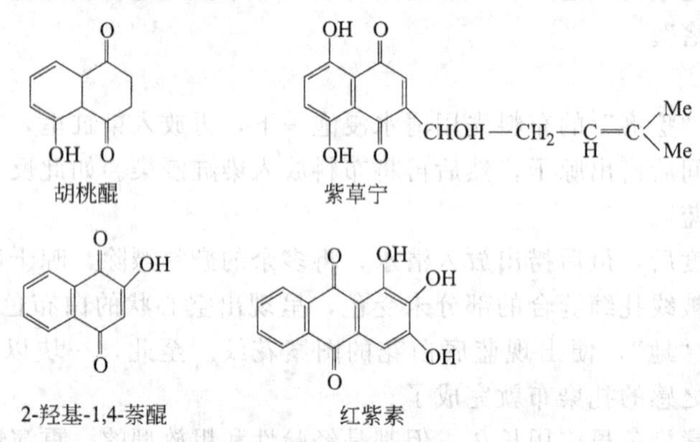

图5-10　天然分散染料的结构

5.3.2　新型环保染料

随着石油化工工业的发展，合成染料也有了飞速的发展，几乎全部取代了天然染料。但是近代逐渐发现，在人工合成的染料、中间体和原料中，存在着不仅对生物，也包括对人类、对地球生态环境产生危害的成分，因此，目前"禁用染料"、"环境激素"已被禁止生产和应用。近年来各国的染料公司都在大力研究和开发制造各种环保染料，把它们作为染料工业发展的主攻方向。

目前环保型染料的判别原则有下列10条：

①不含德国政府和欧盟及Eco-Tex Standard 100明文规定的在特定条件下会裂解释放出22种致癌芳香胺的偶氮染料，无论这些致癌芳香胺游离于染料中或由染料裂解所产生；②不是过敏性染料；③不是致癌性染料；④不是急性毒性染料；⑤可萃取重金属的含量在限制值以下；⑥不含环境激素；⑦不含会产生环境污染的化学物质；⑧不含变异性化合物和持久性有机

污染物；⑨甲醛含量在规定的限值以下；⑩不含被限制农药的品种且总量在规定的限值以下。

从严格意义上讲，能满足上述要求的染料应该称为环保型染料，真正的环保型染料除满足上述要求外，还应该在生产过程中对环境友好，不要产生“三废”，即使产生少量的“三废”，也应当可以通过常规的方法处理而达到国家和地方的环保和生态要求。

5.3.2.1 环保活性染料

活性染料是我国棉织物和含棉织物的主要染料，但个别活性染料属于禁用染料，如活性黄K-R、活性黄KE-4RN、活性黄棕K-GR、活性蓝KD-7G、活性艳红H-10B等。新型环保活性染料主要集中在4个类型：①固着率活性染料；②低盐染色用新型活性染料；③不含金属和不含可吸附有机卤化物的活性染料；④可用来取代联苯胺结构的黑色直接染料和黑色硫化染料的新型深黑色活性染料。

双活性基活性染料近几年在中深色染色技术中应用较为广泛，环保型双活性基活性染料得到了重点开发，如上海染化八厂ME型活性染料、亨斯迈Cibacron FN型活性染料、日本住友化学株式会社Samifix Supre型活性染料。新型环保染料需要相应的应用技术，应有针对性地进行新工艺、新技术开发。对部分环保型双活性基活性染料的连续轧染焙固法、汽固法和轧蒸法工艺实验表明，环保染料同样具有工艺适应性，应有针对性地选用。

5.3.2.2 环保酸性染料

酸性染料主要用于羊毛、丝绸和锦纶的印染，也可用于皮革、纸张、墨水。禁用酸性染料品种数仅次于直接染料，约占20%左右。开发出的绿色酸性染料不仅是不会被还原分解出致癌芳胺，而且不含重金属，有较好的日晒和水洗牢度。由于禁用酸性染料中红色色谱高达65%，因此禁用酸性染料的代用以红色为主。新开发的红色酸性染料有：C.I.酸性红151（酸性红2R），C.I.酸性红249（酸性艳红B），C.I.酸性红266（弱酸性红2BS），C.I.酸性红337（弱酸性红F-2G），C.I.酸性红361（弱酸性红S-2B）和酸性红299（依利尼尔酱红）等最为重要，它们的结构式如图5-11所示。

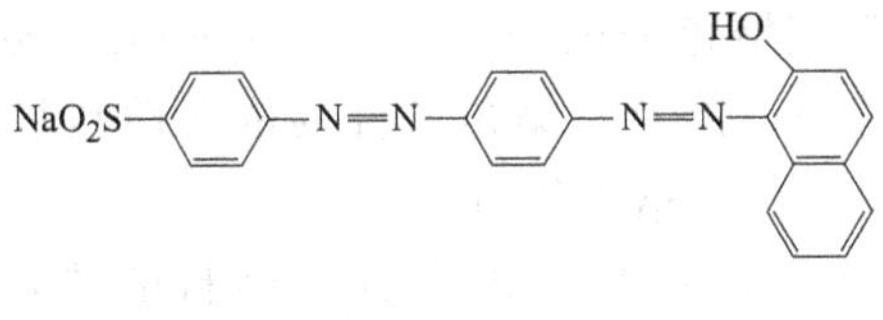

C.I.酸性红151(酸性红2R)

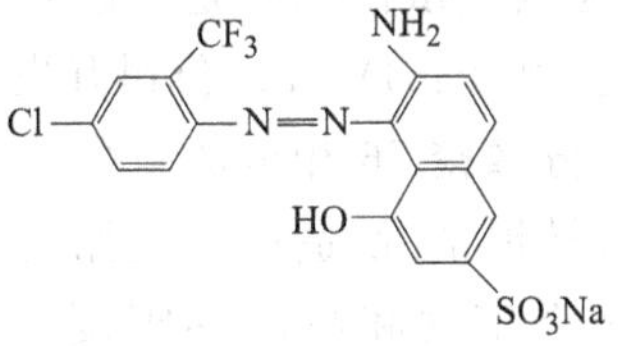

C.I.酸性红266(弱酸性红2BS)

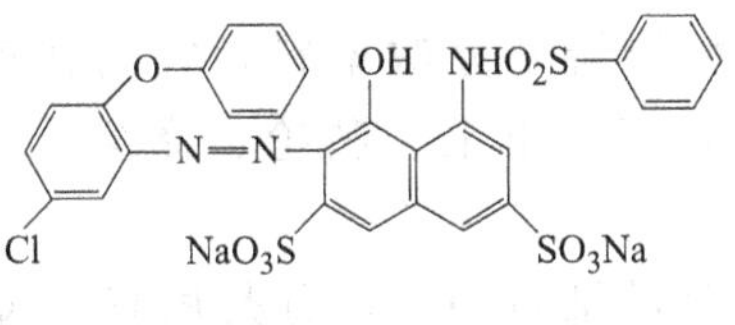

C.I.酸性红249(酸性艳红B)

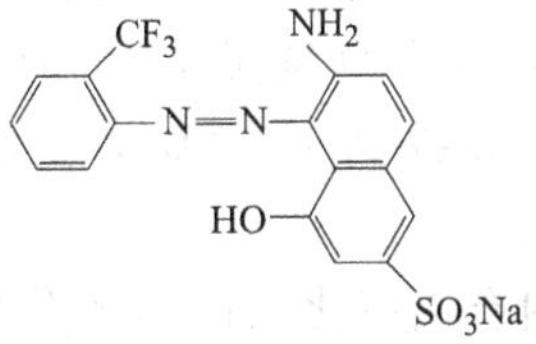

C.I.酸性红337(弱酸性红F-2G)

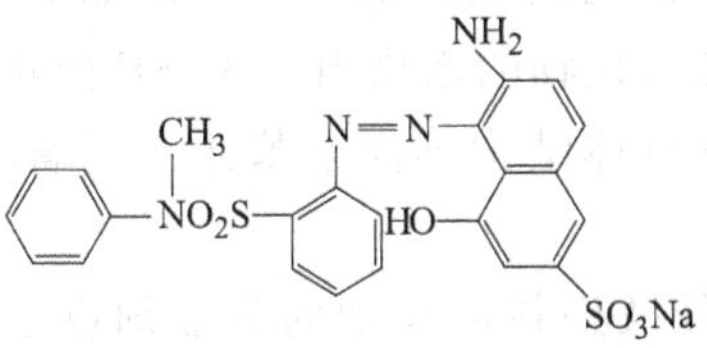

C.I.酸性红361(弱酸性红S-2B)

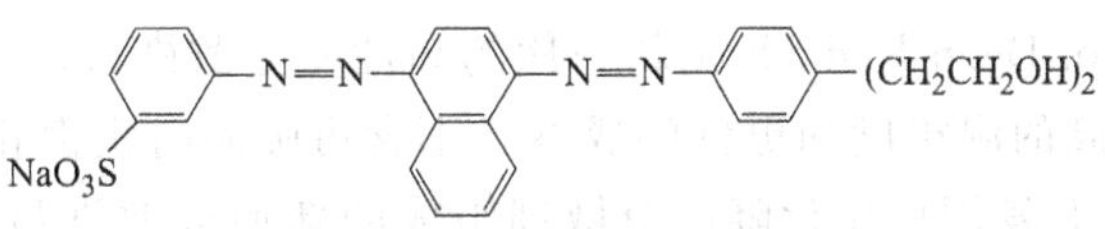

C.I.酸性红299(依利尼尔酱红A-5B)

图5-11 新开发的染料结构

5.3.2.3 新型环保分散染料

随着聚酯纤维的快速发展和应用技术的不断创新，再加上新型聚酯纤维（如超细旦聚酯纤维）及其混纺织物的开发，分散染料的产量和消耗量增长很快。

目前市场上供应的分散染料对绿色纺织品来说还存在着一些不相适应的地方，表现在以下几个方面。

① 部分品种是用致癌芳胺对氨基偶氮苯制造的，这种染料在特定条件下有可能裂解产生对氨基偶氮苯，如分散黄 RGFL 等。

② 分散染料有很多为过敏性染料，其中用得较多的是 C.I. 分散橙 37、C.I. 分散橙 76 等，用它们制成的分散蓝 EX-SF 300%和分散黑 EX-SF 300%在我国仍大量生产和使用，如分散黑 EX-SF 300%的年产量接近 5.5 万吨。

③ 部分分散染料存在 AOX（可吸附有机卤化物）问题。

④ 分散染料的热迁移牢度和水洗涤牢度还不能满足需要，而且升华牢度好的分散染料其热迁移牢度反而差，这样会对周围环境造成污染。

鉴于此，国内外染料行业都非常重视环保型分散染料的开发和使用，开发的方向主要集中在下列五个方面。

① 符合 Eco-Tex Standard 100 要求的新型分散染料。例如 Yorkshire 公司开发的 Serisol ECF 染料，它是用于醋酸纤维染色的环保型分散染料，具有更高的湿牢度，能完全取代 C.I. 分散黄 3、C.I. 分散红 1、C.I. 分散蓝 3 等三原色。还有三井-BASF 公司的 Compact ECO 染料，具有优异的光牢度、升华牢度、后加工牢度和染色重现性，完全满足 Eco-Tex Standard 100 的要求。

② 取代过敏性分散染料的新型分散染料。在市场上公认的过敏性分散染料中用得较多的是 C.I. 分散橙 37 和 C.I. 分散橙 76，它们是用于拼制高强度分散染料的橙色组分，开发它们的取代品不仅要考虑其过敏性的问题，还要研究清楚其染色性、吸尽性和提升性等各项性能，因此各国研究颇多。例如：DyStar 公司开发的环保型橙色分散染料——Dianix Orange UN-SE 01。它具有与 C.I. 分散橙 76 相近的吸尽性、提升力，以及对染色条件的依存性和坚牢度等，可直接取代 C.I. 分散橙 76 制造高强度深色分散染料，价格也较贵。

③ 具有优异洗涤牢度和热泳移牢度的高性能分散染料。现有分散染料的热迁移牢度较差，影响了染色物经后加工后的各种湿牢度，也带来了对环境的污染，开发具有优异耐热迁移性的分散染料是纺织市场的迫切需要。Ciba 精化公司开发的 Terasil W 染料和 Terasil WW 染料是具有卓越湿牢度和耐热迁移性的新型分散染料，它们在锦纶、醋酸纤维上的水洗牢度可以提高 1～2 级，甚至更高，在棉、羊毛、腈纶、涤纶上的沾色牢度也可提高 0.5～1 级。

④ 不含可吸附有机卤化物的新型分散染料。分散染料中一部分是用有机卤化物制成的，其中以橙色、红色和蓝色居多，它们中的一部分属于可吸附有机卤化物，既有毒性，生化降解性又较差，因此各国正在致力于开发不含可吸附有机卤化物的新型分散染料。例如 Ciba 精化公司开发的 Terasil Blue W-BLS 就是一种不含可吸附有机卤化物的新染料，BASF 公司开发的 Dispersol Deep Red SF 是新一代的高性能分散染料，其发色体结构不同于苯并二呋喃酮结构，具有最高的湿牢度和更低的成本，不含可吸附有机卤化物。

⑤ 开发用可生化降解分散剂组成的新型分散染料。分散染料商品中的分散剂也是一个影响环境保护的重要因素。例如，BASF 公司开发成功的新型可生化降解分散剂 Setamol E。

表 5-9 列出了部分禁用染料及其代用染料。

表 5-9　部分禁用染料及其代用染料

染料种类	禁用染料	替代染料	染料种类	禁用染料	替代染料
酸性染料	酸性黑 NB(NSK)	弱酸性黑 S-RSN	酸性染料	酸性红 2R	弱酸性红 B、3BW
	中性黑 B(S)	弱酸性黑 S-RSN		酸性红 ER	弱酸性红 3BL
	酸性黑 BGL(S)	弱酸性黑 B		酸性红 3BL	弱酸性红 3BS、3BW
	中性黑 RBL	弱酸性黑 S-RSNL、BGL(200%)		酸性紫红 A2B	弱酸性桃红 BS、弱酸性红 3B
	酸性黑 FC	弱酸性黑 S-RSNL、B		酸性紫 5B	弱酸性紫 FBL
	酸性棕 S-GL	弱酸性棕 S-RNI、S-GLN	分散染料	分散黄 RGFL、E-3RL	分散黄 SE-5G
	酸性橙 N-GSN	兰纳洒脱橙 RN		分散灰 N	新分散灰 N、SE
	酸性红 3B、酸性桃红 3B	弱酸性桃红 B、3BW		分散蓝 2GN	分散蓝 2BLN、E-4R、E-FBL、E-BN 分散蓝 B、BFG、GFD
	酸性大红 GR、酸性朱红 105、大红 105	弱酸性大红 S-GLN、GN 或 2GN		分散红 4G	分散红 SG、4NG、分散大红 GS、分散红 SE-B
	酸性大红 G、酸性红 G、永固猩红	弱酸性大红 S-GLN、GN 或 2GN、弱酸性大红 S-2G		E-GR、S-2GL、B-4R、R、5R	分散艳黄 E-2G、分散黄 3G(高浓)

5.4　绿色纺织品

5.4.1　绿色纺织品的定义、标准与分类

绿色纺织品，即生态纺织品，是人类绿色运动的重要内容。绿色纺织品是指从开发设计原料采用、加工制造、流通、使用、报废处理至再利用的全过程中均采用无污染或少污染“清洁工艺”的纺织品，即在生产和使用过程中不污染环境，不破坏生态，对人体无害，符合卫生和安全要求的纺织品。绿色纺织品经有关权威机构鉴定后，可称为环保标志纺织品。绿色纺织品要在与人体接触的纺织品中消除或低于 Oeko-Tex Standard 100 所规定的指标，即①不使用能分解出致癌芳胺的染料；②不采用含氯漂白和氯化改性-树脂羊毛防毡缩；③树脂整理和固色整理等工序中使用低甲醛或无甲醛化学药品；④产品中不含有农药和有机氯化物；⑤不含有重金属。

要得到绿色纺织品必须完善纺织生态学，按照纺织生态学的规定，生产和制作纺织品，包含的范围相当广泛，包括原料的选用，以及生产过程对环境的污染程度等。

绿色纺织品应有四个方面的含义：①原料资源可再生和重复利用；②生产过程中，不会对环境造成不利的影响；③在使用过程中，消费者的安全和健康及环境不受损害；④纺织品废弃后在自然条件下降解或不形成新的环境污染。绿色纺织品应该以绿色纤维为原料。

目前，世界上大多数国家采用以 Oeko-Tex Standard 100 作为生态纺织品标准，虽然它不能作为质量标签，但它表明经过 Oeko-Tex Standard 100 检验的产品不含有对人体有害的物质，生产过程中的技术条件满足相关规定。

5.4.2　绿色纺织品的来源与一般制造方法

绿色纺织品的生产首先应尽可能地使用生产过程无污染或少污染的纤维。这主要是指在纤维原料的生产过程中减少对环境的污染以及影响消费者健康的因素，如目前比较流行的新型纤维素纤维 Tencel、牛奶纤维、甲壳素纤维及一些有机天然纤维（天然彩色棉和动物原毛）、木浆纤维（如 Modal）等。

绿色纺织品在采用绿色纤维作原料的基础上，其后道的纺、织、染整等加工过程也要求采用“绿色”的染料、助剂和其他化学品。

制造绿色纺织品首先要选绿色浆料。绿色浆料主要指天然浆料，包括淀粉（玉米淀粉、小麦淀粉、马铃薯淀粉、橡子淀粉等）、植物胶（海藻胶、阿拉伯树胶、槐豆胶等）和动物胶(明胶、骨胶、皮胶等)。这些浆料分别是从某些植物的种子、块茎、块根中，或从动物的骨、皮、筋腰等结构组织中提取的。棉织物上浆主要采用淀粉和变性淀粉（氧化淀粉、酸化淀粉、酯化淀粉、醚化淀粉等），这类浆料易于生物降解，对环境的危害性比较小，可替代部分合成浆料。

为争取早日替代 PVA 浆料，国内外开发出了接枝共聚变性淀粉和新型丙烯酸类浆料，这两类浆料不仅能满足经纱上浆的工艺和技术要求，而且还具有明显的生态性。如荷兰艾维贝公司开发的 ASP 浆料。

其次，要选环保染料，环保染料包括天然染料和新型环保性染料。天然染料又名天然色素，其主要来源是植物的根、茎、叶、花、果或天然彩色矿石。天然染料一般无毒，可以生物降解。天然彩色矿石大多不含有毒的重金属元素，也不含放射性元素，对人体和生态均不会造成危害。北京纺织科学院从几种植物中提取天然黄（HP-H）和天然绿（m-G），用于纯棉和丝绸染色。日本伊藤忠商社用绿茶染色开发的棉制品具有抗菌、除臭、不引起过敏等优点，在日本市场倍受欢迎。已在生产实践中得以运用的新型环保染料主要有以下几种：一是新型环保活性染料，如 Smmifix HF 型染料、Supra E-xF 型染料等；二是新型环保分散染料，如 Serisol ECF 染料、Compact ECO 染料等；三是新型环保酸性染料，如 Sandolan MF 型染料、4,4′-二氨基-*N*-苯磺酰苯胺等。

纺织品染整的每道工序都要施加各类助剂，应用环保型助剂对于绿色纺织品的生产是极为重要的。而作为各种助剂重要组成部分的表面活性剂，其环保性能不容忽视。因此，生态型表面活性剂便应运而生。该活性剂在保护产品应用性能的同时具有高效的生物降解性，可通过活生物体的生物作用使其结构在短时间内遭到破坏，丧失表面活性，并安全分解成水、二氧化碳和无机元素。如国外推出的 BiotexAL，作为一种多官能团的洗涤润湿剂，可用于羊毛及其混纺物的处理、染色和皂洗，不仅具有优良的洗涤润湿能力，而且具有较好的生物降解性，在废水中 4h 内可安全分解。

在纺织品进行后整理时，为保持其“绿色”特性，应使用环保型整理剂。环保型整理剂是以天然动植物为原料，经加工纯化而制取的整理剂，用于织物整理使其获得优良自然的效果。如：用壳聚糖制成的整理剂可用于织物的抗菌防臭和保湿整理；从鲨鱼肝脏中提取的角鲨烯可对织物进行天然功能整理；从蚕丝精炼液中回收提取的丝胶可对织物进行柔软舒适整理等。

总之，绿色纺织品既要求原料绿色环保还要求生产工艺清洁化。

5.4.3 绿色纺织品简介

5.4.3.1 麻纤维绿色纺织品

①“摩维”是麻纤维绿色纺织品，它的主要原料是黄麻和槿麻等麻类，将麻的束纤维提取出来，加工而成，槿麻是仅次于棉纤维的第二大植物纤维，它是一种种植条件较低、耐低洼涝汛和盐碱性又不与棉、粮争地的作物，还能改善土壤结构，是一种很有发展前途的纤维。“摩维”开发的面料吸湿性比亚麻、大麻和苎麻高 2%～4%，它已和其他纤维混纺，开发出摩维丽赛、摩维棉、摩维毛、摩维黏胶、摩维涤纶等，其和棉混纺（棉 45%）的纱线粗细可达 278dtex，产品具有不起球、悬垂性好、吸水、吸湿、排汗、透气等特点，手感又柔软，还具有良好的抗菌性、保暖性。织成的织物具有突出的硬挺、粗犷的特征，以及柔软细腻的风格，怀古、返璞归真的效果，被人们称为“风情万种的新型面料”，已开发出平纹、斜纹、牛仔、灯芯绒四大系列数百种面料，制作成衬衫、休闲装、牛仔裤、童装等广泛销售于市场。含麻 60%的摩维面料与相同规格的棉布价格相同，因价格低廉，受到了广大消费者的欢迎。

②“圣麻”也是以天然麻类为原料，通过蒸煮、漂白、制胶，把麻材中的纤维素提取出来，再经纺丝、后处理等工艺路线，制成的一种新型纤维。它的纤维结构是沿纤维方向有多数条纹，与黏胶纤维相似，从截面看具有自己独特的结构特点：似梅花形和星形，不规则。纤维的特点是可纺性好，染色亮丽、鲜艳，吸湿性、透气性好，具有吸湿排汗、凉爽的快感。麻材具有天然的抑菌作用，在生长过程中不施农药和杀虫剂。具有自我保护性，在圣麻的制造中，最大限度地保留了这种抗菌物质，仍具有抑菌、防霉效能，并通过了国家棉纺织产品质量监督中心的证实，因而被人们称为“一种新型环保型的纤维素纤维”。

5.4.3.2 竹纤维制品

竹纤维产品的应用领域广阔，可用于纯纺的针织和机织面料，亦可用于生产与羊毛、丝、麻、棉等天然纤维或天丝、莫代尔、人造丝等人造纤维的混纺、交织产品。主要应用领域如下：衣着方面主要用于内衣、贴身T恤衫、衬衣、袜子等；用于卫生材料如纱布等；洗浴用品方面，用于浴巾、浴衣、毛巾等；制造非织造布方面，用于脚垫、凉席、地毯等；此外还用于制作床上用品。

市场上的竹纤维产品种类繁多，如原料方面可采用100%竹纤维，也可以为竹/真丝、竹纤维/棉、竹纤维/天丝、竹/毛混纺；品种方面有牛仔布（可以加弹力）、斜纹卡其、青年布、高支府绸等梭织休闲面料等，可用于生产牛仔裤、休闲裤、衬衫、茄克、裙子、婴儿装、童装等服装。目前国内已开发出天然竹纤维毛巾产品，其各项性能指标均达到设计和试用要求，并已进入市场。竹纤维及其产品的附加值市场广阔，产业前景远大。

5.4.3.3 Lyocell纤维绿色纺织品

Lyocell纤维主要用于高档成衣和家纺纤维，也有部分用于医疗和卫生用品类无纺产品。Lyocell纤维床上用品可为卧室提供理想微气候，而且有最佳皮肤亲和性。研究表明，Lyocell纤维的优良导湿性能可有效防止螨虫滋生，而不需用任何化学整理，而且还有天然防霉性。由于Lyocell纤维有优良的吸湿性和导湿性，因此使卧床始终保持干燥。此外，该纤维有其他纤维不可比拟的皮肤接触舒适感。广州兰精公司和美国卡吉尔陶氏（美国）公司达成合作协议，合力研发推出采用Lyocell纤维和PLA英乔纤维制作的可用于羽绒被、枕头和床垫等的填充纤维，它可充分利用兰精Lyocell纤维的优良透气性和调湿性以及PLA英乔纤维的优异膨松性。此外，兰精公司正在开发有天然抗静电性的Lyocell纤维地毯，它还可兼具防蛀防虫功能。

5.4.3.4 聚乳酸非织造布

聚乳酸非织造布主要用于农业、园艺方面，可用作种子培植、育秧、防霜及除草用布等。在医疗卫生方面，可用作手术衣、手术覆盖布、口罩等，也可用作尿布、妇女卫生巾的面料及其他生理卫生用品。在生活用品方面，可用作揩布、厨房用滤水/滤渣袋或其他包装材料。用聚乳酸非织造布代替某些不可分解的通用塑料制品，克服“白色污染”，已显示出越来越重要的作用。

干法成网是聚乳酸非织造布的主要生产方法之一，其工艺流程如下：

聚乳酸短纤维→开松→梳理→铺网→固结（可采用热轧、针刺或水刺等方法对纤网进行固结）→卷取→成品

聚乳酸非织造布是一种以可再生资源，如以玉米淀粉为原料的新型材料，完全不依靠天然石化资源，因此其发展不受世界石油、煤炭日益枯竭危机的制约。同时，还间接地减少了石油化工对大气的污染及其废弃物对环境的破坏。聚乳酸非织造布产品的开发和应用前景广阔。

5.5 绿色纺织品清洁化生产工艺

《中华人民共和国清洁生产促进法》已于2003年1月1日起实施，这一法律的颁布和实

施，标志着我国环境污染治理模式的重大变革，它与党的十六大提出的“走出一条科技含量高、经济效益好、资源消耗低、环境污染少、人力资源优势得到充分发挥的新型工业化路子”完全一致。

所谓“清洁生产”，按照联合国环境署提出的普遍认可的定义，是指“将综合预防的环境策略，持续应用于生产过程和产品中，以便减少对人类和环境的风险”。很显然，就是要从源头上采用各种有效的预防措施，减少甚至消除污染的产生。而不是等污染产生了，再去进行治理。只有实现了“清洁生产”，“绿色纺织品”的生产才有了基本的保证。

染整工艺中消耗大量化学药品，加工每千克纺织品约需水 100L，电 15～20kW·h，耗氧 5kg，释放 CO_2（燃煤）7kg；印染加工废水量极大，据测算，加工织物与废水量之比高达(1∶150)～(1∶200)。我国印染废水 IEI 排放量为 300～400 万吨，年排放量不少于 10 亿吨，占纺织行业总排放量的 80%以上，是主要的工业污染源。实现印染行业的“清洁生产”，唯一的途径是研究和选择少污染或无污染的新技术、新原料和新工艺。国家环保总局在《2000 年全国环境保护工作重点》中指出：“全国主要污染物排放总量要得到有效控制，工业污染达标率不断提高，重点城市流域、海域污染防治要取得一定成效，把一个清洁的环境带入新世纪”。

5.5.1 绿色纺织品清洁化生产工艺的定义、标准与分类

清洁生产包括清洁的能源、清洁的生产和服务过程、清洁的产品。清洁生产具有可持续性，以减少污染的产生为控制目标，防止污染物的转移，将水、气等递质作为整体，避免末端治理污染物在不同递质之间的转移。清洁生产的核心内容就是从源头控制污染，应用新染料、新助剂、新设备，坚持技术创新、节能降耗与综合治理。

符合 Oeko-Tex Standard 100 要确保生产符合 ISO 14000 的要求，要确保产品就必须关注产品的整个生产过程，并做到整个生产流程、工艺条件对操作环境与人体无害，“三废”排放符合环保规定。所以，绿色纺织品染整工艺既是清洁性工艺，同时也是安全无害性的生产工艺。

国家经贸委也公布了重点行业清洁生产技术导向目录（第一批），涉及纺织行业的内容如下：①酶退浆；②棉布前处理冷轧堆一步法工艺；③丝光淡碱回收技术；④高效活性染料应用；⑤涂料染色工艺；⑥涂料印花工艺；⑦转移印花新工艺；⑧超滤法回收染料；⑨红外线辐射器应用。

绿色的染整工艺主要指应用无污染或少污染的化学品与替代技术的工艺，它具有以下特点：①生产工艺排出的三废少，特别是废水少，甚至无三废排放；排放的三废毒性低，对环境污染轻或易于净化；②所用原材料无害或低害；③操作条件安全或劳动保护容易，无危险性；④环境资源消耗少或易于回收利用；⑤加工成本低，加工质量及可降效率高。

5.5.2 绿色纺织品清洁化生产工艺简介

5.5.2.1 生物酶处理技术

采用生物酶对纺织品进行湿加工，不但服用性能得到提高，不损伤皮肤，而且生产能耗低，废液易生物降解，符合生态要求，属绿色技术。生物酶在绿色纺织品加工中的应用，包括以淀粉酶为主要反应进行酶退浆，杜绝了酸、碱或氧化剂退浆所产生的化学品污染，且对纤维无任何损伤作用；采用活力高和耐温性好的果胶酶代替高温强碱煮烘；采用无氯漂白，开发过氧化酶进行双氧水漂白，既能改善车间工作环境，又可避免含磷类、含硅类稳定剂在织物上残留；利用蛋白酶进行羊毛防毡缩加工替代氯化改性-树脂整理，减少了高 AOX 值废水排入，避免了有机卤化物对人体的伤害等。通过有针对性地研究开发性能稳定、有特定用途的新型酶制剂，有利于绿色纺织品的生产加工。

(1) 过氧化氢酶氧漂清洁化工艺

氧漂即用双氧水作为漂白整理剂的织物漂白工艺。由于双氧水的分解产物为水和氧气，所以它是一种绿色环保的漂白整理剂，应用受到业界的重视。棉针织物的染色大多采用活性染料，该染料主要靠染料中的活性基团与纤维发生共价键的结合。若氧漂后织物上残留过氧化氢，就会在染液中将染料反应基团氧化分解，使染料和纤维不能产生充分有效的键合，从而产生色浅、色花，甚至色光改变。因此，对氧漂后织物上残留的双氧水必须充分有效地去除。

传统的双氧水去除一般有两种方法：一种是用高温热洗加水洗，使双氧水分解挥发，水的耗用量很大，而且时间长。特别在实际生产中，难免碰到蒸汽不足的情况，特别是在冬、春两季，升温非常缓慢，直接影响生产的顺利进行；另一种是采用还原剂处理，这种工艺虽然可以快速去除双氧水，但是还原剂的用量很难控制，少了达不到处理的要求，多了会影响染色性能。

近年来，采用由过氧化氢催化分解酶助剂取代单纯高温热洗加水洗去除漂白后残留在织物上的双氧水的工艺，其特点是分解速度快，分解温度低，具有基质特异性的酶只分解过氧化氢分子，与其他物质不起任何反应，大大缩短了生产周期，减少了大量水、电、汽等能耗开支，降低了总生产成本，生产能力及产品质量得到进一步提高。

过氧化氢酶的催化反应为：$2H_2O_2$＋过氧化氢酶$\longrightarrow 2H_2O+O_2\uparrow$

① 传统脱氧工艺流程　具体如下：

95℃双氧水漂白→降至80℃排液→热水洗（80℃，20min）→热水洗（60℃，20min）→冷水洗（两次，每次20min）

② 过氧化氢酶脱氧工艺流程　具体如下：

95℃双氧水漂白→降至80℃排液→注水加酸调节pH＝6，运转5min→加入0.2%过氧化氢酶→30℃循环15min→出布

酶处理工艺：常温，pH值为7～10，酶0.1g/L（Terminox Ultra 50L），时间20min，浴比（1∶8）～（1∶12）。一般用醋酸来调节pH值。

显而易见，运用酶处理工艺可节约工艺时间1～1.5h，节约了大量的软化水，减少了污水的排放量，使用简便。

（2）果胶酶对麻纤维的脱胶处理

麻纤维具有许多其他纤维无法比拟的优点，是很有发展潜力的功能性环保纺织原料。但原麻不但没有可纺性，而且严重影响麻的润湿性和渗透性，影响染整加工过程的顺利进行。因而在纺纱之前必须将韧皮中的胶质等杂质去除，并使纤维相互分离，即脱胶。果胶酶中包含有果胶甲酯酶、多聚半乳糖醛酸酶、裂解酶、原果胶酶等多种组分，用其处理原麻后，使果胶大分子键断裂，使胶杂质复合体结构松散，再用较稀的氢氧化钠溶液煮炼，就可得到较好的纺织纤维。另外，由于碱性果胶酶具有碱性和酶的双重作用，可以先将果胶质水解，同时为后面除去剩余的杂质提供便利。与常规碱精炼工艺相比，在酶和碱的共同作用下，去除效果更好，再加上酶催化作用的高效性和专一性，可降低前处理工艺条件的剧烈程度，减少对麻强力的损伤，同时也会减少烧碱的排放量，降低环境污染。

果胶酶对麻纤维的脱胶处理工艺实例如下。

① 实验材料为亚麻纱。

② 工艺流程：浸酸→水洗→晾干→漂白→水洗→晾干→酶精炼→水洗至中性→晾干。

③ 工艺处方

a. 酸洗配方：硫酸3g/L，JFC 0.2g/L，温度30～32℃，时间10～15min，浴比1∶50。

b. 漂白配方：硅酸钠4.0g/L，碳酸钠2.0g/L，双氧水4.0g/L，温度90～95℃，时间40～60min，浴比1∶50。

c. 酶精炼配方：碱性果胶酶5%（o. w. f），pH值为9.5，温度45℃，时间1.5h，浴比1∶50。

采用此工艺，最高毛效可达16.8cm/30min，亚麻纱的润湿性、白度及果胶去除率可达到传统精炼工艺的指标。环境污染小，工艺所需温度低，节约能源。

（3）棉纤维的生物酶精炼

棉纤维中由于存在着果胶、蜡状物质等杂物，影响棉纤维的湿润性，染色前必须将这些杂质去掉，以提高棉的湿润性和染色性，利用果胶酶和纤维素酶的复合效应，即果胶酶使棉纤维中的果胶分解：纤维素酶使初生胞壁中的纤维素分解。两者共同作用，似果品剥皮一般地将表面杂质及部分初生胞壁去除，达到精炼的目的。由于酶的作用具有极强的针对性，棉蜡与纤维素酶和果胶酶作用时，没有受到强烈的破坏，有一部分随精炼去除，相当一部分的棉蜡保留在棉纤维上。这种生物精炼法与传统的碱精炼法相比，具有不污染环境、工作环境安全、纤维强力不下降、手感柔软、失重少等特点。

① 工艺流程：开松→酶洗→灭活（条件80℃）→水洗→晾干→测试。

② 工艺配方：果胶酶0.6%（o. w. f），pH值为10，温度60℃，时间20min，浴比1∶40。

采用果胶酶Scourzyme L对彩色棉进行处理，纤维的吸湿性有很大改善，强力略有下降；处理后的彩色棉基本上能保持其原有的色泽和风格，颜色较鲜艳，纤维手感柔软。

（4）羊毛蛋白酶防毡缩工艺

传统的防毡缩整理工艺是用氧化或还原的方法使纤维表面改性，或施以树脂整理，或前两种方法结合使用。如氯化改性或树脂整理，由于该工艺的处理废液中含有大量对环境有危害作用的有机氯化物（AOX），不仅会造成环境污染，而且羊毛纺织品手感也会变差。所以应用酶来处理，达到防毡缩的目的。最初用酶对羊毛处理的目标是改善羊毛织物的舒适性，减少粗毛纱的刺痛感，发现经酶处理后的羊毛织物，大大减少了起球，外观也明显改善，手感特别柔软。一些较粗的羊毛经酶处理后可能变细，具有开司米的手感，并改善了它们的可纺性。

蛋白酶SZ是一种非常有应用前景的羊毛生化处理剂。SZ蛋白酶处理羊毛的工艺处方如下。

首先，双氧水预处理，配方为：$Na_2SiO_3 \cdot 9H_2O$ 0.7%，Na_2CO_3 0.2%，H_2O_2（>30%）1%，浴比25∶1，温度50℃，时间45min。

处理后的样品用蒸馏水洗净晾干备用。然后，羊毛蛋白酶处理，处理条件为：SZ蛋白质浓度（o. w. f）5%，浴比25∶1，温度50℃，pH值为6～7，时间45min。

（5）纤维素酶用于纯棉平布的整理

棉织物以吸水、透气、柔软、舒适为人们所喜爱，但棉织物穿久了，易起毛，严重影响穿着。用纤维素酶处理棉织物，是使棉织物向高级化、高附加值化方向发展的一大突破。在酶洗时，纤维素酶主要在织物表面起作用，并主要作用于细支纱和疏松其结构，使纤维素的微原纤在生物降解和机械作用的影响下而断开。通过纤维素酶酶洗，可除掉织物表面的绒毛，使织物表面光滑、均匀、有光泽，纹路清晰，手感更柔软，这些都是耐久的。在以后的清洗中不会再出现散纤维和表面起球现象。通过酶洗，内在质量也会得到提高，悬垂系数下降，悬垂性提高6%～11%，压缩率也提高了，从而使织物更加柔软、蓬松。

纯棉平布织物用酸性纤维素酶整理的工艺条件为：酸性纤维素酶浓度8%（o. w. f），pH=4～5，浴比1∶40。将织物和已经配制好的酶整理液放入电阻式恒温缸中，在上述试验条件下，洗涤60min，取出，用沸水终止酶反应，然后水洗，烘干。结果发现棉织物经过纤维素酶整理后，其悬垂性、透气性、光泽度及抗皱性等服用性能得到了不同程度的改善，而且这种整理方法无污染、能耗小、工艺简单。日本学者曾用纤维素酶对市售织物进行处理，在处理之前用0.2%的表面活性剂洗涤，结果发现，不管织物是何种类，它的挺括性都降低了，而柔软度都提高了，因此可知，纤维素酶处理可赋予棉织物柔软性和悬垂性。

(6) 生物丝光

生物丝光是用纤维素酶对棉针织物在无张力状态下处理的一种加工技术，与传统的碱丝光技术相比，其设备投资、工艺流程、能源消耗、生产成本都大大下降，而且不用其他丝光助剂，没有环境污染。织物经生物丝光处理后，表面竖立的纤维尖端、绒毛都完全被去除，表面光洁度大大提高，可由处理前的5级提高到1级。

利用纤维素酶对棉针织物进行超柔软整理，由于纤维素酶中有三个活性组分：外纤维素酶、内纤维素酶及B-D-糖苷酶，在进行处理时，通过B-D-糖苷酶对纤维素分子的B-1,4苷键作用，从而使露出纤维表面的短纤尖端和细微绒毛被水解断裂而去除。纤维变得滑爽柔软并富有光泽，而且这种柔软性是永久的。棉针织物经此处理后，手感由处理前的2级提高到4级以上。织物上不残存任何有害物质。

实例：丝光超柔软清洁化整理工艺。

① 棉纤维的超级柔软整理　利用纤维素酶对棉的水解作用使织物表面改性，控制减量率在3%～5%左右，就能得到丝一般的超级柔软手感，获得新的织物风格。纤维素酶同样也可用于处理麻织物或粗麻纱，让酶作用于纤维或纱线表面伸出的羽毛，将其硬而直的尖端部分原纤化，使之柔软，以改善粗硬麻制品的肌肤触感和穿着舒适感，亦可将粗麻纱变为羽毛少、条干均匀、可挠度高的细麻纱，尤适合于针织品，提高麻制品品位和质量，具有丝光和超柔软效果。

整理工艺流程：布样→酶处理→水洗→染色→水洗→浸润柔软剂（两浸两轧）→烘干→焙烘。

② 酶处理　纤维素酶用量3%，温度50℃，时间50min，浴比1∶20。

③ 柔软处理　工艺流程为：柔软剂处理液→浸润15min→两浸两轧→烘干（75～80℃）→焙烘2min（95℃左右）。

如果织物吸附了一定量的柔软剂后再用纤维素酶进行整理，由于吸附的柔软剂在织物表面形成一层吸附膜，不仅阻碍酶接近织物，降低酶的活力及处理效果，而且酶的水解作用也会影响柔软剂的整理效果。

经过超柔软整理的织物性能都有较明显的改善，整理过程中，由于织物首先受到纤维素酶的作用，蓬松柔软，而后柔软剂又降低了纤维的摩擦阻力，这两种作用的综合结果，使织物的硬挺度比单独用酶或柔软剂整理的都低，织物的悬垂性能也提高了。

5.5.2.2　绿色印染工艺

(1) 绿色染色、印花技术

纤维及其制品的染色、印花加工是工业生产中一个严重的污染源。在印染加工时平均上染率为80%，损失20%。据统计，全世界印染加工时约有千万吨染料溶解或分散于水中，经废水流入环境，危害较大。绿色印染加工应从染料和染色方法入手。

一种思路是在染色过程中避免污染。研发新型生态染色技术是至关重要的一项措施，目前三种应用较为广泛的新型生态染色技术如下。

① 超临界二氧化碳染色（SFD）　它是采用二氧化碳来代替以水为介质的染整加工技术，该技术实现了无水染色，彻底消除了印染废水的产生，保护了水资源；省去了还原清洗和烘干工序，降低了能源消耗；染色过程无有害气体排放；残余染料可循环使用，提高了染料利用率。此外，染料扩散速度快，可以很快被吸附到纤维表面，从而大大提高了上染速度，匀染性

和透染性均很好。

② 超声波染色　即染液通过超声波作用后产生气穴作用，温度随之升高而快速溶解，染料因而具有较好的分散性，使上染速度得到了加快，从而改善了纺织品的透染程度。超声波之所以能加快上染速度，增大扩散系数，降低反应的活化能，一方面可能是由于超声波的振荡分散性使染液中染料的分散程度提高，活化的染料分子的数目增加；另一方面可能是由于超声波的作用引起了纤维微观物理结构的变化，使纤维无定型区的含量提高. 从而使染料的扩散能阻降低，这一切都有利于染料的上染，加快染料的扩散，从而可以使染料对亚麻纱的上染顺利进行。

③ 数码喷射印花技术　即印花图案经过计算机分色处理后，按照预先确定的列阵直接通过计算机控制印花喷嘴动作，向织物表面喷射不同颜色的色墨或染料微滴，以形成所需的花纹图案。这种印花技术具有工序简单、灵活性强、经济效益好、印花品质高、环保性能好等诸多优点，被誉为是纺织印染技术的革命。

实例：超临界 CO_2 染色工艺。

CO_2 在临界温度 31℃和气压 7.2MPa 以上称为超临界。在此状态下，CO_2 就成为具有高如液体的密度和低如气体的黏度等特殊性质，它比其他流体的临界温度低，这种超临界 CO_2 流体对分散染料有较高的溶解能力和很高的扩散性，用于涤纶织物染色会取得很好的效果。它的优点是具有远远超过水使染料转移到纤维上去的能力，节能量可达到 80%，同时可以减少染色时间，并使干燥过程大为缩短。不仅可以大大减少染料和化学助剂的损耗，而且无废水排放，也无粉状染料残留。据 Ciba-Geigy 公司介绍，该公司研发的应用超临界 CO_2 的涤纶染色新工艺可使染料吸尽率达到 98%，CO_2 损耗率保持在 2%～5%的范围内，未经利用的 2%的染料可回收，而排入大气的 CO_2 极少。

另一种“零排放”的思路是使天然纤维本身具有颜色，这样可省去染色过程，如应用基因工程技术生产彩色棉、彩色蚕丝、有色羊毛等。

此外，美国北卡罗来纳州立大学开发出了一种阳离子染色新工艺，可以改善染料与棉纤维之间的亲和力。由于经该工艺处理后染料与纤维之间的亲和力增大，因此，在染色之后为了去除染色残留物就不再需要用热水进行洗涤。首先在室温下将纤维浸泡在 2,3-环氧丙基-三甲基氯化铵和氢氧化钠处理液中，然后将纤维通过压辊机，并使其保留一定量的浸泡液。将湿纤维装入桶内，加上塑料盖，以防止水分蒸发，并保持 12h。环氧-四元离子与纤维发生放热反应，使纤维温度上升至 40℃。12h 后，将带有正电荷的纤维取出，使其与带负电荷的染料反应，从而产生更好的结合效果，且不会损伤纤维，染色浴中也不需加入一些盐类。用直接染料对棉织品进行常规染色，每周染色 100t 织物，要排放 26.3t 化学废物和 40t 废水。与之相比，采用该阳离子染色法要少排 80%的化学废物和 40%的废水。由此可见，这是一种较清洁的染色工艺。

（2）酶在印染中的应用

① 印染废水的生物酶脱色　印染行业使用的染料有一个特点，即一个工厂使用的染料其结构也是多种多样的，工业废水组成差异很大。因此，强调对诸多变化的印染废水进行处理十分必要。经过活性污泥法处理的 90%的活性染料未发生任何变化就被排放出去了。染料污染物具有潜在的毒性和致癌性，这一点已引起人们的关注。物理和化学方法无法使目前使用的全部染料得到降解或去除，有时降解产物毒性甚至更大。一些使用合适的厌氧和嗜氧的联合生物处理可提高染料的降解性，但是在厌氧条件下，偶氮还原酶通常将偶氮染料分解为相应的胺类，其中许多会致低能或致癌，而且偶氮还原酶具有强专一性，只分解被选择染料的偶氮键。与此相反，苯氧化酶——漆酶对芳香环没有强的专一性，因此，有可能降解各种不同的芳香化合物。

漆酶（Laccase）又称酚酶（Phenolase），是一类可降解木质素的含铜多酚氧化酶（*p*-benzenediol：oxygen oxidoreductase）。漆酶能在氧气存在的情况下，催化酚式羟基形成苯氧自由基和水，从而引发自由基反应，其典型的反应式为：

$$4Phe\text{-}OH+O_2 \longrightarrow 4Phe\text{-}O\cdot+2H_2O$$

漆酶是一种专一性较低的酶制剂，可以催化多酚、木质素、氨基苯酚、多胺、芳基二胺和特定的无机离子的氧化反应，而且形成的自由基可以继续引发高聚物的解聚、重聚、脱甲基和苯醌类的生成等。漆酶存在于植物、昆虫和微生物中，在植物中主要通过自由基反应承担木质素的合成与降解。漆酶可以催化绝大部分染料的氧化反应，并使染料脱色。对目前常用的300多种染料的测试表明，确认约有56%的染料可以基本脱色或使色泽变得相当浅，若将颜色变得稍浅的染料包含在内，有近70%的染料可以被漆酶催化氧化而改性。漆酶对靛蓝染料的分解效率很高，因而已经被应用于牛仔布的脱色返旧整理。

脱色实验由0.5mL染料（最后浓度为250mg/L）、0.5mL酶制剂（稀释至漆酶最后活度为0.1nkat/mL）和3.0mL的缓冲溶液（0.1mol/L醋酸钠，pH值为5.0）组成，在50℃旋转振荡培育5h。分光光度计在每种染料的最大吸收波长下记录脱色情况，浓度从在该条件下记录的标准曲线上得到。全部实验用热失活酶制剂作为对比实验并同时做三次平行实验。实验证明：酶制剂能够使三芳基甲烷染料、偶氮染料、蒽醌染料、靛蓝染料和金属络合染料脱色。因此，漆酶可应用于印染废水的处理。

② 纤维素酶在染色中的应用　纤维素纤维织物的一浴法染色和生物处理是一种复合化染整加工技术，即在织物浸轧的同时，工作液中就含有染料、整理剂、催化剂和添加剂等组分。纺织品的染色和生物酶一浴法处理加工具有简化工艺过程、节能节水、污水排放量低、省时省力、提高生产率、缩短交货期、降低染化料用量、相应降低生产成本等优点。随着研究的不断深入，所用织物的种类在逐渐扩大，从纤维素纤维织物至改性纤维素纤维织物、涤棉混纺织物以及黏胶/羊毛混纺织物等，对关于染料、整理剂与纤维三者间的相互作用的研究也更加重视。因此，纺织品的染色和生物酶一浴法处理加工工艺具有光明的发展前景和较高的学术价值。

活性染料和纤维素酶一浴法工艺（纤维素酶＋活性染料）处理（活性染料M-5R）(o. w. f)：1%～4%，中性纤维素酶DE106（o. w. f)：1%～4%。NaCl：20～60g/L，时间30min，温度55～60℃，pH值：6～6.5，浴比：1∶15→固色（Na_2CO_3：15g/L，30min)→皂煮（Na_2CO_3：1g/L。洗衣粉：2g/L，95℃，10min)→水洗→烘干。

经过试验研究，在纤维素酶和活性染料对棉织物进行一浴法处理时，随处理浴中活性染料浓度的提高，棉织物的表观深度逐渐增加，透气性、减量率、硬挺度、断裂强度值减小。随处理浴中纤维素酶浓度的提高，透气性、减量率逐渐增大，表观深度、硬挺度、断裂强度值逐渐减小。

5.5.2.3　绿色整理工艺

随着化学整理加工工艺愈来愈多，化学整理剂的毒性和危害性逐渐暴露出来，包括树脂整理剂、涂层、防水剂、柔软剂等所含的甲醛；阻燃剂、防水剂等所含的重金属离子等。因此，许多绿色整理工艺不断出现。

（1）新型的物理机械整理

由于物理机械整理无化学品危害，一些新型的柔软松弛设备不断出现，可以改善纺织品的手感和减少缩水率，如起毛起绒、拷花，轧光整理也受到重视，但为了提高整理效果，特别是耐久性，还往往需要和一些无害的化学整理剂一起进行，这包括水洗、砂洗、耐久拷花和轧光整理等。

（2）生物酶整理

生物酶用于纺织品整理，近年来发展很快，不仅用于纤维素纺织品的抛光、柔软整理等，也可用于羊毛等纺织品改善刺痒和增加柔软性的整理工艺中，可以去除原纤化产生的原纤茸毛，提高使用性能。

(3) 物理和物理化学方法改性整理

应用化学法整理会产生化学污染和危害，近年来用物理和物理化学方法改性整理剂受到重视，如物理方法的机械柔软、拷花、轧光、起绒整理；利用近代的物理化学方法，如低温等离子体处理，可获得减量柔软，改善吸湿性和合成纤维的抗静电性，改善纤维的光泽，增加纤维间的抱合力等效果。

确定和评定绿色染整工艺仍然要从改善地球生态这个大环境考虑，即从绿色染整工程整体出发来选用工艺。由于绿色工程近年来正在逐步发展和形成之中，其各种标准也在不断完善，所以，所谓的绿色染整工艺不是绝对的，有待于继续改善和开发。

思考题

1. 国际生态纺织品标准 Oeko-Tex Standard 100 对纺织品中的哪些物质提出了检测标准？我国是哪一年提出了类似标准？这些标准对纺织品的绿色化具有什么意义？

2. 什么是绿色纤维？新型绿色纤维的开发思路有哪些？目前已有哪些纤维属于绿色纤维？

3. 大豆、牛奶、壳聚糖、海藻、竹子等都可制造绿色纤维，它们的绿色概念体现在哪些方面？它们的制作工艺和原理各是什么？这些纤维还存在哪些不符合绿色原则的地方？有没有解决的思路？

4. 黏胶及其类似的再生纤维是人造纤维中的重要品种，制作这些绿色再生纤维的关键绿色工艺是什么？

5. 为什么说聚乳酸纤维是绿色纤维？实现聚乳酸纤维的绿色化还存在哪些困难？

6. 什么是绿色印染助剂？实现印染助剂的绿色化对绿色纺织工业有什么意义？绿色印染助剂通常有哪些种类？

7. 甲醛对人体有什么危害？绿色纺织品对甲醛作出了哪些明确规定？目前在纺织品制造过程中出现了哪些无甲醛工艺？

8. 染料对人体有什么危害？目前哪些染料已被禁用或限制使用？天然染料对制作绿色纺织品有什么好处？

9. 制作绿色纺织品有哪些主要思路？

10. 为什么说清洁化生产工艺对实现纺织工业的绿色化有重大意义？

11. 目前有哪些绿色纺织品工艺？为什么说它们是绿色的？

12. 纺织品的生物酶工艺原理是什么？目前有哪些酶工艺？这些酶工艺还存在哪些问题尚未得到解决？

参考文献

[1] W. Saus, et al. Dyeing of textiles in supercritical carbon dioxide. Textile Research Journal, 1993, 63 (3): 135-141.

[2] 刘妙丽，李强林. 偶氮染料的禁用与环保型酸性染料的研究进展. 西南民族大学学报——自然科学版，2007, 33 (3): 554-557.

[3] 马军，唐雯，张威. 绿色纤维开发及发展现状. 山东纺织科技，2004，(1): 53-55.

[4] 张岩昊，王学林. 新型环保纤维——大豆蛋白纤维. 毛纺科技，2000，(6): 42-43.

[5] 党敏. 香蕉纤维及其制品. 国外纺织技术：纺织针织服装化纤染整，2001，(12): 11-13，9.

[6] 甘应进，白越．绿色纺织品的现状与展望．纺织学报，2003，24（3)：93-95.
[7] 邱新棉．天然彩色棉研究进展．中国棉花，2000，27（5)：5-7.
[8] 黄猛．我国绿色纺织品的现状及发展趋势．棉纺织技术，2000，(2)：31-34，35.
[9] 魏安方，徐珍珍．浅谈绿色纺织品的开发途径及发展方向．江苏纺织，2004，(11)：32-35.
[10] 陈玉芳，许错文．甲壳素及其衍生物纺织品．上海纺织科技，2000，28（3)：9-11.
[11] 高燕，李效玉．甲壳素及其衍生物在纺织上的应用．纺织科学研究，1998，(3)：7-10.
[12] 宋丽贞．超临界二氧化碳技术的纺织应用．纺织学报，2000，28（2)：59-60.
[13] 雷同宝，王京红．Lyocell纤维——21世纪的环保型纤维．纺织科学研究，1998，(3)：11-14.
[14] 宋心远，沈煜如编．新型染整技术．北京：中国纺织出版社，1999.
[15] 王妮，魏征．绿色纺织品及其研究与开发．染整科技，2001，(1)：49-55.
[16] 黄茂福．化学助剂分析与应用手册（中册)．北京：中国纺织出版社，2001.
[17] 郭振良等．无甲醛固色剂的分类、固色原理及合成方法．烟台师范学报，2003，19（4)：299-304.
[18] 黄茂福，沈锡．活性染料无醛固色剂的研究．染整科技，1999，(3)：35-39.
[19] 文水平．新型固色剂HK299的合成与应用．印染助剂，2000，(6)：32-33.
[20] 王越飞．兰精Lyocell纤维素化学纤维．人造纤维，1996，(4)：24-29.
[21] 崔萍，楚晓．新一代绿色纤维Richcel（丽赛)．陕西纺织，2006，(2)：38-39.
[22] 赵贵兴．一种再生蛋白纤维——大豆蛋白纤维．中国油脂，2005，(6)：51-52.
[23] 魏玉娟．天然染料——实在的替换品．国外纺织技术：纺织针织服装化纤染整，2003，(11)：26-28.
[24] 张玲，胡发浩．天然植物染料与人体健康．山东纺织科技，1997，(1)：45-48.
[25] 王潮霞．天然染料的研究应用进展．染整技术，2002，24（6)：15-19.
[26] 余静，贾丽霞．天然染料的研究进展．针织工业，2005，4（4)：42-45.
[27] 李辉芹，巩继贤．天然染料的应用现状与研究新进展．染料与染色，2003，40（1)：36-38.
[28] Neelam singh SJahan，Gup ta K C. Dyeing silk with natural dye. Indian Textile Journal，1996，(1)：66.
[29] 邓一民．天然植物染料在真丝绸上的应用．染料与染色，2003，(2)：36-38.
[30] 章杰．染料和助剂工业中的环境荷尔蒙向题．印染，1999，25（12)：42-45.
[31] 黄洪周．我国工业表面活性剂原料结构调整概况研究．工业表面活性剂技术经济论文集，1999.
[32] Four new arrivals form Textil color. International Dyer，1996.
[33] 徐捷．织物柔软剂的现状和发展新课题．工业表面活性剂技术经济论文集，1996.
[34] 唐育民．固色剂的发展概况评述．染整技术，1999，(5)：19-21，24.
[35] 钟雷．真丝绸无甲醛洗可穿整理技术．印染助剂，1999，16（6)：1-4.
[36] 马亚娟．添加聚马来酸改善柠檬酸的免烫整理效果．印染助剂，2000，17（1)：31-33.
[37] 李群，陈水林，姜万超．纳米氧化锌的制备与纳米功能纺织品的开发（下)．染整技术，2003，25（5)：16-18.
[38] 姚培建．纺织品阻燃整理发展分析．纺织科普报，1999.
[39] 唐育民．新型纤维素纤维用阻燃剂．纺织科普报，1999.
[40] 李群，赵昔慧．酶在纺织印染工业中的应用．北京：化学工业出版社，2006.
[41] 高树珍，王大伟．果胶酶在亚麻纱前处理中的应用．毛纺科技，2005，(10)：24-28.
[42] 陈莉，黄故，许彭俊．碱处理和果胶酶处理彩棉纤维吸湿性能的比较．天津工业大学学报，2005，(3)：28-30.
[43] 张镁．天然彩棉复合生物酶精练．印染，2003，(增刊)：36-41.
[44] 郭肖青，朱平，王新．海藻纤维的制备及其应用．纤维技术，2006，44（4).
[45] Charles Q Yang. Eater crosslinking of cotton fabrics by polymeric carboxylic acids and citric acid. Tex Res J，1997，(66)：334-341.

第6章 绿色农业与绿色食品

当石油农业与现有各种替代农业不能同时满足农业生产、生态安全和经济效益三者的要求时，在目前全球经济一体化的背景下，迫切需要一种既能保证粮食产量，又能维护食物安全和生态环境，并且具有完整、科学的标准体系，用市场经济规律来推动农业全面、协调、可持续发展的更加科学的农业发展新模式。绿色农业概念的提出能够充分满足农业生产、生态安全和经济效益三者的要求，绿色食品是人类向前进化和社会进步的一个重要标志，是一项对保障人类健康并维护其生存环境具有深远意义的事业，绿色食品是绿色农业的核心产业。

绿色农业，是指以可持续发展为基本原则，充分运用先进科学技术、先进工业装备和先进管理理念，以促进农产品安全、生态安全、资源安全和提高农业综合效益的协调统一为目标，把标准化贯穿到农业的整个产业链条中，推动人类社会和经济全面、协调、可持续发展的农业发展模式。绿色农业具有四个鲜明的特征：①开放性，即充分利用人类文明进步特别是科技发展的一切优秀成果，依靠科技进步和物质投入来保障较高的生产能力，以满足人类对农产品的数量和质量的需求；②持续性，即在合理使用工业投入品的前提下，注意利用生物系统中能量的自然转移，重视资源的合理利用和保护，并维持良好的生态环境；③高效性，即在追求农产品的优质、高产、安全、生态的基础上，通过建立市场准入制度，发展农产品加工业和农产品国际贸易等，提高农业的综合经济效益；④标准化，即绿色农业鲜明地提出农业要实行标准化全程控制，而且特别强调农业发展的终端产品——农产品的标准化，通过农产品的标准化来提高产品的形象和价格，规范市场秩序，实现“优质优价”，提高农产品的国际竞争力。

绿色农业的发展目标，概括起来讲，就是“三个确保、一个提高”。

① 确保农产品安全。农产品安全主要包括数量安全和质量安全。绿色农业的发展之所以适合亚太地区发展中国家的国情，重要原因是它能够有效解决资源短缺与人口增长的矛盾，这就要求绿色农业必须以科技为支撑，利用有限的资源保障农产品的大量产出，满足人类对农产品数量的需求。同时，随着经济的发展，人们生活水平不断提高，绿色农业要加强标准化全程控制，满足人们对农产品质量安全水平的要求。

② 确保生态安全。生态系统中的能量流和物质循环在通常情况下总是平稳地进行着，与此同时生态系统的结构也保持相对的稳定状态，称为生态环境平衡，通常叫生态平衡。生态平衡最明显的表现就是系统中的物种数量和种群规模相对平稳。绿色农业通过优化农业环境，强调植物、动物和微生物间的能量自然转移，确保生态安全。

③ 确保资源安全。农业的资源安全主要是水土资源的安全问题。一方面，受多种因素制约（例如：气候、土壤、水、地形等自然条件，动植物品种的产量水平，要素投入的多少以及科技水平和经营管理水平等），单位面积的土地产出率是有一定的限度的。另一方面，工业化、城市化也需要占用农业生产用地、用水和用能等。绿色农业发展要满足人类需要的一定数量和质量的农产品，就必然需要确保相应数量和质量的耕地、水资源等生产要素。

④ 提高农业的综合经济效益。对于亚太地区，特别是大多数发展中国家，农业在国民经济中的比重尽管随着经济的发展在逐渐降低，但由于农业连接的是社会的弱势群体——农民，而且农业担负着人类生存和发展的物质基础——食物的生产，因此，农业综合经济效益的提高对于国家安全、社会发展的作用十分重要。提高农业综合经济效益，必然成为绿色农业发展的

重要目标之一。同时，绿色农业由于倡导农产品加工和农产品的国际流通等，提高农业综合经济效益也是必然结果。

绿色食品，是指遵循可持续发展原则，按照特定生产方式生产，经专门机构认证，许可使用绿色食品标志的无污染的安全、优质、营养类食品。由于与环境保护有关的事物国际上通常都冠之以“绿色”，为了更加突出这类食品出自良好的生态环境，因此定名为绿色食品。无污染、安全、优质、营养是绿色食品的特征。无污染是指在绿色食品在生产、加工过程中，通过严密监测、控制，防范农药残留、放射性物质、重金属、有害细菌等对食品生产各个环节的污染，以确保绿色食品产品的洁净。

绿色食品必须具备四个条件：①绿色食品必须出自优良的生态环境，即产地经监测，其土壤、大气、水质符合《绿色食品产地环境技术条件》要求；②绿色食品的生产过程必须严格执行绿色食品生产技术标准，即生产过程中的投入品（农药、肥料、兽药、饲料、食品添加剂等）符合绿色食品相关生产资料使用准则规定，生产操作符合绿色食品生产技术规程要求；③绿色食品产品必须经绿色食品定点监测机构检验，其感官、理化（重金属、农药残留、兽药残留等）和微生物学指标符合绿色食品产品标准；④绿色食品产品包装必须符合《绿色食品包装通用准则》要求，并按相关规定在包装上使用绿色食品标志。

以下仅就绿色农业与绿色食品中的绿色农药、绿色肥料和绿色食品添加剂作一介绍。

6.1 绿色农药

绿色农药，就是指对人类安全、环境生态友好、超低用量、高选择性、作用模式及代谢途径清晰，具有绿色制造过程和高技术内涵的化学农药和生物农药。

“民以食为天”，农药是全面建设小康社会进程中事关工农业进步、环境生态可持续发展、人民健康及社会稳定的重大科学技术问题。

农业的发展方向是优质、安全、高产、高效，农药在其中具有十分重要、无法回避的作用和影响。在全世界，农业病虫草害种类有十多万种［其中，昆虫 1×10^4 种，线虫（8～10）$\times10^4$ 种，微生物 2000 种，杂草 1000 种］，据统计，农药挽回了每年因其造成的 30%的谷物损失，大约每年价值 3000 亿美元。现代农林业植物保护的最有效途径就是化学农药的应用，世界农药市场的总销售额在 2001 年约为 300 亿美元，是全球经济发展的重要产业之一。各发达国家垄断生产的农药年销售额达 70%，其中美国占 30%、日本 17%、西欧 24%。与土壤、种子、化肥一样，农药在农业现代化过程中所起的作用是不可替代的，并且在林业、水产业、畜牧业、卫生害虫及传染病（如疟疾、血吸虫病、鼠疫、细菌战等）的控制与防治方面也做出了巨大的贡献。

2006 年，我国人口已超过 13 亿，人多地少（7%的耕地养活 22%的人口），土地等可利用资源的使用已接近极限，农药应用面积居世界第二（1.2 亿公顷耕地，1.6 亿公顷播种面积）。1994 年美国 Brown 博士以“谁来养活中国”为题预测 2030 年我国将进口食物（2～4）亿吨，超过当前世界食物贸易总量（2 亿吨）。尽管其观点缺乏依据，但我国人口增长对农业增收、森林覆盖、生态环境保护所造成的巨大压力是不言而喻的。此外，我国近年重大病虫草害总体上升，主次演替态势加剧，农业病虫草害种类繁多（其中，昆虫 828 种，微生物 742 种，杂草 64 种，鼠 22 种）。1992 年，我国曾因棉铃虫危害致使棉花减产一半；我国森林草原资源稀少，病虫害造成的退化和死亡以及单产水平低下而造成的过度开发，更加重了森林植被资源的消耗和土壤的贫瘠化、沙漠化。发达国家成功的发展先例和我国农林业发展的历史经验告诉我们，农药在提高农作物耕地单产方面具有举足轻重的地位。我国人口增长、耕地减少、物质水平提高、WTO框架内农产品国际竞争力的增强都对符合现代社会发展要求的绿色农药有着巨大而迫切的需求。

6.1.1 绿色农药的概况

绿色农药根据来源不同可分为化学农药、微生物源农药、植物源农药、动物源农药及矿物源农药。

在化学农药的发展中，杂环化合物是新药发展的主流，在世界农药的专利中，大约有90%是杂环化合物，很多是超高效的农药，农药的用量为10～100g/hm^2，甚至有的仅为5～10g/hm^2。这样不但使用成本低，对环境的影响也很小。这些新农药对温血动物的毒性小，对鸟类、鱼类的毒性也很低。近20年来，杂环化合物中出现了超高效的除草剂、杀虫剂。1982年杜邦公司研制出了第一种磺酰脲类除草剂（绿黄隆）。此后，经过结构修改，又开发出一系列新品种。由于氟原子具有模拟效应、电子效应、阻碍效应、渗透效应等性质，因此它的引入可使化合物生物活性倍增。利用已知的含氟活性基团与其他活性基团的组合，可得到新的含氟化合物，如氟虫脲、定虫隆和溴氟菊酯等。据统计，超高效农药中有70%是含氮杂环，而含氮杂环农药中又有70%为含氟化合物。自20世纪70年代发现某些天然氨基酸具有杀虫活性以来，人类开始研制氨基酸类农药，相继开发了氨基酸类、氨基酸酯类和氨基酸酰胺类农药。作为农药用的氨基酸衍生物具有毒性低、高效无公害、易被全部降解利用、原料来源广等特点。

微生物源农药是利用微生物如细菌、病毒、真菌和线虫等，或者其代谢物作为防治农业有害物质的生物制剂。从20世纪60年代以来，我国生物农药的研究、开发和生产迄今为止已近40年的历史。苏云金菌属于芽杆菌类，是目前世界上用途最广，开发时间最长，产量最大，应用最成功的生物杀虫剂。现在通过对微生物的生理机理的研究，明确了苏云金菌产生菌的一些理化特性，如其芽孢和伴胞晶体成熟后，菌体产生裂解。故可应用现代化的发酵控制技术手段，大幅度提高杀虫晶体蛋白的产量。目前我国的苏云金菌技术已达到了世界领先水平，生产厂家达34家，年产量达3万吨左右。发酵液的效价已由20世纪80年代的1000IU/mg提高到了4000～5000IU/mg。已用于水稻、玉米、棉花、蔬菜及林业上多种鳞翅目害虫的防治。真菌类生物农药主要是昆虫病原真菌，菌液接触昆虫体壁进入害虫体内，很快会萌发菌丝，吸收害虫的体液，使害虫变僵发硬而死，对防治松毛和水稻黑尾叶有特效。目前真菌农药的生产工艺有了新突破。如木霉菌发酵生产采用了液体一步法生产，在木菌剂中加入麸皮作稀释剂为木霉菌提供良好的载体，提高木霉菌在土壤中的各种能力等。

植物源农药在我国已成为一类重要的农药，多年来通过对植物资源的开发研究，发现可成为农药的植物种类很多，作为农药的植物主要集中在楝科、菊科、豆科等。通过对植物源农药作用机理的研究，明确了一些植物源农药的特点，如发现烟碱除虫菊素可使昆虫神经系统过量释放肾上腺素，从而对其心血管和食欲产生抑制作用；再如雷公藤可产生能抑制某些病菌孢子的成长或阻止病菌侵入植株体内的效果。现在我国开发生产的植物源农药品种包括烟碱、苦参碱、鱼藤酮等。2000年我国“绿色”农药火炬计划项目0.1%氧化苦参碱植物源杀虫剂在武汉投产，云南省正在沾益县建设国内最大、世界一流的中国植物源农药产业化基地。通过资源研究，发现可加工成生物农药的植物种类越来越多。30多年来，我国研究人员对烟草、鱼藤、厚果鸡、巴豆、川楝、苦皮藤等10余种杀虫植物的活性成分进行了研究，开发出苦参碱、皂素烟碱、鱼藤酮、印楝素、除虫菊等16种植物源农药，并注册登记，投入批量生产。

同时还发现了昆虫内激素（昆虫体内腺分泌物质）、蜕皮激素（蜕皮激素固酮防治蛾类幼虫）和保幼激素（成虫保幼激素使昆虫无法成活）、昆虫外激素（成虫期分泌的能引诱一定距离的同种异性昆虫的物质，具有高度的专一性）等。迄今为止已发现的外激素和性引诱剂超过了1600种。我国已商品化的昆虫信息素有20多种，主要能杀死对有机氯、有机磷、氨基甲酸酯、拟除虫菊等有对抗性的害虫。华东理工大学创造出具有高活性的化合物酰胺噁二唑及芳酚基叔丁基脲，对野果蝇、抗性小菜蛾等具有良好的昆虫生长调节性。

从大型动物中发现了一批动物源生物农药。如在蛇、蚁、蝎、蜂等产生的毒素中发现对昆虫有特异性作用的物质，并鉴定了其化学结构，根据沙蚕产生的沙蚕素的化学结构衍生合成杀虫剂，如巴丹或杀螟丹等品种已大量生产便用。

矿物源农药，是指有效成分源于矿物的无机化合物和石油类农药。如无机杀螨杀菌剂，包括硫制剂，如硫悬浮剂、可湿性硫、石硫合剂；铜制剂，如硫酸铜、王铜、氢氧化铜、波尔多液等。

绿色农药的创制主要包括两方面的内容，一是分子结构创新，即根据现有作用机制或靶标，通过计算机辅助分子设计、化学或生物合成、生物筛选及药效评价发现新结构类型活性化合物的先导结构；二是农药作用靶标创新，即综合运用生物信息学、分子生物学和药理学等方法发现农药作用新靶标（农药作用的对象分子）和新作用机制，从而指导新先导结构的发现。

近几年，一方面，信息技术的快速发展正极大地改变着农药先导结构的创新途径，为农药创新提供了新的手段，加速创新步伐，基于计算机的农药数据库、虚拟筛选、虚拟受体结构分析及3D-QSAR分析开始逐步应用；另一方面，生物（人类、昆虫、植物）基因组测序计划以及后续功能基因组、结构基因组和蛋白质组计划的实施，为农药新靶标的发现与新农药的开发提供了前所未有的机遇。目前，在信息科学和生物科学的指导下以化学科学为基础的农药新先导结构和作用靶标的发现与研究已成为国际农药创新的前沿方向，激烈竞争的新局面已经出现，我们能否占有一席之地，将直接关系着我国农药精细化学工业的未来，对我国农林业、环境生态的可持续发展及人民身体健康产生直接的重大的影响。

6.1.2 绿色农药发展趋势

农药对人类的贡献有目共睹。但随着科学研究的不断深入和农业技术的不断进步，农药的负面影响也逐渐被人们所认识，尤其是不合理用药而危害食品安全的事例已引起社会的高度关注，施用高效无毒“绿色农药”的呼声越来越强烈。

就发展方向而言，“绿色农药”的研发仍主要包括高效灭杀且无毒副作用的化学合成农药与富有成效的生物农药两方面。未来“绿色农药”剂型呈现四大发展趋势：水性化——减少污染，降低成本；粒状化——避免粉尘飞扬；高浓度化——减少载体与助剂用量，减少材料消耗；功能化——能更好地发挥药效。就技术层面而言，业界开始关注植物体农药的开发，即利用转基因技术培育的抗虫作物、抗除草剂作物，并通过开发抗虫抗病的转基因作物来实现少用农药，甚至不用农药的目的，从而减少其对生态环境的影响。

近几年我国农药行业抓紧结构调整，5种高毒有机磷农药替代产品的开发及生产步伐进一步加快，正在重点发展替代高毒杀虫剂新品种、新型水田和旱田除草剂、水果蔬菜用杀菌剂和保鲜剂。当前化学农药的开发热点是杂环化合物，尤其是含氮原子杂环化合物。在世界农药专利中，约有90%是杂环化合物。杂环化合物的优点是对温血动物毒性低；对鸟类、鱼类比较安全；药效好，特别是对蚜虫、飞虱、叶蝉、蓟马等个体小和繁殖力强的害虫防治效果好；用量少，一般用量为5～10g/hm^2；在环境中易于降解，有些还有促进作物生长的作用。

科学发展“绿色农药”是社会关注的热点。专家建议，有关部门应加大研发投入，特别要加大对原创生物农药的支持力度；应在全国范围内开展大规模有针对性的推广生物农药的宣传活动，让广大农民认识、掌握生物农药的杀虫机理和施用技能。同时强调，必须结合实际生产情况，合理选用“绿色农药”，科学设计耕作措施，贯彻“以防为主，防治并举”的方针，让“绿色农药”在高产、高效、优质、生态、安全农业发展过程中发挥更重要的作用。

6.1.3 绿色农药使用原则

（1）生产绿色农产品选择农药的原则

绿色农业生产应从作物-病虫草鼠-环境的整个生态系统出发，遵循“预防为主，综合防治”的植物保护方针，综合运用各种防治措施，创造不利于病虫草害滋生，但有利于各类天敌繁衍的环境条件，保持农业生态系统的平衡和生物多样性，减少各类病虫草鼠所造成的损失。优先采用农业措施，通过选用抗病抗虫品种，采用非化学药剂种子处理，培育壮苗，加强栽培管理，中耕除草，秋季深翻晒土，清洁田园，轮作倒茬，间作套种等一系列措施起到防治病虫害的作用。还应尽量利用灯光、色彩诱杀害虫，机械捕捉害虫，机械和人工除草等措施，防治病虫草鼠害。特殊情况下，必须使用农药时，应遵守以下原则：

① 优先使用植物源农药、动物源农药和微生物源农药；

② 在矿物源农药中允许使用硫制剂、铜制剂；

③ 允许使用对作物、天敌、环境安全的农药；

④ 严格禁止使用剧毒、高毒、高残留或者具有三致（致癌、致畸、致突变）的农药；

⑤ 如生产上实属必需，允许生产基地有限度地使用部分有机合成化学农药，并按严格规定的方法使用；

⑥ 应选用低毒农药和个别中等毒性农药。如需使用农药新品种，须报经有关部门审批；

⑦ 从严掌握各种农药在农产品和土壤中的最终残留，避免对人和后茬作物产生不良影响；

⑧ 最后一次施药距采收间隔天数不得少于规定的日期；

⑨ 每种有机合成农药在一种作物的生长期内只允许使用一次；

⑩ 在使用混配有机合成化学农药的各种生物源农药时，混配的化学农药只允许选用已批准的品种；

⑪ 严格控制各种遗传工程微生物制剂（Genetical Engineered Microorganisms，GEM）的使用；

⑫ 应用植物油型农药助剂技术，以减少农药使用剂量。

（2）农药使用的基本方法

根据目前农药加工成不同的剂型种类，施药方法也不尽相同，目前常用的方法有以下10种。

① 喷粉法　利用机械所产生的风力将低浓度或用于细土的已稀释好的农药粉剂吹送到作物和防治对象表面上，要求喷撒均匀、周到，使农作物和病虫草的体表上覆盖一层极薄的粉药。

② 喷雾法　将乳油、乳粉、胶悬剂、可溶性粉剂、水剂和可湿性粉剂等农药制剂，兑入一定量的水混和调制后，即成均匀的乳状液、溶液和悬浮液等，利用喷雾器使药液形成微小的雾滴。10多年来，超低容量喷雾技术在农业生产上推广应用，喷药液便向低容量趋势发展，节约用水，节省人力，符合节本增效原则。

③ 毒饵法　毒饵主要是用于防治危害农作物的幼苗并在地面活动的地下害虫。如小地老虎以及家鼠、家蝇等卫生害虫。将该类害虫、鼠类喜食的饵料和农药拌和而成，诱其取食，以达毒杀目的。

④ 种子处理法　种子处理有拌种、浸渍、浸种和闷种四种方法。

⑤ 土壤处理法　将药剂撒在土地或绿肥作物上，随后翻耕入土，或用药剂在植株根部开沟撒施或灌浇，以杀死或抑制土壤中的病虫害。

⑥ 熏蒸法　利用药剂产生有毒的气体，在密闭的条件下，用来消灭仓储粮棉中的麦蛾、豆象、谷盗、红铃虫等。

⑦ 熏烟法　利用烟剂农药产生的烟来防治有害生物，适用于防治虫害和病害，鼠害防治有时也可采用此法，但不能用于杂草防治。

⑧ 施粒法　抛撒颗粒状农药，粒剂的颗粒粗大，撒施时受气流的影响很小，容易落地而且基本上不发生漂移现象，特别适用于地面、水田和土壤施药。撒施可采用多种方法，如徒手抛撒（低毒药剂）、人力操作的撒粒器抛撒、机动撒粒机抛撒、土壤施粒机施药等。

⑨ 飞机施药法　用飞机将农药液剂、粉剂、颗粒剂、毒饵等均匀地撒施在目标区域内的施药方法，也称航空施药法。

⑩ 种子包衣技术　它是在种子上包上一层杀虫剂或杀菌剂等外衣，以保护种子和其后的生长发育中不受病虫的侵害。

（3）农药使用原则

① 选购合格的农药

选购农药时，要注意以下几点。

a. 看农药的三证是否齐全，即农药标签上是否有准产证号、产品标准编号、农药登记证号。如缺少三证，就说明不是合格产品，不能购买。

b. 看生产日期。正规产品均标有生产日期。乳化制剂一般保质期为 2 年、水剂为 1 年、粉剂为 3 年。未标明生产日期的产品或过期产品不要购买。

c. 看农药的外观，如乳剂有无分层结晶，粉剂是否吸潮结块。好的乳油均匀透明，如果乳油出现分层或结晶，说明乳化剂已被破坏，药瓶底层是原药，使用这种药液会使作物产生药害。粉剂如受潮吸湿结块，说明该粉剂药性可能分解，药效可能下降，不要购买。

d. 看药瓶标签是否完好，瓶盖是否密封，有无破损。如标签不清，密封不好，也不要购买。

② 科学合理施用农药

科学合理用药的目标是经济、安全、有效，其具体要求是用药量省，施药质量高，防治效果好，对环境及人畜安全。应着重注意以下几点。

a. 对症下药。按农药防治对象对症下药。防治虫害就用杀虫剂，防治病害就用杀菌剂，防除杂草就用除草剂。农药类别确定后，还要适当选择农药品种，要针对防治对象，选用最合适的农药品种。

b. 适时打药。掌握病、虫、草在不同生育阶段的活动特性，做好监测预报，适时喷药，可以收到事半功倍的效果。同一种害虫，由于生育期不同，对药剂的敏感程度也不同，有时相差几倍甚至几十倍，一般以三龄为分界线，三龄以前耐药力小，三龄后耐药力就大多了。在防治病害时，要及早发现及早施药，因为大多数杀菌剂是以保护作用为主的，用药不及时易造成不必要的损失。

c. 适量配药。无论使用哪种农药，都应根据防治对象、生育期和施药方法的不同，严格遵守其使用浓度、单位面积上的用药量和施药次数。

d. 轮换用药。一种有机合成农药在一种作物的生长期内只允许使用一次。避免多年重复使用同一种药剂，通过轮换使用及混用来避免或延缓抗药性的产生。

e. 安全用药。施药过程必须采取安全措施，保障环境及人畜安全。用药期按照农业部制定的《农药合理使用准则》中不同作物上的安全采摘间隔期的有关规定执行。

③ 提高农药的防治效果

防治效果不仅与农药性能有关，而且与施用技术有很大关系。应注意以下几点。

a. 喷雾水量要充足，喷药要均匀周到。喷头片孔径 1.3～1.7mm 的工农 16 型喷雾器喷雾，喷水量杀虫用 $50\sim75kg/hm^2$，防病用 $75\sim100kg/hm^2$。适合使用超低容量喷雾技术的要用超低量喷雾。

b. 防治水稻田害虫田间要有薄水。如防治稻飞虱和稻螟虫等害虫时，田里有水；害虫为害水稻的部位就升高一些，增加了农药接触害虫的机会；此外，喷撒的农药落在田水里，害虫转株时跌落在田中，接触有药的田水会中毒而死。一些内吸性农药在田水中被稻根吸收或渗进稻株的茎叶里，并传导到稻株各部位；害虫食入后被杀死。因此，施药时田里有水能显著提高防治效果。

c. 对准害虫的为害部位施药。不同的害虫，为害作物的部位是不同的，对准害虫的为害部位施药；也能提高防治效果。如稻飞虱，主要群集于稻株中下部为害，施药时应压低喷雾器头，让药液喷到水稻中下部。

d. 高温、高湿天气不施药。在盛夏、中午太阳下的温度高达 40～50℃，很容易使喷出的农药挥发，不仅减少了作物上农药量，使防治效果下降，而且，人吸入挥发的农药气体后，也容易发生中毒。在高湿情况下，作物表皮的气孔大量开放，施药后容易产生药害；也不宜施药。每天下午 3 时以后至傍晚是叶片吸水力最强的时间，这时施药（尤其是内吸剂）效果最好。

6.2 绿色肥料

6.2.1 绿色肥料的概念

随着全世界化肥使用量的不断增长，我们在看到化肥在增加粮食产量、维持农业持续发展的同时，也必须看到大量使用化肥所带来的负面效应，如环境污染、农产品安全问题等。随着社会环境意识和健康理念的提高，国内外的肥料工作者纷纷提出了各种可消除或者减轻化肥对环境污染的技术，绿色肥料技术就是其中之一。绿色肥料（green fertilizers）又称环境友好型肥料（environmental friendly fertilizers）或环境协调型肥料（environmental conscious fertilizers），即利用现代高新技术来设计和生产能够最大限度减少肥料对人类健康危害、减轻环境污染而又能维持相对高的农产品产量和品质的肥料品种，它必须满足最少资源和能源消耗、最轻环境污染且具有最多的养分可循环利用。

1994 年，在美国环保局的科技计划中把绿色技术分为“深绿色技术”和“浅绿色技术”，前者是指污染治理技术，而后者是指清洁生产以及节约能源和资源等综合利用技术。所以，绿色肥料技术的提出要求有关科研单位和生产部门在进行肥料生产与设计的同时，必须作出有利于环境、有利于维持生态平衡的技术选择。

6.2.2 绿色肥料的研究现状

世界化肥的生产和使用历经了三次变革。20 世纪 60 年代之前，生产的化肥多为单质低浓度肥料；20 世纪 60～80 年代，发达国家发展高浓度化肥和复合肥；最近 20 年，发达国家开始重点研究缓释/控释肥料、生物肥料、有机复合肥料、功能性肥料，成为新型肥料研究与发展的热点。

① 缓释/控释肥料最大的特点是养分释放与作物吸收同步，简化了施肥技术，实现了一次性施肥就能满足作物整个生长期的需要，肥料损失少，利用率高，环境友好。世界各国都逐步认识到提高肥料利用率的最有效措施之一是研究新型缓释/控释肥料。20 世纪 80 年代以来，美国、日本、欧洲、以色列等发达国家和地区都将研究重点由科学施肥技术转向新型缓释/控释肥料的研制，力求从改变化肥自身的特性来大幅度提高肥料的利用率。缓释/控释肥料被誉为 21 世纪肥料产业的重要发展方向。目前，缓释/控释肥料主要有以下四种类型：包膜型缓释/控释肥料；合成型微溶态缓释肥料；化学抑制型缓效肥料；基质复合肥与胶黏缓释/控释肥料。

② 生物肥料是一类以微生物生命活动及其产物导致农作物得到特定肥料效应的微生物活体制品，具有生产成本低、效果好、不污染环境，施后不仅增产，而且能提高农产品品质和减少化肥用量等特点，在农业可持续发展中占有重要地位。

世界上最早的微生物肥料是1895年德国推出的“Nitragin”根瘤菌接种剂。到20世纪30～40年代美国、澳大利亚、英国等国家都有了根瘤菌接种剂产业，之后发展很快。目前至少有70多个国家已有自己的微生物肥料生产企业、产品技术标准和质量监督体系。

微生物肥料在过去较长时间里的主要品种是根瘤菌肥料，直到现在，根瘤菌肥依然是重要的品种。欧、美等发达国家研究的重点主要是如何克服土壤中低效根瘤菌的强竞争，以及进行高效固氮菌株和豆科寄主的选择，目前已获得改造了竞争结瘤性的基因工程菌，并大规模地应用于田间。随着化肥环境问题的出现，以及无公害农业的发展，生物肥料在最近20多年里发展较快，研究领域不断拓宽，溶解磷、钾等微生物肥料新产品不断问世。尤其PGPR的促声防病研究成为近10年研究的热点，其研究主要集中在假单胞菌类，该类群能够抑制多种植物病害特别是土传病害。研究范围主要包括有效根部定植、抗生作用、根际营养竞争、导致无抗性和分泌降解病原微生物的酶等。在PGPR制剂和复合微生物制剂应用方面，加拿大研制出“根瘤菌＋PGPR”复合菌肥，巴西的PGPR制剂是小麦、玉米等作物的重要肥料。随着分子生物学的渗入，对促声防病遗传性状分析，采用遗传工程手段加以改良，英国、美国等国家已经成功构建了表达*Prn*基因的菌株，并成功导入了*HCN*基因簇，获得提高生防活性的菌株。另外，新型秸秆腐熟菌剂、土壤与环境污染修复菌剂等的研发业发展很快。估计，目前全世界微生物肥料产量超过1000万吨，除了在豆科作物上被广泛应用外，在蔬菜、粮食作物上应用面积也在不断扩大。

我国微生物肥料研究除了在工程菌构建技术、关键发酵设备与技术等方面不及发达国家外，总体水平并不低。国家目前的产业政策对微生物肥料行业的发展给予了一定的支持，科研投资力度和产业化示范项目建设不断加强。我国微生物肥料产业正在步入良性循环，并向健康、有序的方向发展。

③ 有机肥料在培肥地力与改善作物品质，特别是改善风味食品品质上具有化学肥料不可比拟的作用。国内外发展有机农业和无公害农业，十分强调有机肥的应用，国内在制定绿色食品标准中规定AA及绿色食品只准施用有机肥料和微生物肥料。然而，传统有机肥料因体积大、养分浓度低、脏臭等缺点，随着化肥的出现，在肥料中的地位逐渐下降。我国有机肥提供养分量的比例由1949年的99.9%下降到1980年的49.0%，直到目前的30%。但是，由此引发的废弃物资源浪费和污染环境的问题却愈来愈越突出，秸秆焚烧、规模化畜禽场粪污大量进入水体等造成环境严重污染。对传统有机肥料产品进行升级改造，开发替代产品，提高有机废弃物资源化利用水平，是国内外新型肥料研究的重要方向。

我国是传统有机肥生产和使用大国。但真正对有机肥进行系统研究始于20世纪30年代。20世纪50～60年代的技术特点是总结农民传统经验，完善有机肥积、制、保、用技术。研究重点，一是高温堆肥的发酵条件；二是厩肥的积制方法；三是沤制和草塘泥制有机肥。20世纪70～80年代的研究重点一是沼气发酵；二是对有机肥与无机肥相结合施用的肥料效应进行了大量应用基础研究，肯定了有机肥配合是我国施肥技术的基本方针。20世纪80年代末以来，我国农业生产形势和方式发生了很大的变化。每年有2亿吨作物秸秆剩余难以处理，规模化畜禽养殖发展异常迅猛，有机肥研究开始探索走规模化、产业化、商品化的道路。研究的重点，一是秸秆直接还田技术；二是工厂化处理畜禽粪便生产商品化有机无机复合肥技术。

目前，我国部分复混肥厂家开始生产有机复合肥，原料主要是草炭和风化煤类，真正实行的工厂化处理秸秆畜禽粪便废弃物生产商品化有机肥的厂家还较少，生产规模小，效率低，污染较严重。我国商品有机肥生产技术还处于起步阶段，发酵技术、除臭技术、关键设备等还有待完善。

④ 多功能肥料、21 世纪新型肥料的重要发展方向之一是研究开发将作物营养与其他限制作物高产的因素相结合的多功能性肥料，他们的生产符合生态肥料工艺学的要求，其施肥技术将凝聚农学、土壤学、信息学等领域的相关先进技术。这些功能性肥料主要包括：具有改善水分利用率的肥料，高利用率的肥料，改善土壤结构的肥料，适应优良品种特性的肥料，改善作物抗倒伏性的肥料，具有防治杂草的肥料，以及具有抗病虫害功能的肥料等。

6.2.3 绿色肥料的发展趋势

生物、有机、无机三结合复混肥将是今后农业生产用肥的方向。随着人民生活水平的不断提高，国内外都在积极发展绿色农业（生态、有机农业），生产绿色食品已成为一种必然趋势，绿色食品基本上都主张原料或产品的生产过程不用或少用化学肥料、化学农药和其他化学物质。绿色食品生产使用的肥料必须满足：一是保护和促进使用对象的生长及其品质的提高；二是不造成使用对象产生和积累有害物质，不影响人体健康；三是对生态环境无不良影响。由此可见，微生物复混肥料基本上符合上述条件。近年来我国根据作物种类和土壤条件，采用微生物肥料和化肥配施试验，通过实践证明，这种微生物复混肥料，既能增产，又减少了化肥使用量，降低了肥料投入成本。如南方棉花大田试验，施化肥（碳氨 $40kg/hm^2$、普钙 $25kg/hm^2$）与施微生物肥料 $100kg/hm^2$ 加上述化肥量的 1/3，后者比前者增产了 23.8%。同样盆栽试验增产 33.1%。北方水稻试验，施化肥（尿素 $10kg/hm^2$、磷酸二铵 $10kg/hm^2$、氯化钾 $5kg/hm^2$ 作底肥；尿素 $5kg/hm^2$ 作追肥）与施微生物肥料 $150kg/hm^2$ 作底肥，2.5kg 尿素作追肥，后者比前者增产 7%，而且口味好。开展平衡施肥，生物、有机、无机肥三结合配合施用是农业生产中最有效的增产措施之一，是发展生态农业和生产绿色食品的必要手段。在 21 世纪走向农业未来——生物技术时代的时候，应加强和完善生物复混肥料的生产和应用，为我国农业的发展提供优质高效的“生态”肥料和“绿色”肥料。

6.2.4 绿色肥料使用原则

肥料使用后必须满足作物对营养元素的需要，使足够数量的有机物质返回土壤，以保持和增加土壤肥力及土壤生物活性，最终使作物能达到高产、优质、高效的要求；所有有机或无机肥料，尤其是富含氮的肥料应对环境和作物（营养、味道、品质和作物抗性）不产生不良后果。

6.2.4.1 绿色农业施肥的基本原则

① 以有机肥料为主。绿色农业应按照以有机肥料（包括农家肥料、商品有机肥料、腐殖酸类肥料、微生物肥料、有机复合肥和氨基酸类叶面肥）为主，适当配施无机肥料的原则进行施肥。允许化肥与有机肥配合施用，有机氮和无机氮之比不超过 1：1（即有机氮的比例应大于 50%，无机氮的比例应小于 50%），每年每公顷耕地施用无机氮的总量不能超过 300kg，每次每公顷耕地施用无机氮的量不能超过 90kg，最后一次追肥必须在作物收获前 20 天进行。

② 允许使用农家肥料。农家肥料系指就地取材、就地使用的各种有机肥料，由含有大量生物物质、动植物残体、排泄物、生物废物等积制而成，包括堆肥、沤肥、厩肥、沼气肥、绿肥、作物秸秆肥、泥肥、饼肥等。

③ 允许使用商品肥料和新型肥料。绿色农业允许使用任何商品肥料和新型肥料，但必须通过国家有关部门的登记及生产许可，质量指标应达到国家有关标准的要求，方可使用。同时必须按照每年每公顷耕地施用无机氮的总量不能超过 300kg，每次每公顷耕地施用无机氮的量不能超过 90kg，最后一次追肥必须在作物收获前 20 天进行的施肥原则进行使用。

6.2.4.2 绿色农业施肥的基本方法与要求

① 有机肥（包括农家肥）以作基肥施用为主，生育期长的作物可以作中期埋施，有些秸秆可以作表面覆盖施用。有机肥应尽量翻埋到土壤里，并沤制7天以上再整地种作物，南方稻田翻压绿肥或秸秆还田可适当配施石灰，以促进分解。无机肥料（包括化学肥料和矿质肥料）中磷肥与中微量元素肥料以基肥为主，氮、钾肥应以追施为主，按分次施用的原则进行使用。

② 禁止使用城市垃圾和污泥、医院的粪便垃圾和含有害物质的行业垃圾，禁止使用重金属含量超标的任何有机肥料，严禁施用未腐熟的人粪尿和饼肥，叶面肥料质量应符合GB/T 17419—1998或GB/T 17420—1998的技术要求，按使用说明稀释，在作物生长期内喷施两次或三次；微生物肥料可用于拌种、作基肥和追肥，使用时应严格按照使用说明书上的要求操作，微生物肥料（菌剂）中有效活菌的数量应符合液体、粉剂≥2.0×10^8个/g（mL），颗粒剂≥1×10^8个/g（mL），复合菌剂中每一种有效菌的数量不得少于1×10^6个/g（mL），无害化技术指标应达到粪大肠菌群数≤100个/g（mL），蛔虫死亡率≥95%，砷≤75mg/kg、镉≤10mg/kg、铅≤100mg/kg、铬≤150mg/kg、汞≤5mg/kg；选用无机（矿质）肥料中煅烧磷酸盐，有效P_2O_5含量≥12%，杂质控制指标，砷≤50mg/kg、镉≤5mg/kg、铅≤100mg/kg、铬≤200mg/kg、汞≤5mg/kg，硫酸钾质量，有效K_2O含量≥50%，杂质控制指标，砷≤30mg/kg、镉≤5mg/kg、铅≤50mg/kg、铬≤150mg/kg、汞≤5mg/kg，氯离子≤3%、硫酸含量≤0.5%。城市生活垃圾一定要经过无害化处理，质量达到粪大肠菌群数≤10个/g（mL），蛔虫死亡率≥95%，砷≤30mg/kg、镉≤3mg/kg、铅≤100mg/kg、铬≤300mg/kg、汞≤5mg/kg，有机质≥10%、全氮≥0.5%、P_2O_5≥0.3%、K_2O≥1.0%，pH值为6.5～8.5，水分≤35.0%的技术要求才能使用，每年每公顷耕地限量使用，不超过30t。农家肥料无论采用何种原料制作堆肥，必须高温发酵，以杀灭各种寄生虫卵和病原菌、杂草种子，使之达到无害化卫生标准：堆肥温度达50～55℃持续5～7天，蛔虫卵死亡率达95%～100%，粪大肠菌值为10^{-2}～10^{-1}，堆肥周围没有活的蛆、蛹或新羽化的成蝇。农家肥料原则上就地生产就地使用，外来农家肥料应确认符合要求后才能使用。

③ 因施肥造成土壤污染、水源污染，或影响农作物生长、农产品达不到卫生标准时，要停止施用该肥料，并向专门管理机构报告。

6.2.5 绿色生物肥料

生物肥料作为一门新兴的行业，近年来发展很快，但它又有其深远的历史渊源。种植豆类植物可以改良土壤，提高后一轮作物产量，这是一项古老的生产经验。直到19世纪中叶，布兴高T. B. Bouussgault的田间试验和化学分析证明，三叶草和豌豆、大豆等豆类植物和非豆类植物的氮素营养的吸收规律不同，豆类植物能从空气中吸收氮气作为氮素养料，开创了农业化学时期。1888年，赫尔利格尔和惠尔法斯H. Hellregel和H. Wilfarth的试验证明，只有生长根瘤的豆类才能利用空气中的氮气。同年，贝杰林克M. W. Beijerink首次分离出根瘤菌的纯培养，并于1891年又分离出固氮菌的纯培养。豆类和根瘤菌的共生固氮作用的研究导致了根瘤菌接种剂——根瘤菌肥料的生产和应用，对豆类作物的增产和推广起到了巨大的作用。其他生物固氮体系如自生固氮、联合固氮和非豆科植物共生固氮等的研究不断深入，开发出固氮菌肥料并应用于农业生产中，取得显著效果。20世纪60年代以来，在分子生物学水平上研究生物固氮作用取得了突破性的成果。固氮酶的研究开拓了一个仿生学的重大课题——固氮酶促作用的人工模拟。基因重组研究实现了固氮基因在不同种类间的转移；20世纪80年代基因工程学的创立，开创了构建高效固氮新菌种的新领域。上述这些基础性研究工作，为生物固氮菌肥料的进一步开发生产和应用奠定了基础。

生物肥料作为一种产品有两大类，狭义的生物肥料是指微生物细菌肥料，简称菌肥，又称微生物接种剂。它是由具有特殊效能的微生物经过发酵人工培养而生成的，含有大量有益活菌体，对作物有特定肥效或有肥效又有刺激作用的特定微生物制品。随着现代生物技术的飞速发展，生物肥料的范围不断拓宽，含义更加充实，新型生物肥料品种不断增加。广义的生物肥料的概念是指利用生物技术制造的、对作物具有特定肥效或有肥效又有刺激作用的生物制剂，其有效成分可以是特定的活生物体、生物体的代谢物或基质的转化物等，这种生物体既可以是微生物，也可以是动物、植物组织或细胞。

6.2.5.1 生物肥料的分类与特点

生物肥料按微生物的种类划分，有根瘤菌、固氮菌、芽孢杆菌、硅酸盐细菌、光合细菌、纤维素分解菌、乳酸菌、酵母菌、放线菌和真菌等制剂；按作用机理可划分为固氮类、溶磷类、有机物料腐熟类等生物肥料产品。

生物肥料作为一种生物制剂与化学肥料相比具有以下特点：不破坏土壤结构，保护生态，不污染环境，对人、畜和植物无毒无害；肥效持久；提高作物产量和改进作物产品品质；用量少，成本低廉；有些种类的生物肥料对作物具有选择性，其效果往往受到土壤条件如养分、有机质、水分、酸碱度等和环境因素如温度、通气、光照等的制约；一般不能与杀虫剂、杀菌剂混用；易受紫外线的影响，不能长期暴露于阳光下照射。

6.2.5.2 生物固氮菌肥料

自然界中有部分微生物具有在常温常压下，利用空气中的氮气作为氮素养料的能力，将分子态氮还原为氨的作用，即固氮作用。能够进行固氮作用的微生物称为固氮微生物。人工筛选得到的优良固氮菌种，经过人工培养大量繁殖后即可制成具有固氮作用的菌肥。具有固氮作用的菌肥中，有固氮菌肥料和根瘤菌肥料两大类。

(1) 固氮菌肥料

固氮菌肥料是含有好气性的自生固氮菌（如元褐固氮菌）或含有联合固氮菌（如固氮刚螺菌）的微生物制剂。好气性自生固氮菌的种类很多，其中以元褐固氮菌最为常见，固氮能力也较强。进行联合固氮作用的微生物本质上是一些自生固氮菌，它们在某些植物根系中生活时，比在土壤中单独生活时的固氮能力要强得多。联合固氮菌的种类很多，主要是固氮螺菌和固氮假单胞菌。尽管联合固氮菌本质上是自生固氮菌，但是其固氮作用不同于自生固氮作用，因为它有较大的寄主专一性，并且固氮作用比在自身条件下强得多。联合固氮作用与共生固氮作用也不同，因为不形成共生结构。已发现一般每消耗 1g 碳水化合物约固定氮 10～20mg。固氮菌除利用分子态氮外，也能利用硝酸盐等无机氮化物，但它们在含化合态氮的培养基中生长时，不固定分子态氮。固氮菌还需要磷、钾、钙、硫、镁等矿质元素，各种微量元素也有重要作用。固氮菌自身能够制造必需维生素类物质，但是当培养基中加入吲哚乙酸、维生素 B_1 和维生素 C 等时，能促进固氮菌的生长，提高固氮效率。固氮菌能够形成很多维生素类物质，如生物素、环己六醇、烟碱酚、泛酸、吡醇素和硫胺素等，因此固氮菌对植物生长有一定的刺激作用。

杨权奎等研究表明，小麦、大麦基施生物固氮菌肥的增产、增收效果明显。小麦施用肥力高，较对照增产 27.5%，增收 352.50 元/hm^2；大麦施用肥力高，较对照增产 26.5%，增收 633.45 元/hm^2；水稻喷施肥力高，有明显的增产增收作用，较对照平均增产 706.5kg/hm^2，增产率为 13.2%，增加产值 1059.75 元/hm^2，增加纯收益 825.00 元/hm^2，投入产出比为 1：7。

(2) 根瘤菌肥料

根瘤菌肥料是一种共生固氮菌肥料。人工选育的共生固氮菌是效率高、侵染寄生植物能力强、适应性强的优良菌种，经人工大量培养后制成各种剂型，就是根瘤菌肥料。豆科植物接种根瘤菌肥料后，根瘤菌与豆科植物共生形成根瘤，根瘤菌利用豆科植物提供的养料进行生物固氮，固氮产物为豆科植物所利用，提高产量。豆科植物根部的根瘤是根瘤菌与豆科植物的共生结构，一个新鲜的根瘤中约含有几亿个根瘤菌，当植物成熟后，根瘤衰老、破裂，根瘤菌回到土壤中营腐生生活。土壤中或人工接种的根瘤菌受相应的豆科植物根部分泌物的影响，在种子附近和幼根区大量繁殖，从根毛侵入。在根瘤菌进入根毛细胞的部位，根毛细胞壁内陷，并开始分泌含纤维素的物质将根瘤菌包围起来。随根瘤菌向前推进形成一道侵入线，当侵入线达到皮层的 3～6 层细胞时，其前方靠近内皮层的细胞开始分裂，形成根瘤，根瘤菌在其中繁殖。发育好的根瘤切开观察时，其中间为薄壁细胞组成的含菌组织，内含大量已变形的类菌体，并含有红色的豆血红蛋白，是根瘤中固氮的地方。根瘤有有效根瘤与无效根瘤之分，一般生在主根或侧根上，瘤体大，色泽鲜亮，切面红润的根瘤为有效根瘤；生在须根上，瘤体小，瘤色灰白或发绿，切面上豆血红蛋白少或无的根瘤为无效根瘤。

6.2.5.3 生物钾细菌肥料

钾细菌肥料又称生物钾肥、硅酸盐菌剂，是由人工选育的高效硅酸盐细菌经过工业发酵而成的一种生物肥料，其主要有效成分是活的硅酸盐细菌。使用生物钾肥是缓解我国钾肥供求矛盾，改善土壤大面积缺钾状况，促进农业增产，改进农业产品品质的一项很现实的新技术。关于钾细菌肥料解钾作用机制及增产机理，尚不十分清楚，有待于进一步深入研究。

就目前大多数的研究结果来看，其可能的作用机理主要有以下几个方面。

① 钾细菌肥料中的硅酸盐细菌可以通过其产生的有机酸或者直接破坏硅酸盐矿物的晶格结构，从而释放出固定的钾素，供植物吸收利用。

② 转化土壤中的无效钾、磷、镁、铁、硅等灰分元素，可以改善植物钾、磷和某些微量元素的营养水平。

③ 减少施入钾肥的固定量，室内研究表明，将硫酸钾施入土壤后，接种硅酸盐细菌与不接种的相比，3 天后测定，少固定速效钾 21.1%，10 天后少固定速效钾 37.5%。

④ 硅酸盐细菌在其生命活动过程中，产生多种生物活性物质，据高压液相色谱仪测定分析，硅酸盐细菌培养液中会有大量的赤霉素 GA，这些物质可以刺激植物生长发育。

⑤ 增强植株的抗寒，抗旱，抵御病虫害，防早衰，防倒伏的作用。

⑥ 硅酸盐细菌死亡后的菌体物质及其降解物的作用。

这里需要指出，真正的作用机理应该从更高一级分子水平作更进一步的研究。

6.2.5.4 磷细菌肥料

磷是植物生长不可缺少的营养元素，植物体内的核蛋白、磷酯和植酸等化合物都含有磷。缺少磷则影响到细胞的分裂，进而影响到植物的生长发育，特别是对植物的分生组织影响很大。植酸在植物体内常和钙、镁结合为盐类，称为植素，大量储存于种子中，当植物发芽时，种子中储存的磷素渐次转移到新生细胞中，对植物的发芽、生根影响很大。此时，若土壤中不能继续为植物提供磷素营养，则细胞的形成就受到了限制，进而影响到根的生长。所以在植物苗期提供磷素营养特别重要，磷素能促进植物体内糖类化合物的运输和淀粉的转化，对油脂代谢也有一定的关系。所以增施磷肥可以促进植物根系生长，次生根增多，提高植物对养分的吸收能力，增强植物的耐旱，耐寒和耐盐的作用。对禾谷类作物，能增加分蘖数，增加有效穗数，并使每穗粒数增多，千粒重增加，对移栽作物能提早生根返青，提高成活率，也有防倒伏的作用；对油料作物，能提高含油量；对多种果实能改善品味。由于磷素能促进植物体内许多代谢作用，促进生长发育，因此能使植物发育期缩短，提早成熟。

磷细菌肥料就是能把土壤中的无效磷转化为有效磷的一种微生物制剂。它本身不含有作物所需的养料，但它可转化土壤中的无效磷为有效磷。磷细菌肥料包括两类细菌：一种是转化无机态的无效磷为有效磷的无机磷细菌，其主要作用是借助于细菌生命活动过程中所产生的酸对无机磷产生溶解作用；另一种是转化有机态的无效磷为有效磷的有机磷细菌，其主要作用是借助于细菌生命活动过程中所产生的酶，对有机磷产生分解作用，所以无效磷转化为有效磷的作用都是细菌生命活动的结果。因此，田间效果的大小，主要取决于磷细菌的生命力和所产生的酸及酶的数量及强度种类。

6.2.5.5 激抗菌肥

农用生物激抗菌肥，是中国农科院原子能利用研究所开发的微生物制品。它以天然有机物为载体，优选微生物菌株，通过工业发酵工艺，产生多种植物激素。其主要成分为细胞分裂素，此外尚含有植物生长素、抗菌素、赤霉素及多种营养物质等。研究证明：这些自然复合型物质能起到相互增效及减毒作用。它能刺激植物细胞分裂，促进叶绿素和蛋白质合成，提高植物的抗病性和抗寒能力，防止植物早衰和花果脱落，是植物生长发育过程中所必需的物质。它可以补充植物体内对这些物质的不足，调节植物营养生长和生殖生长机理，以达到使植物优质、增产的目的。激抗菌肥是一种纯生物制品，与市场上诸多生物菌肥相比，它是一种复合型多功能的微生物制品，生产成本低、投资少、周期短、施用简便、效果显著、对人畜安全、不污染环境，是用来生产无公害绿色食品的优选产品。

近几年在全国各地试验增产和抑病驱虫效果明显，深受广大用户好评。激抗菌肥具有以下优点：

① 促进种子早发芽、苗全、苗壮、刺激作物生长，根系发达，分蘖增加，秆壮叶绿，早开花结实，提前成熟；

② 转化土壤中氮、磷、钾元素及有机质营养物质，供作物吸收利用；

③ 改良土壤结构，提高土壤肥力；

④ 增强作物抗旱、抗寒、抗病能力，具有驱虫作用；

⑤ 提高作物产量，改善作物品质。

蔺洪海的实验结果表明，用有机生物菌肥“激抗菌肥 1 号”浸种，水稻秧苗素质好、分蘖早生长快、分蘖多、成穗率高、成熟早、水稻株高增加、秆粗壮，每穗实粒数、千粒重增加。每公顷仅需增加支出 4.5 元，产量增加 9.7%，产值增加 94.5 元/hm^2。可见，在水稻上应用有机生物激抗菌肥能增产、增收，对生产优质、无公害绿色水稻具有重要意义。

微生物菌肥已经发展到现在，在生物技术的推动下，已形成独树一帜的朝阳产业。目前，欧洲许多国家的农业已普遍使用生物肥料。美国使用生物肥料达到农业用肥的 60%～70%。推广使用生物肥料，不仅能使土壤有机养分得到有效补充，而且能提高土壤的保肥保水能力，减少土质板结砂化，是促进农作物增产增收和提高农产品质量的有力措施。在我国，生物肥料还没有得到开发普及，各地农民仍在大量施用化学肥料。由于长期施用化肥，不仅导致土壤板法砂化，土壤力降低，而且使蔬菜、水果和农作物的品质变差，环境遭到污染，为此，农业部门专家呼吁，必须广泛开发施用生物肥料。开发推广生物肥料能使有机物资源合理再生利用，起到综合治理和保护城乡环境的作用，具有良好的社会效益和经济效益，同时也有益于发展生态农业和环境农业，开发生物肥料，能使我国农用肥料迅速赶上和超过世界先进水平，给人民提供既富有营养又无污染的农作物产。因此，开发绿色生物肥料前景广阔。

6.3 绿色食品添加剂

6.3.1 绿色食品添加剂的概念与特征

食品添加剂是指“为改善食品品质和色、香、味，以及为防腐和满足加工工艺的需要而加入食品中的化学合成或者天然物质”。天然食品添加剂是以物理方法从天然物中分离出来，经过毒理学评价确认其食用安全的食品添加剂；人工合成食品添加剂由人工合成，其化学结构、性质与天然物质完成相同，经毒理学评价确认其为食用安全的食品添加剂。化学合成食品添加剂是由人工合成的，其化学结构、性质与天然物质不相同，经毒理学评价确认其为食用安全的食品添加剂。目前我国批准使用的食品添加剂包括：为增强食品营养价值而加入的营养强化剂；为防止食品腐败变质加入的防腐剂、抗氧化剂；为改善品质而加入的色素、香料、漂白剂、调味剂、甜味剂、疏松剂等；为便于加工而加入的消泡剂、脱膜剂、乳化剂、稳定剂等。

食品添加剂的使用是绿色农业食品加工过程中重要的环节，对绿色食品的营养品质和质量安全有着重要影响。合理使用，可以保持和提高绿色食品的营养价值，提高绿色食品的耐储性、稳定性和加工性能，改善绿色食品的成分、品质和感官；使用不当或过量使用，则对绿色食品的安全性产生较大影响。

6.3.2 绿色食品添加剂

目前，全世界应用的食品添加剂品种已多达 25000 种，直接使用的有 3000～4000 种，其中常用的有 600～1000 种，我国食品添加剂的实际允许使用的品种有 1524 种。随着科学技术的发展，食品更加精细、绿色化，食品添加剂也将更加绿色化。

6.3.2.1 防腐剂

防腐剂是防止因微生物作用而引起食品腐败变质，延长食品保存期的一种食品添加剂。它已广泛应用于饮料、面包、糕点、罐头、果汁、酱油、果糖、蜜饯、葡萄酒和酱菜等诸多方面。属于酸性防腐剂的有苯甲酸、山梨酸和丙酸及其盐类。目前，我国使用最普遍的防腐剂是苯甲酸钠，其历史悠久、安全性高，但是它对机体有致突变作用，因此有的国家已部分限制使用，我国规定其最大使用量为 0.2～1.0g/kg，浓缩果汁最大使用量为 2g/kg。目前国际上公认的最好的防腐剂是山梨酸，可参与人体代谢，对人体无害，抗菌力强，对食品风味也无不良影响；另一种用得较多的防腐剂是乙醇，它用作消毒、杀菌，低浓度的乙醇能适当地降低 pH 值，能大大增强对微生物的抑制作用。但是随着人类对自身健康和环保问题认识的不断提高，安全、高效、经济的新型天然防腐剂已经进一步被大力开发，其中富马酸二甲酯已在我国推广，使用它具有很高的抵抗活性，作为面包防腐剂，防腐效果优于丙酸钙。

对于防腐剂，主要集中在研究开发广谱、高效、低毒、天然的食品防腐剂，其中有一大类肽类防腐剂已经成为防腐剂的研究热点。溶菌酶就是一种安全的天然防腐剂，它广泛存在于鸟类、家禽的蛋清中和哺乳动物的泪液、唾液、血浆、尿、乳汁、胎盘以及体液、组织细胞内，其中蛋清中含量最丰富，此外，在一些植物和微生物体内也存在溶菌酶。它在绿色食品工业上是优良的天然防腐剂，广泛应用于清酒、干酪、香肠、奶油、糕点、生面条、水产品、熟食及冰淇淋等食品的防腐保鲜，婴儿食品、饮料的优良添加剂。由于食品中的羟基和酸会影响溶菌酶的活性，因此它一般与酒、植酸、甘氨酸等物质配合使用。另外，还有鱼精蛋白和聚赖氨酸。鱼精蛋白是一种碱性蛋白，主要在鱼类（如鲑鱼、鳟鱼、鲱鱼等）成熟精子细胞核中作为和 DNA 结合的核精蛋白存在，食品有面包、蛋糕，其次是菜肴制品、调味料等。聚赖氨酸是一种广谱性防腐剂，用于盒饭和方便菜肴，面包点心、奶制品、冷藏食品和袋装食品等方面都取得了很好的防腐保鲜效果。溶菌酶、鱼精蛋白等对人体还有一定的保健作用，所以是一类值得大力开发的食品防腐剂。目前人们正尝试通过基因工程和分子修饰来提高抗菌性能。现在抗菌肽分子的改造和设计已成为获得新抗菌肽的主要途径，而且天然肽类防腐剂常和其他防腐剂配合使用，抗菌效果会更强。

6.3.2.2 抗氧化剂

抗氧化剂是阻止、抑制或延迟食品中油脂因氧化引起食品变色、败坏的食品添加剂。它主要应用于含油脂的食品、休闲膨松小食品以及罐头、糕点、馅心和酱菜中。随着人们对食品安全的日益关注及受人类回归自然的心理影响，天然抗氧化剂的研究和应用成为当今食品行业最活跃的领域。天然抗氧化剂在自然界分布广泛，种类繁多，主要有维生素类、黄酮衍生物类和天然酚类，这类抗氧化剂存在于植物和植物油中，如植物油中普遍存在的生育酚、芝麻油中的芝麻酚、棉籽油中的棉酚、咖啡豆中的咖啡酸。生育酚是目前大量生产的天然油溶性抗氧化剂，在全脂乳粉、奶油或人造奶油、肉制品、水产加工品、脱水蔬菜、果汁饮料、冷冻食品及方便食品等中具有广泛的应用，尤其是生育酚作为婴儿食品、疗效食品、强化食品等的抗氧化剂和营养强化剂更具有重要的意义。另一类为氨基酸及其衍生物，如色氨酸、甘氨酸、蛋氨酸、酪氨酸等也有抗氧化作用。目前从自然界提取天然抗氧化剂最活跃的领域是辛香料和中药材。随着我国食品工业的快速发展，抗氧化剂将是发展最快的行业。近十多年来，人们通过对茶多酚、迭迭香醚等提取工艺的深入研究，相继开发出比合成抗氧化剂抗氧化性更强的产品，特别是从茶叶下脚料——茶末、茶片中提取茶多酚，其抗氧化性超过 BHA、BHT。茶多酚具有很好的水溶性和醇溶性，可很方便地添加到食品中。另外，脂溶性茶多酚的成功开发，为我国油脂行业提供了更好的天然抗氧化剂。

6.3.2.3 乳化剂

乳化剂是能改善乳化体中各种构成相之间的表面张力，形成均匀分散体或乳化体的物质。它能稳定食品的组成状态，改进食品的组成结构，简化和控制食品加工过程，改善风味、口感，提高食品质量，延长货架寿命等。乳化剂广泛应用于焙烤、冷饮、糖果等食品行业。目前，世界各国允许使用的乳化剂有60多种，我国允许使用的有33种。而且，已经形成了以天然乳化剂、大豆磷脂和脂肪酸甘油酯、多元醇酯及其衍生物为主的食品乳化剂体系。其中，甘油酯是我国生产量最大、使用量最多的乳化剂。辛葵酸甘油酯是一种乳化性能优良的乳化香精用食品添加剂，可用于饮料、冰淇淋、糖果、巧克力、氢化植物油中；单辛酸甘油酯是一种新型无毒高效广谱防腐剂，用于豆馅、蛋糕、月饼、湿切面及内肠中；还有一种既是优良的乳化剂，又是安全高效的抗菌剂的月桂酸单甘油酯。随着人们健康意识的提高，天然乳化剂的研究和应用越显重要。其中磷脂就是一种开发较成功的天然乳化剂。磷脂具有良好的乳化性能，对沉积在血管上的胆固醇有很好的清扫作用，它不仅具有乳化、抗氧化、持水、降黏等作用，还有生化作用，可改善动脉血管的组成，维持酯酶的活性，改善体内酯的代谢，促进体内对脂肪和酯溶性维生素的吸收，补充人体营养，是目前唯一工业化生产的天然乳化剂，可用于人造奶油、冰淇淋、糖果、巧克力、面包和起酥油的乳化。但是我国的乳化剂种类少而单一，乳化剂中的蔗糖多酯已在国外发展很快，我国只有蔗糖单酯，有待向蔗糖多酯，向低 HLB 值的方向发展。而且乳化剂的应用技术还有待进一步研究，例如分子蒸馏等先进技术。

6.3.2.4 调味剂

在绿色食品中加入调味剂，会使食品更加美味可口，因此调味剂成为生活的必需品。调味剂主要分为鲜味剂、酸味剂和甜味剂。

(1) 鲜味剂

目前国外微生物鲜味剂已成为发展最快的产业。国外的营养性天然鲜味剂主要包括动植物提取浸膏、蛋白质水解浓缩物和酵母浸膏等。日本生产的既有牛肉、鸡肉、猪肉、鱼肉、贝类浸膏，还有鸡肉、牛肉、猪肉调味粉，同时生产的酵母浸膏 Huap，可随肌苷酸、鸟苷酸和游离氨基酸的含量高低，分别呈现出肉鲜味或酒体风味。

（2）酸味剂

酸味剂又称酸度调节剂，是增强食品中酸味和调节 pH 值或具有缓冲作用的酸、碱、盐类物质的总称。世界各国的食品酸味剂共有 20 多种，我国允许使用的酸味剂有 15 种，主要品种为柠檬酸、富马酸、磷酸、乳酸、酒石酸和苹果酸等。其中以柠檬酸、磷酸用量最大，柠檬酸是酸味剂中的主要品种，约占酸味剂总耗量的 2/3，主要用于饮料。但是随着人们对天然食品越来越强烈的渴求，我国开发出了天然酸味剂的新品种——苹果酸，主要产品是 DL-苹果酸。它是当前国际公认的安全的食品添加剂，用天然原料制成，能模拟天然果实的酸味特征，味觉自然丰富与协调。DL-苹果酸中的 D-型在生理上无效，而 L-型具有主要的生理功能，对健康有利，对肝功能不正常者有疗效，L-苹果酸钾可以作为人体钾的主要来源，苹果酸钠与氯化钾配合使用时可代替部分食盐，同时苹果酸还能延长低盐香肠和果酱的保存期。随着食品添加剂进一步地安全、高效、绿色化，苹果酸将在饮料行业中扮演重要的角色。

（3）甜味剂

甜味剂是指能赋予食品甜味的一类添加剂，它是近期发展较快、销售额很大的一类添加剂。主要品种有糖精、甜蜜素、阿斯巴甜 APM、安塞蜜、山梨酸糖醇、木糖醇及复配品种等。随着人们对吃更追求营养和健康，甜味剂也向着天然甜味剂的方向发展。国外甜味剂的发展趋势是生产和使用低热量、高甜度的合成或天然的甜味剂品种，其中以 APM 为代表品种，APM 甜度为蔗糖的 200 倍，可用于食品、饮料和餐饮用甜味料，但使用中不得过热。另外，甜叶菊糖是由天然植物甜菊中提取的，属天然无热量的高甜味剂，甜度为蔗糖的 300 倍，在各种食品生产过程中使用较稳定，可用于糖果、糕点和饮料中。新开发的还有蔗糖氯代衍生物、索石玛啶、甘草甜素等，蔗糖氯代衍生物三氯蔗糖用于食品、饮料等的甜味料，甜度为蔗糖的 600 倍左右，近似于蔗糖的柔和甜味和无热量的甜味剂。国际推荐甜度为蔗糖 3000 倍的天然提取物索马甜，我国至今还未生产。索马甜是一种水溶性蛋白质，性能稳定，基本上可以说是无热量。此外，甜度为蔗糖 2000 倍的阿力甜在国内也无生产，因此他们都是极具潜力的甜味剂品种，还有待发展。糖醇是目前国际上无蔗糖甜食的理想甜味剂，常用的有麦芽糖醇、山梨醇、甘露醇、乳糖醇，但是糖醇却易导致肠鸣腹泻，因此，近年来国外推出了赤藓糖醇和异麦芽酮糖醇，它们是可以放心食用、极具发展前途的品种。甘草集甜味与保健功能于一体，是大有前途的天然添加剂，可广泛用于普通食品、饮料及酿造食品中，还可用于口香糖、巧克力、腌渍制品、海产珍味制品等食品中。

6.3.3 绿色食品添加剂的使用原则

① 如果不使用添加剂（含加工助剂）就不能生产出类似的产品时，才允许选择使用。否则，不使用添加剂。

② AA 级绿色食品中只允许使用“AA 级绿色食品生产资料”食品添加剂类产品，在此类产品不能满足生产需要的情况下，允许使用天然食品添加剂。

③ 允许使用天然食品添加剂和表 6-1 所列以外的人工合成食品添加剂。

④ 在天然食品添加剂和化学合成食品添加剂均能达到同样使用效果时，提倡使用天然食品添加剂，但应综合考虑食品的安全性和生产成本、资源的可持续利用。

⑤ 所用食品添加剂的产品质量必须符合相应的国家或行业标准。

⑥ 允许使用的食品添加剂使用量应符合 GB 2760 及 GB 14880—94 的规定。

⑦ 不得对消费者隐瞒绿色食品中所用食品添加剂的性质、成分和使用量。

⑧ 在任何情况下，都不得使用表 6-1 中列出的食品添加剂。对毒性不明或毒性较大，又可由同类添加剂替代的添加剂，不允许使用；对毒性有争议的添加剂，不允许使用。

表 6-1　生产绿色食品禁止使用的食品添加剂①

类　　别	食品添加剂名称	类　　别	食品添加剂名称
抗结剂	亚铁氰化钾(02.001)	面粉处理剂	过氧化苯甲酰(13.001) 溴酸钾(13.002)
抗氧化剂	4-乙基间苯二酚(04.013)		
漂白剂	硫酸铝钾(钾明矾)(06.004) 硫酸铝铵(铵明矾)(06.005)	防腐剂	苯甲酸(17.001) 苯甲酸钠(17.002) 乙氧基喹(17.1010) 仲丁胺(17.011) 桂醛(17.012) 噻苯咪唑(17.018) 过氧化氢(或过碳酸钠)(17.020) 乙萘酚(17.021) 2-联苯醚(17.022) 2-苯基苯酚钠盐(17.023) 4-苯基苯酚(17.024) 五碳双缩醛(戊二醛)(17.025) 十二烷基二甲基溴化胺(新洁而灭)(17.026) 2,4-二氯苯氧乙酸(17.027)
着色剂	赤藓红铝色淀(08.003) 新红铝色淀(08.004) 二氧化钛(08.001) 焦糖色(亚硫酸铵法)(08.109) 焦糖色(加氨生产)(08.110)		
护色剂	山梨醇酐单油酸酯(司盘 80)(10.005) 山梨醇酐单棕榈酸酯(司盘 40)(10.008) 山梨醇酐单月桂酸酯(司盘 20)(10.015) 聚氧乙烯山梨醇酐单油酸酯(吐温 80)(10.016) 聚氧乙烯(20)-山梨醇酐单月桂酸酯(吐温 20)(10.025) 聚氧乙烯(20)-山梨醇酐单棕榈酸酯(吐温 40)(10.026)	甜味剂	糖精钠(19.001) 环乙基氨基磺酸钠(甜蜜素)(19.002)

① 表中所列是目前禁用的食品添加剂品种，该名单将随国家新规定而修订。

思考题

1. 什么是绿色农药？绿色农药有哪些种类？如何合理使用？
2. 生物肥料有哪些特点？
3. 举例说明绿色食品添加剂的安全使用。
4. 与普通化肥相比，生物菌肥有什么优缺点？
5. 生物菌肥的作用机理是怎样的？

参考文献

[1] 刘伟明．中国绿色农业的现状及发展对策．世界农业，2004，(8)：20-22.

[2] 刘德志．论农业持续发展中的化学肥料问题．农业系统科学与综合研究，2005，(3)：235-237.

[3] 余刚，辛贵云，秦林强．农用化学品生产和应用中的绿色化学．江苏农业科学，2006，(6)：415-417.

[4] 杨唐盛，张长厚．浅析绿色农业产业化经济的发展．商场现代化，2006，(25)：339-340.

[5] 刘建超，贺红武，冯新民．化学农药的发展方向——绿色化学农药．农药，2005，(1)：1-4.

[6] 安红波，李占双．绿色农药的研究现状及进展．应用科技，2003，30 (9)：47-50.

[7] 王爱军，袁丛英．绿色生物农药研究现状及发展．河北化工，2006，(1)：54-57.

[8] 刘清术，刘前刚，陈海荣等．生物农药的研究动态、趋势及前景展望．农药研究与应用，2007，11 (1)：17-25.

[9] 张锡贞，张红雨．生物农药的应用与研发现状．山东理工大学学报（自然科学版），2004，18 (1)：96-100.

[10] 朱昌雄，蒋细良，姬军红．我国生物农药的研究进展及对未来发展建议．现代化工，2007，(1)：1-4.

[11] 刘高强，王晓玲，周国英等．微生物农药研究与应用的新进展．食品科技，2004，(9)：1-3.

[12] 王慧芳，张颖，孙晓红．未来农药的发展趋势．天津化工，2005，19 (4)：13-16.

[13] 刘建超，陈伟志，贺红武．农药化学中的绿色化学．化学通报，2004，(10)：750-755.

[14] 开发绿色农药为大势所趋．化工学报，2004，(5)：853.

[15] 何谓“绿色农药”．生态经济，2003，(6)：23-24.

[16] 徐汉虹，张志祥，查友贵．中国植物性农药开发前景．农药，2003，(3)：1-10.

[17] 严力蛟，汪自强．我国绿色农产品发展概况与对策措施．农业现代化研究，2003，(3)：234-238.

[18] 杨光富，杨华铮，吴小军. 创制绿色化学农药的研究进展. 华中师范大学学报（自然科学版），2003，(3)：352-358.
[19] 汤长青，卢鑫，杨艳春. 绿色化学与绿色农药. 河南农业科学，2003，(9)：35-36.
[20] 梁文平，郑斐能，王仪等. 21世纪农药发展的趋势：绿色农药与绿色农药制剂. 农药，1999，(9)：1-2.
[21] 刘立新，尹秀兰. 微生物肥料的应用及发展趋势. 农民致富之友，2003，(1)：15-16.
[22] 周年发，李向荣，刘军. 农业可持续发展与化肥结构调整. 湖南农业科学，2001，(6)：5-6.
[23] 刘丽生，张宏，王晓辉. 生物肥料的作用特点和发展趋势. 黑龙江农业科学，2001，(5)：30-31.
[24] 黄立章，石伟勇. 绿色肥料设计的技术路线. 化肥工业，2003，30 (3)：8-10.
[25] 窦新田，付振山. 生物肥料生产和应用的现状及发展趋势. 黑龙江科技信息，2000，(2)：13-15.
[26] 强秦，曹卫贤. 我国复混肥料生产现状及发展趋势. 杨凌职业技术学院学报，2004，(1)：40-43.
[27] 赵秉强. 环境友好型肥料发展现状与趋势. 作物杂志，2003，(3)：22-23.
[28] 刘如清. 化肥生产的发展趋势. 湖南农业，1999，(9)：12.
[29] 余天应. 肥料产业发展新趋势. 农家顾问，1999，(3)：20.
[30] 倪治华，钟宝龙，陆若辉. 有机复合肥的开发应用及其发展趋势. 中国稻米，1999，(5)：27-28.
[31] 张星哲. 浅谈当前国内外肥料的发展趋势. 农业科技管理，2003，(6)：50-52.
[32] 孙敬轩. 绿色食品添加剂的研究与发展. 渭南师范学院学报，2006，21 (2)：63-65.
[33] 绿色食品使用添加剂有新要求. 食品科技，2000，(1)：67.
[34] 闫港，邵清硕，侯俊丽. 浅谈几种绿色饲料添加剂的研究现状. 承德职业学院学报，2005，(4)：87-89.

第7章 绿色化工产品

绿色化工产品是指产品本身对人类健康和环境无毒害，包括不会对野生生物、有益昆虫或植物造成损害，同时当产品被使用后，能在环境中降解为无害物质，或是作为产品的原料循环，或是作为无毒的物质留在环境中。由于对环境绿色化的要求，绿色化工产品受到越来越多的关注，“绿色、高效”几乎是所有商品未来发展的方向和目标。本章将主要对绿色催化剂、绿色无机化工产品、绿色精细化工产品、绿色生物化工产品及绿色能源产品进行介绍。因为本章内容着重介绍的是产品，因此绿色能源产品主要是涵盖绿色电池部分，而对其他的绿色能源材料不作过多叙述。

7.1 绿色催化剂

绿色催化剂具有无毒、无害、选择性好、催化活性高、反应条件温和、不产生环境污染等共性，是21世纪研究绿色化学的主要课题。

7.1.1 催化剂概述

催化剂在化工生产中具有极其重要的作用。我们知道催化剂能够非常显著地提高反应速率；而且催化剂还具有选择性，采用不同的催化剂会得到不同的产品，虽然催化剂不能改变化学平衡和平衡时的转化率，但在工业生产中，为了提高生产效率，常常没有真正的平衡存在，因此在一定的时间内，使用催化剂可大幅度地提高原料的利用率。可以说，在化工生产中，80%以上的反应只有在催化剂的作用下才能获得具有经济价值的反应速率和选择性。

由于催化剂本身也是各种化学物质，因此它们的使用也就有可能对人体及环境构成危害，特别是酸、碱、金属卤化物、金属羰基化物、有机金属配合物等均相催化剂，其本身具有强烈的毒性、腐蚀性，甚至有致癌作用。它们的使用会引起严重的设备腐蚀问题且对操作人员的安全构成危害。而且这些催化剂与产物难于分离，处理产物产生的大量废物以及废旧催化剂的排放会造成严重的环境污染。

历史上由于催化剂的毒性引起的污染曾给人类带来沉痛的教训，典型的实例就是由汞污染引起的水俣病。20世纪中叶，主要的化学原料是煤，当时大量采用以煤经电石法制备的乙炔为原料，在硫酸汞催化剂作用下制取乙醛。废硫酸汞催化剂掺在污水中排放到大海里，在环境作用下转化成更具毒性的二次污染物——甲基汞，经鱼食后被浓缩，人们不断食用这种鱼，就在体内积累了汞，最终导致脑细胞遭到破坏，产生水俣病。20世纪60～70年代，世界各地多处出现水俣病，造成人员死亡。虽然汞中毒的问题早已通过采用乙烯氧化合成乙醛的新的技术路线而得到了解决，但因催化剂的使用而引起的腐蚀、污染问题依然大量存在，其中问题最为严重的是目前仍大量使用的硫酸、氢氟酸和三氯化铝等无机酸类。目前，烃类的烷基化反应一般使用氢氟酸、硫酸、三氯化铝等酸催化剂。这些催化剂共同的缺点是，对设备的腐蚀严重，对人身有危害和产生废渣，污染环境。

为了保护环境，多年以来国外针对分子筛、杂多酸、超强酸等新催化剂材料正大力开发固体酸烷基化催化剂，其中采用新型分子筛催化剂的乙苯液相烃化技术引人注目。这种催化剂选择性很高，乙苯质量收率超过99.6%，而且催化剂寿命长。在固体酸烷基化的研究中，还应进一步提高催化剂的选择性，以降低产品中的杂质含量，提高催化剂的稳定性，以延长运转周期，降低原料中的苯烯比，以提高经济效益。

7.1.2　分子筛催化剂

分子筛是一种多功能的催化剂，它可作为酸性催化剂，对反应原料和产物也有筛分作用，已广泛用于石油化工和精细化工生产中。

7.1.2.1　分子筛催化剂概述

最初的分子筛是天然沸石，即 Si 和 Al 组成的晶体化合物。目前，分子筛还可以是杂原子分子筛，可以由 P、B、Ti 等和 Si 或 Al 组成。天然沸石早在 1756 年就被发现，当时只有两类分子筛材料是已知的：天然沸石和活性炭。沸石（结晶硅铝酸盐微孔结晶体）常被用来描述各种多孔化合物，包括天然的和人工合成的。而那些具有类似结构的磷酸盐和纯硅酸盐等应该称为类沸石材料。不论其具有已知的沸石结构，还是新结构（没有硅铝沸石对应物），有吸附能力的材料才能被称为微孔材料或分子筛。常用名有沸石、分子筛、晶体铝硅酸盐、分子筛沸石、沸石分子筛等。

沸石类化合物包括天然的和人工合成的，已超过 600 种，而且还在增加。但它们并不都是完全相同的，如 ZSM-5 等 20 多种材料虽然具有不同的名字，但具有相同的结构，只是在不同的体系中或是被不同的研究者合成的。所有类沸石材料可以分为 100 余种骨架结构类型。国际沸石学会（IZA）根据 IUPAC 的命名原则，给每个确定的骨架结构赋予一个代码（三个英文字母），例如 FAU 代表八面沸石，MFI 代表 ZSM-5。相同结构可以有不同的化学组成，例如 X 型沸石（低硅八面沸石）、Y 型沸石（高硅八面沸石）和 SAPO-37（磷酸硅铝分子筛），具有完全不同的组成，但它们具有相同的 FAU 结构。

分子筛在各种不同的酸性催化剂中能够提供很高的活性和不寻常的选择性，且绝大多数反应是由分子筛的酸性引起的，也属于固体酸类。近 20 年来在工业上得到了广泛应用，尤其在炼油工业和石油化工中作为工业催化剂占有重要地位。

7.1.2.2　分子筛的基本结构及概念

分子筛是一种结晶型的硅铝酸盐，主要由硅铝通过氧桥连接组成空旷的骨架结构，在结构中有很多孔径均匀的孔道和排列整齐、内表面积很大的空穴。此外还含有电价较低而离子半径较大的金属离子和化合态的水。由于水分子在加热后连续地失去，但晶体骨架结构不变，形成了许多大小相同的空腔，空腔又由许多直径相同的微孔相连，比孔道直径小的物质分子吸附在空腔内部，而把比孔道大的分子排斥在外，从而使不同大小形状的分子分开，起到筛分分子的作用，因而称做分子筛。当气体或液体混合物分子通过这种物质后，就能按照不同的分子特性彼此分离开来。分子筛中含有大量的结晶水，加热时可汽化除去，故又称沸石。自然界存在的常称为沸石，人工合成的称为分子筛。它们的化学组成可表示为：

$$M_{x/n}[(AlO_2)_x \cdot (SiO_2)_y] \cdot zH_2O$$

式中，M 是金属阳离子，n 是它的价数；x 是 AlO_2 的分子数；y 是 SiO_2 的分子数；z 是水的分子数。因为 AlO_2 带负电荷，金属阳离子的存在可使分子筛保持电中性。当金属离子的化合价 $n=1$ 时，M 的原子数等于 Al 的原子数；若 $n=2$，M 的原子数为 Al 原子数的一半。

有时也表示为：$M_{n/2}O \cdot Al_2O_3 \cdot xSiO_2 \cdot yH_2O$

式中，M 为金属离子，人工合成的通常是 Na^+；n 为金属离子的氟化数；x 为 SiO_2 的分子数，即 SiO_2/Al_2O_3 摩尔比，称为硅铝比；y 为 H_2O 的分子数。

常用的分子筛主要有：方钠型沸石，如 A 型分子筛；八面型沸石，如 X 型、Y 型分子筛；丝光型沸石（M 型）；高硅型沸石，如 ZSM-5 等。

各种分子筛的区别，首先表现在化学组成不同，而化学组成上的区别最主要在于硅铝比的不同。例如：A 型分子筛，$x=2$；X 型分子筛，$x=2.1-3.0$；Y 型分子筛，$x=3.1-6.0$；丝光型沸石，$x=9-11$。

描述分子筛空间结构有一些常见概念需要知道。晶穴与外部或其他晶穴相通的部位，称做晶孔，也叫做孔、孔口、窗口、晶窗等。沸石结构中多面体通过所有的面与外部或其他多面体相联结，因此组成晶穴的每一个多元环都可以看做是晶孔。沸石中主晶穴与主晶穴相通的部位是围着主晶穴而存在的多元环，称为该沸石的主晶孔。例如：A 型沸石的主晶孔是八元环；X 型、Y 型沸石的主晶孔是十二元环。

由晶穴按一定规则堆积而成的分子筛晶体骨架，相邻的晶穴之间是由晶孔互相沟通的，这种由晶穴和晶孔所形成的无数通道，就叫做孔道，也称通道。分子筛的主晶穴与主晶孔构成的孔道称为该分子筛的主孔道。由主孔道所连通的空间就是分子筛的孔道空间体系。

7.1.2.3 分子筛的结构特征

(1) 四个方面、三种层次

分子筛的结构特征可以分为四个方面、三种不同的结构层次。第一个结构层次也就是最基本的结构单元是硅氧四面体（SiO_4）和铝氧四面体（AlO_4）（见图 7-1），它们构成分子筛的骨架。

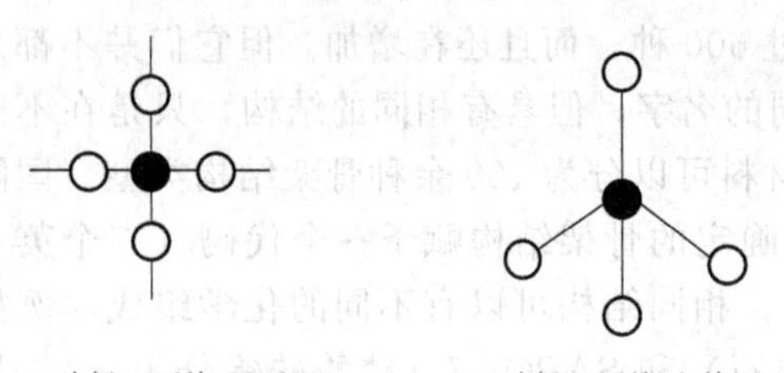

(a) 硅氧四面体(平面图)　(b) 硅氧四面体(立体图)

图 7-1 硅氧四面体或铝氧四面体（sp^3 杂化）
●—硅；○—氧

每个硅原子和四个氧原子相连接，氧原子必须和两个硅原子共用电子对才能得到稳定。相邻的硅氧四面体必须相连接。各个四面体经氧桥连接成链状、环状和三维立体骨架。硅氧四面体中，有时也可被铝原子所取代，形成铝氧四面体，由于铝的氧化数为+3，当周围为四个氧原子时，就不能保持电中性，因此在铝氧四面体的附近有一个带正电荷的阳离子，分子筛组成中金属离子就是起这个作用（见图 7-2）。合成沸石中一般为钠离子。

硅（铝）氧四面体相互联结的特点：①四面体中的每一个氧原子都是共用的；②相邻的两个四面体之间只能共用一个氧原子；③两个铝原子的四面体不直接相联结。

硅（铝）氧四面体通过氧桥相互联结在一起，可以形成首尾相联结的环状，成为多元环。环是分子筛结构的第二个层次，组成环的四面体数目叫多元环的元数，也可按成环的环上氧原子数划分，有四元氧环［图 7-3(a)］、五元氧环、六元氧环［图 7-3(b)］、八元氧环、十元氧环和十二元氧环等。环是分子筛的通道孔口，对通过分子起着筛分作用。根据不同元数的氧环具有大小不同的孔径（见表 7-1），从而可以筛分不同的分子。八元以上的氧环，烃分子可以进入（最小直径 0.4nm）。构成沸石骨架结构的各种二级结构单元如图 7-4 所示。

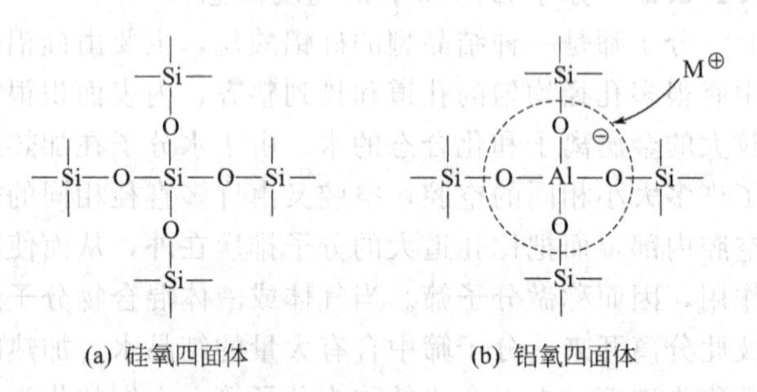

(a) 硅氧四面体　(b) 铝氧四面体

图 7-2 硅氧四面体和铝氧四面体空间联结方式

表 7-1 沸石中各种环状结构的孔径（计算值）

环 结 构	孔径/nm	环 结 构	孔径/nm
四元环	0.12	八元环	0.45
五元环	0.20	十元环	0.63
六元环	0.28	十二元环	0.80

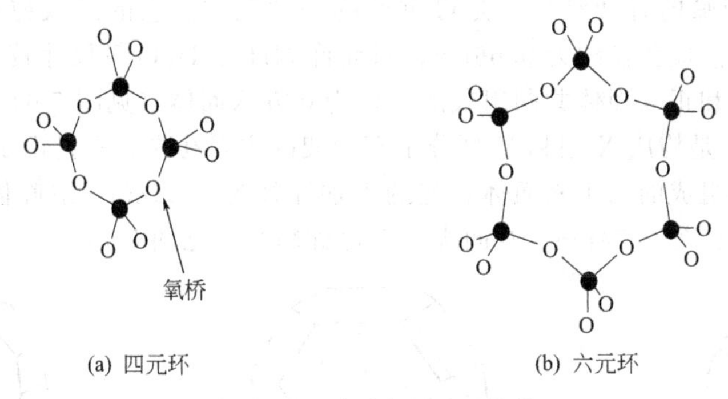

图 7-3　四元环和六元环结构

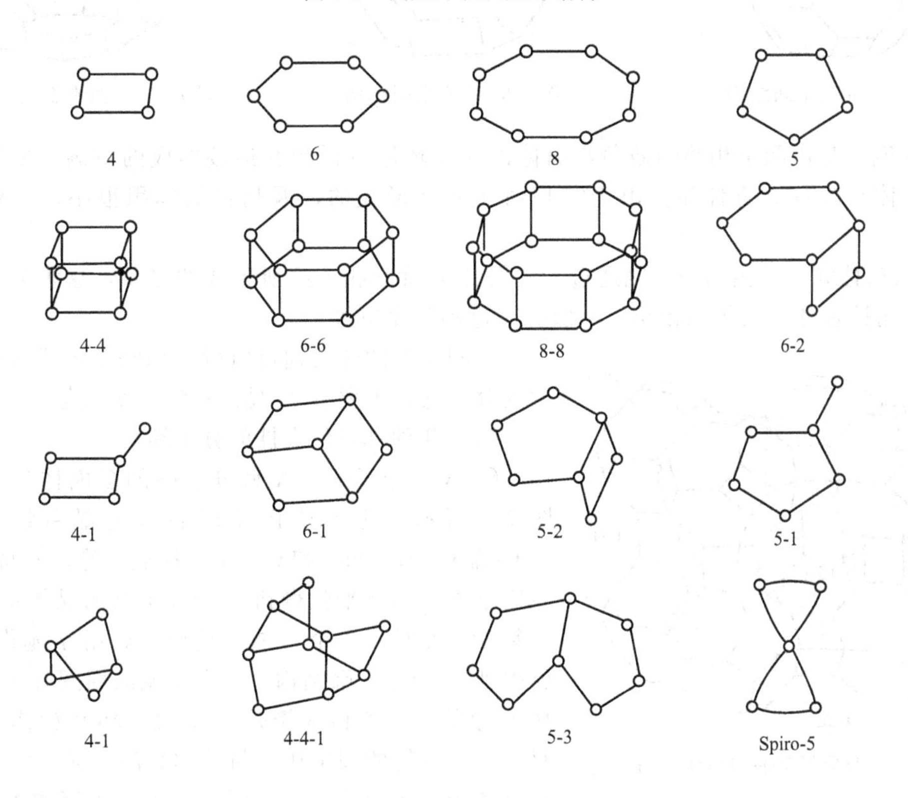

图 7-4　构成沸石骨架结构的三级结构单元

氧环通过氧桥相互联结，形成具有三维空间的中空多面体。这种多面体叫做晶穴，或称孔穴、空腔、笼。各种各样的多面体是分子筛结构的第三个层次。笼是分子筛结构的重要特征。笼分为 α 笼、β 笼、八面沸石笼和 γ 笼等。

（2）分子筛的笼

① α 笼　是 A 型分子筛骨架结构的主要孔穴，它是由 12 个四元环、8 个六元环及 6 个八元环组成的二十六面体。笼的平均孔径为 1.14nm，空腔体积为 760Å^{3}❶。α 笼的最大窗孔为八元环，孔径为 0.41nm。外界分子可通过八元环进入笼中。每个笼的饱和容量约为 25 个 H_2O 或 19 个 NH_3，或 12 个 CH_3OH，或 9 个 CO_2，或 4 个 C_4H_{10}（见图 7-5）。

② β 笼　十四面体，由 6 个四元环和 8 个六元环组成，共有 24 个顶角，主要用于构成 A

❶ 1Å＝0.1nm。

型、X 型和 Y 型分子筛的骨架结构，是最重要的一种孔穴。它的形状宛如削顶的正八面体，空腔体积为 160Å³，窗口孔径约为 0.66nm，只允许 NH_3、H_2O 等尺寸较小的分子进入。β 笼可以看作是由立方体和正八面体共同组成的，称为立方八面体（见图 7-6）。

③ 八面沸石笼　是构成 X 型和 Y 型分子筛骨架的主要孔穴，它是由 18 个四元环、4 个六元环和 4 个十二元环组成的二十六面体，笼的平均孔径为 1.25nm，空腔体积为 850Å³。最大孔窗为十二元环，孔径为 0.74nm。八面沸石笼也称超笼（见图 7-7）。

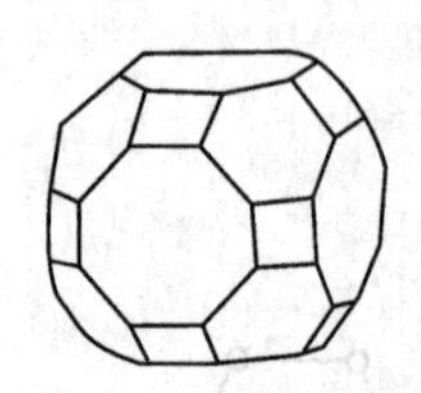

图 7-5　α 笼空间结构

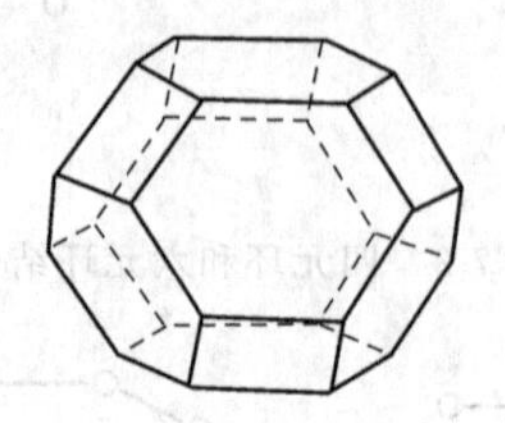

图 7-6　β 笼空间结构

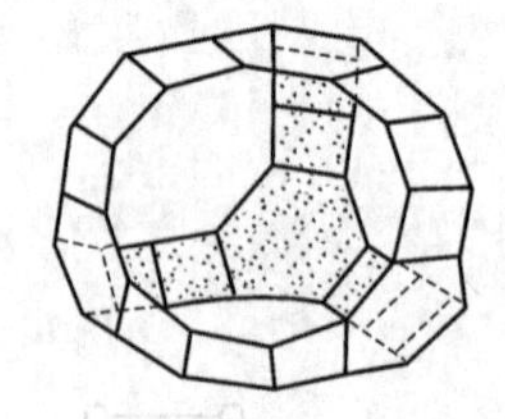

图 7-7　八面沸石笼空间结构

④ γ 笼　是由两个相邻的截角八面体以四元环用氧桥相互连接形成的空洞，所以 γ 笼是一个立方体，又称立方体笼。由于它是由四元环形成的，因此它的体积很小，一般分子进不去。

⑤ 六角柱笼　是由两个 β 笼通过六元环用氧桥互相连接所形成的笼子，这种笼子实际上是一个六角棱柱体。其体积较小，一般分子进不到笼里去。

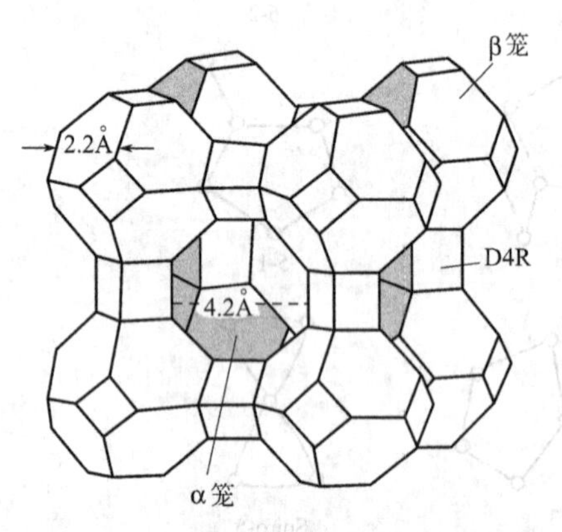

图 7-8　A 型分子筛的多面体空间结构

不同结构的笼再通过氧桥互相联结形成各种不同结构的分子筛，主要有 A 型、X 型和 Y 型等。

（3）几种具有代表性的分子筛

① A 型分子筛　A 型分子筛的多面体空间结构如图 7-8 所示，其类似于 NaCl 的立方晶系结构。若将 NaCl 晶格中的 Na^+ 和 Cl^- 全部换成 β 笼，并将相邻的 β 笼用 γ 笼联结起来就得到 A 型分子筛的晶体结构。8 个 β 笼联结后形成一个方钠石结构，如用 γ 笼作桥联结，就得到 A 型分子筛结构。一个 α 笼的周围有 8 个 β 笼和 10 个 γ 笼。α 笼和 β 笼是通过六元环互相沟通的。同时，一个 α 笼的周围还有与其相邻的 α 笼。它们是通过八元环相互沟通的。八元环是 A 型分子筛的主晶孔，其孔径为 0.45nm，这是 A 型分子筛主要的孔径。

人工合成的 A 型分子筛，其晶胞化学式为：

$$Na_{12}[(AlO_2)_{12}(SiO_2)_{12}]\cdot 27H_2O$$

即将一个 β 笼看作是一个晶胞，每个晶胞含有 12 个 Na^+。Na^+ 在晶格中的位置：其中 8 个 Na^+ 分布在晶胞的 8 个六元环上，每个六元环上各一个，靠近六元环的中心；另外 3 个 Na^+ 分布在八元环上，6 个八元环中有 3 个八元环上各有一个 Na^+，也是靠近八元环中心，最后一个 Na^+ 则位于四元环的二次轴上。此外，A 型分子筛中尚含有水分子，这些水分子占满了分子筛的空间。

A 型分子筛中心有一个大的 α 笼。α 笼之间通有一个八元环窗口，其直径为 4Å，故称 4A 分子筛。若 4A 分子筛上 70% 的 Na^+ 与 Ca^{2+} 交换，八元环直径可增至 5Å，对应的沸石称 5A 分子筛。反之，若 70% 的 Na^+ 与 K^+ 交换，八元环孔径缩小到 3Å，对应的沸石称 3A 分子筛。

3A 分子筛，又称 KA 分子筛。3A 分子筛的孔径为 3Å，主要用于吸附水，不吸附直径大于 3Å 的任何分子。适用于气体和液体的干燥，以及烃的脱水，可广泛应用于石油裂解气，乙烯、丙烯及天然气的深度干燥。根据工业上的应用特点，我们生产的分子筛具有更快的吸附速率、更多的再生次数、更高的抗碎强度及抗污染能力，提高了分子筛的利用效率并延长了分子筛的使用寿命，是石油、化工行业中气液相深度干燥、精炼、聚合所必需的首选干燥剂。具体应用：各种液体（如乙醇）的干燥；空气的干燥；制冷剂的干燥；天然气、甲烷气的干燥；不饱和烃和裂解气、乙烯、乙炔、丙烯、丁二烯的干燥。

3A 分子筛的分子式为：$0.4K_2O \cdot 0.6Na_2O \cdot Al_2O_3 \cdot 2.0SiO_2 \cdot 4.5H_2O$

4A 分子筛的孔径为 4Å，吸附水，甲醇、乙醇、硫化氢、二氧化硫、二氧化碳、乙烯、丙烯，不吸附直径大于 4Å 的任何分子（包括丙烷），对水的选择吸附性能高于任何其他分子，是工业上用量最大的分子筛品种之一。其主要适用于气体、液体的干燥。可吸附 H_2O、NH_3、H_2S、CO_2、SO_2、CO、氯甲烷、溴甲烷、乙炔，乙烷、乙烯、丙烯等。广泛用于油田伴生气、天然气等的干燥，也广泛用于乙醇的脱水。具体应用：空气、天然气、烷烃、制冷剂等气体和液体的深度干燥；氩气的制取和净化；药品包装、电子元件和易变质物质的静态干燥；涂料、燃料中作为脱水剂。

4A 分子筛的分子式：$Na_2O \cdot Al_2O_3 \cdot 2.0SiO_2 \cdot 4.5H_2O$

5A 分子筛的孔径为 5Å，一般称为钙分子筛。能吸附小于该孔径的任何分子，主要应用于正、异构烃的分离、变压吸附分离及水和二氧化碳的共吸附，基于 5A 分子筛的工业应用特点，我国生产的 5A 分子筛选择吸附性高，吸附速率快，特别适用于变压吸附，可适应各种大小的制氧、制氢、制二氧化碳等气体变压吸附装置，是变压吸附行业中的精品。它除具有 3A、4A 分子筛所具有的功效外，还可吸附 C_3～C_4 正构烷烃、氯乙烷、溴乙烷、丁醇等。可广泛用于制氧工业中吸附水分、二氧化碳及一些有机气体。具体应用：变压吸附；空气净化脱水和二氧化碳。

5A 分子筛的分子式：$0.70CaO \cdot 0.30Na_2O \cdot Al_2O_3 \cdot 2.0SiO_2 \cdot 4.5H_2O$

13X 分子筛的孔径为 10Å，吸附小于 10Å 的任何分子，可用于催化剂协载体、水和二氧化碳共吸附，以及水和硫化氢气体共吸附，主要应用于医药和空气压缩系统的干燥，根据不同的应用有不同的专业品种。具体应用：空气分离装置中气体净化，脱除水和二氧化碳；天然气、液化石油气、液态烃的干燥和脱硫；一般气体的深度干燥。

13X 分子筛的分子式：$Na_2O \cdot Al_2O_3 \cdot 2.45SiO_2 \cdot 6.0H_2O$

② X 型和 Y 型分子筛　X 型和 Y 型分子筛多面体单元结构类似金刚石的密堆六方晶系结构（见图 7-9）。若以 β 笼为结构单元，取代金刚石的碳原子结点，且用六方柱笼将相邻的两个 β 笼联结，即用 4 个六方柱笼将 5 个 β 笼联结一起，其中一个 β 笼居中心，其余 4 个 β 笼位于正四面体顶点，就形成了八面体沸石型的晶体结构。用这种结构继续联结下去，就得到 X 型和 Y 型分子筛结构。在这种结构中，由 β 笼和六方柱笼形成的大笼为八面沸石笼，它们相通的窗孔为十二元环，其平均有效孔径为 0.74nm，这就是 X 型和 Y 型分子筛的孔径。这两种型号彼此间的差异主要是 Si/Al 比不同，X 型为 1～1.5；Y 型为 1.5～3.0。X 型和 Y 型分子筛多面体单元结构的构成演变如图 7-10 所示。

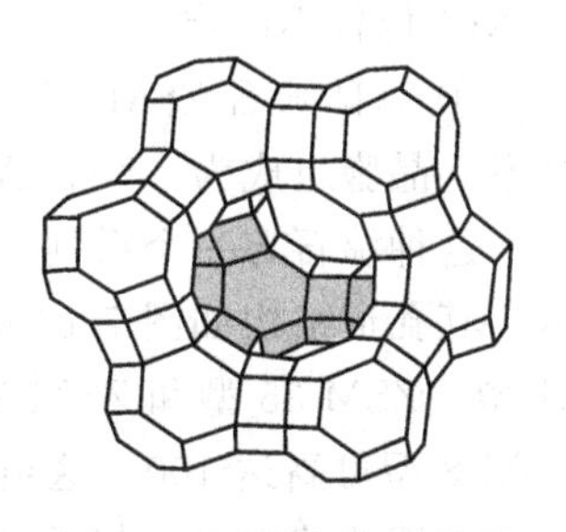

图 7-9　X 型和 Y 型分子筛多面体单元结构

③ 丝光沸石型分子筛　丝光沸石型分子筛的平面结构和立体结构如图 7-11 所示。这种沸石的结构没有笼，而是层状结构。丝光沸石属于单斜晶系，它和 A 型、X 型及 Y 型分子筛的区别之一在于丝光沸石的晶体结构中，不仅有四元环及八元环等，而且还有五元环，并且五元环所占的比例很大，这也是丝光沸石骨架的显著

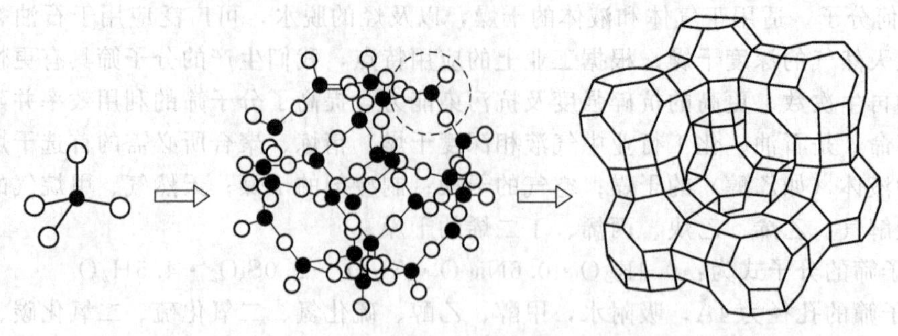

图 7-10　X 型和 Y 型分子筛多面体单元结构的构成演变

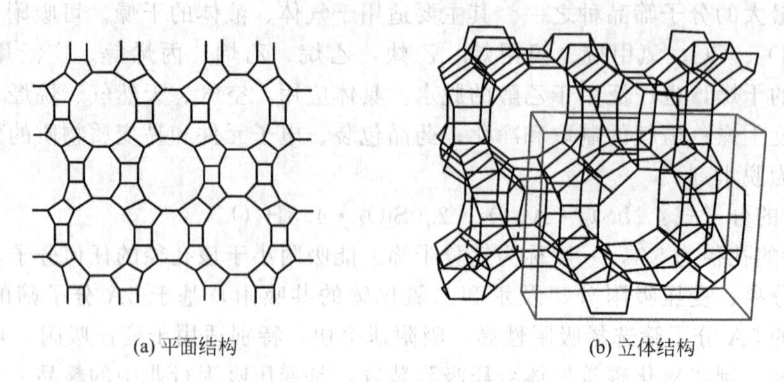

(a) 平面结构　　(b) 立体结构

图 7-11　丝光沸石型分子筛的平面结构和立体结构

特点。五元环是成对地互相并联的，即两个相邻的五元环共用两个四面体，成对的五元环又可以通过氧桥与另一成对的五元环相连。这时在相连的地方形成了四元环，环进一步相连，就构成了八元环和十二元环。这种结构单元进一步联结形成层状结构。

很多层重叠在一起以适当的方式互相联结，便构成丝光沸石的骨架。多层重叠后形成了一个个直筒形孔道，其中最大的就是十二元环组成的直筒形孔道，它构成了丝光沸石的主孔道。这种孔道是一维的，即直通道。由于十二元环有一定程度的扭曲，所以其截面呈椭圆形，长轴直径为 0.696nm，短轴直径为 0.581nm。好似一束束管束，这与 A 型、X 型及 Y 型分子筛的三维笼形不同。丝光沸石的主孔道之间也有小孔道互相沟通，这些小孔道孔径很小（约 0.39nm），一般分子不易进去，只能在主孔道中出入，因此丝光沸石的晶体结构对分子的出入来讲可以认为是二维空间。丝光沸石是高硅沸石，硅铝比高，而且五元环也多，所以耐酸性及热稳定性特别好。

丝光沸石的晶胞化学式为：$Na_8[(AlO_2)_8(SiO_2)_{40}]\cdot 24H_2O$

单位晶胞中有 8 个 Na^+，其中 4 个 Na^+ 位于主孔道四周的由八元环组成的孔道中，另外 4 个 Na^+ 位置不固定。

④ 高硅沸石 ZSM（Zeolite Socony Mobil）型分子筛　高硅沸石 ZSM 型分子筛属于正交晶系，晶胞组成为：$Na_n[Al_nSi_{96-n}O_{192}]\cdot 16H_2O$。

这种沸石有一个系列，广泛应用的为 ZSM-5 型，ZSM-5 型沸石分子筛的结构如图 7-12 所示，其孔道结构如图 7-13 所示。与之结构相同的有 ZSM-8 型和 ZSM-11 型；另一组为 ZSM-21 型、ZSM-35 型和 ZSM-38 型等。ZSM-5 型常称为高硅型沸石，其 Si/Al 比可高达 50 以上，ZSM-8 型可高达 100，这组分子筛还显出憎水的特性。

它们的结构单元与丝光沸石相似，由成对的五元环组成，无笼状空腔，只有通道。ZSM-5 型有两组交叉的通道，一种为直通的，另一种呈“之”字形相互垂直，都由十元环形成。通道

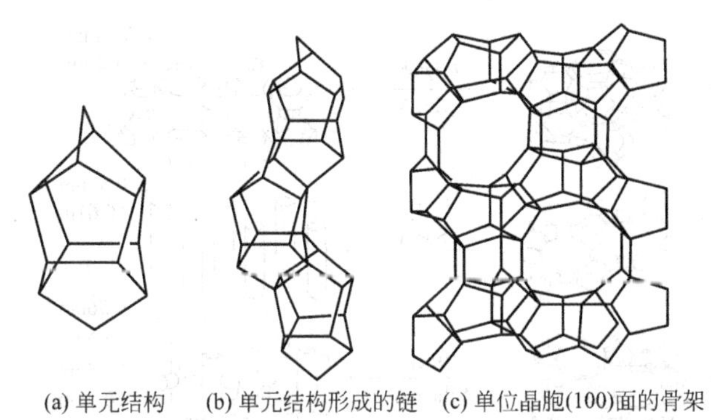
(a) 单元结构 (b) 单元结构形成的链 (c) 单位晶胞(100)面的骨架

图 7-12 ZSM-5 型沸石分子筛的结构

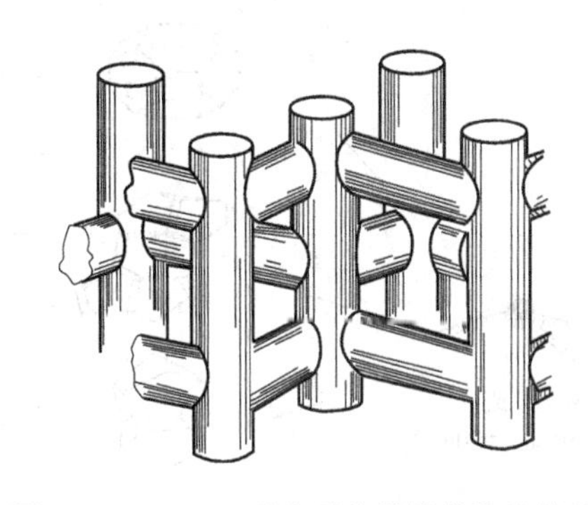
图 7-13 ZSM-5 型沸石分子筛的孔道结构

呈椭圆形，其窗口直径为 0.55～0.60nm。属于高硅族的沸石还有全硅型的 Silicalite-1 型沸石，其结构与 ZSM-5 型一样，Silicalite-2 型与 ZSM-11 型一样。

⑤ 磷酸铝系分子筛 该系沸石是继 20 世纪 60 年代出现 Y 型分子筛，70 年代出现 ZSM-5 型高硅分子筛之后，于 20 世纪 80 年代出现的第三代新型分子筛。包括大孔的 $AlPO_4$-5（0.1～0.8nm），中孔的 $AlPO_4$-17（0.6nm）和小孔的 $AlPO_4$-34（0.4nm）等结构及 MAPO-n 系列和 AlPO 径经 Si 化学改性而成的 SAPO 系列等。

SAPO-11 分子筛的组成元素为 Si、P、Al 和 O 四种，分子筛的无水形式为 mR:$(Si_xAl_yP_z)O_2$，其中 R 代表有机模板剂，m、x、y、z 分别表示 R、Si、Al 及 P 的摩尔分数，$m=0\sim0.3$，$x=0.01\sim0.98$，$y=0.01\sim0.60$，$z=0.01\sim0.52$，并且 $x+y+z=1$。SAPO-11 分子筛的骨架结构由 PO_4、AlO_4 和 SiO_4 四面体相互连接而成，由一对椅形四元环和一对船形六元环组成。主孔道是十元环椭圆形。孔径为 0.6nm，孔道壁上为六元环，孔径为 2.6×10^{-10}m。SAPO-11 分子筛结构如图 7-14 所示。

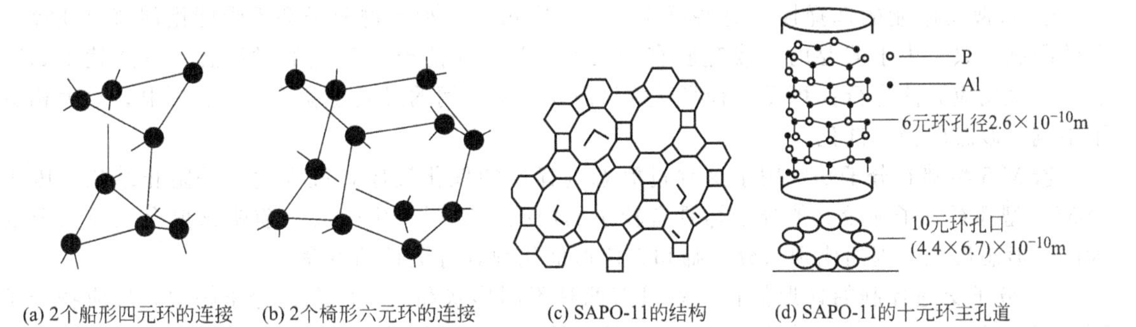

(a) 2个船形四元环的连接 (b) 2个椅形六元环的连接 (c) SAPO-11的结构 (d) SAPO-11的十元环主孔道

图 7-14 SAPO-11 分子筛结构

各种分子筛单元结构的构成如图 7-15 所示。

7.1.2.4 分子筛催化剂的催化作用机理

分子筛具有明确的孔腔分布，极高的内表面积（$600m^2/s$）良好的热稳定性（1000℃），可调变的酸位中心。分子筛的酸性主要来源于骨架上和孔隙中的三配位的铝原子和铝离子。经离子交换得到的分子筛 HY 上的—OH显酸位中心，骨架外的铝离子会强化酸位，形成 L 酸位中心，如 Ca^{2+}、Mg^{2+}、La^{3+} 等多价阳离子经交换后可以显示酸位中心，Cu^{2+}、Ag^{+} 等过渡金属离子经还原也能形成酸位中心。一般来说，Al/Si 比越高，—OH的比活性越高。分子筛酸性的调变可通过稀盐酸直接交换将质子引入。由于这种办法常导致分子筛骨架脱铝。所以 NaY 要变成 NH_4Y，然后再变为 HY。

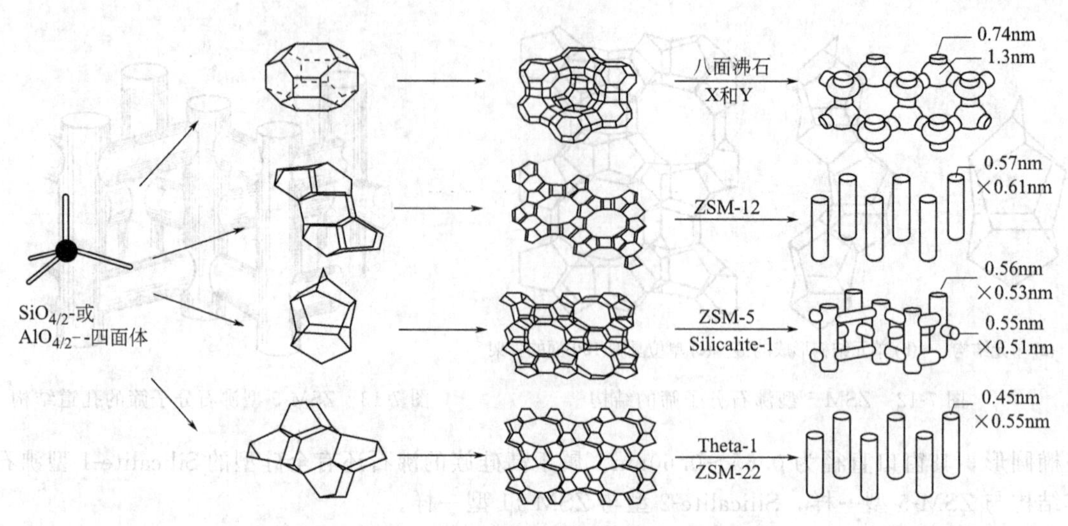

图 7-15 各种分子筛单元结构

(1) 分子筛择形催化的性质

因为分子筛结构中有均匀的小内孔，当反应物和产物的分子线度与晶内的孔径相接近时，催化反应的选择性常取决于分子与孔径的相应大小。这种选择性称为择形催化。导致择形选择性的机理有两种，一种是由孔腔中参与反应的分子的扩散系数差别引起的，称为质量传递选择性；另一种是由催化反应过渡态空间限制引起的，称为过渡态选择性。择形催化有以下四种形式。

① 反应物择形催化　当反应混合物中某些能反应的分子因太大而不能扩散进入催化剂孔腔内时，只有那些直径小于内孔径的分子才能进入内孔，在催化活性部分进行反应。

② 产物的择形催化　当产物混合物中某些分子太大，难以从分子筛催化剂的内孔窗口扩散出来时，就形成了产物的择形选择性。

③ 过渡态限制的选择性　有些反应，其反应物分子和产物分子都不受催化剂窗口孔径扩散的限制，只是由于需要内孔或笼腔有较大的空间，才能形成相应的过渡态，不然就受到限制，使该反应无法进行；相反，有些反应只需要较小空间的过渡态就不受这种限制，这就构成了限制过渡态的择形催化。

ZSM-5 型沸石分子筛常用于这种过渡态选择性的催化反应，最大优点是阻止结焦。因为 ZSM-5 型沸石分子筛较其他分子筛具有较小的内孔，不利于焦生成的前驱物聚合反应需要的大的过渡态形成。因而比别的分子筛和无定形催化剂具有更长的寿命。

④ 分子交通控制的择形催化　在具有两种不同形状和大小的孔道分子筛中，反应物分子可以很容易地通过一种孔道进入到催化剂的活性部位，进行催化反应，而产物分子则从另一孔道扩散出去，尽可能地减少逆扩散，从而增加反应速率。这种分子交通控制的催化反应，是一种特殊形式的择形选择性，称分子交通控制择形催化。

(2) 择形选择性的调变

可以通过毒化外表面活性中心，修饰窗孔入口的大小。常用的修饰剂为四乙基原硅酸酯，也可改变晶粒大小等。

择形催化最大的实用价值在于利用它表征孔结构的不同，是区别酸性分子筛的方法之一。择形催化在炼油工艺和石油工业生产中取得了广泛的应用，如分子筛脱蜡、择形异构化、择形重整、甲醇合成汽油、甲醇制乙烯、芳烃择形烷基化等。

7.1.2.5　分子筛的发展及应用

自 1960 年 Weise P. B. 提出沸石分子筛规整结构的“择形催化”概念，1962 年首次将 X

型沸石分子筛用于催化裂化过程，从而使催化裂化工艺发生了质的飞跃，成为催化剂发展史上的一个里程碑。20世纪70年代，美孚公司开发的ZSM-5型沸石分子筛催化剂又成功应用于多种炼油和石化工艺，使沸石催化剂又进入一个新的发展阶段。表7-2列出了部分用于炼油和石油化工过程的沸石催化剂及工艺。

表7-2 用于炼油和石油化工过程的沸石催化剂及工艺

年代	沸石	工艺	开发公司
20世纪60年代	REY/REX①	催化裂化	Mobil
	镁碱沸石	重整(selectforming)	Mobil
	丝光沸石	正构 C_5、C_6 烷烃异构化(hysomer)	Shell
20世纪70年代	ZSM-5	甲苯歧化(MTDP)	Mobil
		二甲苯异构化	Mobil
		馏分油脱蜡(MLDW)	Mobil
	H-Y②	加氢裂化(unicracking)	Union
20世纪80年代	ZSM-5	乙苯合成	Mobil/Badger
		硫化催化裂化催化剂的添加剂	Mobil
	H-USY③	渣油加氢裂化(R-HCY)	出光
	镁碱沸石	正丁烯异构化	Shell
	Ca-ZSM-5	芳构化(cyclar)	UOP/BP
	Pt/K/L	重整(aromax)	Chevron
	丝光沸石	烷基转移(tatray)	Troay/UOP
	USY	异丙苯合成	Lummus/UOP/Unocal
20世纪90年代	SAPO-11	石蜡异构化(iso-dewaxing)	Chevron
	丝光沸石	异丙苯合成(3-DDM)	Dow
	β沸石	异丙苯合成	Enichem
	MgAPSO-32	异丙苯合成(Q-Max)	UOP
	MCM-22	乙苯合成(EBMax)	Mobil/Badger
	β沸石	石蜡异构化(MWI)	Mobil
	MCM-22	异丙苯合成	Mobil/Badger

① REY和REX分别为稀土Y型沸石和稀土X型沸石。

② 氢型Y型沸石。

③ 氢型超稳Y型沸石。

近年来，随着对燃料油质量标准要求越来越高，以及针对石化产品生产工艺不断提出的环保要求，促使人们致力于改进炼油与石化生产工艺，并积极开发新型环境友好型催化剂。沸石由于对人体无害，使用后不会造成新的环境污染，且具有活性高、选择性好和容易再生等特点，在各种烃类转化中显示出明显的优势。新开发的SAPO（结构类似于菱沸石的结晶磷硅铝酸盐）、β沸石和MCM-22等沸石催化剂及相应工艺，降低了汽油、柴油等车用燃料燃烧后尾气对环境的污染，减少了石化生产过程中有毒、有害副产物和废弃物的排放和处理量，为石化工业实现绿色环保目标提供了可靠的技术支持。

1990年美国《清洁空气法（修正案）》规定，逐步推广使用新配方汽油和含氧汽油，以减少汽车排放CO和烃类引发的臭氧和光化学烟雾对空气的污染。汽油组成中限制了蒸气压、苯、芳烃和烯烃的含量等，柴油则要求硫的质量分数低于0.05%、芳烃体积分数低于20%、十六烷值大于40。要达到这些要求，必须开发性能优异的新型炼油催化剂，改进炼油工艺，而沸石分子筛催化剂正迎合了这种发展趋势。

20世纪60年代，沸石分子筛用于催化裂化工艺后，催化裂化沸石催化剂从稀土X型改进成稀土Y型，20世纪80年代又开发了超稳Y型沸石（USY），大幅度地提高了裂化催化剂的选择性。由于降低了催化剂的氢转移活性，使裂化汽油中含有更多的烯烃，从而提高了汽油辛烷值，为开发渣油裂化催化剂和生产高辛烷值汽油的裂化催化剂奠定了基础。

为提高沸石催化剂在催化裂化过程中的耐热性和耐金属性，近年来又对沸石进行了改性，如在高温空气中进行热处理以提高耐热性。用 P/Al_2O_3 进行改性以提高耐热性和渣油裂解能力；USY 外表面改性以提高重质油裂解能力及对汽油和中间馏分油的选择性等。

目前正在开发的是既能保持高 RON（研究法辛烷值），又可降低烯烃和芳烃含量的新沸石催化剂工艺。例如 20 世纪 70 年代开发的技术是以 ZSM-5 作为 USY 和 RE-USY 催化剂的助剂，提高了流化催化裂化（FCC）的汽油辛烷值，但缺点是降低了汽油馏分收率。为此，美孚公司于 20 世纪 90 年代开始开发高 Si/Al 的 ZSM-5 技术。Si/Al 高达 450 的 ZSM-5 催化剂与一般 ZSM-5（Si/Al 约为 55）相比，抑制了裂解活性，而异构化活性提高，可在不减少汽油馏分收率的同时提高 RON。另外，由于添加了 ZSM-5，亦提高了过程的丙烯收率和催化剂耐热性。加氢裂化实质上是催化加氢和催化裂化两种反应的结合，所以传统的加氢裂化催化剂由具有加（脱）氢功能的金属组分和具有裂化功能的酸性载体两部分组成。

普遍采用的加氢组分为 Mo-Ni 或 Mo-Co 组合金属，常用的裂化组分为无定形硅酸铝。将沸石作为加氢裂化催化剂的裂化组分是加氢裂化工艺的一大发展。

针对运输燃料油的低硫、低芳烃要求，加氢裂化和加氢处理催化剂又有了新进展。以前由于贵金属遇硫易失活，因此只能采用含硫量极低的原料。最近开发了耐硫性能良好的贵金属改性 USY 催化剂，并正进行芳烃加氢制超低硫产品的双功能催化剂的研究。另外，Shell 公司开发了用 $Ni/Mo/Al_2O_3$ 和贵金属改性的 USY 催化剂制高十六烷值（低芳烃含量）柴油和轻油的两段反应工艺。

汽油中芳烃和烯烃含量减少后，为弥补部分辛烷值的损失，链烷烃等的异构化反应显得非常重要。异构化反应在低温下才能生成高辛烷值的多支链异构体。例如将 Shell 公司的 Hysomer 工艺与 UOP 公司的 Isosiv 工艺相结合，开发出了负载 Pt 的氢型丝光沸石用于轻质正构烷烃异构化工艺 Total Isomerization Process（TIP）。

炼油工业中的烷基化反应通常是指 $C_3 \sim C_5$ 的烯烃和异丁烷在酸性催化剂作用下生成高辛烷值烷基化油的过程，目前工业上普遍采用硫酸法和氢氟酸法两种工艺。但从环保角度考虑，今后将向绿色的固体酸催化剂方向发展。对沸石催化剂的多项研究表明，由于 β 沸石具有较高的 B 酸中心密度和合适的孔结构，因此是烷基化反应较有前途的一种催化剂。目前，国外研究较多的以固体酸为催化剂的烷基化工艺主要有两种，采用一种专有的沸石催化剂，使异丁烷与轻烯烃在 50～90℃下反应，生产辛烷值 RON 在 96 以上的烷基化油。

在石油化工原料生产过程中，开发了用于芳烃选择烷基化、Beckmann 重排等的沸石催化剂工艺，其目的是用沸石替代传统的污染型催化剂，或采用沸石催化剂工艺以减少有害副产物的生成，实现石化生产过程“零排放”和环境友好。

(1) 乙苯和异丙苯的合成（苯和烯烃的烷基化）

乙苯和异丙苯的合成使用的沸石催化剂有：BF_3/Al_2O_3、$AlCl_3$；采用的沸石催化剂包括用于气相法的 ZSM-5 型沸石分子筛和用于液相法的 Y 型及 β 型沸石分子筛；Mobil/Badger 合作开发了基于 MCM-22 和 TRANS-4 沸石催化剂的 EBMax 液相工艺，1995 年实现工业化。

MCM-22 有十二元环和十元环两种细孔，改善了孔道的扩散性能，提高了催化活性。用 MCM-22 替代 ZSM-5 后，乙苯合成可在低温和低苯/乙烯下进行，单烷基化反应选择性高。EBMax 工艺的收率接近化学计算值，所用乙烯原料的纯度可从 80％到聚合级乙烯。最近开发的 MCM-56 沸石催化剂与 MCM-22 一样为双孔道层状结构沸石。由于 MCM-56 的 C 轴不对称程度更高，层状结构的外表面积非常大，因此其外表面活性比 MCM-22 高，且 MCM-56 对乙苯的选择性最高，副产芳烃的含量极低。

ABB Lummus/UOP 开发的 EBOne 乙苯工艺于 1990 年在日本实现工业化，采用的是 EBZ

酸性沸石催化剂。第三代催化剂 EBZ2600 及工艺可使乙苯产量和产品纯度分别达 99.7%和 99.95%。UOP 还报道了可降低乙苯合成工艺中副产二苯基乙烷（diphenylethane）比例的β型沸石催化剂的制备技术。另外 CDTECH 等公司也开发了沸石催化剂液相乙苯工艺。

以前，异丙苯工业生产以固体磷酸和 $AlCl_3$ 为催化剂，从 20 世纪 80 年代起开始逐渐转向沸石催化剂。Mobil/Badger 以 MCM-22 为催化剂的异丙苯生产工艺于 1996 年在美国得克萨斯州投产。近年来又开发了 MCM-56 沸石催化剂工艺。采用不同催化剂合成异丙苯工艺的比较见表 7-3。

表 7-3　采用不同催化剂合成异丙苯工艺的比较

催 化 剂	MCM-22	β型沸石	MCM-56	催 化 剂	MCM-22	β型沸石	MCM-56
反应温度/℃	112	121	113	二异丙基	11.30	7.09	13.20
丙烯转化率/%	98.0	82.1	95.4	三异丙基	2.06	0.22	1.28
丙烯重时空速/h^{-1}	1.3	2.5	10.0	副产物	1.80	9.45	0.53
苯/丙烯	3	3	3	丙烯齐聚物	1.80	8.44	0.52
异丙苯	84.85	84.25	84.98				

注：催化剂中含质量分数为 65%的沸石和质量分数为 35%的 Al_2O_3。

UOP 公司成功开发采用 USY 催化剂的异丙苯液相工艺以后，又开发了新的 Q-Max 工艺。使用将磷酸铝 $AlPO_4$-31 中的一部分用少量 Mg（0.003～0.02mol）进行置换后的 MgAPSO-31 沸石催化剂，对芳烃烷基化效果良好。1996 年美国伊利诺伊州 JLM 化学公司采用 Q-Max 工艺的 66kt/a 异丙苯装置投入运转，生产的异丙苯纯度（质量分数）为 99.95%。UOP 于 2000 年新开发的 QZ-2000 沸石催化剂具有更高的选择性和稳定性，异丙苯产品纯度（质量分数）大于 99.97%，收率大于 99.97%。Enichem 以沸石为催化剂的异丙苯生产工艺已投入工业运转，采用由硼置换出部分骨架的β型沸石催化剂。根据 Enichem 专利，催化剂中必须含适量的碱金属和碱土金属。该公司公开的β构架中含 Al-Si-B，大小与阳离子相同，当含量适中时，烷基化反应活性较高。CDTECH 公司开发了使用 Y 型沸石催化剂的 CDCumene 工艺；Dow 化学公司开发了采用高度脱铝的中孔丝光沸石（Si/Al 约为 70）催化剂的 Dow3DDM 工艺，均已实现工业化。

（2）直链烷基苯（LAB）的合成

LAB 是合成洗涤剂的重要原料，目前主要采用苯和 C_{10}～C_{14}的烯烃液相烷基化生产工艺，通常以 $AlCl_3$ 或 HF 为催化剂。

1995 年，UOP 和 Petresa 公司合作开发的 DETAL 固定床生产工艺投入工业应用，采用经氟化处理的硅铝沸石催化剂，其中 Si/Al=(1～9)∶1，含氟质量分数为 1%～6%。该工艺中苯与烯烃的摩尔比为（8～20）∶1，当烯烃转化率大于 98%时，单烷基苯选择性大于 85%，其中直链烷基苯产品占 90%以上。另外，ExxonMobil 公司也正在开发 LAB 合成催化剂 MOBCAT。表 7-4 所列为该公司实验室 LAB 产品性能比较。由表 7-4 可见，MOBCAT 生成的 22 苯基异构体和 32 苯基异构体较多，杂质（烷基四氢化萘）含量较少，有利于环保。

表 7-4　ExxonMobil 公司实验室 LAB 产品性能比较

项　　目	MOBCAT	$AlCl_3$	HF	DETAL	项　　目	MOBCAT	$AlCl_3$	HF	DETAL
$w_{直链产品}$/%	≥94	88	93	95	$w_{烷基四氢化萘}$/%	≤0.05	6～10	≤1	<0.5
$w_{2-苯基异构体}$/%	>50	30	15～18	25～30	溴指数	<10	<10	<10	<10
$w_{2,3-苯基异构体}$/%	≥80	49	35～45	25～30					

（3）己内酰胺的合成

合成己内酰胺的传统工艺采用有毒的羟胺及腐蚀性强的浓硫酸，且副产大量硫酸铵。新开发的已内酰胺生产工艺是先将苯部分氢化为环已烯，然后环已烯在氢型 ZSM-5 沸石催化剂上水合为环已醇，环已醇脱氢为环已酮，再在钛硅分子筛（TS-1）催化剂上与 H_2O_2 和 NH_3 反应生成环已酮肟，环已酮肟经 Beckmann 重排成为已内酰胺。

Enichem 公司于 1995 年和 1996 年开发了钛硅分子筛，并用于环已酮肟的生产过程取代了原有的复杂技术，其副产物 O_2 和 H_2O 对环境无害。在 Beckmann 重排过程中，传统工艺以浓硫酸为催化剂。日本住友公司研究了以 MFI 结构沸石为催化剂的流化床连续生产工艺，其催化剂为全硅分子筛，反应床层温度为 350℃，反应 200h 后，当环已酮肟转化率为 99.6%时，已内酰胺选择性为 95.7%。若在流化床后面加一固定床，环已酮肟转化率可达 99.9%以上。

(4) 丙烯环氧化制环氧丙烷

环氧丙烷的传统生产工艺为氯醇法和共氧化法。氯醇法会产生大量的废水和废渣，对周围环境和水质造成污染；而共氧化法则副产苯乙烯或叔丁醇。近年来，Enichem、BASF、Dow 等公司正在开发以钛硅分子筛（TS-1）为催化剂、H_2O_2 为氧化剂的丙烯环氧化工艺。该工艺反应条件温和，过程无污染，副产物少，且具有高稳定性、高活性和高选择性，有望成为今后环氧丙烷生产工艺的发展方向。

另外，沸石催化剂还应用于丙烯水合制异丙醇、苯酚烷基化制对位长链烷基酚、苯制苯酚等工艺，替代了传统的 H_2SO_4 等催化剂，减少了生产过程中污染物的生成。

进入 21 世纪，为保证人类生存空间的洁净，包括沸石分子筛在内的各种催化剂及工艺仍将是炼油和石化工艺的开发重点。陆续开发的如 ITQ-1 等层状沸石、MCM-41 等中孔多孔材料、纳米尺寸的沸石晶体，以及现有沸石催化剂进行骨架元素置换等改性后的催化剂都具有独特的催化性能，正在进行工业生产过程的应用试验。沸石分子筛无毒无害的特性以及独有的择形吸附/催化性能适应了环境保护发展的趋势，必将获得越来越广泛的应用。

7.1.3 杂多酸催化剂

杂多酸（heteropoly acid，简写为 HPA）是由杂原子（如 P、Si、Fe、Co 等）和多酸原子（如 Mo、W、V、Nb、Ta 等）按一定的结构通过氧原子配位桥联组成的一类含氧多酸，具有很高的催化活性，它不但具有酸性，而且具有氧化还原性，是一种多功能的新型催化剂。杂多酸稳定性好，可作均相及非均相反应，甚至可作相转移的催化剂，对环境无污染，是一类大有前途的绿色催化剂。它可参与芳烃烷基化和脱烷基反应、酯化反应、脱水/化合反应、氧化还原反应以及开环、缩合、加成和醚化反应等。杂多酸以其独特的酸性、“准液相”行为、多功能（酸、氧化、光电催化）等优点在催化研究领域中受到研究者们的广泛重视。

近年来，杂多酸在催化领域中受到越来越多的关注，主要原因是：①随着石油化工与精细化工的发展，催化材料的多功能性成为研究的新目标，杂多酸是一种酸碱性与氧化还原性兼具的双功能型催化剂，对于新催化过程的研究具有重要意义；②随着分子“剪裁”技术的迅速兴起，新型催化材料层出不穷，杂多酸的阴离子结构稳定，性质却随组成元素不同而异，可以以分子设计的手段，通过改变分子组成和结构来调变其催化性能，以满足特定催化过程要求；③杂多酸是一种环境友好型催化剂，可以减少对环境的污染和对设备的腐蚀。

7.1.3.1 杂多酸催化剂结构特征

杂多酸是一类含有氧桥的多酸配位化合物，是由不同含氧酸相互配聚形成的。杂多酸盐则是金属离子或有机胺类化合物取代杂多酸分子中的氢离子所生成的。目前研究开发最多的杂多酸主要可分为钼系和钨系两大类。杂多酸的杂多阴离子由中心配位原子的酸根与多酸原子的配位基团所组成，中心配位原子可为 P（Ⅴ）、As（Ⅴ）、Si（Ⅳ）、Ge（Ⅳ）、Sn（Ⅳ）、Ti（Ⅳ）、Zr（Ⅳ）、B（Ⅲ）、Ce（Ⅳ）、Th（Ⅳ）、U（Ⅳ）等杂原子，多酸原子的配位基团主要为 Mo（Ⅵ）、W（Ⅵ）和 V（Ⅴ）。

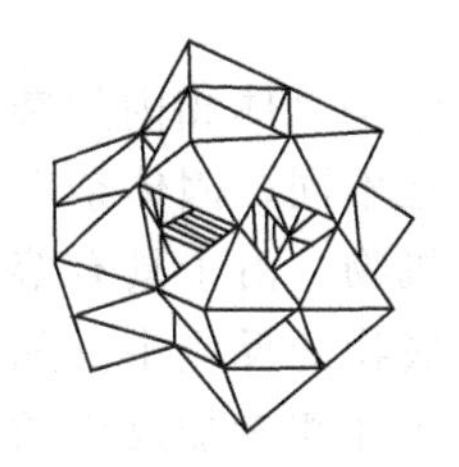

(a) Keggin结构

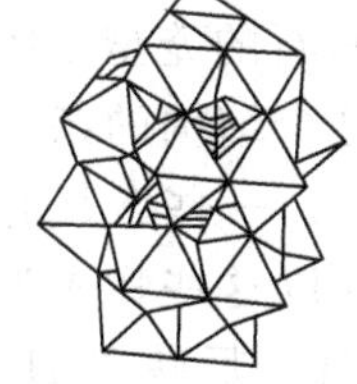

(b) Dawson结构

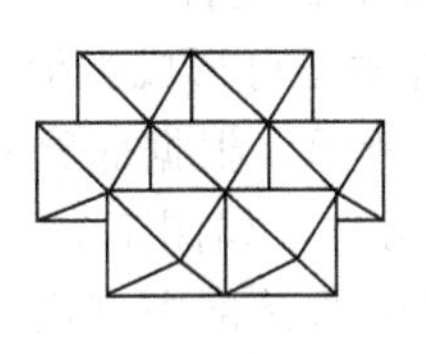

(c) Anderson结构

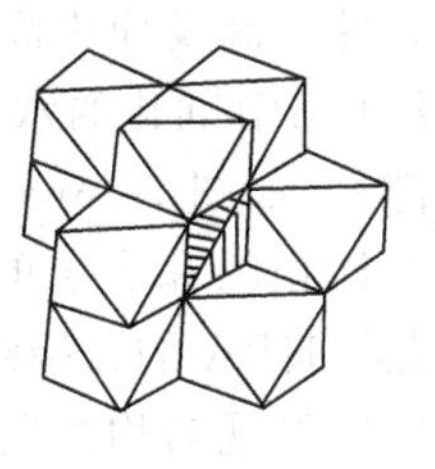

(d) Waugh结构

(e) Silverton结构

图 7-16　几种已确定的杂多酸阴离子结构

以十二系列杂多酸为例，其通式可表示为 $H_mXY_{12}O_{40} \cdot nH_2O$。式中，$m=3$，4，5；X 为中心配位原子；Y 为多酸原子；$n$ 为结合水分子数。从结构上看，杂多酸可分为下列五大类（见图 7-16）：Keggin 型、Anderson 型、Silver 型、Waugh 型和 Dawson 型。其中，Keggin 型杂多酸 $H_mXY_{12}O_{40}$ 化合物研究得比较充分。无论是杂多酸的水溶液或固态物都具有确定的分子结构，它们是由中心配位杂原子所形成的四面体与多酸配位基团所形成的八面体通过氧桥连接起来的笼状结构的大分子。这种结构很稳定，比较典型的如 12-磷钨酸构型（见图 7-17）。其中杂多阴离子 $[XY_{12}O_{40}]^{m-}$ 的结构为一级结构，该结构是弱碱，对反应物分子有特殊的配合能力，所以是影响 HPA 催化活性和选择性的重要因素。杂多阴离子与反荷阳离子组成二级结构，反荷阳离子的电荷、半径、电负性不同也影响了 HPA 的催化性能。反荷阳离子、杂多阴离子和结合水在三维空间形成三级结构。在体相中，杂多酸的阴离子之间具有一定的空隙度，不仅水分子，许多含氧有机化合物和氨、吡啶等极性强的分子也可以自由地进出，这极大地增加了反应物在杂多酸（盐）结构体相内的接触面积。因此，虽然杂多酸（盐）的比表面积有限，有的仅为 8～9m^2/g，但是其催化剂活性的实际反应表面积却很可观（可达 450～1200m^2/g），与分子筛的比表面积相当。由于在杂多酸（盐）表层上反应产生的活性变化，可以很快地扩展到结构体相内部的各部分，这就使 HPA 在多相催化反应中有效地降低了其反应的活化能，增强了反应能力。在这种场合下，固体 HPA 如同催化剂液体一样，具有均相催化反应的特点，这种特有的现象称为“假液相”效应。

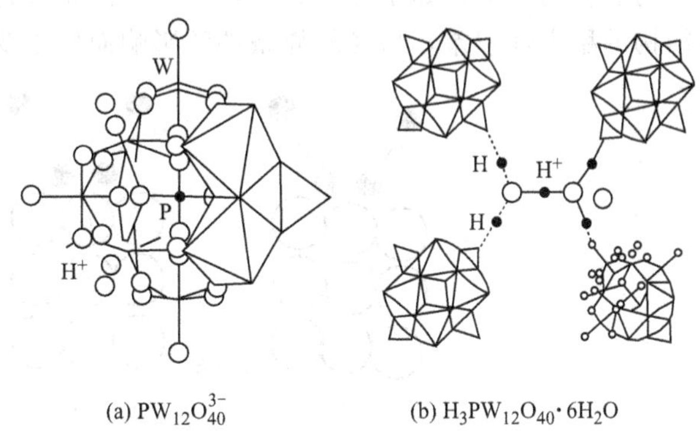

(a) $PW_{12}O_{40}^{3-}$　　(b) $H_3PW_{12}O_{40} \cdot 6H_2O$

图 7-17　Keggin 型 12-磷钨酸的结构

Keggin 型杂多酸在水溶液中能基本解离，而在有机介质中则常多为分步解离，这是由于在杂多酸阴离子中，外层的氧原子上负电荷分散和金属一端氧键极化使氧原子对 H^+ 束缚力减小所致。一般杂多阴离子单位表面积上的电荷密度愈小，酸性愈强。随中心原子氧化态的升高，杂多酸的酸强度增大，强度顺序为：$H_3PW_{12}O_{40}$(1.6)＞$H_4PVW_{11}O_{40}$(1.8)＞$H_4SiW_{12}O_{40}$(2.0)～$H_3PMo_{12}O_{40}$(2.0)～$H_4GeW_{12}O_{40}$(2.0)＞$H_4SiMo_{12}O_{40}$(2.0)～$H_4GeMo_{12}O_{40}$(2.1)。

杂多阴离子是软碱，其软度与有机分子配合物有密切关系，Iznmi 等人报道出杂多阴离子的软度序列为：$SiW_{12}O_{40}^{4-}$＞$GeW_{12}O_{40}^{4-}$＞$PW_{12}O_{40}^{4-}$＞$PMo_{12}O_{40}^{3-}$＞$SiMo_{12}O_{40}^{4-}$＞NO_3^-＞SO_4^{2-}。其中 $H_4SiW_{12}O_{40}$ 的酸度低于 $H_3PW_{12}O_{40}$，但在有些反应中常发现 $H_4SiW_{12}O_{40}$ 的催化活性高于 $H_3PW_{12}O_{40}$，其原因就在于 $SiW_{12}O_{40}^{4-}$ 是一个软度较大的杂多阴离子，易形成底

物——阴离子中间体，并提高反应中间体的稳定性。

由固态 HPA 阴离子与溶剂化的水合质子可形成类似于沸石的笼型二级结构（体相内的杂多阴离子间有一定空隙），如图 7-16(a) 所示。根据底物对这个结构的亲和性不同，固体杂多酸的酸催化反应可分为体相的和表层的两类，如图 7-18 所示。一些含氧有机物，由于具有溶解 HPA 的性质，故能在 HPA 的二级结构的晶格中进出。在以这些物质为底物的反应中（如醇脱水生成烯烃的反应）发现与均相反应具有相似的催化活性，反映了 HPA 体相参加反应的特点，形成了所谓的“假液相”。醇的脱水、羧酸分解、酯的合成及甲醇转化等反应都属于这种“假液相”过程。“假液相”行为的存在使其催化反应不仅能发生在催化剂的表面上，而且能发生在整个催化剂的体相内。因而使杂多酸具有更高的催化活性和选择性。相反，以碳氢化合物为底物的反应，如丁烯的异构化、甲苯的烷基化则属于表层反应。需注意的是杂多酸的二级结构的稳定性较差，易受外界条件的影响而发生变化。

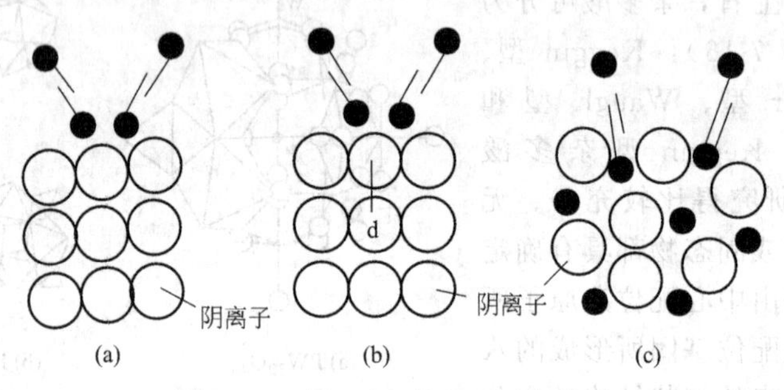

图 7-18　表面型和体相型反应模型

另外，配位阳离子的电荷、半径、电负性的不同皆可影响杂多酸的酸性、氧化-还原性，并由此可调节杂多酸的催化活性和选择性。

杂多酸阴离子的体积较大，对称性较高，电荷密度相对较低，HPA 分子中的质子较易离解，可以产生比相应中心原子或配位原子的无机酸（如 H_3PO_4、H_4SiO_4 等）更强的酸性，使 HPA 内在地具有酸催化剂的本质。同时，由于 HPA 的阴离子由多个易于传递电子的过渡金属离子所组成，因此随所含配位原子及中心原子性质的不同，可以形成能接受多个电子的催化剂，这种氧化剂及其还原产物（杂多蓝）之间的氧化还原性质，成为具有独特性质的氧化-还原催化剂。可见，杂多酸阴离子结构对反应物分子有特殊的配位能力是影响杂多酸催化活性和选择性的重要因素。

7.1.3.2　杂多酸催化剂的催化性能

杂多酸的催化作用依反应类型不同可分为酸催化和氧化催化两种。依催化剂状态不同又可分为均相催化和非均相催化两类。现具体介绍如下。

(1) 均相酸催化作用

在水及混合溶剂中，杂多酸作为均相体系的酸催化剂用于多种类型的有机化学反应。杂多酸是酯化反应、酯交换反应、酯分解反应、烯（炔）烃水合反应，以及烷基化、脱烷基化、环氧化合物的醚化等多种类型反应的有效催化剂。烯烃水合产生醇，工业上通常使用硫酸作催化剂，H_2SO_4 对设备腐蚀严重，污染环境，易引发副反应。而用 12-钨硅酸取代 H_2SO_4 催化丙烯直接水合生产仲醇，反应速率要快 2～4 倍，选择性达 99%。另外，杂多酸对酚与醇的缩合脱水反应，醇醛缩合反应及醛类的缩聚、环化、苯乙烯的 prins 反应，醇的醚化反应都是有效的催化剂。

(2) 非均相酸催化作用

固体 HPA 盐的催化作用，具有一般均相催化所没有的特点，在甲醇转化、丁烯异构化及脱水反应中，HPA 的重金属盐、碱金属盐及其有机碱的中性盐都显示出相当高的活性。在非均相体系中，杂多酸对烷基化、脱烷基化、酯分解、酯化、硝化、醚化、异构化、脱水等各类反应均是有效的固体催化剂。如 $H_3PW_{12}O_{40}/SiO_2$ 对气相酯化及苯与乙烯的烷基化是性能优良的催化剂。大竹等人报道了 $H_3PW_{12}O_{40}$ 在丁烯异构化反应中的催化行为。Mizono 等人报道了 $H_3PMo_{12}O_{40}$ 催化的丁烯异构化反应。

（3）氧化催化作用

氧化反应是有机合成领域中最重要的反应类型之一，目前工业上对于此类反应仍广泛使用具有氧化性的重金属氧化物、盐、二氧化锰、高锰酸钾、重铬酸钾、次氯酸盐和高氯酸盐等作为氧化剂，此类氧化剂由于反应后以更低的价态存在于反应体系中，不仅增加了产物分离提纯的难度，而且这些废液的处理既给企业带来沉重的负担，也给环境带来一定的影响。因此，研究和开发环境友好型的催化氧化工艺成为解决此类问题的关键所在。

杂多酸（盐）作为一类氧化性相当强的多电子氧化催化剂，其阴离子在获得 6 个或更多电子后结构依然保持稳定。通过适当的方法，它易氧化各种底物，并使自身呈还原态。这种还原态是可逆的，通过与各种氧化剂如 O_2、H_2O_2、过氧化尿素等相互作用，可使自身氧化为初始状态，如此循环使反应得以继续。在这些氧化剂中，由于氧气和 H_2O_2 作为一类清洁氧化剂，反应后对环境几乎没有影响，且来源广泛，因此普遍受到了人们的关注。同时，杂多酸（盐）的氧化能力强弱由杂原子和配原子共同决定，且配原子的影响较大。某些杂多酸（盐）具有微孔甚至超微孔结构，可引入功能金属加以修饰，以实现双功能性和择形性。

从催化剂的组成体系看，可分为单组分 HPA 催化体系和双组分 HPA 催化体系。在与单组分催化体系有关的反应中，采用的氧化剂主要是 O_2、H_2O_2、有机过氧化物（*t*-BuOOH）等，此类反应包括硫化物的氧化、芳烃的溴化、烷基芳烃的氧化、烯烃的氧化、Bayer-Villiger 反应，以及氨氧化反应等。

HPA-Pd^{2+} 是一类重要的双组分液相氧化催化剂。这是以 HPA 代替 $CuCl_2$ 的一种新型 Wacker 催化体系。其优点是：①避免了生成卤代副产物；②减少了对反应设备的腐蚀；③提高了 Pd^{2+} 的反应活性。该催化体系可用于一系列反应，如通过氧化阴离子化由烯烃合成醛酮或不饱和酸酯，由芳烃和酸合成酸酯，通过醇类氧化制取羰基化合物，通过氧化偶联由苯合成联苯和由苯加成乙烯合成苯乙烯，以及羰基化合物的氧化脱氢等。

除 HPA-Pd^{2+} 体系外，还有其他一些 HPA 双组分催化体系，如用于催化 C_9～C_8 烯烃氧化加溴生成二溴代烷烃的 HPA-Ru^{4+}、HPA-Ir^{4+} 的络合体系，以及烯烃氧化生成乙二醇酯的 HPA-I_2 的催化体系等。

像催化剂的还原反应可分为表面型和体相型一样，催化氧化反应也有表面型和体相型之分。表面型反应活性与催化剂的比表面积成正比，而体相型反应活性同比表面积不成比例。$CsH_3PVMo_{11}O_{40}$ 催化甲基丙烯醛的氧化反应属表面型；$H_5PV_2Mo_{12}O_{40}$ 催化异丁酸的氧化脱氢反应属体相型。同非均相酸催化反应一样，将 HPA 分散在适当的载体上使用，对提高氧化活性是有效的。

7.1.3.3　杂多酸催化剂的制备

人们对杂多酸的认识产生于 1926 年，Berzelius 采用酸化钼酸盐和磷酸盐的混合溶液制得 PMO_{12}，以后随着人们对杂多酸的深入认识与研究，制备杂多酸的方法也就多了起来。现在制备杂多酸主要采取以下方法。

（1）酸化法

将含有中心配位原子的盐与含配位集团的盐两种或者两种以上溶于水，混合，加入定量酸，在一定温度、一定时间下酸化，再加入乙醚，使乙醚与所要制取的酸形成油状物，萃取出油状物，将乙醚挥发，剩下的便是杂多酸。此方法制备操作比较简单，多被采用。

(2) 离子交换法

将杂多酸盐的水溶液通过强酸性阳离子交换树脂（732#），金属阳离子被交换吸附在阳离子交换树脂上，所流出的溶液就是杂多酸。可用乙醚萃取或蒸发结晶的方法制得结晶状或粉末状的纯杂多酸。

(3) 降解法

将含有多酸原子的多酸根杂多酸，通过调节其水溶液的 pH 值（必要时加入助剂成分），控制进行降解，从而生成较少的多原子多酸根杂多酸。

(4) 电渗析法

电渗析法提供了制备 HPA 的一种全新的方法，其起始原料为 Na_2MoO_4 和 H_3PO_4，两极通入直流电。Na_2MoO_4 和 H_3PO_4 在阳极室内相互作用而生成钼杂多酸，通过结晶法予以分离。该法 HPA 的收率近 100%，而且不会生成废弃物。采用类似的方法可制备 SiW 及 $PW_{11}Ti$、$PW_{11}Zr$、$PW_{11}Bi$、$PW_{11}Ce$、$H_6P_2W_{21}O_{71}$ 等混合杂多酸（盐）。此方法制得杂多酸较纯，制备过程不引入其他杂质，对环境无污染，产率高。

(5) 杂多酸盐的制备方法

随着对杂多酸的深入研究，单纯用杂多酸作为催化剂已不能满足人们对杂多酸催化各种反应的需求，近年来对杂多酸盐、铵盐、铯盐的研究多了起来，有些已在某些催化方面表现出较好的催化性能，较杂多酸来说，其盐类作催化剂在催化剂的回收和再生、使用寿命上表现出了很好的优越性。Okuhara、MisonoM 等人研究了磷钨酸铯盐（如 $Cs_{2.5}H_{0.5}PW_{12}O_{40}$）用于烯烃水合、酯的水解、Beckmann 重排等许多反应的催化性能实验，此类催化剂具有改善杂多酸酸性强度，提高其稳定性，尤其是耐水性，延长催化剂的使用寿命等优点。另外，高丽华、王科志等人制备了 7 种新型稀土杂多酸配合物，其体为 $[(CH_3)_2NC_6H_4—CH═CH—C_5H_4NC_4H_9]17.K_6[Ln(P_2Mo_{14}V_3O_{61})_2]$ Ln＝La、Ce、Pr、Nd、Sm、Cd、Dy，并且以 $(C_{19}H_{25}N_2)17.K_6[La(P_2Mo_{14}V_3O_{61})_2]$ 为催化剂研究了乙酸戊酯的合成，酸醇摩尔比为 1.25∶1.00，苯为带水剂，催化剂的用量为醇的 0.4%（质量比），在苯沸腾下反应至分离器中无水珠下沉为止，发现乙酸的转化率不低于 90%，选择性接近 100%，而且催化剂连续 10 次重复使用后，催化活性未明显降低，并且此配合物用于酯化反应有利于催化剂的回收和再生。此外巫平松、张宏宇等人利用水热法合成了无机-有机杂多酸化合物，利用水热法合成的杂多酸化合物，具有结构新奇、性质独特、稳定性好、易回收等优点。

(6) 固载杂多酸的制备

常用方法为浸渍法和吸附法。

① 浸渍法　采用一般的浸渍方法，取一定量的杂多酸溶于去离子水中，加入一定量的载体于恒温下搅拌一定时间，再静止一定时间，使杂多酸浸入载体中，然后在水浴上将多余的水蒸去，样品于一定温度下烘干后备用。

② 吸附法　将一定量的载体放入 200mL 烧瓶中，向其中加入一定量的杂多酸水溶液，然后加热回流，并不断地搅拌，反应一段时间后放置隔夜，滤去液体，可由母液测出吸附杂多酸的量，制得的固体样品于一定温度下烘干后备用。吸附法制得的催化剂稳定性比浸渍法好，杂多酸不易流失。

7.1.4 绿色固体超强酸催化剂

绿色固体超强酸催化剂克服了液体酸的缺点，具有容易与液相反应体系分离、不腐蚀设备、后处理简单、环境污染小、选择性高等特点，可在较高温度范围内使用，扩大了热力学上可能进行的酸催化反应的应用范围。

酸催化反应涉及烃类的裂解、重整、异构等石油炼制过程，还涉及烯烃水合、烯烃聚合、芳烃烷基化、芳烃酰基化、醇酸酯化等石油化工和精细化工过程，可以说酸催化剂是这一系列重要工业的基础。而迄今为止，在这些生产过程当中应用的酸催化剂主要还是液体酸，虽然其工艺已很成熟，但在发展中却给人类环境带来了危害，同时也存在着均相催化本身不可避免且无法克服的缺点。如易腐蚀设备，难以连续生产，选择性差，产物与催化剂难分离等。尤其是环境污染问题，在环保呼声日益高涨、强调可持续发展的今天已是到了非解决不可的地步。自20世纪40年代以来，人们就在不断地寻找可以代替液体酸的固体酸，而近年来，固体超强酸更是成为热门研究对象。

所谓固体超强酸是指比100%硫酸的酸强度还强的固体酸。固体超强酸的酸性可达100%硫酸的10000倍以上。由于固体超强酸没有液体超强酸带来的诸多问题，与传统的催化剂（如硫酸）相比，具有催化活性高、不腐蚀反应设备、无“三废”污染、制备方便、可再生重复使用、催化剂与产物分离简单等优点，对固体超强酸的研究和应用成为寻求新型绿色环保型催化剂的热点领域，对促进化工行业向绿色环保化方向发展具有重要的意义，成为了当前催化研究的热点之一。人们在不断开发新的固体酸催化剂和固体酸催化工艺的同时，也在不断地探讨固体酸的酸性形成机理，探讨固体酸催化反应的机理。无论是催化剂的制备、理论探索、结构表征，还是工业应用研究都有了新的发现。随着人们对固体超强酸的不断深入研究，催化剂的种类也从液体含卤素超强酸发展为无卤素固体超强酸、单组分固体超强酸、多组分复合固体超强酸等。

7.1.4.1　固体超强酸的分类

现有文献一般将固体超强酸分为两大类，一类是含卤素固体超强酸，另一类是无卤素固体超强酸。

（1）含卤素固体超强酸

此类固体超强酸是将氟化物负载于特定载体上而形成的超强酸，如：SbF_5-TaF_5（Lewis酸）、SbFs-HF-AlF_3（三元液体超强酸）、Pt-SbF_5（活性组分+氟化物）、Nafion-H等。由于制备的原料价格较高，对设备有一定腐蚀性，在合成及废催化剂处置过程中都产生难以处理的“三废”问题，催化剂虽然活性高，但稳定性差，存在怕水和不能在高温下使用等缺点，因而它并不是理想的催化剂，目前这类含卤素的固体超强酸在研究和应用方面很少。

（2）不含卤素的固体超强酸

① SO_4^{2-}/W_xO_y 型固体超强酸　1979年，日本的日野诚等人第一次成功地合成了不含任何卤素，并可在500℃高温下应用的 SO_4^{2-}/W_xO_y 型固体超强酸。它是以某些金属氧化物为载体，以 SO_4^{2-} 为负载物的固体催化剂。此类固体超强酸与含卤素的固体超强酸相比，具有不腐蚀设备、污染小、耐高温、对水稳定性好、可重复使用等优点，因此引起了国内外研究者的极大关注，成为超强酸催化领域的研究热点之一，其中许多已被应用于一些重要的酸催化反应中，显示出很高的催化活性。当然，SO_4^{2-}/W_xO_y 型固体超强酸也存在缺点，如在液固反应体系中，其表面上的 SO_4^{2-} 会缓慢溶出而使活性下降，在煅烧温度以上使用会迅速失活等。

目前，对 SO_4^{2-}/W_xO_y 型固体超强酸研究得最为系统和深入。常见的 SO_4^{2-}/W_xO_y 型固体超强酸有 SO_4^{2-}/TiO_2、SO_4^{2-}/ZrO_2、SO_4^{2-}/Fe_2O_3 等。从发现 SO_4^{2-}/W_xO_y 固体超强酸至今已有20余年，但从国外文献上看，SO_4^{2-}/W_xO_y 型超强酸催化剂目前尚处于实验室开发阶段，尚未实现工业化，这可能与它的使用寿命较短，以及制备条件不易控制等因素有关。若从这两方面开展深入细致的研究工作，不久的将来则有可能使其成为化工生产中的一种重要的固体酸催化剂，这不仅具有重要的理论意义，而且具有广泛的工业应用前景。

② 杂多酸固体超强酸　杂多酸固体超强酸主要具有 Keggin 结构（$H_{8-n}X_nM_{12}O_{40}$），结构中 X 为中心原子（P^{5+}、Si^{4+} 等），M 为 Mo^{6+} 或 W^{6+} 等金属原子，这类超强酸有 $H_3PW_{12}O_{40}$、$H_3SiW_{12}O_{40}$、$H_3PMo_{12}O_{40}$ 等。杂多酸固体超强酸是酸性极强的固体催化剂，可使一些难以进行的酸催化反应在温和的条件下进行。但是此类超强酸的缺点与卤素类固体超强酸类似，在加工和处理中存在着“三废”污染问题，因而它的发展前景也不是很理想。

③ 负载金属氧化物的固体超强酸　由于负载硫酸根离子的固体超强酸在液体中，SO_4^{2-} 会缓慢溶出，因而 1989 年后，日本的荒田一志等人在 SO_4^{2-}/W_xO_y 超强酸的基础上，用钼酸、钨酸铵代替硫酸处理氧化锆，合成得到了负载金属氧化物的超强酸，如 SiO_2/TiO_2、SiO_2/ZrO_2、SiO_2/Al_2O_3、TiO_2/ZrO_3、MoO_3/ZrO_2 等二元氧化物。此类固体超强酸的活性组分不易流失，在溶液中和对热的稳定性都很高，可用于高温及液相反应，因而比 SO_4^{2-}/W_xO_y 型固体超强酸有更好的应用前景。近年来也有对三元复合氧化物超强酸的研究。对负载金属氧化物的固体超强酸的研究报道很少，其原因可能与它们的酸强度相对较弱有关。

④ 沸石固体超强酸　沸石固体超强酸是工业催化剂的重要种类，具有高的酸强度和催化活性。王庆昭等人在实验中采用了 $TiCl_4$ 同晶取代并由 $(NH_4)_2SO_4$ 促进的脱铝丝光沸石，可在常温下使正丁烷异构化，反应 140min 时，异丁烷收率达 11%，该催化剂的酸强度和催化活性超过了 $SbF_5/SiO_2/Al_2O_3$。沸石催化剂的工业应用相当成熟，如能在此基础上引入超强酸催化剂的高催化活性，有望研制出新一代的工业催化剂。

⑤ 无机盐复配而成的固体超强酸　1979 年 One 等人报道了卤化铝与某些金属硫酸盐或金属卤化物混合具有超强酸性。邹新禧发现 $AlCl_3$ 与 $Fe_2(SO_4)_3$（1：1）的混合物有超强酸性，对戊烷异构化有较高的催化活性，在室温下反应 25h 戊烷的转化率为 72.3%。

7.1.4.2　固体超强酸的制备方法

含卤素的固体超强酸的制备一般都是采用酸性氧化物、杂多酸和离子交换树脂等为载体，负载卤化物来制备。

SO_4^{2-}/W_xO_y 型固体超强酸的制备一般都是用可溶金属盐经氨水或铵盐沉淀为无定形氢氧化物，再洗涤除去杂质离子，氢氧化物烘干后用硫酸或硫酸铵溶液浸渍处理，再在一定温度下焙烧而成。具体制备方法如下：在一定温度和 pH 值下，将氨水滴加在一定浓度的金属盐水溶液中，充分形成沉淀，静置，滤去清液，用蒸馏水充分洗涤，滤饼在 110℃烘箱内烘干，然后用 1mol/L 的硫酸浸泡 12h，过滤后在 550℃的马弗炉中焙烧活化 3h，冷却后碾碎，过 100 目筛，得到固体超强酸催化剂。

7.1.4.3　固体超强酸失活机理

固体超强酸的失活机理有以下几方面：①在催化合成反应中，如酯化、脱水、醚化反应等，系统内的水或水蒸气与表面的促进剂（如 SO_4^{2-}）接触，使其表面上的 SO_4^{2-} 流失，使催化剂表面的酸中心数减少，导致酸强度减弱，催化剂活性下降；②在有机反应中，由于反应物、产物在催化剂表面吸附、脱附及表面反应，碳及体系杂质会吸附、沉积在催化剂活性部位上造成积碳，而使催化剂的活性下降；③在反应过程中，由于体系中毒物的存在，使固体超强酸中毒；促进剂 SO_4^{2-} 在有些溶剂和产物中会被还原，S 从 +6 价还原为 +4 价，使硫与金属结合的电负性显著下降，硫与金属氧化物的配位方式发生变化，导致表面酸强度减小，失去催化活性。上述 3 种失活是暂时失活，可通过重新洗涤、干燥、酸化、焙烧和补充催化剂所失去的酸性位，烧去积碳，来恢复催化剂的活性。

7.1.4.4　固体超强酸的主要表征技术

固体超强酸催化剂的主要表征技术有红外光谱、热分析、X 射线衍射、程序升温脱附、比表面分析、扫描电镜和透射电镜、俄歇电子能谱和光电子能谱等。借助上述技术，对固体超强酸催化剂的结构、比表面积、表面酸类型、酸强度、酸性分布、晶型与粒径等进行定性或定量测定，并与探针反应机理、反应条件相关联，从而确定结构与固体超强酸性能的关系。如螯合双配位 IR 指纹区：1240～1230cm^{-1}，1125～1090cm^{-1}，1035～995cm^{-1}和 960～940cm^{-1}，可分别归属为结构中的 S═O 双键与 S—O 单键；桥式配位 IR 指纹区：1195～1160cm^{-1}，1110～1105cm^{-1}，1035～1030cm^{-1}和 990～960cm^{-1}。除了各指纹区不同外，螯合双配位比桥式配位在最高频区更可区别于硫酸盐。此外，利用原位 IR 吡啶，还可定性测定超强酸催化剂表面酸的种类，B 酸位在 1540cm^{-1}，L 酸在 1450cm^{-1}有特征吸收指纹。与 IR-DTA 结合，可以定性、定量分析固体催化剂表面的酸量。利用碱性气体程序升温脱附、TG-DTA 可以得到催化剂表面酸性分布的信息，特别是 TPD-NH_3 的脱附谱图，可提供众多的固体超强酸催化剂表面的重要信息，如通过解析程序升温脱附图，可以确定固体超强酸表面的酸中心数、酸强度的分布，可对催化剂的制备及催化反应起指导作用。

7.1.4.5 固体超强酸的应用

近年来在化学领域内新开发的固体超强酸引起了许多研究者们的极大重视。一方面，固体超强酸具有极强的酸性，能在普通条件下使有机化合物发生反应，甚至能使对离子反应几乎无活性的饱和烃在室温下发生反应；另一方面，在固体超强酸存在下，某些极不稳定的有机化合物的正碳离子能成为稳定长寿命的化学种，将它们当作中间体用分光法来捕捉，以研究各种复杂反应的过程，从而开发出许多有价值的新反应，利用固体超强酸体系进行有机反应的研究已十分盛行。目前固体超强酸广泛用于酯化、烃类异构化、烷基化、脱水、水合、环化、缩合、选择性硝化等重要有机反应中，并显示出很高的活性，其中由硫酸根促进的 SO_4^{2-}/W_xO_y 型无机固体超强酸对几乎所有的酸催化反应都表现出较高的反应活性和较好的产物选择性，而且还易于分离、易再生、不腐蚀反应器、环境污染少及热稳定性好等，因而更是人们目前应用研究的热点。

酯化反应是固体超强酸催化反应中研究得最多的一类反应。酯化反应中用得较多的固体超强酸催化剂有 SO_4^{2-}/TiO_2、SO_4^{2-}/ZrO_2、SO_4^{2-}/TiO_2-Al_2O_3、SO_4^{2-}/ZrO_2-Al_2O_3 等。固体酸超强催化剂在酯化反应中具有催化活性高、产品易分离、催化剂可重复使用无污染等优点，但是还存在一些问题，如与液体酸相比其比活性仍较低，反应时间较长。还有反应中活性中心的溶剂化作用会影响催化剂的活性及选择性。另外固体酸的表面容易积碳中毒而失去活性。

异构化反应常用 SO_4^{2-}/AlO_2O_3、SO_4^{2-}/ZrO_2、SO_4^{2-}/Ni(Fe)-SO_4^{2-}/ZrO_2 等固体超强酸为催化剂，现已研究的反应有：文朵宁及其衍生物的重排反应，正丁烷、戊烷、α-蒎烯、环乙烷异构化等反应。烷基化反应常用的固体超强酸催化剂有：SO_4^{2-}/Fe_2O_3、SO_4^{2-}/ZrO_2-TiO_2、SO_4^{2-}/WO_3-ZrO_2、H_3PO_4-BF_3-H_2SO_4/ZrO_2 等，这些催化剂对烷基化反应具有反应温度低、时间短、效率高等优点。现已研究的脱水反应有 SO_4^{2-}/ZrO_2-Ce_2O_3 对环己醇催化脱水制环己烯，SO_4^{2-}/ZrO_2-SiO_2 对异丙醇脱水等。固体超强酸催化的水合反应有 α-蒎烯催化水合，莰烯水合副产油等。以上反应的实验表明：反应具有时间短、催化剂用量少、回收率高等特点。现已研究的环化反应主要有紫罗兰酮的合成等。实验结果表明：采用固体超强酸为催化剂合成紫罗兰酮具有操作简便、无三废污染、后处理简单等优点。在以苯为溶剂，催化剂用量为 2.0g，环化反应温度为 15～25℃，反应时间为 1.5h 的条件下产率最高。

7.2 绿色无机化工产品

绿色无机产品以及绿色无机合成在整个绿色化学中占有相当重要的地位。绿色无机化工产品的应用领域十分广泛，材料、能源、医药、化工生产以及各种基础性建设的各个方面都不可缺少地使用绿色的无机产品。在本节主要介绍绿色环保玻璃、无铅焊膏、绿色磷酸盐工业以及绿色无机合成化学的一些知识。

7.2.1 绿色环保玻璃

7.2.1.1 传统玻璃的污染

玻璃的污染分为玻璃本身的污染和玻璃生产过程对环境的污染。

（1）玻璃本身的有害物质

① 基础玻璃成分无毒，但可溶出有害物质，当用这类玻璃容器盛装食品时，溶出的铅、砷等有害元素将随食品进入人体。环境中的废玻璃溶出的有害元素，则会污染水源和土壤，使食物链受污染。

② 基础玻璃成分无毒，但含有放射性物质的添加剂，如发光的稀土元素同位素。

③ 基础玻璃成分有毒，如硫玻璃、硒玻璃、碲玻璃，砷酸盐玻璃，铊玻璃，铍玻璃等。

（2）玻璃工业的污染

色彩斑斓的玻璃制品给人以赏心悦目的感觉，为我们的生活增添了不少的情趣。可是，在这个五彩缤纷的玻璃世界中，却包含着有害的甚至剧毒的元素，如铅、铬、镉、镍、铜、锰等重金属，以及砷、氟、氯、硫等非金属。在工业生产过程中，这些元素会释放、气化，污染大气、水源，以致对人类造成伤害。

（3）大气污染

① 构成普通玻璃各种鲜艳颜色的重金属氧化物、硫化物或硫酸盐、铬酸盐，特种玻璃使用的硫化砷、硒化砷、氧化铊、氧化铍在高温熔化时，会少量气化进而污染大气。

② 熔化过程产生的有毒气体 SO_2、NO_2、CO、HF 等，如乳白玻璃以冰晶石（Na_3AlF_6）、萤石（CaF_2）为原料，在高达 1400℃的火焰窑中，HF 的挥发严重污染大气，在国内某些玻璃厂，炉前空气中 HF 浓度达 11.2～19.7mg/m^3，超过卫生标准 10～20 倍。

③ 燃料产生的废气 CO_2、CO、硫氧化物等的污染。据统计，我国 2005 年 SO_2 排放量为 2549 万吨居世界第一，2006 年约为 2588.8 万吨。SO_2 不仅对人体有害，而且可产生酸雨。由于 SO_2 的污染，我国每年经济损失高达 1100 亿元。美国 CO_2 排放量居世界首位，年人均 CO_2 排放量约 20t，排放的 CO_2 占全球总量的 23.7%。2002 年我国排放 CO_2 气体的总量已经达到 40.8 亿吨，年人均 CO_2 排放量为 2.51t，约占全球总量的 13.6%。大气中 CO_2 排放量的增加是造成地球气候变暖的根源。

④ 原料粉尘及玻璃加工粉尘的污染，是造成工人硅沉着病（硅肺）的罪魁祸首。国内有些企业车间中粉尘浓度达到 1000mg/m^3，超过回收容许标准的几千倍。我国硅沉着病发病率很高。

（4）水源污染

① 含磨料与抛光剂的废水。

② 含洗涤剂的废水。

③ 含 HF、H_2SO_4、HCl、酚的废水。

④ 含重金属的废水。

（5）噪声污染

玻璃工业的噪声除各种动力设备及机械噪声外，还有甩碎玻璃产生的特有噪声，它比车间内的其他噪声高 15～20dB。

7.2.1.2 玻璃的清洁生产

（1）采用毒性小、挥发性低的原料

① 铅玻璃以硅酸铅代替红丹（Pb_3O_4）和黄丹（PbO），可把铅的挥发量从 20%降至 5%。

② 磷酸盐玻璃在 P_2O_5 含量不高且含有 CaO 时，以磷矿石或磷酸钙代替磷酸二氢铵和磷酸氢二铵，以减少磷的挥发。

③ 以冰晶石代替硅氟酸钠，F 挥发量从 30%～40%降至 10%～20%。

（2）以电炉或坩埚窑代替池窑

采用池窑熔化，PbO 挥发量为 6%，最高达 30%。改用坩埚窑，PbO 挥发量可降至 2%～5%，而采用电炉则可降至 0.2%，F 的挥发量可降至 3%。

（3）改进火焰窑的结构

加长加料口，避免油枪直接接触料堆，减小燃油小炉的二次风进角，使火焰紧贴玻璃液面燃烧，可减少铅的挥发。

（4）采用冷碹顶全电熔窑

这种熔窑下部温度高，上部温度低，可减少配合料的挥发度，如熔化 PbO 含量为 24%的铅晶玻璃，PbO 的挥发仅为 0.2%，乳白玻璃氟化物挥发度仅为 3%～5%。

7.2.1.3　玻璃制品的绿色化

（1）优化玻璃的化学成分

为了避免或减少玻璃容器中有害物质的溶出，首先必须优化玻璃的化学成分。

① 在铅玻璃中加入一定数量的 Al_2O_3，并用 Na_2O 代替 K_2O，可减少铅的溶出量，或者用 BaO、ZnO、TiO_2 代替 PbO 制晶质玻璃。

② 氧化砷在玻璃的制造中用作澄清剂，但其毒性较大。用砷酸钠代替氧化砷，可使毒性减至原来的 1/60，且在运输过程中无粉尘飞扬。

③ 以无毒的二氧化铈和焦锑酸钠代替氧化砷。目前国内的复合澄清剂由锑、砷、铈的氧化物配合而成，毒性较小。

（2）炉渣玻璃

钢铁工业及有色冶金工业的发展产生了大量炉渣。以我国为例，每年的冶金炉渣排放量超过了 700 万吨，累计多达 2000 多万吨。目前利用率不到 5%，且仅限于用作水泥熟料的掺和料或铺料。

若用以生产炉渣玻璃陶瓷制品，由于配料中可加入 50%～60%的炉渣无疑是保护生态环境的一种最有效的方法。不仅如此，尚能产生巨大的经济效益。例如前苏联 1980 年生产的 2000 万平方米的炉渣玻璃陶瓷板为国家创造了近 6000 万美元的经济效益。

炉渣玻璃比普通玻璃具有更高的抗弯、抗压强度，极高的耐磨性能，良好的热性能（能耐 1000℃的冷热温差），优良的电绝缘性能和稳定的化学性能。它既是理想的建筑材料，用作建筑模板；也可代替钢材等金属材料制造输送物料的料槽、料斗及管道；在化学工业上，用于制造输送腐蚀性液体的管道、泵、轴承、反应器等；由于炉渣玻璃的抗辐射性能，还可用作原子反应堆的控制棒、喷气发动机零部件、电子管外壳等。

（3）生态环境玻璃

绿色建材在 21 世纪将成为主流产业，生态环境玻璃也有广阔的前景。生态环境玻璃材料是指具有良好的使用性能或功能，对资源能源消耗少，对生态环境污小，再生利用率高或可降解与循环利用，在制备、使用、废弃直到再生利用的整个过程中与环境协调共存的玻璃材料。我们称其为光催化降解生态环境玻璃材料，或简称为光化解环境玻璃。

生态环境玻璃有非常优异的功能和用途。可降解大气中的工业废气和汽车尾气等有机污染物，以及室内装饰材料放出的甲醛和生活环境中产生的甲硫醇、硫化氢、氨气等污染物。可以降解积聚在玻璃表面的液态有机物，如各种食用油、抽油烟机产生的焦油等。余泉国等采用溶胶凝胶法于钛酸溶液中在普通玻璃表面制备了均匀透明的 TiO_2 纳米薄膜，得到的洁净玻璃可将其表面所有的有机污染物完全氧化成 H_2O 和相应的无害无机物，有机磷农药敌敌畏和甲拌磷则被催化氧化成磷酸根离子，抑制和杀灭环境中的微生物，起抗菌、杀菌和防霉的作用。玻璃表面呈超亲水性，对水完全润湿，可以隔离玻璃表面与吸附的灰尘、有机物，使这些吸附物不易与玻璃表面结合，在外界风力、雨水淋和水冲洗等外力和吸附物自重的推动下，灰尘和油腻自动地被从玻璃表面剥离，达到去污和自洁的要求。

通常采用溶胶-凝胶法和化学气相沉积法制备光催化薄膜。玻璃基片可采用钠钙平板玻璃，镀膜前需要进行清洁处理，一般先用自来水冲洗，再用丙酮洗，然后用去离子水洗，最后干燥。

溶胶-凝胶法是以钛酸乙酯为主要原料，进行水解聚合反应而得到的，加入适量二乙醇以控制水解速率，并在不断搅拌的过程中加聚乙二醇胺以有利于薄膜形成微孔结构。玻璃表面镀半导体 TiO_2 膜是很有发展前途的光降解环境材料。为了进一步提高光催化的活性与效率，可在 TiO_2 薄膜中掺杂，如在 TiO_2 中掺 Pb、Ni 等金属，半导体 TiO_2 膜与掺杂金属组成短路微电池，从而抑制了光生空穴和电子对的复合，使催化剂光活性有所提高，也可以镀多层复合膜，如 SnO_2/TiO_2 多层膜，由于不同半导体膜层能带的差异，使光生电子发生转移，延长空穴寿命。

7.2.2 绿色环保焊膏

目前，国外同行将焊膏定义为：焊膏是一种主要由焊粉、助溶剂、载剂三者组成的均匀且动力稳定的混合物，它可以在配套的焊接条件下形成冶金结合，且可适合于采用自动化生产方式，以完成可靠与一致的焊接点。焊粉通常为超细（20～75μm）的球形合金粉助溶剂与载剂合称为焊剂系统，作为焊粉的悬浮载体，使焊膏具有一定的活性、黏弹性、触变性等应用必备的性能。焊剂系统包括溶剂、催化剂、表面活性剂、流变调节剂、热稳定剂等多种有机和无机化合物。

焊膏在表面安装技术中的关键作用有以下三个方面。

① 对表面安装部件进行再流焊时，焊膏用于表面安装元件的引脚或端接头与焊盘之间的连接。

② 焊膏本身所含的焊剂可保证再焊流的顺利进行，不需要像插装工艺那样单独加入焊剂和控制焊剂的活性和密度。

③ 在进行再流焊之前，焊剂在表面安装元件的贴放和传送期间起着临时的固定作用。

所以，正确选择焊膏对于生产高质量的表面安装部件是十分重要的。

焊料从发明到现在，已有几千年的历史。Sn-Pb 焊料以其优异的性能和低廉的成本，一直得到人们的重用，现已成为电子组装焊接中的主要焊接材料。但是，铅及其化合物属于有毒物质，长期使用会给人类生活环境和安全带来较大的危害。人体通过呼吸、进食、皮肤吸收等都有可能吸收铅及其化合物，铅被人体器官摄取后，将抑制蛋白质正常合成功能，危害人体中枢神经，造成精神混乱、呆滞、生殖功能障碍、贫血、高血压等慢性疾病。铅对儿童的危害更大，会影响智商和正常发育。在当今危害人体健康和儿童智力的罪魁祸首中，铅是危害较大的一种。据权威调查报告透露，现代人体内的含铅量已经大大超过 1000 年前古人的 500 倍，然而人类缺少主动、有效的防护措施。

在机电等产品的生产中，很多国家已经着手开始立法，禁止使用含铅焊料、焊膏，这预示我国出口机电等产品将受到很大的影响。因此，用绿色无铅焊料代替传统的锡铅焊料，大力发展无铅的绿色焊膏成为了当务之急。

7.2.2.1 有关禁铅的立法

① 美国 1990 年提出了在所有电子机器的广泛应用范围内禁止使用铅的法案，由此世界范

围内开始了电子组装业替代焊料（无铅焊料）的研发活动，并对替代焊料的各种应用稳定性、可靠性等进行了系列研究。目前，美国已在汽车、汽油、罐头、自来水管等生产和应用中禁止使用铅和含铅焊料。但该法案对电子工业产生的效能并不大，在电子产品中禁止使用含铅焊料法案的实施，进展缓慢。

② 对于居住环境意识较强的欧洲，欧盟于1998年通过法案，已明确从2004年1月1日起任何制品中不能使用含铅焊料，但因技术方面的原因，在电子产品中完全禁止使用铅推迟至2006年7月1日执行。

③ 日本在无铅焊料研究和应用方面走得最快。日本电机工业会于1998年决定从2001年4月起，家用电器、重型电机和计算机等新产品的生产必须使用无铅焊料，2004年所有电子产品完全无铅。

④ 2004年1月，信息产业部根据《生产清洁促进法》、《固体废物污染环境防护法》等有关规定制定了《电子信息产品污染防治管理办法》，并将于2005年1月1日起施行。《办法》要求，自2006年7月1日起，列入电子信息产品重点防治目录的电子信息产品中不得含有铅、汞、镉、聚合溴化联苯（PBB）、聚合溴化联苯乙醚（PBDE）及其他有毒害物质；对于含有有害物质不能完全被替代的，其有毒物质含量不得超过电子信息产品污染防治国家标准的有关规定。

7.2.2.2 无铅焊料

国内外已有研究成果表明，最有可能替代Sn-Pb焊料的无毒合金是Sn基合金。无铅焊料主要以Sn为主，添加能产生低温共晶的Ag、Zn、Cu、Sb、Bi、In等金属元素，通过焊料合金化来改善合金性能，提高可焊性。目前，主要集中在Sn-Ag、Sn-In、Sn-Sb、Sn-Cu、Sn-Bi、Sn-Zn等体系。Sn-In系合金蠕变性差，In极易氧化，且成本太高；Sn-Sb系合金润湿性差，Sb还稍具毒性。因此，以上两种合金体系的开发和应用都比较少。实际上二元体系合金要做成满足各种特性的基本材料是不完善的，目前最常见的无铅焊料主要是以Sn-Ag、Sn-Zn、Sn-Bi为基体，在其中添加适量的其他金属元素所组成的三元合金和多元合金。Sn-Ag、Sn-Zn、Sn-Bi三个体系的无铅焊料与Sn-Pb共晶焊料相比，各有优缺点。

Sn-Ag系焊料具有优良的机械性能，拉伸强度、蠕变特性及耐热老化性都比Sn-Pb共晶焊料优越，延展性比Sn-Pb焊料稍差，但不存在延展性随时间加长而劣化的问题。Sn-Ag系无铅焊锡的熔点为221℃，与Sn-Pb体系焊锡的很多情况接近，多有应用，并可沿用Sn-Pb体系的焊料。Sn-Ag系无铅焊锡的最大特征是耐热疲劳性明显优于Sn-Pb体系焊料，使用在要求接合部长期可靠性的机器中最合适。Sn-Ag系焊料，熔点偏高，通常比Sn-Pb共晶焊料要高30～40℃，润湿性差，而且成本高。熔点和成本是Sn-Ag系焊料存在的主要问题。其主要改进是添加适量的其他金属元素所组成的三元合金和多元合金。

Sn-Zn系焊料机械性能好，拉伸强度比Sn-Pb共晶焊料好，初期强度、长时间强度变化都与Sn-Pb焊料一样，可以拉制成线材使用，具有良好的蠕变特性，变形速度慢，致断裂时间长。另外，Zn的毒性弱，成本低。若从焊锡合金的机械强度、熔点、成本和毒性等方面考虑，Sn-Zn系无铅焊锡替代Sn-Pb系焊锡很合适。该体系最大的缺点是Zn极易氧化，润湿性和稳定性差，需研制新型助焊剂。

Sn-Bi系无铅焊料的特点是熔点低，对于那些耐热性差的电子元器件焊接有利，另外Sn-Bi系无铅焊锡的保存稳定性也好，可使用与Sn-Pb焊锡大体相同的助焊剂在大气中焊接，润湿性没问题。不足之处在于随着Bi加入量的增大，使焊锡变得硬、脆、加工性能大幅度下降，焊接可靠性变坏。因此，必须控制加入量在适当的范围内。实际上是以Sn-Ag（Cu）系合金为基体，添加适量的Bi组成的焊料合金，合金的最大优点是降低了熔点，使其与Sn-Pb共晶焊料相近，蠕变特性好，并增大了合金的拉伸强度，但延展性变坏，变得硬脆，加工性差，不能加工成线材使用。

与 Sn-Pb 共晶焊料相比，一是无铅焊料的熔点不是高很多就是低很多，与现有的电子元件和印刷电路板兼容性存在问题；二是几乎所有的无铅焊料的润湿性都差，因此需要开发新型的适用于无铅焊料的助焊剂。

7.2.2.3 无铅焊料面临的挑战

无铅焊料尽管具有非常光明的应用前景，但实际应用过程中面临诸多问题。

(1) 生产成本方面

无锡焊料比较昂贵，其价格一般是有铅焊料的 2 倍以上，促使许多以成本为重点的工厂不愿意使用这门技术。除了焊料本身的材料成本外，无铅焊接技术所带来的其他材料（如元件和基板）因要求的不同（主要在耐高温方面）也将会提高其成本，由此进一步提高总成本。不过这方面的问题不会特别严重，因为在许多情况下，材料成本在整个生产成本中还只是一小部分，因采用无铅焊接技术而带来的成本增加，对整体生产成本的影响可能还是相当小的一个比重。

(2) 元件和基板方面的开发问题

目前无铅焊料发展的成果主要还是在焊料和工艺上，元件和基板方面的开发有必要进行跟进，使得这门技术可以真正地推广开来，比如在无铅焊接上，推广的焊料中都需要较高的焊接温度（在回流温度中约高出传统锡铅焊料 40℃左右），这就需要在许多常用元件上确保其所用材料可以承受较高的回流温度。另外，如一些元件的端点材料，采用的银-钯镀层中的钯，在和无铅焊料中的铋合成后会缩短焊点寿命的问题也必须由元件供应商来配合解决，但这些问题都还有待进一步地发展。

(3) 回流炉的性能问题

采用无锡焊料将提高焊接的温度，也使回流过程中产品上各点的温度要求高出很多。这意味着炉子的加热效率将会面对很大的挑战，除了用红外线加热为主的炉子可能面临被淘汰的危险以外，对于许多加热效率设计不甚理想的炉子也会面临被淘汰。这其实也意味着工厂中现在的某些炉子可能会不适合使用在无铅焊接上，用户在推行此技术之前应该对此方面的问题给予考虑和评估。

(4) 生产线上的品质标准问题

采用无铅焊料，生产线上的品质标准也可能会有些影响。这是因为无铅焊料与元件端点及焊盘润湿时可能形成不了像锡铅焊料那样光滑的焊接表面，在焊点亮度、焊点成型和焊盘润湿等方面与传统的焊料焊接后的外观有些差距，在目视检查标准中也许有需要进行改进的地方。

(5) 无铅焊料的开发种类问题

无铅焊料的开发种类非常多，至少在 70 种以上。比较后有 12～15 种被予以重视和推广，在无铅焊料的认同上工业界仍然需要努力。这将可能是用户等待观望的原因之一。

(6) 无铅焊料对焊点的可靠性问题

某些焊料在对产品焊点的可靠性（寿命）的影响上还缺乏足够的科学数据，以致用户未能对此得到足够的信心，一些不同机构的研发成果也不完全相同。

7.2.3 绿色磷酸盐工业

磷酸和磷酸盐工业是现代化学工业的重要组成部分。磷酸是生产磷酸盐的母体原料，由磷酸可以生产各种规格的磷酸盐。从普通磷酸盐到专用品磷酸盐、功能性磷酸盐和材料型磷酸盐，与国计民生和高新科学技术的发展密切相关。因此，世界各国都非常重视磷酸盐工业。目前全世界生产的磷酸盐品种总数达 300 种以上，年生产能力超过 2000 万吨，产量以年均近

3%的速率增长。我国的磷酸和磷酸盐工业经过50多年的建设和发展，尤其是最近10年来的战略布局和产业结构的调整，使其得到了持续快速的发展，已成为我国化学工业重要的生力军，在国民经济建设中发挥越来越重要的作用。

7.2.3.1 湿法磷酸清洁工艺

磷酸主要用于制造高浓度的磷肥和各种工业磷酸盐。

磷酸还用作电镀抛光剂、磷化液、印刷工业去污剂、有机合成和有机化工催化剂、燃料以及中间体生产中的干燥剂、乳胶的凝固剂、软水剂、合成洗涤剂的助剂、补牙胶黏剂以及无机胶黏剂。

磷酸的生产方法主要有两种：热法和湿法。

热法是用黄磷燃烧并水合吸收所生成的P_4O_{10}来制备磷酸。热法磷酸浓度高，纯度好，而且不随矿石杂质的变化而变化，但能耗大，投资和生产成本高。

湿法是用无机酸分解磷矿来制备磷酸。根据所用无机酸的不同，又可以分为硫酸法、盐酸法等。由于硫酸法技术成熟，操作稳定，分离容易，经济合理，因此，它是制备磷酸的主要方法，其产量在磷酸产量中占有绝对的优势，通常所说的湿法就是硫酸法。

磷酸的湿法工艺由于原料易得、能耗较低、技术成熟、工艺操作比较简单而成为磷酸的最重要的工业生产方法。但在湿法磷酸工艺中，“三废”的排放量大，容易造成环境污染。例如，磷矿中通常含有2%～4%的氟，酸解时首先生成HF，HF再与磷矿中的活性二氧化硅或硅酸盐反应生成四氟化硅和氟硅酸。

根据反应条件，部分氟以HF、SiF_4的形式进入气相；其余的氟留存于磷酸溶液中，在浓缩过程中，其中大部分的氟也从酸中逸出。如不加以回收处理，会造成空气污染。特别是磷石膏是湿法磷酸生产中不可避免的废弃物，每生产1t磷酸（以P_2O_5计），要生产4.5～5.0t的磷石膏，大量磷石膏的堆积，不仅占用土地，而且造成环境污染。目前我国湿法磷酸产量已达到20Mt。据估计，目前全世界磷石膏的排放量已达到2.82亿吨。因此，磷石膏的处理和利用是摆在世界各国湿法磷酸生产厂家面前必须解决的问题。为此，各国科技工作者进行了大量的研究和开发，取得了一些有意义的成果，但未取得突破性进展。

近年来绿色化学及其带来的产业革命正在全世界范围内迅速崛起，为湿法磷酸盐工业的清洁工艺奠定了坚实的基础，同时也产生了强大的推动力。应用绿色化学的基本原理，借助“绿色组装”，通过相关化学反应的集成，构成资源综合利用的反应体系。通过工艺消化和生产过程的在线控制，最大限度地利用原料资源，提高化学反应的“原子经济性”，从根本上消除或者减少“三废”的排放量。

该工艺的特点：①在突出主要产品H_3PO_4制备的同时，通过封闭循环、工艺消化，实现资源的综合利用；②磷矿中氟通过吸收和相关反应，可制备Na_2SiF_6等氟化产品，反应产生的H_2SO_4可返回系统用于分解磷矿；③磷石膏和NH_4HCO_3反应转化为硫酸铵，然后再与KCl反应，生成无氟钾肥$K_x(NH_4)_{2-x}SO_4$和氯钾肥$K_x(NH_4)_{1-x}Cl$，实验表明，磷石膏的转化率可以达到95%以上，KCl的转化率可达80%以上。$K_x(NH_4)_{2-x}SO_4$可用于烟草、茶叶、药材等专用肥料，$K_x(NH_4)_{1-x}Cl$可以作为粮食作物的多元肥料；④磷石膏转化中产生的碳酸钙，通过进一步处理可作为微细碳酸钙材料；也可通过净化处理，然后和磷酸反应生成磷酸钙盐，作为添加剂或者助剂。

湿法磷酸的清洁工艺在理论上是合理的，实际上也是可行的。其重要意义表现在以下三个方面：①从根本上减少了湿法磷酸生产中的“三废”对环境的污染，尤其是为磷石膏的处理和综合利用提供了一条新的途径；②为无氯钾肥的生产提供了一种新的方法，我国是一个缺钾贫硫的国家，还没有发现可直接生产硫酸钾的矿源，用磷石膏生产硫酸钾，可以实现磷石膏中硫资源的再生利用，同时可将氯钾肥（KCl）转化为无氯钾肥（K_2SO_4），满足烟草、茶叶、药材等经济作物的发展需要；③为我国小碳铵厂改造提供一条出路。目前我国小碳铵厂的改造迫在眉睫，碳酸氢铵为我国农业生产做出过重要的贡献，然而越来越不适应农业生产发展对高效复合肥料的需要。如果能和湿法磷酸生产厂联合生产硫酸钾，同时副产氯化铵，不失为小碳酸厂改造的一条新的出路。

7.2.3.2 亚磷酸生产新方法

亚磷酸大量用于有机合成，是合成医药、农药、工业水处理剂以及聚合物稳定剂的中间体原料；亚磷酸也大量用于亚磷酸盐的制备，应用极为广泛。它是我国出口创汇的重要产品之一。

目前国内外工业生产亚磷酸的方法主要有以下三种。

（1）三氯化磷水解法

化学反应式为：

$$PCl_3 + 3H_2O \longrightarrow H_3PO_3 + 3HCl$$

具体生产方法：将适量的三氯化磷和适量的水在76℃下进行水解；也可将三氯化磷与水或水蒸气在140～160℃下进行水解反应；或者在氮气流中向反应器喷射三氯化磷，在185～190℃下和过量的水蒸气反应，并在165℃下脱水脱盐酸。

三氯化磷水解法是工业上生产亚磷酸的主要方法。该法技术成熟，工艺操作相对简单，生产过程易于控制。但是三氯化磷原料的制备和预处理比较麻烦，有害氯气的使用容易造成环境污染，盐酸的脱除和后处理也是一个困难的问题，而且设备腐蚀比较严重。

（2）亚磷酸盐法

利用黄磷-石灰乳法生产次磷酸钠时的副产物亚磷酸钙，通过硫酸酸解生产亚磷酸：

$$CaHPO_3 + H_2SO_4 \longrightarrow H_3PO_4 + CaSO_4$$

过滤除去硫酸钙，滤液经过精制、浓缩、结晶制得亚磷酸。

该法生产技术简单，投资比较节省，利用了次磷酸盐生产的副产物。但是该法受到次磷酸盐生产的制约，必须与次磷酸盐生产进行联合，才能保证原料供应；同时磷石膏的处理也是一个比较麻烦的问题。

（3）三氯化二磷水合法

利用黄磷和适量的空气在700℃以上进行气相氧化连续制备三氧化二磷，后者溶于水可以制得亚磷酸。该法原料易得，生产流程短，可以制备高纯度的亚磷酸。但是对连续气相氧化的控制比较难，除了生成 P_4O_6 外，也生成 P_4O_7、P_4O_8、P_4O_9、P_4O_{10} 等氧化物。

综上所述，亚磷酸的三种工业生产方法各有特点，各有利弊，尤其是三氯化磷水解法和亚磷酸盐法都存在环境污染问题。因此，如何改革生产工艺，降低能耗，简化工艺操作，从根本上减少“三废”对环境的污染，从而更加有效地制备高质量的亚磷酸，这是人们极感兴趣的研究课题。

采用黄磷直接氧化制备亚磷酸，关键是氧化剂和氧化条件的选择，J. D. McGilvery 等人采用水蒸气作为氧化剂，在一定条件下黄磷和水蒸气反应生成三氧化二磷，然后用水快速骤冷并水合可得亚磷酸：

$$P_4 + 6H_2O \longrightarrow P_4O_6 + 6H_2\uparrow$$

$$P_4O_6 + 6H_2O \longrightarrow 4H_3PO_3$$

但是该方法条件比较苛刻，只有当反应温度在1300～1700℃时黄磷被氧化成为 P_2O_3 的转化率比较高，可以生成稳定的 P_2O_3 相。在此基础上，J. I. Heise 等人提出了黄磷和水催化氧化反应制备亚磷酸，这是亚磷酸生产的全新方法。

制备原理：在温度 $t<200℃$、压力 $p<2MPa$ 的条件下，在催化剂存在时，黄磷和水进行反应直接制备亚磷酸。化学反应式为：

$$P_4+12H_2O \longrightarrow 4H_3PO_3+6H_2\uparrow$$

$$P_4+8H_2O \longrightarrow 4H_3PO_2+2H_2\uparrow$$

此外还可能发生如下反应：

$$H_3PO_2+H_2O \longrightarrow H_3PO_3+H_2\uparrow$$

$$P_4+16H_2O \longrightarrow 4H_3PO_4+10H_2\uparrow$$

$$H_3PO_3+H_2O \longrightarrow H_3PO_4+H_2\uparrow$$

$$P_4+6H_2O \longrightarrow 3H_3PO_2+PH_3\uparrow$$

该工艺最大的优点是反应条件比较温和，温度不超过 200℃，压力小于 2MPa，能耗低；反应物料实际封闭循环，没有废物排放，从根本上实现了清洁生产。同时，采用贵金属催化剂，极大地提高了反应的选择性，可以制备高纯亚磷酸，共有机合成之用。

7.2.4 软化学——绿色无机合成化学

软化学开辟的材料制备方法正在将新材料制备的前沿技术从高温、高压、高真空、高能和高制备成本的物理方法中解放出来，进入一个更加宽阔的空间。显然，依赖于极端技术的方法必须有高精尖的设备和较大的资金投入；而软化学提供的方法则是依赖人的知识、技能和创造力。因此可以说，软化学是一个具有智力密集型特点的研究领域。同时软化学开辟出了具有减污、节能、高效、经济的环境友好的工艺路线。

软化学这一概念已经普遍被固体化学界和材料化学界所接受，广泛地见诸于一些学术文献，并在近年来已成为多种文献检索系统的关键词。但是这一概念至今未得到一个普遍公认的定义。因为严格地讲，软化学与其说是一门新的学科，不如说是一门新的材料制备思路。在这种思路下产生了一系列新型的材料制备技术，主要有：先驱物法、溶胶-凝胶法、水热法、熔体（助熔剂）法、局部化学过程、低热固相反应、流变相反应等。这些方法又并无严格界限，实际应用时有可能是交叉的。同时这些方法也是具有减污、节能、高效等特点的环境友好型的绿色无机合成方法。

7.2.4.1 先驱物法

软化学方法中最简单的一类是先驱物法（或称前驱体法、初产物法等）。先驱物法是为了解决制陶法中产物的组成均匀性和反应物的传质扩散所发展起来的节能的合成方法。其基本思路是：首先通过准确的分子设计合成出具有预期组分、结构和化学性质的先驱物，再在软环境下对先驱物进行处理，进而得到预期的材料。其关键在于先驱物的分子设计与制备。

在这种方法中，人们选择一些化合物（如硝酸盐、碳酸盐、草酸盐、氢氧化物、含氰配合物）以及有机化合物（如柠檬酸和所需的金属阳离子）制成先驱物，在这些先驱物中，反应物以所需的化学计量存在着，这种方法克服了制陶法中反应物间均匀混合的问题，达到了原子或分子尺度的混合。一般制陶法是直接用固体原料在高温下反应，而先驱物法则是用原料通过化学反应制成先驱物，然后焙烧制得产物。

先驱物法有以下特点：①混合的均一化程度高；②阳离子的摩尔比准确；③反应温度降低。

原则上说，先驱物法可应用于多种固态反应中。但由于每种合成方法均要求有一些特殊条件和先驱物。为此不可能制定出一套通用的条件法则以适应所有这些合成反应。对有些反应来说，难以找到适宜的先驱物，因而此法受到一定的限制。例如该法就不适用于以下情况：①两种反应物在水中溶解度相差很大；②反应物不是以相同的速率产生结晶；③常产生过饱和溶液的体系。

7.2.4.2 水热法

水热法是模拟自然界中某些矿石的形成过程而发展起来的一种软化学方法。这种方法通常以金属盐、氧化物或氢氧化物的水溶液（或悬浮液）为先驱物，一般在高于100℃和一个大气压的环境中使先驱物溶液在过饱和状态下成核、生长，形成所需的材料。其在分子设计方面的优势是：可对先驱物材料中的次级结构单元（如金属-氧多面体）拆开、修饰并重新组装；可通过选择反应条件和加入适当的“模板剂”控制产物的结构。对一些含有硅氧四面体和铝氧四面体的多孔材料（沸石）的设计是其应用最成功的例子。

水热法是指在密闭体系中，以水为溶剂，在一定的温度下，在水的自生压强下，原始混合物进行反应的一种方法。所用的设备通常为不锈钢反应釜。水热合成法按反应温度不同可分为以下几种。

① 低温水热合成法　通常在100℃以下进行的水热反应称为低温水热合成法。

② 中温水热合成法　通常在100～300℃下进行的水热反应称为中温水热合成法。

③ 高温高压水热合成法　通常在300℃以上，0.3GPa下进行的水热反应称为高温高压水热合成法。

高温高压水热合成法是一种重要的无机合成和晶体制备方法。它利用作为反应介质的水在超临界状态的性质和反应物质在高温高压水热条件下的特殊性质进行合成反应。

水热法可以制得许多由其他方法不能或难以得到的化合物。

众多的介稳相可通过水热反应加以合成。这在硅酸盐、硅铝酸盐的合成中是相当长见的，为新型相的开发提供了广阔的前景。

水热合成化学作为无机化学和固体化学的一个分支，其研究工作已取得很大进展。用这个方法可以开发出更多更好的无机功能材料和各种新型无机化合物。通常以水为溶剂，介质溶剂现已大大扩展了，众多的非水溶剂在水热合成中得到应用，故也称为溶剂热法。由此看来，该法潜力极大，前景广阔。

7.2.4.3 助熔剂法

与水热法相近的另一类软化学方法是助熔剂法。两者的差别在于：用来拆装结构单元的媒质不同，前者是水或水溶液，后者是熔盐；反应所需的温度不同，后者一般高于前者，约需200～600℃。这种方法的典型例子是制备具有低维结构的金属硫族化合物。硫族元素（硫、硒、碲）通常具有多种有趣的结构，如原子簇、原子链或层状化合物。而这些结构与金属离子结合可以构造出多种有奇异光电特性的低维材料。由于这些材料具有易分解性，它们无法用固相反应法或气相输送法制备。另外，简单的溶液反应也只能获得尺寸较小的粉末固体。近年来，利用助熔剂法合成这类材料取得了突破性进展。例如，利用多硫化钾熔盐与铜反应，可制得若干低维硫化物体系：在300℃以上，形成CuS；在250～350℃，形成KCu_4S_3；而在210℃和250℃则分别形成α-$KCuS_4$和β-$KCuS_4$。

助熔剂法还被用于制备具有特殊机构或优异性能的超导陶瓷材料。然而由于碱金属的高挥发性，上述替代难以通过固相反应实现。

7.2.4.4 溶胶-凝胶法

在软化学提供的诸多材料制备技术中，溶胶-凝胶过程是目前研究得最多的一种。溶胶-凝胶法也是为了克服制陶法中反应物之间的扩散和组成均匀性所发展起来的。溶胶是胶体的溶液，其中反应物以胶体大小的粒子分散在其中。凝胶是胶态固体，由可流动的流动组分和具有网络内部结构的固体组分以高度分散的状态构成。这种方法通常包含了从溶液过渡到固体的多个物理化学步骤，如水解、聚合，经历了成胶、干燥脱水、烧结致密化等步骤。该过程使用的先驱物一般是易于水解并形成高聚物网络的金属有机化合物（如醇盐）。目前这类方法已广泛用于制备玻璃、陶瓷及相关符合材料的薄膜、微粉和块体。在溶胶-凝胶过程中，由分子级均匀混合的无结构先驱物，经过一系列结构过程，形成具有高度微结构控制和几何形状控制的材料。这是与传统固体材料制备方法的主要不同之处。

胶体分散系是分散程度很高的多相体系。溶胶的粒子半径在1～100nm，具有很大的界相面，表面能高，吸附性强，许多胶体溶液之所以能够长期保存，就是由于胶体表面吸附了相同电荷的离子。由于同性相斥使胶粒不易聚沉，因而胶体溶液是一个热力学不稳定而动力学稳定的体系。如果在胶体溶液中加入电解质或者两种带相反电荷的胶体溶液相互作用，这种动力学上的稳定性立即受到破坏，胶体溶液就会发生聚沉，成为凝胶。这种制备无机化合物的方法叫做溶胶-凝胶法。

与传统的制陶法相比，这种合成方法有如下特点：

① 通过各种反应溶液的混合，很容易获得所需要的均相多组分体系；

② 对材料制备温度可大幅度降低，从而可在较温和的条件下合成陶瓷。玻璃等功能材料；

③ 溶胶或凝胶的流变性有利于通过某种技术如喷射、浸涂等制备各种膜、纤维或沉积材料。

近年来已用此项技术制备出了大量的具有不同特性的氧化物型薄膜，如 V_2O_5、TiO_2、MoO_3、WO_3、ZrO_2、NbO_5 等。

7.2.4.5 局部化学反应法

局部化学反应是另一种软化学过程，它是通过局部化学反应或局部规整反应制备固体材料的方法。局部化学反应包括多种反应，如脱水反应、分解反应、氧化还原反应、嵌入反应、离子交换反应和同晶置换反应。这些反应在相对温和的条件下发生，提供了低温进行固体合成的新途径。局部化学反应得到的产物在结构上与起始物质有着确定的关系，运用这些反应常常可以得到其他方法所不能得到或难以得到的固体材料，并且这些材料常具有独到的物理化学性质以及独特的结构形式。总地来说，局部化学反应通过反应物的结构来控制反应性，反应前后主体结构大体上或基本上保持不变。

7.2.4.6 低热固相反应

目前，清洁化生产、绿色食品、返璞归真等要求已深入人心。面对传统的合成方法受到的严峻挑战，化学家们正致力于合成手段的战略更新，力求合成工艺合乎节能、高效的绿色生产要求，于是越来越多的化学家把目光投向最早被人类利用的化学过程——固相化学反应，使固相合成化学成为化学合成的重要组成部分，大大推动固相化学的发展。而低热固相合成的兴起就是一个典型的例子。所谓低热固相合成反应是指反应温度在100℃以下的固相反应。

忻新泉小组近10多年来对低热固相反应进行了较系统地探索，探讨了低热温度固-固反应的机理，提出并用实验证实了低温固相反应的四个阶段，即扩散-反应-成核-生长，每步都有可能是反应速率的决定步骤；总结了低热固相反应遵循的特有规律；利用低热固相化学反应原理，合成了一系列的具有优越的三阶非线性光学性质的Mo(W)-Cu(Ag)-S原子簇化合物；合成了一类用其他方法不能得到的介稳化合物——固配化合物；合成了一些有特殊用途的材料，如纳米材料等。

与液相反应不同，固相反应起始于两个反应物分子的扩散接触，接着发生化学作用，生成产物分子。此时生成的产物分子分散在母体反应物中，只能当作一种杂质或缺陷存在，只有当产物分子聚积到一定大小时，才能出现产物的晶核，从而完成成核过程。随着晶核长大，达到一定的大小后出现产物的独立晶相。可见，固相反应分为四个阶段，即扩散、反应、成核、生长，但由于各阶段进行的速率在不同的反应体系中或同一反应体系不同反应条件下不尽相同，使得各个阶段的特征并不是清晰可辨的，总反应特征只表现为反应的控制步骤的特征。长期以来，一直认为高温固相反应的控制速率步骤是扩散和成核生长，原因就是在很高的温度下这一步化学反应极快，无法成为整个固相反应的控制速率步骤。在低热条件下，化学反应这一步也可能是速率的控制步骤。

7.2.4.7 流变相反应

所谓流变相反应是指在反应体系中有流变相参与的化学反应。例如，将反应物通过适当的方法混合均匀，加入适量的水或其他溶剂调制成固体粒子和液体物质分布均匀的流变体，然后在适当的条件下反应得到所需的产物。将固体微粒和液体物质的均一混合物作为一种流变体来进行处理有很多优点：固体微粒的表面积能被有效利用，和流体接触紧密、均匀，热交换良好，不会出现局部过热，温度调节容易。在这种状态下许多物质会表现出超浓度现象和新的反应特性，它同时又是一种“节能、高效、减污”的绿色合成路线。

7.3 绿色精细化学品

精细化学品（即精细化工产品）是指具有特定应用功能，合成工艺步骤繁多，反应复杂，产量小但产值高的产品，具有品种多、更新快、规模小、技术密集度高和附加价值大的特点。精细化学品绿色化是指生产的精细化学品自然降解无污染和可回收综合利用，绿色涂料、绿色表面活性剂、绿色助剂等是目前研究最活跃的绿色精细化学品。

7.3.1 水处理药剂绿色化

水处理剂是工业用水、生活用水、废水处理过程中所需使用的化学药剂。经过这些化学药剂的处理，使水达到一定的质量要求。水处理剂的主要作用是控制水垢、泥污的形成，减少泡沫，减少与水接触的材料的腐蚀，除去水中悬浮固体和有毒物质，除臭、脱色，软化和稳定水质及淡化海水等。水处理剂是当前水工业、污染治理与节水回用处理工程技术中应用最广泛、用量最大的特殊产品之一，包括絮凝剂、缓蚀阻垢剂、杀生剂、生物合成多功能剂等。

7.3.1.1 绿色絮凝剂

絮凝剂是使溶液中的溶质、胶体或者悬浮物颗粒产生絮状沉淀的物质，在固液分离和水处理过程中，用以提高微细固体物的沉降和过滤效果。絮凝剂的絮凝原理可分为化学絮凝和物理絮凝两种。当发生凝结作用时，胶体粒子必失去稳定作用或发生电性中和，不稳定的胶体粒子再互相碰撞而形成较大的颗粒。当加入离子型絮凝剂时，它会在溶液中离子化，并在带相反电荷的胶体离子表面形成价键，为克服离子彼此间的排斥力，絮凝剂会由于搅拌及布朗运动而使得粒子间产生碰撞，当粒子逐渐接近时，氢键及范德华力促使粒子结成更大的颗粒，碰撞一旦开始，粒子便经由不同的物理化学作用而开始凝集，较大颗粒粒子从水中分离而沉降，根据化学成分不同，可分为无机、有机和微生物絮凝剂。近年来，高效低毒或无毒的无机高分子和有机高分子絮凝剂正逐步替代传统絮凝剂，要求絮凝剂不仅有高效除垢功能，同时还应具有去除COD、磷、氮以及杀菌灭藻、氧化还原等多种功能。因此，无毒、高电荷、高分子量阳离子有机絮凝剂和微生物絮凝剂将是今后产业发展的重点和趋势。

（1）绿色无机絮凝剂

传统无机絮凝剂主要有铁盐系和铝盐系两大类，其作用机理主要是双电层吸附。由于铝盐絮凝剂存在水中残留铝脱除困难及对人体可能有不良影响等问题，人们开始寻找铝系絮凝剂的替代品，一些新型的绿色无机絮凝剂即聚合铝、铁、硅及各种复合型絮凝剂被开发出来，如聚磷硫酸铁絮凝剂，在活性染料废水和城市废水中表现出很好的絮凝效果；聚硅酸金属盐絮凝剂在去除水中腐殖酸和藻类物质、硝酸盐氮、亚硝酸盐氮等方面发挥着重要作用。

（2）绿色有机絮凝剂

有机高分子絮凝剂与无机絮凝剂相比，具有用量少，絮凝速率快，受共存盐类、介质 pH 值及环境温度的影响小，生成污泥量少，脱色性好等优点。但有些有机高分子絮凝剂的水解、降解产物有毒，且生产成本较高。因此现多以有机高分子絮凝剂与无机高分子絮凝剂配合使用，或者添加无机盐与污染物电荷相中和，来促进有机高分子絮凝剂作用的发挥。依据化学成分不同，有机絮凝剂可分为合成有机高分子絮凝剂和天然有机高分子絮凝剂两大类。

① 合成有机高分子絮凝剂

合成有机高分子絮凝剂多为水溶性的聚合物，具有分子量大、分子链官能团多的结构特点，在市场上占有绝对优势。按其所带的电荷不同，可分为阳离子型、阴离子型、非离子型和两性絮凝剂，在水处理中，使用较多的是阳离子、阴离子和非离子型聚合物；主要有聚丙烯酰胺、磺化聚乙烯苯、聚乙烯醚等系列，其中以聚丙烯酰胺系列应用最为广泛。

常用的阳离子型有机高分子絮凝剂在水处理过程中效果较好，适合用来除去废水中的有机物，pH 适用范围从中性到强酸性；这类絮凝剂包括聚丙烯酰胺（PAM）及其衍生物、二甲基二烯丙基氯化铵（DMDAAC）的均聚物以及与丙烯酰胺（AM）的共聚物、乙烯基三甲氧基硅烷（VTMS）与 DMDACC 的共聚物，VTMS 与 DMDACC、AM 的三元共聚物、聚亚胺等。阳离子有机高分子絮凝剂不仅可以通过电荷中和、架桥机理使微粒絮凝，还可以与负电荷溶解物进行反应，生成不溶物，从而有利于沉降和过滤脱水，并且还有脱色功能，对有机物和无机物都有很好的净化作用，更适合于有机物质含量高的废水，pH 使用范围宽，用量少，毒性也小。

② 天然改性高分子絮凝剂

天然高分子絮凝剂有纯天然的，但大多数还是经化学改性而成的。此类絮凝剂原料来源广泛，价格便宜，无毒，易于降解和再生，具有巨大的开发潜能。按其原料来源不同，一般可分为淀粉衍生物、纤维素衍生物、植物胶改性产物、多聚糖类及蛋白质类改性产物等，其中最具发展潜力的是水溶性淀粉衍生物和多聚糖改性絮凝剂。因而，人们又将其分为碳水化合物类和甲壳素类两大类。

碳水化合物广泛存在于植物中，如淀粉、纤维素等，分子量范围广、结构多样化、含有多种活性基团，如羟基、酚羟基等，表现出较活泼的化学性质。为了提高絮凝效果而对其进行改性，可通过羟基的酯化、醚化、氧化、交联、接枝共聚等方法，增加活性基团。周国平等用 Ce^{4+} 作引发剂，将丙烯腈接枝到淀粉上，接枝产物再经皂化水解，制得水不溶性羧基淀粉接枝共聚物，该絮凝剂是一种优良的重金属离子处理剂，能有效地去除水中的重金属离子，如 Cr^{3+}，Cd^{2+} 等。王欣将聚丙烯酰胺经霍夫曼重排的产物直接与淀粉反应，合成了接枝共聚物，将其用于处理印染废水。王杰等以天然植物胶粉 F691 为原料，通过羧甲基化、接枝共聚和曼尼奇反应，三步合成出两性天然高分子改性絮凝剂，用于对造纸混合污泥进行絮凝脱水试验，效果优良。

甲壳素在自然界中的含量仅次于纤维素，是第二大天然有机高分子化合物，它是甲壳类动物和昆虫外骨骼的主要成分。壳聚糖是甲壳素分子脱除乙酰基的产物。壳聚糖不仅对重金属离子有螯合吸附作用，还可以有效地吸附水中带负电荷的微粒，已将其用于 H_2SO_4、HCl、染料、多氯联苯等废水的处理及用于某些农药的吸附。与其他絮凝剂相比，壳聚糖最大的优势是能用于食品加工废水的处理，可以使各种食品加工废水的固体物减少 70%～98%。

(3) 微生物絮凝剂

微生物絮凝剂是一种高效、无毒、无二次污染、能自行降解、使用范围广的新一代絮凝剂。它直接利用微生物细胞或细胞提取物、代谢产物，发酵，提取，精制而得到有絮凝活性的物质。它不仅具有普通絮凝剂所具有的絮凝性能，还具有用量少、絮体易于分离、易生物降解、无二次污染、适用范围广等优点。

微生物絮凝剂主要由具有两性多聚电解质特性的糖蛋白、蛋白质、核酸（DNA）、多糖、纤维素等生物高分子化合物组成，根据组成不同可以将微生物絮凝剂划分为三大类：第一类是利用微生物细胞代谢产物的絮凝剂，微生物细胞分泌到细胞外的代谢产物（主要有细菌的荚膜和黏液质），在某种程度上可作为絮凝剂。第二类是用微生物细胞制取的絮凝剂，如大量存在于土壤、活性污泥和沉积物中的某些细菌、霉菌、放线菌和酵母等细胞自身就具有一定的絮凝活性。第三类是利用微生物细胞提取物的絮凝剂，如酵母细胞壁的葡聚菌、甘露聚糖、蛋白质和 *N*-乙酸葡萄糖胶等成分均可以作为絮凝剂。其中通过代谢产物取得的絮凝剂是目前主要的微生物絮凝剂类型。

微生物絮凝剂产生絮凝作用是由于絮凝剂大分子充当“中间桥梁”的结果。它借助离子键、氢键和分子间力（范德华力），同时吸附多个胶体颗粒，在颗粒间产生“架桥”现象，从而形成一种网状三维立体结构使胶体脱稳、絮凝而沉淀下来。

陈敏等在处理高浓度化学热磨机械（CTMP）制浆造纸废水的活性污泥系统中，采用改良的活性污泥驯化工艺，在驯化阶段用间歇式与连续式进料相结合，能够明显改善污泥沉降性能，并显著提高处理效果，COD 去除率达 77%～85%，BOD_5 去除率达 90%～95%，总悬浮固形物（TSS）去除率为 75%～89%。陈金中等采用活性污泥对混凝后的废纸脱墨废水进行了处理，结果发现废水中的有机污染物进一步降低，其 COD 和 BOD_5 的去除率分别达 88.6%和 93.4%。李智良等用常规的细菌分离纯化方法从废水、土壤、活性污泥中分离筛选出 6 株微生物絮凝剂产生菌，用其发酵离心上清液对皮革废水、造纸黑液、硫化染料废水、偶氮染料废水、石油化工废水、电镀废水、彩印制版废水、造币废水及蓝墨水、碳素墨水等进行了絮凝试验，结果表明废水固液分离效果良好，COD 去除率达 55%～98%，色度、悬浮物、浊度去除率达 90%以上。马放以稻草、秸秆等廉价的生物质材料作为底物，利用纤维素降解菌群和絮凝菌群，进行两段式发酵后分离提取得到复合型生物絮凝剂 HITM02，其絮凝效果高达 93.1%，该絮凝剂安全无毒，可广泛应用于给水处理、废水处理、食品工业和发酵工业等领域。

7.3.1.2 绿色缓蚀阻垢剂

水处理缓蚀阻垢剂的发展经历了从无机、有机单一制剂到共聚物，从高磷、低磷到无磷化的发展历程，目前使用单一的缓蚀阻垢剂已不多见，复合型已被广泛使用。同时研究无磷环保型复合缓蚀阻垢剂是今后缓蚀阻垢剂发展的主要方向。

无磷环保复合缓蚀阻垢剂是一种由无磷水溶性高分子聚合物、无磷缓蚀增效剂、丙烯酸多元共聚物及特效缓蚀剂复合而成的复合配方产品。乙二胺四亚甲基磺酸盐（EDTS）和二亚乙基三胺五亚甲基磺酸盐（DTPS）对碳酸钙、磷酸钙阻垢能力强，分散性能好，但生物降解性能差。钨系稳定剂是一种结合我国资源且有发展前途的无磷新型绿色水处理剂。非离子型月桂酸咪唑啉季铵盐（如月桂酸咪唑啉与环氧乙烷作用）与 PBTCA 的复配增效课题的研究成果应用于油田注水，能达到安全、无毒、高效的目的。

聚天冬氨酸（PASP）是一种绿色缓蚀阻垢剂，生物降解性好，无磷、无毒、无污染，是一类对环境友好的水处理剂，是公认的绿色聚合物水处理剂的更新换代产品。PASP 在国外已经成为新的研究热点。国内首次将钨酸盐与聚天冬氨酸进行复配使用。聚天冬氨酸型水处理剂主要包括聚天冬氨酸及其钠盐和酯。作为水处理剂，它对碳酸钙，硫酸钡最佳阻垢作用的相对分子质量在 3000～4000，对硫酸钙最佳阻垢作用的相对分子质量为 1000～2000。该类水处理剂具有优良的生物降解性能和较高的阻垢活性。

聚环氧琥珀酸（PESA）是 20 世纪 90 年代初美国 Betz 实验室首先开发出来的一种无磷无

氮的绿色水处理剂，兼有缓蚀、阻垢双重功能，生物降解性好，应用范围广，有望成为一种具有广泛应用前景的循环水缓蚀阻垢剂和洗涤剂中的非磷络合剂。目前国外聚环氧琥珀酸的合成大多采用以环氧琥珀酸为原料的一步合成法，或者采用以马来酸酐为原料的两步合成法。

该类水处理剂化合物的通式为

$$HO\!\left[O-\underset{\substack{|\\ MeOOC}}{CH}-O-\underset{\substack{|\\ COOMe}}{CH}-O\right]_{n}\!H$$

n 一般为 2～50，最好在 25 左右；Me 为 H 或水溶性阳离子，如 Na^{+}、NH_4^{+}、K^{+} 等。PESA 型水处理剂具有良好的生物降解性能，并适用于高碱、高硬度水系，其阻垢性好，剂量极小，3mg/L 即可达到很好的阻垢效果。在相同条件下，PESA 与目前广泛使用的阻垢剂 ATMP 及 HEDP 相比较，后两者随 Ca^{2+} 浓度升高，碱度升高，其阻垢性能下降，而前者即使在较高的 Ca^{2+} 浓度和较高的碱度条件下，仍能保持较高的阻垢效率。

烷基环氧羧酸盐（AEC）属新型无磷阻垢剂，无毒、能耐氯、耐温，化学稳定性强，具有特别优良的针对碳酸钙的阻垢性能，可在不损失缓蚀阻垢性能的情况下取代有机膦酸的新型水处理剂。当与一些无机盐（如磷酸盐或锌盐等）复配时，对碳钢具有缓蚀作用，因而可组成低磷或低锌配方，可用于高 pH 值、高碱度、高硬度、高浓缩倍数的冷却水系统。

7.3.1.3 绿色杀生剂

水处理杀生剂主要用于控制或杀灭水中的细菌、藻类和真菌等，常规的杀生剂对人类和水生物均有毒，并能在环境中持续作用，导致长期性危害。如常用的氯化型杀菌剂，易在水中产生三卤代甲烷等对人体有害物质；以季铵盐为代表的非氯化型杀菌剂，又因与阴离子型阻垢剂相容性差而使应用受到限制。

四羟甲苯磷锡硫酸（THPS）是一种新的相对友好型的杀生剂。THPS 的优点包括低毒、低推荐处理标准、在环境中快速分解，以及没有生物积累。THPS 已经被用于一定范围的工业水处理系统，对微生物进行了成功的控制。

高铁酸钾由于在水中能够释放出氧，沉淀出含水三氧化二铁，因而具有杀菌灭藻能力强、速度快、无污染、无毒副作用等优点，是一种新型的无氯水处理剂，是循环冷却水系统杀菌灭藻最有希望和最具竞争力的药剂。

溴系的杀菌活性高于氯，腐蚀性比氯小，其中溴化海因应用比较广泛。如 2,2-二溴-3-氰基丙酰胺（DBNPA）作为一种新型高效的消毒杀菌剂和优良的水处理剂，杀菌力强，抗菌谱广，容易降解。具有在环境中快速水解，在低剂量下发挥高效作用的双重优点，是理想的环保型杀菌剂。而且 DBNPA 是溴系有机非氧化型杀菌剂，比一般含氯杀菌剂的杀生效果好，与含氯杀菌剂混合使用具有良好的协同效应；同时还兼具杀菌灭藻、杀黏除垢和缓蚀等多种功能，是极佳的一种多效复合型药剂。

过氧乙酸、二氧化氯和臭氧等也是环境友好型杀生剂，二氧化氯由于水溶性不稳定以及成本因素而无法大规模应用；臭氧有优异的缓蚀和杀生以及阻垢性能，但因为成本过高而在工业应用方面受到限制。此外，生物杀生技术近些年迅速发展起来，它利用微生物之间的相互作用来破坏细菌微生物分子，或利用噬菌体“吃掉”细菌微生物。

7.3.1.4 绿色多功能水处理药剂

多功能水处理剂是水处理药剂研究的一个重要方面，它的研究内容丰富，进展较快，它通过药剂的一次投加来实现废水的多方面的处理效果，这种新型水处理技术的出现，将开拓水处理剂的生产和应用范围，对化学法处理工业水的发展有重大的促进作用。

季铵型阳离子淀粉不仅有优异的絮凝效果，还有一定的杀菌和缓蚀能力，是一类多效的水处理剂；近年来成功研制了一批树胶及其衍生物类水处理药剂，例如 GMT-A，CP-A，CG-

SA2，FNQ-C，FNP-C，FIQC，FSM-C，CGAAC 等。这些药剂都是集絮凝、缓蚀、阻垢性能于一体的多功能水处理药剂，经过在循环冷却水模拟系统中的试运行，证明絮凝、缓蚀、阻垢总体性能良好，尤以缓蚀效果更为突出，具有长效性能。

7.3.2 绿色表面活性剂

表面活性剂由于其有两亲分子结构特征，极易富集于界面，改变界面性质，对界面过程产生影响，因而是许多工业部门必要的化学助剂，其用量小，收效大，往往能起到意想不到的效果，但表面活性剂在生产和使用过程中对人体及环境生态系统造成了严重的危害。如在洗涤剂中加入一定量的表面活性剂溶剂虽然可以增强洗涤剂的溶解性和洗涤性，但由于这些溶剂具有一定的毒性，会对皮肤产生明显的刺激作用，而且大量使用表面活性剂还会对生态系统产生潜在的危害。例如，烷基苯磺酸钠（ABS）的生物降解性差，在洗涤剂中大量使用所产生的大量泡沫造成了城市下水道及河流泡沫泛滥。含有磷酸盐的表面活性剂在使用时使河流湖泊水质产生“富营养化”，对环境造成了巨大的危害。因此开发对人体尽可能无毒无害及对生态环境无污染的绿色表面活性剂势在必行。

绿色表面活性剂是由天然再生资源研究开发而成的温和、安全、高效、生物降解性好、表面性能优异、成本低、保护环境的表面活性剂，它能改善产品质量，改善环境，节能增效。甚至起到“绿色使者”的作用。同传统表面活性剂一样，绿色表面活性剂具有亲水基和憎水基。与传统表面活性剂相比，绿色表面活性剂具有高效强力去污性、优良的配伍性及良好的环境相容性。并表现出良好的乳化性、洗涤性、增溶性、润湿性、溶解性和稳定性等。此外，每一种绿色表面活性剂都具有其特有的性能，如 α-磺基脂肪酸酯盐（MEC）在低浓度下就具有表面活性、耐硬水性，单烷基磷酸酯具有优良的起泡乳化性、抗静电性能以及特有的皮肤亲和性。常见的绿色表面活性剂有 α-磺基脂肪酸甲酯（MEC）、烷基多苷（APG）及葡萄糖酰胺（AGA）、醇醚羧酸盐（AEC）及酰胺醚羧酸盐（AMEC）、单烷基磷酸酯（MAP）及单烷基醚磷酸酯（MAEP）。

7.3.2.1 醇醚羧酸盐及酰胺醚羧酸盐

烷基醚羧酸盐是国外 20 世纪 80 年代大力研究开发的性能优良的阴离子表面活性剂，是世界上普遍公认的绿色表面活性剂新品种。其衍生物如脂肪醇聚氧乙烯醚羧酸盐称为新开发的一类多功能绿色表面活性剂。烷基醚羧酸盐包括醇醚羧酸盐（AEC）、烷基酚醚羧酸盐（APEC）和酰胺醚羧酸盐（AAEC），它们的生产方法类似，但性能和应用方面又不尽相同，应用上可根据具体需要而有所选择。

AEC 因原料较丰富，各项性能指标良好，在三种产品中具有最广泛的用途。AEC 的性能可归结为以下几点：对皮肤和眼睛温和，环氧乙烷加合数愈高，产品的刺激性愈小；杂质含量低微，使用安全，与其他表面活性剂配伍性好；清洗性能和泡沫性能良好，几乎不受 pH 值和温度的影响；对酸、碱、氯稳定，抗硬水性好，钙皂分散能力强；优良的乳化、分散、润湿及增溶性能，低温溶解性好；具有优良的油溶性能，易生物降解。

7.3.2.2 烷基多苷及葡萄糖酰胺

烷基多聚糖苷（APG）是 20 世纪 90 年代以来国际上致力开发的新型非离子表面活性剂。APG 是以再生资源淀粉的衍生物葡萄糖和天然脂肪醇为原料，由半缩醛羟基与醇羟基，在酸等的催化下脱去一分子水生成的产物，生物降解迅速彻底，无毒无刺激，有优良的表面活性，性能温和，对环境无害。APG 除了特别适用于与人体相关的餐洗、香波、护肤等日化用品外，还可用于工业清洗剂、纺织助剂以及塑料、建材、造纸、石油等行业的助剂。意大利的 Cesalpinia Chemical 公司已有三种 APG 衍生物问世，它们是 APG 的柠檬酸酯、APG 的碳酸酯和 APG 的磺基琥珀酸酯钠盐。APG 具有优良的表面活性和毒理性能，是真正能称得上“世界级”表面活性剂的唯一品种，故引起国内外的普遍重视，应用领域迅速扩展，生产量迅速增长。从生态学和能源角度考虑，APG是一种天然绿色表面活性剂，同时丰富的淀粉资源，天然和合成高碳醇产量的逐年上升，也为APG的生产提供了丰富的原料，随着表面活性剂朝着温和、天然、绿色的方向发展，烷基糖苷必将得到广泛的应用和发展，市场前景非常乐观。

烷基葡萄糖酰胺（AGA）作为一种新型绿色表面活性剂已经成为行业内研究的热点。以淀粉或葡萄糖为起始原料衍生的淀粉基温和表面活性剂就是其中的一类。烷基葡萄糖酰胺属一种新型非离子表面活性剂，具有对皮肤表面作用温和、生物降解快而安全、无毒无刺激、能与各种表面活性剂复配及优良的协同增效作用等特点，且顺应“回归大自然”的潮流。由于其性能在某些方面胜过APG，发展势头甚好，出现了如*N*-十二酰基-*N*-甲基-葡萄糖酰胺(NMGA)、*N*-十二酰基胺乙基葡萄糖酰胺、*N*-丁基月桂葡萄糖酰胺等新型多功能表面活性剂。

7.3.2.3　单烷基磷酸酯及单烷基醚磷酸酯

通常的单烷基磷酸酯表面活性剂包括单烷基磷酸酯和单烷基醚磷酸酯。单烷基磷酸酯及其盐最突出的应用是在两个行业，即个人护理品和合成油剂。MAP的钠盐、钾盐和三乙醇胺盐因其丰富的发泡性、良好的乳化性、适度的洗净力、无毒无刺激性以及特有的皮肤亲和性而能满足毛发洗净剂的要求，是众多个人护理产品的理想原料，如洗面奶、沐浴露、卸妆品和其他温和清洁用品。一般油剂具备三种作用：平滑性、抗静电性和乳化性。用单一成分满足这些特性要求是困难的，通常是将几种成分复配而成的。磷酸酯具有优良的平滑性、抗静电性、耐热性等，因此与高级醇硫酸酯一样是合纤油剂的基本成分。需要指出的是磷酸酯中单酯和双酯比例不同，对油剂的性能会产生不同效果，要由配方来定。此外磷酸原料易得，污染小，是一条既经济又有社会效益的路线，故广泛应用于纺织、皮革、塑料、造纸及化妆品等工业领域。

7.3.2.4　生物表面活性剂

生物表面活性剂是微生物在一定条件下培养时，在其代谢过程中分泌出具有一定表面活性的代谢产物。如糖脂、多糖脂、脂肽或中性类脂衍生物等。目前常见的生物表面活性剂有：纤维二脂、鼠李糖脂、槐糖脂、海藻糖二脂、海藻糖四脂、表面活性蛋白等。同一般化学合成的表面活性剂一样，生物表面活性剂具有显著降低表面张力、稳定乳状液、较低的临界胶束浓度等特点，此外，它还具有以下优点：可生物降解，对环境不造成污染；无毒或低毒；不致敏、可消化，可用作化妆品、食品和功能食品的添加剂；可以从工业废物生产，利于环境治理；在极端温度、pH值、盐浓度下具有很好的选择性和专一性；结构多样，可以用于特殊领域。

7.3.2.5　脂肪酸甲酯磺酸盐

脂肪酸甲酯磺酸盐（MES）采用天然椰子油、棕榈油等油脂原料经磺化、中和后得到，是一种性能良好的阴离子表面活性剂，因其具有优良的去污性、钙皂分散能力、乳化性、增溶性、低刺激性和低毒性、抗硬水性以及优越的洗涤性能，加之MES的原料来源于天然动植物油脂，制取方便，生物降解性好，因而，受到人们的重视，甚至被称为第三代洗涤活性剂，属于绿色、环保型表面活性剂，被视为烷基苯磺酸钠的替代品，广泛应用于复合皂、牙膏、洗衣粉、香波、丝毛清洗、印染、皮革脱脂、矿物浮选以及作为农业产品的润湿和分散剂。

7.3.2.6　茶皂素类表面活性剂

茶皂青是一种五环三萜类皂素，是从山茶科植物种子中提取的一种糖式化合物。茶皂素是一种天然非离子表面活性剂，具有良好的去污、乳化、分散、润湿及发泡功能。有如下三方面应用：作洗涤剂，其具有很强的抗硬水性能，即在硬水中有很好的去污力，以茶皂素配制的洗涤剂洗涤丝毛织物，既具有保护作用，又使织物显得亮丽，用其配制的香波，有松发、止痒、祛头屑的作用，洗发后头发乌黑光亮，具有洗发护发功能；作乳化剂，如石蜡乳化剂已在人造板材方面得到应用，此乳化剂较传统乳化剂具有乳化性能好，乳液粒度小，分布均匀且稳定的特点；作发泡剂：在橡胶工业上用作泡沫橡胶发泡剂，在消防上用作泡沫灭火器发泡剂，在食品工业上用作清凉饮料的助泡剂等。

7.3.2.7 精氨酸表面活性剂

近10多年来人们对精氨酸类表面活性剂的合成、表面活性、抗菌性、安全性等进行了广泛的研究。精氨酸类表面活性剂是一类基于天然再生资源、低毒、生物降解性好、表面活性优良且具有广谱抑菌性的表面活性剂，被誉为绿色表面活性剂。在化妆品、合成洗涤剂、杀菌剂、有机分析等方面的应用越来越受到人们的重视。其中典型的有三类精氨酸表面活性剂：*N*-酰基精氨酸酯盐酸盐、Gemini类精氨酸表面活性剂和1,2-二烷酰基-3-(*N*-乙酰基精氨酰)甘油盐酸盐（精氨酸甘油酯类表面活性剂）。它们的临界胶束浓度、平衡表面张力和动态表面张力、抑菌性能、安全性均符合绿色表面活性剂的要求。

精氨酸类表面活性剂表面性能优良，具有独特的聚集体形态和相行为，同时具有广谱抑菌性，且低毒，生物降解性良好，在生命科学、医药、洗涤和化妆品等领域具有重要的应用价值和广阔的应用前景。

7.3.3 聚合物添加剂

聚合物在今天的人们日常生活中已越来越普遍和重要了。聚合物添加剂俗称“工业味精”，能满足聚合物成型加工中的各种要求。美国聚合物材料业务信息2005年8月的研究报告指出：经过几年的萧条时间，全球的塑料添加剂市场开始复苏，标志着产量回升，价钱升高。聚合物材料业务信息公司的添加剂制造部经理FredGastrock指出，影响添加物市场的主要问题包含给料成本，全球竞争更加激烈，中国在全球市场上的重要性，以及环境的可持续发展与法律法规等因素。

聚合物添加剂可提高聚合物材料的品质，改善材料的加工性、耐用性和阻燃性等功能，在聚合物材料行业中得到广泛应用。聚合物添加剂种类很多，主要分为增塑剂、抗氧剂、稳定剂、阻燃剂、抗菌剂、改性剂（偶联剂和分散剂、冲击改性剂）等。

7.3.3.1 增塑剂

增塑剂是指增加塑料的可塑性，改善在成型加工时树脂的流动性，并使制品具有柔韧性的有机物质。它通常是一些高沸点、难以挥发的黏稠液体或低熔点的固体，一般不与塑料发生化学反应。

增塑剂首先要与树脂具有良好的相容性，相容性越好，其增塑效果也越好。添加增塑剂可降低塑料的玻璃转化温度，使硬而刚性的塑料变得软且柔韧。一般还要求增塑剂无色、无毒、无臭、耐光、耐热、耐寒、挥发性和迁移性小、不燃且化学稳定性好、廉价易得。实际上，一种增塑剂不可能满足以上所有的要求。

增塑剂根据其作用分为主增塑剂，即溶剂型增塑剂；辅助增塑剂，即非溶剂型增塑剂；催化剂型增塑剂。根据其化学结构分为苯二甲酸酯类、脂肪酸酯类、磷酸酯类、聚酯类、环氧酯类、含氯化合物等。常用的增塑剂有邻苯二甲酸二丁酯（DBP）、邻苯二甲酸二辛酯（DOP）、环氧大豆油、磷酸三甲苯酯、磷酸三苯酯、癸二酸二辛酯、氯化石蜡等。PVC是这些增塑剂的主要终端用户。添加了增塑剂PVC的主要应用领域为电线、电缆、地板及墙壁贴面、建材、汽车及包装材料。

增塑剂在所有塑料助剂中用量最大。我国总产能约为100万吨，增塑剂以综合性能佳、价格优的邻苯二甲酸酯为主，世界四大生产和消费国家和地区——美国、西欧、日本、中国的消费量占70%～90%。

增塑剂的品种繁多，但是传统的增塑剂，如邻苯二甲酸二辛酯（DOP），在聚氨酯材料中的相容性较差，致使含有增塑剂的聚氨酯材料在使用过程中，会发生增塑剂迁移现象，导致聚氨酯材料变硬（严重时发生脆化）；有些增塑剂，如磷酸酯类增塑剂会导致聚氨酯材料发生降解，抗老化性能变差。由于聚氨酯分子设计灵活，通过改变合成聚氯酯增塑剂的原料结构与分子量大小，可以合成出很多品种的聚氨酯增塑剂。结构的多样性决定了聚氯酯（PU）增塑剂应用的广泛性和特殊性。与普通增塑剂相比，PU 增塑剂有如下特点。

① 与绝大多数聚合物有很好的相容性，不挥发，不迁移。由于 PU 增塑剂的特殊结构和适宜的分子量，使得其在很多聚合物中有很好的相容性，不易挥发，不迁移，对于极性聚合物，可以采用氨酯键密度较大的 PU 增塑剂，对于某些共混聚合物体系，如聚丙烯腈/聚氨酯共混物，可采用两亲性聚氨酯增塑剂。

② 增塑机理独特，增塑制品耐久性好。一般认为，增塑剂的增塑机理是由于增塑剂的加入导致高分子链间相互作用减弱，高聚物自由体积发生变化使原本在本体中无法运动的链段能够运动，从而起到增塑作用。常用的增塑剂如 DOP、DBP 等可以提高聚合物材料的弹性、耐寒性和冲击强度，但是材料的耐热性和抗张强度及耐老化性能降低。使用聚氨酯增塑剂时，除了能改善弹性、耐寒性和抗冲击强度外，在一定用量范围内拉伸强度反而会得到提高，而且对材料老化性能没有影响。这表明，聚氨酯增塑剂的作用机理有其特殊性。为了使产品的性能在长期使用下保持不变，就要求增塑剂稳定地保存在制品中，并对产品性能没有负面影响。聚氯酯增塑剂的不迁移特性，使得用聚氯酯增塑的聚合物材料具有优良的长期稳定使用性能，例如，不会随时间的推移发生硬化现象等。

③ 可适用于某些难增塑的聚合物。对于极性很强的高聚物，高聚物分子之间作用力很大，高聚物自身之间作用力大于普通增塑剂与高聚物分子之间的作用力，很难找到适合的增塑剂。氨酯键密度较大的聚氨酯增塑剂分子结构中的极性基团可以与高分子的极性基团相互作用，从而破坏聚合物分子之间的物理交联点，使链段运动得以实现，起到增塑作用。虽然聚氯酯增塑剂属于外增塑剂，但在这里起的作用与内增塑剂相同。

7.3.3.2 抗氧剂

抗氧剂是一类能抑制或减缓高分子材料自动氧化反应速率的物质。树脂、塑料、橡胶及复合材料在成型加工、储存和使用过程中不可避免地要与氧气及光接触，再加上温度的变化，导致它们在外观、结构和性能上发生变化，也即老化。引起上述变化的外界因素以氧、光、热三个因素最为重要。这三种因素造成高分子材料的自动氧化反应和热分解反应，使高分子聚合物降解，产生一系列变化。为了抑制和减缓高分子材料的氧化降解，延长它们的使用寿命，提高其使用价值，常常在高分子材料里加入少量能抑制或减缓高分子材料降解老化的物质，即抗氧剂。各类抗氧剂的性能如下。

（1）胺类

胺类抗氧剂是一类应用最早、效果最好的抗氧剂。胺类抗氧剂为芳香族仲胺的衍生物，主要有二芳基仲胺、对苯二胺、酮胺和醛胺等。这类抗氧剂虽然抗氧效能好，但易变脂污染，因此它们多用于对制品颜色要求不高的材料中。

（2）酚类

酚类抗氧剂是一类不变色、无污染的抗氧剂，主要用于对制品色度要求较高或浅色制品。这类抗氧剂大多数都含有受阻酚的结构，包括烷基化单酚、烷基化多酚及硫代双酚等类型，此外还有多元酚及氨基酚衍生物。

（3）亚磷酸酯类

亚磷酸酯是一类过氧化物分解剂，它们具有分解氢过氧化物产生结构稳定物质的作用，通常称为辅助抗氧剂。

(4) 其他抗氧剂

除上述三类抗氧剂外，还有硫代酯类及有机金属盐类。这两类亦称为辅助抗氧剂，其品种及消耗量均比较少。抗氧剂广泛用于PE、PP、ABS、聚缩醛等塑料行业和各种橡胶、纤维行业，起防止老化的作用。这些抗氧剂多为苯酚基型或磷基型两种。由于抗氧剂用量大，酚或磷水解污染环境，一些厂家正在大力开发功能性更好的复配抗氧剂。

7.3.3.3 阻燃剂

随着全球安全防火标准的增强，阻燃剂用量不断地增长，在欧洲，无卤阻燃剂代替含卤阻燃剂的呼声越来越高，虽然在一些应用上溴化物阻燃剂具有一定的效益，但是octa-BDE和penta-BDE已经排除在RoHS契约之外，deca-BDE的应用期望排在RoHS的最后。欧洲的REACH程序用来作为评估新产品是否遵守OEM。Albemarle公司副总裁LucvanMuylem研究出大分子的聚合物或者易发生化学反应的含溴阻燃剂具有较小的微孔吸收，在REACH估算中具有很小的毒性。

阻燃剂要求具有较高的流动性、加工性能和最终较高的使用温度。小型薄的电子器件要求使用具有较高流动性的材料和具备能在较高温度下使用的特点。而且遵照RoHS契约，无铅焊接，要求有较高的流动性。

传统使用的Octa-DBE或者Penta-DBE阻燃聚氨酯泡沫材料，转变成密胺树脂或者Albemarle公司的含有芳香族溴的高纯度阻燃剂Saytex。其他聚氨酯泡沫材料的研究重点集中在发泡过程中降低烧焦和拓宽温度范围。

纳米材料已开始用作阻燃剂的协效剂，Albemarle推荐氢氧化镁和氢氧化铝用量为55%～60%，混合部分的纳米黏土。纳米黏土降低了矿物阻燃剂的用量，保持了聚合物材料的性能。下一步的工作是提高纳米黏土的用量，降低矿物阻燃剂的用量；同时纳米黏土是作为含溴阻燃剂的协效剂。

7.3.3.4 防雾剂/抗菌剂

目前的防霉/抗菌剂，已有丁基BIT、OIT、TBZ和ZPT等有机产品用于墙纸、涂料、黏合剂和密封剂等许多领域。这些防霉/抗菌剂若能做到广谱更宽、更持久有效和更加安全，则还可用在食品、药物的包装方面上。

7.3.3.5 偶联剂和分散剂

偶联剂包括钛酸酯偶联剂和硅烷偶联剂，用作不相容物质的改性剂，如聚合物和填料。硅烷也可作为填料分散剂。偶联剂的使用量随着低成本、高性能聚合物中长纤维和其他填料用量的增加而增加。Derry报道了随着无机阻燃剂用量的增长，其填充量大于含卤阻燃剂，为了保持材料的物理机械性能，必须使用偶联剂，新的增强剂如玻纤和纳米复合材料也需要偶联剂。Uchida报道说阻燃性和填料分散性都是相当重要的，而且将继续成为研究的方向。

7.3.3.6 冲击改性剂

除了偶联剂以外，还有冲击改性剂在高分子材料中大量地应用。Arkema公司的添加剂部门经理StephenHulme认为新发展的冲击改性剂是低填充、高效的冲击改性剂，如Arkema生产的Durastrength。杜邦公司也推出了一种新的高效的冲击改性剂作为PET的改性剂。纳米材料作为冲击改性剂，不会降低聚合物材料的其他性能，如刚度和透明性等。Arkema公司生产的自制的嵌段共聚Nanostrength正在小试阶段，Hulme也认为Nanostrength可以用作提高橡胶和环氧树脂性能的优良物质。

7.3.4 绿色燃料添加剂

所谓燃料添加剂是指在燃料油产品中添加微量，为补充或改善自身的品质，以赋予新性能而添加的物质。燃料添加剂是应用较早的石油油品添加剂，主要应用于汽油、煤油、柴油和燃料油四种油品中。燃料添加剂按作用分，主要有抗爆剂、抗氧剂、金属钝化剂、防冰剂、抗静电剂、抗磨防锈剂、流动改进剂、十六烷值改进剂、清净分散剂、多效添加剂、助燃剂等。按所用于的燃料来分，可分为汽油添加剂、航空煤油添加剂、柴油添加剂和重质燃料油添加剂。由于燃料用油机具的不断改进以及环保要求的不断提高，有时单靠加工路线的改变是不能满足使用要求的，而必须加入各种添加剂来改善油品的性质。

随着机械加工技术的提高，各种高压缩比、大功率的发动机相继推出，而发动机的排放标准又越来越苛刻，对燃料（汽油、柴油）的质量要求自然也越来越高。炼油技术的进步可部分满足汽油、柴油的质量指标要求，但发动机燃料本身的某些物理化学性能已不能适应发动机的要求，采用绿色燃料添加剂提高汽油、柴油的品质是十分经济，环保而又有效的技术手段之一。

7.3.4.1 汽油类绿色添加剂

汽油添加剂在汽油中主要改善燃烧性能，防止爆震等。常用的汽油添加剂有抗爆剂、抗沉积抗氧剂、清净剂、金属钝化剂、腐蚀抑制剂、防冰剂。

（1）绿色抗爆剂

辛烷值是车用汽油最重要的质量指标，它是一个国家炼油工业水平和车辆设计水平的综合反映。采用抗爆剂是提高车用汽油辛烷值的重要手段。随着汽车废气排放控制及保护环境的要求，国际上已经限制向汽油中添加四乙基铅，因此开发绿色、环保、高效的抗爆剂是今后的发展趋势。

① 绿色燃料乙醇就是把变性燃料乙醇和汽油以一定比例混配形成的一种汽车燃料，其辛烷值非常高，不需要其他较大分子醇作共溶剂，就可使成品油辛烷值提高 2～3 个单位。这项技术在国外已十分成熟。目前，国外使用车用乙醇汽油的国家主要是美国、巴西和欧盟国家。国家计委有关负责人介绍，在我国推广使用车用乙醇汽油是一项战略性举措，其主要意义有三个。

第一，石油作为一种不可再生能源，其全球已探明的储量已开采过半。人类为了很好地生存和社会经济的进一步发展，多年来一直在积极研究探讨能够取代石油能源地位的新能源。这一能源首先就要求从供给量上能够满足人类进一步发展的消费需求。而无水燃料乙醇，是一种以可不断再生的农产品为生产原料的绿色燃料，只要社会需求，其供给量就可以几十倍、成百倍地增大，而决不会出现供给匮乏。再者，随着转基因技术逐渐得到确认以及在世界范围内的广泛推广，又为无水燃料乙醇生产原料（主要是玉米）的供给保障增加了砝码。

第二，环保将是人类生存和发展永远关注的主题。无水燃料乙醇——这种生产原料是可年复一年地不断再生或复生的绿色植物能源，完全可以满足人类对自身生存环境的要求，是一种可被人类信赖的绿色能源。

第三，无水燃料乙醇的应用技术和条件已经逐渐走向成熟。以巴西为例，目前在巴西出售的汽油中，已含有 24％的燃料酒精，官方还想在目前作为巴西公共汽车和卡车燃料的柴油中添加燃料乙醇，以扩大燃料乙醇的使用范围。巴西利亚市还决定，只要该市的 20 万名出租车司机使用乙醇燃料，就继续免收他们的税款。市府官员还和汽车制造商谈判，希望他们多生产以乙醇为燃料的乙醇汽车。据有关资料报道，巴西利亚市乙醇汽车最高峰时曾达到 70 万辆。相信随着科学技术的发展，再进一步扩大汽油中乙醇的含量，汽车完全使用上无水燃料乙醇，将成为现实。

第四，与其他人类可利用的无污染能源相比，近十几年来，无水燃料乙醇都具有无可比拟的优势。地球上的风能、电能（水电、火电）、潮汐能都有很大的局限性。太阳能对人类来讲，可以说是取之不尽、用之不竭的无污染性能源，但若人类要按照自己的意志，把这一能源广泛地应用于人类的日常生活中，还将有很长的科技道路要走。分离、提取海水中的氢，一是技术不成熟；二是成本高（使用电能）；三是还没有真正考证出从海洋制取氢，对海洋生态及人类生存环境是否会造成不利的影响。

绿色燃料乙醇，将是未来人类生存和发展过程中一种不可替代的重要的可持续发展的绿色能源。这一行业，也将成为21世纪世界范围内的朝阳产业。

② 碳酸二甲酯也被认为是替代MTBE的一种绿色燃料添加剂。其毒性非常低，含氧量高达53%，对促进燃料的完全燃烧及减少油尾气有极大的好处。在达到同样氧含量时，体积添加量只有MTBE的40%，就可以获得与MTBE相近的调和效果，且燃烧热与其不相上下。

③ 多年来，对锰基有机化合物的探索和实践证实，锰基有机化合物是性能优良的汽油抗爆剂之一，抗爆效率是四乙基铅的两倍。汽油中添加锰基抗爆剂，在提高辛烷值的同时还能减少汽车尾气中NO_x、CO、CO_2、C_mH_n等有害气体的排放量，并对汽车尾气三元催化器有改善作用。从使用成本上看，与工艺法、MTBE调和等方法相比，费用最低，经济方便。因此，广泛应用于国内外各大炼油厂。

锰基抗爆剂目前有甲基环戊二烯三羰基锰（简称MMT）和环戊二烯三羰基锰（简称NMT）两种。甲基环戊二烯三羰基锰是略带琥珀色的液体，易溶于有机溶剂，不溶于水，分子式为（C_6H_7）Mn，闪点120℃，冰点−2.2℃，沸点232.8℃，密度1.38g/mL（20℃），常温下不溶于水，而溶于汽油，见光容易分解。能够经济地提高汽油辛烷值，降低炼厂操作苛刻度，有助于减少汽油中芳烃、烯烃等的含量，可以降低汽车CO、NO_x等污染物的排放。近年来，汽车工业十分关心油品的质量，且中国汽车工业协会是世界汽车制造商协会的成员，考虑到MMT作为汽油抗爆剂，在世界上已有多年应用历史，对于MMT的争论，使人们对MMT进行了非常广泛和深入的试验。根据“中国汽车工业协会关于《对汽油辛烷值添加剂的意见和建议》，无铅汽油的锰类添加剂应仅限使用MMT，且按ASTMD3831的测试法测得的锰含量必须≤0.018g/L，除MMT以外不应添加其他类的锰类添加剂。”的意见。为维护国家标准的严肃性和有效性，2004年12月2日，由国家标准化委员会批准，下发了“GB 17930—1999《车用无铅汽油》国家标准第3号修改单”，正式提出“锰含量是指汽油中以甲基环戊二烯三羰基锰（MMT）形式存在的总锰含量，其检出量为不大于0.018g/L，试验方法采用SH/T 0711”。由此可见，非MMT的其他锰类添加剂将在不久的将来逐步退出燃油添加剂的舞台。MMT锰基抗爆剂仍是目前众多油品添加剂中应用效果最好、性价比较高的绿色环保产品，是提高车用汽油辛烷值的重要手段。

④ 二茂铁也叫环戊二茂铁，是一种金属有机化合物。分子式为$Fe(C_5H_5)_2$。常温下为橙黄色片状结晶，有恼人气味。熔点172～174℃，沸点249℃，不溶于水，易溶于苯、乙醚、汽油、柴油等有机熔剂。与酸、碱、紫外线不发生作用，化学性质稳定，400℃以内不分解。对人体无害，能降解。二茂铁可代替汽油中有毒的四乙基铅作为抗爆剂，制成高档无铅汽油，以消除燃油排出物对环境的污染及对人体的毒害。如在汽油中加入0.0166～0.0332g/L的二茂铁和0.05～0.1g/L的乙酸叔丁基酯，辛烷值可增加4.5～6。但是由于容易引起发动机严重磨损，火花塞严重短路而未被推广。

⑤ 水溶性清洁燃料添加剂Envirolene是美国标准醇公司（SACA）开发的一种可生物降解的水溶性清洁燃料添加剂，可替代汽油中的MTBE、航空燃料中的四乙基铅，也可作为大用量的柴油调和物。Envirolene是一种C_1～C_8的直链烃燃料级醇类混合物，辛烷值为128。目前美国得克萨斯州圣安东尼奥的西南研究所（SWRI）正在对Envirolene用作100%燃料及作为汽油和柴油的调和物进行试验。Envirolene是用合成气生产的，西南研究所将用一台中型天然气炼油反应器模拟其操作条件，以取得将甲醇厂改造生产Envirolene的放大数据。甲醇

厂通过改造，换用一种专用催化剂并在反应条件上作少量调整即可生产 Envirolene。

(2) 绿色清净分散剂

清净分散剂为有机化合物，其非极性基团延伸到燃料油中，可增加燃料油的油溶性，防止沉积。其极性基团整齐排列在金属表面上，增加了其表面活性。因此，清净分散剂能减少油中的沉积物，保持燃料系统清洁，分散燃料油中已形成的沉渣。

汽车在给人们生活带来方便的同时，也给人类的生活环境造成了很大的威胁，汽车排放的有害物质已成为世界各大城市大气污染的主要来源。近年来，随着科技进步和环保压力的增大，世界上新型电喷嘴汽车正在逐步取代原有的化油器式发动机汽车。这种技术在提高汽车发动机转速和功率，减少污染和节省燃料等方面表现出了较大的优越性，但也带来了一定的问题。由于发动机喷嘴对沉积物极其敏感，容易堵塞，长期使用会使进气阀表面沉积物堆积，引起发动机驱动性变差，油耗增加，尤其是造成尾气排放恶化。随着全世界范围内使用清洁燃料呼声的日益高涨，各国对汽油的质量标准也日趋苛刻。围绕清洁汽油的生产，各大炼油厂纷纷采用了降烯烃催化裂化、烷基化、异构化等生产工艺，但是从目前的实际情况来看，在汽油中添加清净分散剂不失为解决这一问题的一个极其有效且可能是更经济快速改善汽油质量、降低汽车排放污染的措施。汽油清净分散剂在一些发达国家使用已比较普遍，如美国、日本规定优质汽油中必须添加汽油清净分散剂。随着我国经济与世界接轨，国家环保总局于 1998 年 12 月向全国下发的“关于对《车用汽油有害物质控制标准》征求意见的通知”中，明确表示汽油中必须加入清净分散剂。因此，使用汽油清净分散剂，以降低汽车排放污染、改善城市环境已成大势所趋。

从时间上来看，汽油清净分散剂可分为四个阶段。第一代汽油清净分散剂是 1954 年由 Chevron 公司推出的，主要解决了汽车化油器的积炭问题，其代表性化合物是普通胺类（如相对分子质量为 300～400 的氨基酰胺）；第二代汽油清净分散剂是 1968 年美国的 Lubrizol 公司在第一代汽油清净分散剂的基础上开发的，主要解决了喷嘴堵塞的问题，其代表性化合物是聚异丁烯琥珀酰亚胺；第三代汽油清净分散剂是一种集清净、分散、抗氧、防锈、破乳多种功能为一体的复合添加剂，它是 20 世纪 80 年代中期出现的，不仅解决了化油器、喷嘴和进气阀的积炭问题，而且能有效抑制燃油系统内部生成沉积物，迅速清除燃油系统已经生成的沉积物；第四代汽油清净分散剂是针对无铅汽油的使用而问世的，目的是进一步解决汽油燃烧室内沉积物的问题，其代表性结构是 1980 年以来 ChevronBASF 等公司开发的一系列聚醚胺型汽油清净分散剂。汽油清净分散剂按其化学结构大致可分为两类：小分子胺类和低聚物胺类。小分子胺类为应用最早的清净分散剂，如单丁二酰亚胺、双丁二酰亚胺、*N*-苯硬酯酰胺等。低聚物胺类包括烷基胺化物类、Mannich 反应产物类、异氰酸酯类衍生物、酸酯类和醚醇类等。烷基胺化物类中最常用的是聚异丁烯琥珀酰亚胺类。Mannich 反应产物类是近年来 Texaco 公司、BP 公司等利用琥珀酰亚胺与烷基酚在甲醛溶液中发生 Mannich 反应的产物；异氰酸酯类衍生物为近年来出现的一类高效清净分散剂，如日本专利介绍用异氰酸酯与聚醚及胺进行聚合加成反应生成的 *N*-取代氨基甲酸酯化合物，天津大学合成的脲基氨基甲酸酯清净分散剂；酸酯类和醚醇类主要有 Shell 公司利用聚异丁烯丁二酸酐与烷基聚醚醇反应的产物和 Texaco 公司利用内酯和烷基取代的苯氧基聚乙二醇胺反应的产物。

国外对汽油清净分散剂研究得比较早，第一代至第四代汽油清净分散剂基本上都是国外石油公司和研究单位开发的，目前商品化的汽油清净分散剂也很多。国内对汽油清净分散剂的研究起步较晚，目前只有天津大学内燃机研究所、石油化工科学研究院、兰州炼油厂研究院等单位进行了有关汽油清净分散剂的研究。天津大学内燃机研究所采用二异氰酸酯与醇类、胺类化合物进行化学反应合成了一种新型化合物——脲基氨基甲酸酯清净分散剂。试验表明，该清净分散剂具有较好的油溶性，能减少进气阀及喷嘴上的结焦和积炭胶黏现象；石油化工科学研究院研制的邦洁牌汽油清净分散剂目前正处于试用推广阶段。

另外，石油化工科学研究院开发的 RP97 汽油清净分散剂是一种多功能汽油添加剂，对燃油系统有保持清洁的作用，能有效地抑制化油器、喷嘴和进气阀沉积物的生成；对已污染的喷嘴和进气阀有很好的清洗作用，使发动机恢复正常性能，并有防锈、破乳的功能。对已使用多年、油路未经较好清洗的汽车，使用含 RP97 清净剂的汽油，可平均节油 10%左右。RP97 清净剂可以保持汽车的良好运行车况，降低尾气中 CO 和 C_mH_n 的排放，还可以延长汽车的维护周期，节省维修费用。RP97 汽油清净分散剂已达到国外第三代清净剂的水平。另外可用作燃料油绿色清净分散剂的化合物有磷酸酰胺、链烷醇胺等。

随着汽车工业的不断发展，抗氧剂、金属钝化剂、防冰剂、抗静电剂、抗磨防锈剂、流动改进剂、多效添加剂的重要性日趋显著，它们也将不断地改进、更新。

7.3.4.2 柴油类绿色添加剂

柴油质量的改进取决于工艺的改进，柴油添加剂要求最多的是十六烷值改进剂和柴油流动改进剂，一是提高抗爆性能，二是降低倾点（凝固点），改善流动性。改善柴油燃烧性能的添加剂有脂肪族烃、醛、酮、醚、过氧化物、脂肪族及芳香族硝基化合物。十六烷值改进剂的特点是由于这些物质易于分解产生游离基，促进烃氧化反应迅速进行，以缩短燃烧延迟期，从而提高燃料的十六烷值。

十六烷值改进剂是改善柴油着火性能的添加剂。十六烷值改进剂提高柴油十六烷值的幅度取决于添加剂及燃料的组成。燃料中芳烃含量越高，其十六烷值也就越低，对添加剂的感受性也就越差；且添加剂在低加入量时的效果比高加入量时好，故对芳烃含量较高的催化裂化柴油来说，仅靠添加剂来提高十六烷值是不经济的。十六烷值改进剂对燃料的闪点和残碳也有不同的影响。因此，在使用时应注意它对发动机的适应性及对发动机的其他性能（如排烟和燃料消耗等）的影响。美国堪萨斯大学的研究人员研制出了一种新的柴油添加剂，他们发现从大豆油制得的脂肪甘油三酯的硝酸衍生物在发动机性能提高方面与最常用的十六烷值改进剂 2-乙基己基硝酸酯（EHN）有同样的作用，区别于 EHN 的是它大大地减少了 NO_x 生成量，与此同时又极大地改善了润滑性能。研究人员认为这个产品在相关点火性能和润滑性能两方面都具备很强的商业竞争性。而且它的原材料价格也比 EHN 的原料 2-乙基己醇低一半多。这种产品挥发性不大、无害、便于运输，因此是提高柴油机性能的一种更吸引人的绿色十六烷值改进剂。目前，十六烷值改进剂主要牌号有 T2201（山东东风化肥厂、辽宁向东化工厂）、Hitec 系列（EthylCO1）、ECA23478（EXXONCO1）、DDA21000（DuPontCO1）、CI20801（OctelCO1）、KerobrisolMAR(BASF)、LZC50(Lubri2zolCO1) 等。

碳酸二甲酯（DimethylCarbonate 简称 DMC）就是最近发展起来的一种具有发展前景的绿色产品。DMC 的分子式为 $(CH_3O)_2CO$，常温下为液体，分子结构中只有 C—H 键和 C—O 键，没有 C—C 键，具有类似于水的物性，但却难溶于水，可与酸、碱以及醇、酮、醚、酯等几乎所有有机溶剂混合，也具有相似于低级脂肪酸酯的性质，是一种优良的含氧燃料添加剂。1992 年在欧洲登记为“非毒性化学品”，日本、美国等已进入大规模应用阶段。碳酸二甲酯可作提高汽油辛烷值的添加剂。只要在汽油中加入少量的 DMC，即可提高汽油的氧含量，降低排放污染。在柴油中加入 1%的 DMC，也能明显降低污染排放。

柴油的碳分子数较大，H/C 值较低，因此黏度大、难分散、难雾化，而柴油机工作又是将空气压缩后再向缸内喷油，这使得喷束核心形成高温缺氧局面。其结果常使柴油机的燃烧不好，能耗高，排温高。而 M30-环保型高效柴油添加剂则能极其明显地改善这种状况。该添加剂有如下功能：①可降低柴油分子的活化能，使柴油的活化分子数增多，从而使柴油喷束易于分散、雾化，易于与空气混合均匀，因此喷入缸内的柴油较易实现完全燃烧；②该添加剂组分中含有一些自由基，它能加速柴油分子燃烧前的链反应过程，从而缩短入缸柴油的滞燃期；上述①与②两项功能就可使喷入缸内的柴油实现迅速而完全的燃烧，使燃料的化学能能充分转化为热能，而燃气又能膨胀得更充分，因此扭矩增大，功率提高，排温降低，同量的燃油发出更大功率，其油耗率自然就降低了；③该添加剂组分既能催化柴油分子的“氧化”，又能反催化油分子在高温缺氧时的热裂解。因此能使柴油机的排气烟度大为降低。在各地实用中，节油率达 8%～10%，功率提高 3%～5%，烟度平均降低 24%～34%，排温降低 0～20℃。该添加剂可广泛应用于柴油车、船用主机、铁路机车、柴油发电机、各种柴油锅炉和各种窑炉，市场广大。本燃油添加剂的制作过程是物理过程，这些过程中无三废产生。

能够减少颗粒物质排放的柴油添加剂主要有有机物添加剂、含氧物添加剂等。英国 Triple-E 公司生产的 D-2000 柴油添加剂是液体烃类化学品，灰分低于 0.25%，加入量为 0.05%。该添加剂可减少胶质和颗粒的排放，节约燃料消耗 5%～6%，并可快速点火，改善燃烧状况，减少发动机沉积物，不完全燃烧排放物可减少 30%，可用于有尾气捕集器或催化转化器的车辆上。日本 Akasaka 和 Sakurai 研究了柴油中加含氧化合物对单缸直喷式、合间喷式柴油机 PM 排放的影响。结果表明，PM 的减少量与燃料中的含氧化合物几乎成正比，当氧/碳比大于 0.2 时，排烟量大大减少，用醇合醚都能使排烟量减少 1/2，柴油中加二乙二醇二甲醚 1%，可使 CO 减少 75%，PM 减少 70%，醛合多环芳烃也明显减少。Liotta 和 Montaluo 在另一项研究中用甲醇、乙二醇醚、大豆脂肪酸甲酯、二甘醇二甲醚等作柴油调和物，使柴油含氧量在 0.37%～2.05%。试验用直喷式增压发动机，结果表明，含氧量 2.05%时最多 PM 可减少 18%，醚中含氧比醇中含氧更有效地减少 PM 排放，但在调价机用量多时，NO_x 排放量略有增加。

新加坡 DC-2 工业公司生产的 EC-2 柴油节能和环保型添加剂，其理化性质如下：颜色透明，红棕色，45℃黏度 $3.15\times10^{-6}mm^2/s$，15℃密度 $0.85g/cm^3$，闪点大于 66℃，铁含量大于 70mg/kg，铝含量大于 12mg/kg，锌和磷含量大于 5mg/kg，此外，还有微量镍、铜和钙。其作用机理是改善燃料性能，使其在进入柴油机喷嘴后能优化燃料的雾化，在火焰区引入催化剂可保证燃料最充分地燃烧，从而减少排气污染，并带来维修效益。添加剂的用量为 0.1%，可节约柴油 6%以上，使 SO_2 排放减少约 50%，还可减少烃类、CO 和 NO_x 排放，同时使发动机内件完全清洁，延长发动机的使用周期，还具有降低凝点和提高十六烷值的作用。

7.4 绿色生物化工产品

生物化工是现代生物技术与传统化学工业相结合的新兴化工产业。由于生物化工融生物质与化工生产技术为一体，摆脱了传统的依赖于石油、煤炭及矿物质为基本原料的化工生产系统，避开了高温、高压的反应条件和传统化工生产的污染问题，因此被世界公认为 21 世纪化学工业最富生命力的技术。

生物经济正在成为网络经济之后的又一个新经济增长点。生物技术产业的销售额每五年增加两倍，增长率高达 25%～30%，生物产业有望在未来 10～15 年内成为我国新的支柱产业。国家成立了生物技术研究开发与促进产业化领导小组加强组织领导。以生物质为原料生产生物能源和生物化工产品是目前国内外的热门话题，已经成为许多国家研究开发的重点。

2005 年 4 月国家发改委举办生物能源与生物化工产品科技与产业发展战略研讨会，发改委负责人表示“我国发展生物能源和生物化工产品有巨大的潜力和战略机遇，必须尽快建立完善一系列符合国情的政策支持和技术标准，官、产、学、研集中力量瞄准最紧迫的领域尽快实现工业化”。国家科技部中国生物技术发展中心于2005年9月提出“中国的生物技术与生物经济”的指导性的文件，认为“发展生物技术及产业无疑是一次难得的历史机遇……失去这一机遇可能会延缓民族复兴的进程”。

7.4.1 生物酶

酶的化学本质是蛋白质。绝大部分酶和蛋白质具有类似的元素组成，都是由氨基酸组成的。酶具有巨大的催化能力，有极高的催化效率，能使生化反应以极快的速率进行，这是酶最大的特点。酶具有一般催化剂所没有的特点：酶促反应无副反应，无副产品，需要温和的条件。与其他一般催化剂比较具有显著的特性：高催化效率、高专一性及酶活性中心会受一些化合物的调控。

国际生物化学联合会的酶学委员会把酶分成六大类——氧化还原酶类、转移酶类、水解酶类、裂合酶类、异构酶类、合成酶类。

7.4.1.1 氧化还原酶类

这类酶催化氧化还原反应，包括参与催化和/或电子从中间代谢产物转移到氧整个过程的酶，也包括促成某些物质进行氧化还原转化的各种酶。

反应式为： $RH_2+R'(O_2) \rightleftharpoons R+R'H(A_2O)$

这类酶在生物的氧化产能、解毒，以及在某些生理活性物质的形成等过程中起着重要的作用。

葡萄糖氧化酶（Glucose oxidase，GOD）的系统名称为β-D-葡萄糖氧化还原酶，最先于1928年在黑曲霉和灰绿青霉中被发现。由于其天然、无毒、无副作用，因而近几年在食品工业中得到了广泛的应用。

（1）在面粉工业中的应用

葡萄糖氧化酶在有氧参与的条件下，能将葡萄糖氧化成δ-D-葡萄糖酸内酯，同时产生过氧化氢（H_2O_2）。

$$葡萄糖+O_2+H_2O \rightleftharpoons 葡萄糖内酯+H_2O_2$$

生成的H_2O_2在过氧化氢酶的作用下，分解成H_2O和O_2，O_2可将面筋蛋白中的巯基（—SH）氧化形成二硫键（—S—S—），从而达到改善面团特性的目的。

（2）在啤酒工业中的应用

氧对啤酒品质有很大的影响，主要表现在啤酒混浊，风味老化，口味劣变，色泽变深等。而在啤酒加工过程中加入适量的葡萄糖氧化酶可以除去啤酒中的溶解氧和瓶颈氧，阻止啤酒的氧化变质。它可以使氧与啤酒中的葡萄糖生成葡萄糖酸内酯而消耗溶解氧。葡萄糖酸内酯较稳定，没有酸味，无毒副作用，对啤酒质量没有什么影响，而且不具有氧化能力。葡萄糖氧化酶又具有酶的专一性，不会对啤酒中的其他物质产生作用。因此葡萄糖氧化酶在防止啤酒老化，保持啤酒风味，延长保质期等方面有显著的效果。

（3）在食品包装上的应用

葡萄糖氧化酶对食品有多种作用，在食品保鲜及包装中最大的作用是除氧，使得食品在储藏保存过程中保持色、香、味的稳定性，延长其食品保鲜期。葡萄糖氧化酶具有对氧非常专一的理想抗氧化作用。对于已经发生的氧化变质作用，它可以阻止其进一步发展，或者在未变质时，防止变质发生。国外已采用各种不同的方式应用于茶叶、冰淇淋、奶粉、罐头等产品的除氧包装，并设计出各种各样的片剂、涂层、吸氧袋等用于在不同的产品中除氧。

7.4.1.2 转移酶类

转移酶类催化各种功能基团从一种化合物转移到另一种化合物。

反应式为： $RG+R' \rightleftharpoons R+R'G$

它们在生物机体内起着许多重要的作用：参与核酸、蛋白质、糖及脂肪的代谢，不仅参与核苷酸、氨基酸等单体的合成，也直接参与核酸、蛋白质等大分子的生物合成，并为糖、脂肪酸的分解与合成代谢准备各种关键性的中间代谢物；催化某些生理活性物质如辅酶、激素及抗生素等的合成与转化；促成某些生物大分子从潜态转入功能态。下面以谷胱甘肽 *S*-转移酶为例说明转移酶的基本结构、功能及应用。

谷胱甘肽 *S*-转移酶（glutathioneS-transferases，GSTs）是广泛存在于各种生物体内的由多个基因编码的、具有多种功能的一组同工酶，分子量为 23～29ku，是多种生物体内的主要解毒系统。有膜结合和胞液两种形式，以胞液 GSTs 为主。

（1）GSTs 的基本结构与功能

至今报道的所有可溶性 GSTs 都有相似的三级结构（见图 7-19)。GSTs 是一种球状二聚体蛋白，每个亚基有一个酶催化中心，分子量为 23～29ku，由 200～240 个氨基酸组成。每个亚基的多肽链形成两个结构域。

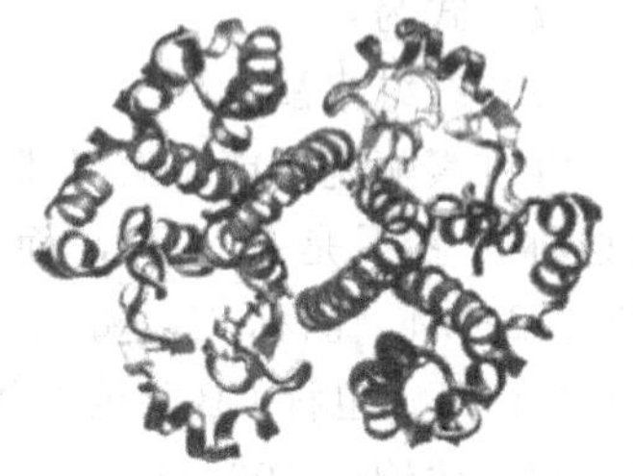

图 7-19　GSTs 的三级结构

N 末端氨基酸结构域由 80 个氨基酸排列形成 β 折叠和三股 α 螺旋，是 GSH 结合位点（G 位点)，而且存在一个相当保守的酪氨酸残基（Try)，该 Try-5 的—OH 与 GSH 的硫醇化阴离子形成氢键来稳定之，从而在催化反应中起重要作用。值得一提的是，ω 型 GSTs 存在于几种哺乳动物和秀丽新小杆线虫中，但与哺乳动物其他 GSTs 不同，其 N 末端伸展与 C 末端邻接形成一个新的结构单位。它们对经典的 GSTs 底物 1-氯-2,4-二硝基苯（1-chloro-2,4-dinitrobenzene，CDNB）的活性非常低，对谷胱甘肽-琼脂糖成型片（glutathione-agarosematrix）无结合亲和力，但能结合 *S*-乙基谷胱甘肽成型片，并显示有显著的谷胱甘肽依赖的硫醇转移酶的活性。其余氨基酸以 5 股或 6 股 α 螺旋构成 C 末端氨基酸结构域，是亲电子物质即底物结合位点（H 位点)。不同型 GSTs 差别较大，如 μ 型、π 型 GSTs 包含 5 个 α 螺旋，α 型 GSTs 包含 6 个 α 螺旋。不同型 GSTs 在 C 末端氨基酸结构域的差异可以解释 α、μ、π 之间的底物特异性的差异。

不同种类的 GSTs 氨基酸残端 G 位点的功能是不同的，各种 GSTs 形成的 H 位点亦不同。不同种属的同型 GSTs 的同一结构域也有差异。

GSTs 是一组具有多种生理功能的蛋白质，在机体有毒化合物的代谢、保护细胞免受急性毒性化学物质攻击中起到重要作用，是体内代谢反应中Ⅱ相代谢反应的重要转移酶。其生物学功能主要是减少 GSH 的酸解离常数，使其具有去质子化作用及有更多的反应性 GSTs 巯基形成，从而催化其与亲电性物质轭合。

通常，GSTs 催化 GSH 与亲电子物质结合形成硫醇尿酸，经肾脏排出体外。其亦可作为转运蛋白转运亲脂化合物，如胆红素、胆酸、类固醇激素和不同的外源性化合物。其通过酶促和非酶促反应，解除化学诱变剂、促癌剂以及脂质和 DNA 氢过氧化物的毒性，保护正常细胞免受致癌和促癌因素的影响，在抗诱变及抗肿瘤中起重要作用。近几年来发现 GSTs 在清除体内氢过氧化物方面也有很大作用。此外，GSTs 的同工酶还含有非硒依赖性谷胱甘肽过氧酶的活性，能清除脂类自由基，在抗脂质过氧化反应中起着重要作用。此酶还可促使白细胞三烯和前列腺素的转化。

（2）GSTs 在分子生物学中的应用

在基因工程中，蛋白质的表达经常用到各种融合表达系统。一个高性能的融合表达系统通常需要满足以下条件：能够高效表达目的蛋白，表达产物溶解性良好，产物易于分离纯化。在现有的融合表达系统中，谷胱甘肽 S-转移酶（GSTs）融合表达系统很好地满足了这些条件，因而越来越多地被运用于基因工程研究。

血吸虫蛋白抗原 Sj26（Schistosoma japonicu，26ku）具有谷胱甘肽 S-转移酶活性，以此得到的 pGEX 质粒广泛用于外源基因表达载体的构建。外源基因可插入 pGEX 质粒 GSTs 基因的 3′端酶切位点，表达载体在大肠杆菌中表达的外源蛋白，其 N 端含有 GSTs 片段，因而表达产物可以根据 GSTs 的性质进行检测和纯化，而且 GSTs 部分还可以用凝血因子 X 切除，获得单一的外源基因表达产物。它的主要优点是，在很多情况下所表达的融合蛋白是可溶性的，而且表达量通常也很高。GSTs 融合蛋白能与亲和介质上的谷胱甘肽结合，再用还原性谷胱甘肽竞争 GSTs 上的结合位点将融合蛋白洗脱下来，从而达到纯化的目的。

7.4.1.3 水解酶类

水解酶类是一类催化水解的酶。

反应式为：

$$RR' + H_2O \rightleftharpoons RH + R'OH$$

(1) 纤维素酶

纤维素酶是指能水解纤维素 β-1,4 葡萄糖苷键，使纤维素变成纤维二糖和葡萄糖的一组酶的总称，它不是单一酶，而是起协同作用的多组分酶系。纤维素酶是由葡聚糖内切酶（EC3.2.1.4，也称 Cx 酶）、葡聚糖外切酶（EC3.2.1.91，也称 C1 酶）、β-葡萄糖苷酶（EC2.1.21，也称 CB 酶或纤维二糖酶）三个主要成分组成的诱导型复合酶系。其酶催化效率高，比一般酶高 106～107 倍；酶的催化反应具高度专一性，酶对其作用底物有严格选择性，催化反应条件温和，酶催化活力可被调节控制，无毒性。

纤维素酶在食品、酿造行业、农副产品深加工、饲料、医药、环境保护和化工等领域有着非常广阔的应用前景和应用潜力。

纤维素酶的制取方法有两种：即固体发酵和液体发酵。生产原料有麸皮、秸秆粉、废纸、玉米粉和无机盐等。

① 固体发酵法　固体发酵法是以玉米、稻草等植物秸秆为主要原料，通过接种微生物进行发酵工艺，具有投资少、工艺简单、产品价格低廉等优点。但固体发酵法存在着根本缺陷，其生产的纤维素酶很难提取、精制。目前国内绝大部分纤维素酶生产厂家采用该技术生产纤维素酶时，只能通过直接干燥粉碎得到固体配制剂或用水浸泡后压滤得到液体配制剂，这样所得的产品外观粗糙，质量不稳定，杂质含量高。国内外生产厂家采用固体发酵法时，对木霉纤维素酶的研究较多，而木霉一方面毒性嫌疑大，使之应用受到限制；另一方面普遍存在着 β-葡萄糖苷酶活力偏低的缺陷，致使纤维二糖积累，影响了酶解效率。故有人采用在木霉纤维素酶中添加曲霉的 β-葡萄糖苷酶，提高了纤维素酶的降解能力。鉴于固体发酵的缺憾，随着液体发酵配制剂工艺发展及菌种性能提高，采用液体发酵法生产纤维素酶势在必行。

② 液体发酵法　液体发酵生产工艺过程是将玉米秸秆粉碎至 20 目以下进行灭菌处理，然后送入发酵罐内发酵，同时接入纤维素酶菌种，发酵时间约为 70h，温度控制低于 60℃。从发酵罐底部通入净化后无菌空气对物料进行气流搅拌，发酵完物料经压滤机压滤、超滤浓缩和喷雾干燥后得到纤维素酶产品。液体发酵虽有发酵动力消耗大、设备要求高等缺点，但液体发酵原料利用率高、生产条件易控制、产量高、工人劳动强度小、产品质量稳定、可大规模生产等优点又使该方法成为发酵生产纤维素酶的必然趋势。

纤维素酶在食品工业中的应用极为广泛。如将纤维素酶应用于豆腐生产工艺中，结果表明，在大豆浸渍时添加 0.5%～5.0%的纤维素酶，可提高 4.00%～11.01%的豆腐出品率，且所产豆腐色质和风味无明显变化，同时不改变原有生产工艺路线，其经济效益比较明显。用纤维素酶处理茶叶制备速溶茶，可有效提高速溶茶提取率，具有一定稳定性，制成的速溶茶不仅保持茶叶天然的色、香、味和营养成分，且无不溶性渣滓，饮用方便。在食醋酿造过程中，将纤维素酶与糖化酶混合使用，可明显提高原料利用率和出品率；应用于啤酒工业麦芽生产上，可增加麦粒溶解性、加快发芽、减少糖化液中β-葡萄糖含量，改进过滤性能。

鱼虾类不具备分泌纤维素分解酶的能力，不能直接利用粗纤维，但是鱼虾类饲料中含有适量的粗纤维是维持消化道正常功能所必需的。适量的纤维素能促进肠道蠕动，刺激消化酶的分泌，扩大食物团与消化酶的接触面。研究表明，饲料中纤维素还有降低血清胆固醇的作用。而纤维素成分过多，食糜通过消化道速度加快，消化时间缩短，导致蛋白质和多种矿物质元素吸收利用率下降，排泄物增多，进而会污染水质，破坏鱼类生长环境，导致鱼类生长速度和饲料效率下降。鱼虾类消化道中的微生物能分泌一定的纤维素酶，将鱼类摄入饲料中的粗纤维中的半纤维素、纤维素分解成纤维二糖、三糖等短链低聚糖并最终以葡萄糖的形式为鱼类消化道所吸收、利用。吸收后的单糖在肝脏及其他组织内被进一步氧化分解，并释放出能量，或被用于合成糖原、体脂、氨基酸，或参与合成其他生物活性物质。

近年来，碱性纤维素酶在洗涤剂上的应用改变了传统的去污机制。酸性纤维素酶对木质素的作用是一个糖化过程，在多种组分协同作用下能得到更多最终产物葡萄糖；而碱性纤维素酶是一种组分的内切葡萄糖苷酶，主要与棉纤维中仅占10%左右的非结晶区纤维素分子起作用，碱性纤维素酶可选择性地吸附在棉纤维非结晶区，使棉纤维膨松，水合纤维素分解，胶状污垢脱落。沈雪亮等从废纸浆中选育了一株芽孢杆菌，该菌产羧甲基纤维素酶能力很强，显示出重要的工业应用价值，具有良好的应用前景。

天然纤维如棉、麻等纺织品具有较强的吸湿、透气性，倍受消毒者青睐。但棉、麻及其混纺布料上存在细毛，与皮肤接触时会产生刺痒感，因此近几年来，利用纤维素酶进行生物整理越来越受到纺织界的重视。利用纤维素酶进行酶处理，能使麻、棉表面被剥离和纵向复合细胞间层被侵蚀，使纤维梢丝束化或脱落，能极大地降低对皮肤的刺痒，提高棉、麻织物的服用性能及产品的档次。

（2）脂肪酶

脂肪酶，又叫甘油酯水解酶，催化甘油三酯水解生成甘油二酯或甘油一酯或甘油。脂肪酶按其对底物的特异性不同可分为非特异性酶、1,3-定向酶和脂肪酸特异性酶。

① 脂肪酶的结构特征　研究表明，来源不同的脂肪酶，其氨基酸组成数目从270～641不等，其相对分子质量为29000～100000。迄今为止，人们已经对多种脂肪酶进行克隆和表达，并利用X衍射等手段和定向修饰等技术测定了酶的氨基酸组成、晶体结构、等电点等参数，确定了组成脂肪酶活性中心的三元组结构。

② 脂肪酶的应用　脂肪酶的天然底物是甘油酯类，然而研究表明，脂肪酶除了能够催化甘油酯类化合物的水解和合成之外，还可以用于催化酯交换反应生物表面活性剂的合成、多肽的合成、聚合物的合成和药物的合成等，尤其是利用某些脂肪酶的立体专一性，催化旋光异构体的拆分和手性药物的合成成为酶工程领域研究的新热点。因而脂肪酶及其改性制剂在食品与营养、日用化学工业、油脂化学品工业、农业化学工业、造纸工业、洗涤和生物表面活性剂的合成，以及药物合成等许多领域得到广泛应用。

脂肪酶应用于油脂水解生产不饱和脂肪酸和提取VE将油脂与水一起在催化剂作用下生成脂肪酸和甘油的反应叫油脂水解反应。传统的油脂水解反应使用无机酸、碱及金属氧化物等化学物质作为催化剂，需要高温、高压，并且时间长，成本高，能耗大，产物脂肪酸颜色深或发生热聚合，不适用于热敏性油脂。而以生物脂肪酶作催化剂的酶促水解则可克服上述缺点，加之脂肪酶具有选择性，因而有利于减少副反应、提高脂肪酸的质量和收率。目前利用酶法从鱼油中制取二十碳五烯酸（EPA）和二十二碳六烯酸（DHA）已经商品化生产。植物油脱臭馏分是提取天然VE的宝贵资源，但其中甘油酯的存在会给后续的高真空蒸馏或分子蒸馏带来困难，影响甾醇的结晶分离和产品质量。国内外一般多采用皂化法和酯交换法来分解并除去甘油酯，然而，皂化是在碱性环境中进行的，酯交换也需加碱催化，VE在强碱性条件下易氧化分解，提取率很低。因此利用脂肪酶催化油脂水解反应来分解其中的甘油酯，则是一种简捷而又经济的方法。

目前应用于面粉工业的脂肪酶主要来源于微生物，其最适合的作用条件为pH值7～10，温度37℃，可被钙离子及低浓度胆盐激活。脂肪酶可以添加于面包、馒头及面条专用粉中。在面包专用粉中加入脂肪酶可以得到更好的面团调理功能，使面团发酵的稳定性增加，面包的体积增大，内部结构均匀，质地柔软，包心的颜色更白；在馒头专用粉中，脂肪酶也会起到类似于在面包专用粉中的添加效果，尤其对于我国使用老面发酵的情况，脂肪酶可以有效地防止其发酵过度，保证产品质量；在面条专用粉中加入脂肪酶，可减少面团上出现斑点，改善面带压片或通心粉挤出过程中颜色的稳定性。同时还可以提高面条或通心粉的咬劲，使面条在水煮过程中不粘连，不易断，表面光亮滑爽。

在洗涤剂行业中，脂肪酶单独或与碱性蛋白酶一起添加在洗涤剂中，作为洗涤剂的一种添加成分。近年来碱性脂肪酶是在研究和应用上进展最快的洗涤剂用酶，它有助于脂肪油渍和人体皮脂污垢的去除。经对织物的污垢进行分析后发现，由人体皮脂腺分泌的皮脂类污垢约占总污垢的3/4以上，仅靠表面活性剂和助剂的作用是不能完全去除的，即使用碱性脂肪酶也无多大效果。这些残留的脂肪污垢和空气中的氧起反应，使纤维发黄变脆，影响织物的外观和强度。添加于洗涤剂中的脂肪酶可将这些难以除去的脂类物质降解为易于除去的物质，从而提高洗涤剂的去污效果。P&G公司和联合利华公司等中外合资公司推出了含脂肪酶和蛋白酶的高档洗衣粉。

7.4.1.4 裂合酶类

裂合酶又叫裂解酶，是催化从底物上移去一个基团而形成双键的反应或其逆反应的酶。

反应式为：

$$RR' \rightleftharpoons R+R'$$

下面以CPD光裂合酶为例说明裂合酶的结构特征及应用。

(1) CPD光裂合酶的三维结构

人们已经知道紫外线造成的光产物有两种：环丁烷嘧啶二聚体（cuclobutane pyrimidine dimmer，CPD），占75%左右；(6-4)光产物（即6-4嘧啶二聚体），占25%左右。因此生物体产生的对应的光裂合酶也分为这两类：CPD光裂合酶和(6-4)光裂合酶。

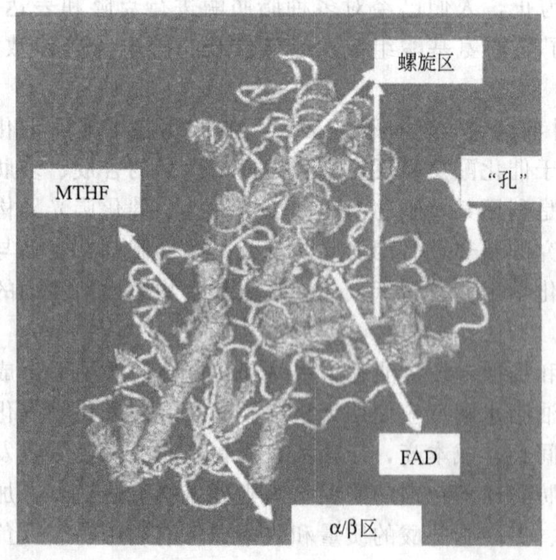

图7-20 大肠杆菌CPD光裂合酶三维结构

人们通过X光衍射结晶学和原子分辨率对大肠杆菌和巢状组囊蓝细菌的CPD光裂合酶进行了三维结构的研究（见图7-20），发现大肠杆菌CPD光裂合酶的多肽链折叠成两个区域：α/β区（氨基酸残基1～131）和螺旋区（氨基酸残基204～409）。α/β区由五条平行的β折叠链组成，在相邻的β链与β链两端之间由α螺旋连接；螺旋区则由完全螺旋链和连接环组成，在α/β区周围是一些长的环状物（氨基酸残基132～204），起连接α/β区和螺旋区的作用，但在巢状组囊蓝细菌的CPD光裂合酶却不存在这种现象，而且在连接光裂合酶二级结构的一些环状链上两者也存在差别，从而引起了它们的CPD光裂合酶的差异。

FAD是呈U型位于螺旋区内由氨基酸残基构成的“孔”状结构底部。此处的氨基酸突变会影响光裂合酶的活性，因而猜想与FAD结合的“孔”是酶的活性中心。在三维结构研究中还发现CPD光裂合酶的第二辅基——大肠杆菌为MTHF，它位于α/β区与螺旋区之间分子表面的裂口处；巢状组囊蓝细菌为8-HDF，被包埋在酶分子中。由于辅基的不同，它们所结合的氨基酸序列也不同。而它们位点的不同又导致了与FAD的距离不同，造成了两酶在光能传递、动力学和量子效率上的不同，相比而言，巢状组囊蓝细菌CPD光裂合酶比大肠杆菌有更强的修复能力。

（2）CPD光裂合酶的应用

生物体在紫外线（尤其是UV-A和UV-B）长期过强的照射下可引起皮肤表皮损伤，而UV-A还可引起真皮细胞的DNA损伤。通过研究发现此过程通过两个方式损伤皮肤，引起机体免疫抑制作用，并伴随着红斑和暗斑的形成。首先，UV-B引起APC（抗原呈递细胞）的失活，从而引起淋巴细胞数量及IFN-r分泌的减少，抑制ICAM-1（胞间粘连分子）的基因表达，ICAM-I与皮肤的修复有很大关系，它的减少会产生炎性免疫反应。其次，UV-B会引起DNA的克隆二聚体的形成，引起细胞程序式死亡。以上两种方式相互联系，相互作用。光修复可恢复由IFN-r诱导的ICAM-I的表达作用，有人曾作过实验：UV-B损伤的皮肤如不经蓝光照射并且不用光裂合酶处理，即使注入IFN-r也不能引起ICAM-1的基因表达，从而产生免疫抑制作用。对于由UV-B引起的皮肤损伤，人们曾采取免疫方面的治疗。最近有人运用了一种新的治疗方法，用光裂合酶治疗小鼠的黑色素瘤，此方法将光裂合酶的DNA包裹于脂质体内，然后将其注入小鼠的受损皮肤中。通过激光作用能有效地减少40%～45%的二聚体形成，使二聚体恢复成单聚体，并导致免疫保护作用，对治疗UV-B引起的黑色素瘤等皮肤损伤有很好的治疗效果，开辟了人们对光裂合酶的实际运用。今后，光裂合酶会用于人的黑色素瘤的治疗及防晒品的生产。

7.4.1.5 异构酶类

异构酶类是催化异构体相互转化的酶类。下面以葡萄糖异构酶为例进行介绍。反应式为：

$$R \rightleftharpoons R'$$

葡萄糖异构酶（glucose isomerase，GI）又称D-木糖异构酶（D-xylose isomerase）。

GI能催化D-葡萄糖至D-果糖的异构化反应，它是工业上大规模从淀粉制备高果糖浆（high fructose corn syrup，HFCS）的关键酶，且该酶可将木聚糖异构化为木酮糖，再经微生物发酵生产乙醇。

GI除了D-葡萄糖和D-木糖外，还能以D-核糖、L-阿拉伯糖、L-鼠李糖、D-阿洛糖和脱氧葡萄糖以及葡萄糖C-3、C-5和C-6的修饰衍生物为催化底物。但是GI只能催化D-葡萄糖或D-木糖α旋光异构体的转化，而不能利用其β旋光异构体为底物。

GI最适宜的pH值通常呈微偏碱性，在7.0～9.0之间。在偏酸性的条件下，大多数种属的GI活力很低。GI最适反应温度一般在70～80℃，这取决于缓冲液、底物浓度、激活剂、稳定剂及反应时间等条件。GI的活力及稳定性跟二价金属离子有重大关系。Mg^{2+}、Co^{2+}、Mn^{2+}等对该酶有激活作用，Ca^{2+}、Hg^{2+}、Cu^{2+}等则起抑制作用。金属离子还影响GI对不同底物的活性。如凝结芽孢杆菌GI和Mn^{2+}结合时对木糖的活性最高，和Co^{2+}结合时对葡萄糖的活性最高。

葡萄糖异构酶的作用机理主要有两种：烯二醇中间体催化机制及负氢离子转移机制。但用烯二醇中间体解释GI的催化机制有些困难，如在GI活性部位没有具催化活性的碱存在；底

物分子内质子从 C_1 转至 C_2 不具有明显的溶剂交换等。晶体学和酶动力学的证据表明，GI 是采用金属离子介导的负氢离子转移机制。关于负氢离子转移中间体形式，有两种看法：一种是阳离子形式，另一种是阴离子形式。

生产应用方面，将培养好的含葡萄糖异构酶的放线菌细胞在 60～65℃下热处理 15min，该酶固定在菌体上，制成固定化酶，催化葡萄糖异构化生成果糖，用于生产果糖浆。

$$葡萄糖 \overset{GI}{\rightleftharpoons} 果糖$$

利用葡萄糖异构酶对秸秆水解液中的 D-木糖进行异构化试验结果表明，在 80℃，pH＝9.0 下，酶与底物的质量比为 1∶125，加入 Mg^{2+} 的浓度为 0.15mol/L，Co^{2+} 的浓度为 0.01mol/L，反应时间为 48h 条件下，可使木糖异构率达 58％以上。

7.4.1.6　合成酶类

合成酶，又叫连接酶，是催化与 ATP 的磷酸酐键断裂相偶联的，由小分子合成大分子反应的酶类。

反应式为：

$$R+R'+ATP \rightleftharpoons RR'+ADP(AMP)+Pi(PPi)$$

（1）糖苷合成酶的结构与功能

糖苷合成酶是由构型保持糖苷酶催化中心亲核体氨基酸突变成非亲核体氨基酸得到的，它的获得首先要确定糖苷酶的亲核体氨基酸，一般可用基于反应机制的抑制剂、酶的三级结构分析、定点突变和突变酶的酶学性质研究等方法来确定。

（2）糖苷合成酶的作用机理

糖苷水解酶通过水解糖苷键，活化糖受体捕捉糖苷-酶中间体而得到目的糖化合物。由于产物同时是糖苷水解酶的作用底物，所以产率低。糖苷水解酶突变后失去水解能力，酶活可以经外源亲核试剂恢复，若体系缺乏亲核催化试剂，只能催化活化的底物，因此可以高效合成糖苷键而不引起底物水解，这一类酶称为糖苷合成酶。糖苷合成酶的催化途径分为转化和保留，如图 7-21 所示。

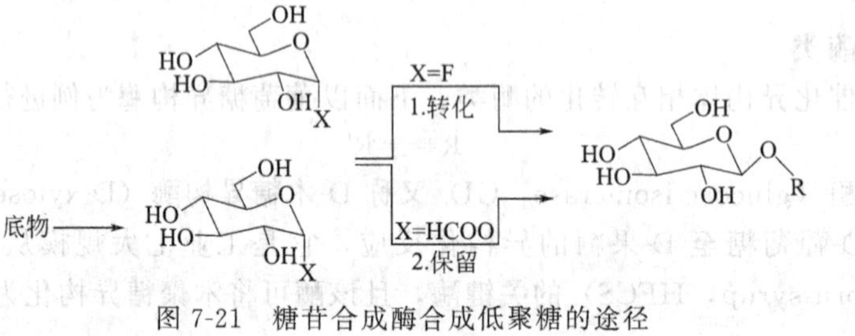

图 7-21　糖苷合成酶合成低聚糖的途径

（3）糖苷合成酶的应用

① 糖苷合成酶合成特定糖苷键　糖苷合成酶可以利用不同供体专一催化糖苷键合成。Wither 描述了 AbgGlu358Ala 突变体用 α-F-Glc 或-Gal 作为供体，不同芳基配糖体作为受体合成低聚糖。嗜温糖苷合成酶以转化机制利用 α-F-Glc 或-Gal 以及 α-昆布糖苷氟化物合成低聚糖。嗜热糖苷合成酶以保留机制催化 2-硝基以及 2,4-二硝基苯基糖苷（如：β-Glc、β-Fuc、β-Gal、β-Xyl），以转化机制催化 α-F-Glc。嗜热糖苷合成酶是目前发现的唯一以转化和保留两种机制作用的糖苷合成酶，在甲酸盐诱导下，利用 2-NP-Glc 和 2,4-DNP-Glc 合成 β-1,3-二糖、三糖、四糖，含有 β-1,3 和 β-1,6 糖苷键，得率在 80％～90％之间。以 α-F-Glc 为供体，以转化糖苷合成酶作用，在乙醇或吡喃糖苷为受体的条件下可以设计得到不同目的产物。调节供体与受体的比例可以提高产物得率和专一性，产率可高达 80％，表明嗜热糖苷合成酶可以用于设计合成目的低聚糖。糖苷合成酶合成糖苷键受酶的来源的影响。从嗜热太古细菌 S solfataricus 和 T aggregans 得到的糖苷合成酶都可以合成葡萄糖二糖，但合成的结构专一性不同。从 T aggregans 得到的酶合成葡萄糖二糖 β-1,3，β-1,4，β-1,6 糖苷键的比例为 59：28：12，而从嗜热太古细菌 S solfataricus 得到的酶合成葡萄糖二糖 β-1,3，β-1,4，β-1,6 糖苷键的比例为 80：2：18。因此，可以将从嗜热太古细菌 Ssolfataricus 得到的糖苷合成酶作为合成目的产物 β-1,3 葡萄糖二糖的特定酶。John 描述了从土壤杆菌 Agrobacterium 得到的两种 β-糖苷酶的活性中心被非亲核残基取代后，可以有效合成 S-糖苷键。土壤杆菌 Agrobacterium sp 和纤维杆菌 Cel-luloonasfimi 的酶突变体催化离去能力强的糖基（作为供体）和 SH-糖（作为受体）反应，在脱糖苷过程不需要碱催化，即可得到含 S-糖苷键的双糖，得率为 35%～82%。这些突变体称为硫代糖苷酶，是生成硫代糖苷的有用工具酶，可以合成稳定的糖苷类似物用以研究糖苷酶的竞争抑制剂，也能合成医药工业的许多目标产物。

② 糖苷合成酶合成低聚糖在医药工业的应用　近年来固相低聚糖合成成为研究热点，因为糖固定化可以极大提高产品回收率。从 Agrobac-terium sp 得到的 Glu358Gly 突变体可以催化糖基转移到树脂固定的配糖受体上，回收产品得率大于 83%。这预示着糖苷合成酶可以用于大规模合成低聚糖。

许多实验室在培育新的糖苷合成酶方面做了大量工作，扩大这种生物催化剂的潜在应用。从 Bacteria、Eukarya 和 archaea 得到的不同糖苷水解酶已经被改性为高效糖苷合成酶。这些酶以结合形式存在，在培养液中浓度可高达 150～250mg/L。由于几乎每种不同的糖苷合成酶都可以生成一种特定的低聚糖，它们的生物差异性可以用来研究合成很多目标低聚糖。

从土壤杆菌 Agrobacterium sp 得到的 Glu358Ala 用于合成 β-1,4-连接的纤维素低聚糖，低聚糖的产率高达 60%，从而得到纤维素酶的抑制剂和底物。突变体 Glu358Ser 合成 4-硝基苯基-β-*N*-乙酰乳糖胺，是一种非常有价值的细胞表面抗原的前体物质，其产率高达 63%。从嗜热太古细菌 S solfaricus 得到的糖苷合成酶专一合成 β-1,3 糖苷键。Ssβ-gly 突变体可以合成 β-1,3 或 β-1,6 糖苷键的四糖。β-1,3 或 β-1,6 键链接的葡聚糖是植物和无脊椎动物抗体防御反应的引体。

β-D-甘露糖苷键常见于 *N*-糖蛋白，是化学合成最难的糖苷键之一。保留型 β-糖苷合成酶成功地转移了 β-甘露糖苷残基，但是得率一般。因此，β-甘露糖苷合成酶生成了 β-1,3 和β-1,4 甘露糖苷键并且得率高于 70%，是非常重要的成果。而且，通过从 Cellcibrio japonicus 分离的甘露糖苷合成酶得到了合成难度较大的 β-1,4 键的长链甘露聚糖。

内切糖苷合成酶对于合成复杂的低聚糖，甚至多糖是非常有用的工具。从地衣芽孢杆菌 Bacillus licheniformis 得到的 1,3-1,4-β-葡聚糖酶的 Glu134Ala 突变体，生成 β-1,3 或 β-1,4 连接的半乳糖苷和蔗糖配糖多聚糖，最大得率为 76%。从 Humicola insolens 得到的葡聚糖苷合成酶，以乳糖苷氟化物作供体，木糖苷、甘露糖苷、纤维二糖苷和昆布二糖苷作为受体，得到高产率的 β-1,4 链接的低聚糖。这种酶还可以合成小分子量的纤维素。同样的，从大麦得到的葡萄糖苷合成酶可以高效合成 β-1,3-葡聚糖。通过这种酶可以合成复杂的 β-1,3 多聚糖，开发出具有抗细菌、抗病毒、抗肿瘤的产品。

7.4.2　绿色生物制药

生物制药即利用生物技术生产药物，这些药物将为当代疑难疾病的治疗提供更多的有效药物，并在所有前沿性的医学中形成新领域。生物技术提供的药物及新药的发现、设计、生产手段以及对发病机制的解释，揭示出 21 世纪是制药工业是以生物制药为主体的世纪。

生物制药的绿色化要求是：在开发和生产生物药物的过程中，所用的工程细胞株应是形态正常、无菌，染色体畸变率在可以接受的范围，细胞及其产物无致瘤性；克隆的表达水平高，细胞在冷冻复苏后表达水平不下降；分离纯化过程简单且效果好。下面介绍一些绿色生物药物的特性、用途和生产工艺。

7.4.2.1 人促红细胞生长素

(1) 人促红细胞生长素(rhEPO)物化性质及用途

人促红细胞生长素是一种在肾脏中产生的高度糖基化蛋白，是红细胞发育过程中最重要的调节因子，在肾衰竭引起的贫血中显示明显的疗效和很好的毒副作用。rhEPO 在纠正恶性肿瘤相关贫血、艾滋病引起的贫血和化疗引起的贫血等方面，也显示出很好的疗效，因此，rhEPO 是一种很有前途的细胞因子。

(2) 生产方法

天然存在的 rhEPO 药源极为匮乏，需从贫血病人的尿液中提取，不能满足临床的需要。1985 年科研人员成功地从胎儿肝中克隆出 rhEPO 基因，使通过基因工程大量生产重组 rhEPO 成为可能。国外用人促红细胞生长素 gDNA 在哺乳动物的细胞中得到了高效表达，在我国虽然也有重组产品问世，但存在表达水平偏低、生产成本偏高的问题，不能满足大规模工业化生产和临床应用的需要，因此迫切需要进一步研究提高 rhEPO 在细胞中的表达量，以便实现产业化。

(3) 生产工艺

① rhEPO 工程细胞株的大规模培养　工程细胞株经由小方瓶、中方瓶、大方瓶至转瓶扩大培养后，最后接种到堆积床生物反应器中，生物反应器内充填一定量聚酯片，由氮气、氧气、二氧化碳、空气来调节 pH 值即溶解氧；细胞吸附于聚酯片上，细胞先在含 10%胎牛血清的培养基中生长，5～7 天后换为无血清的灌流培养，收集培养上清液，其中 rhEPO 的表达量约为 5000IU/mL；培养上清液经离子交换—反相层析—分子筛三步层析，得到高纯度比活性的 rhEPO。该工艺重复性好，时间短，可用于大规模生产 EPO 供临床使用。

② 纯化工艺路线如下：

培养上清液⟶离子交换层析(Q-Sepharos XL)⟶脱盐⟶C_4 反相层析⟶超滤浓缩⟶分子筛层析(S-200)

发酵上清液直接加到以缓冲液平衡的离子交换层析柱(Q-Sepharos XL)，经 1.0mol/L 的 NaCl 溶液洗脱后，收集 rhEPO 峰合并，经葡聚糖凝胶 G-25 柱脱盐，将收集液上以 0.1mol/L 三羟甲基氨基甲烷(Tris)-HCl 平衡的 C_4 柱，用无水乙醇作不连续洗脱，收集 EPO 峰，经稀释和超浓缩后，最后上 S-200 分子筛柱，S-200 柱的流动相为 20mmol/L 柠檬酸和 100mmol/LNaCl，pH＝7.0。

此工艺有如下特点。

第一，操作时间短，整个纯化周期只需要 48h，特别是第一步的离子交换层析，采用线性流速快、载量大的 Q-Sepharos XL 作为纯化起始步骤的分离介质，上样量流速大，可在较短时间内处理大量样品，经此一步纯化工艺，rhEPO 的纯度达到 40%以上，减轻了后处理的负担，可在短时间内处理大量的培养上清液，避免了因长时间处理引起细菌污染，导致产品中热原质过高及 rhEPO 分子的降解；在离子交换层析之后，采用反相层析进一步进行纯化。在 60%乙醇梯度下可以洗脱高比活性的 rhEPO；经过 C_4 反相层析，样品中纯度达到 90%以上。

第二，该工艺纯化 rhEPO 生物活性总回收率达 46%，所得终产品各项指标分析均合格；免疫学检测证明其天然 rhEPO 的免疫特性；生物活性分析表明其体内的生物活性超过国家规定的人用重组 rhEPO 的体内的生物活性标准。因此，该工艺适合于大规模生产高纯度、高活性的 rhEPO。

7.4.2.2 L-色氨酸

(1) 物化性质及用途

L-色氨酸(L-Tryptophan)，结构式如下：

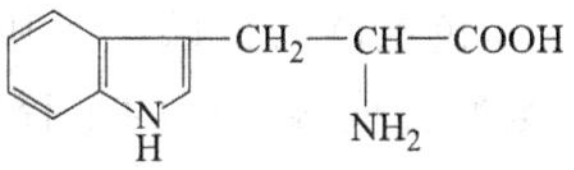

$$\text{(吲哚环)}-CH_2-\underset{\displaystyle NH_2}{\underset{|}{CH}}-COOH$$

L-色氨酸为白色或黄色结晶或结晶性粉末。无臭或略有气味，微苦。熔点 290℃。本品是构成蛋白质的一种氨基酸，分布很广，但含量较低。天然色氨酸都是 L 体。人体几乎不能利用 D 体，只能利用 L 体。人体对 L-色氨酸的需要量，虽然不如其他必需氨基酸那么多，但极为重要，是不可缺少的必需氨基酸。

L-色氨酸是人和动物体内重要的必需氨基酸，同维生素、激素代谢有关，在体内的代谢和生理作用极其重要且是多方面的。但与其他必需氨基酸相比，机体的需要量不大，成年男子为 250mg/kg，成年女子为 160mg/kg，儿童为 16mg/kg。在医药食品和饲料添加剂等方面有广泛的用途。把它添加到食品中，可以改善氨基酸的平衡，但因价格较贵，尚未实际应用。还可以考虑将色氨酸像 L-色氨酸和蛋氨酸那样作为饲料添加剂，但如果不大幅度降低生产成本，是不太可能实现的。

（2）生产方法

L-色氨酸的生产方法主要有 4 种，即蛋白水解提取法、化学合成法、微生物发酵法和酶促转化法。前三种方法分别存在着原料来源有限、需要多步合成和光学拆分、收率低及周期长等缺点，而酶促转化法具有产物积累量高、反应周期短和分离提纯容易等优点，是生产 L-色氨酸的有效方法。L-色氨酸的酶促转化法生产途径主要有四条，列于表 7-5 中。

表 7-5　L-色氨酸的酶促转化反应

序号	反应	酶	微生物
1	吲哚＋DL-丝氨酸→L-色氨酸＋水	色氨酸合成酶 丝氨酸消旋酶	大肠杆菌 恶臭假单胞菌
2	吲哚＋丙酮酸＋氨→L-色氨酸＋水	色氨酸酶	雷氏变形菌
3	吲哚＋L-丝氨酸→L-色氨酸＋水	色氨酸合成酶 色氨酸酶	大肠杆菌 透明无色杆菌
4	DL-5-吲哚甲基乙内酰尿(IHM)→L-色氨酸＋水	L-IHM 水解酶 *N*-氨甲酰基-L-色氨酸水解酶	产氨黄杆菌

以吲哚、丙酮酸和氨为原料的酶法途径由于吲哚对色氨酸酶抑制作用较弱，且丙酮酸价格不高，因而被工业生产所采用，但所改途径是色氨酸水解的逆反应，要把握好反应平衡。

① 构建色氨酸酶基因工程菌　鉴于 L-色氨酸基因工程菌的研究现状，设计一对引物，利用聚合酶链反应（PCR）扩增了 *E. Coli* JM105 的色氨酸酶基因，并将其插入带有强 T7 强启动子的高表达载体 PET3a 中，转化为 *E. Coli* BI21（DE3），构建和筛选了高产 L-色氨酸酶基因工程菌，为用酶技术工业化生产 L-色氨酸奠定基础。克隆大肠杆菌（E. Coli）色氨酸酶基因，酶促转化产色氨酸 200g/L，吲哚转化率为 95%，丝氨酸转化率为 93%，克隆的工程菌色氨酸酶产量比野生菌高 4 倍；也可构建含色氨酸酶基因的重组质粒，转化宿主菌，色氨酸合成酶基因工程菌表达量占整个可溶性蛋白的 30%以上，所构建的重组质粒，其酶活性比供体菌提高了约 500 倍，酶转化产色氨酸 200g/L。

以丙酮酸而不是价格较贵的 L-丝氨酸为底物，通过色氨酸酶催化合成 L-色氨酸，这为廉价生产 L-色氨酸提供了一条可行的工艺路线。因此，色氨酸合成酶基因的克隆和高效表达对于工业化廉价生产 L-色氨酸来说具有重要意义。

② 基因工程菌的高密度培养　应用重组工程菌工业化生产色氨酸的要求之一是基因工程菌的高密度培养。用酶促转化法合成 L-色氨酸，其产量与转化体系中的总酶活性成正比。若基因工程菌采用高密度培养，那么单位体积内菌体量增加，相应的总酶活性也会增加，从而提

高酶促转化率。为了提高细胞浓度培养色氨酸合成酶，采用一种新型的高浓度合成培养基，用此培养基培养含重组质粒 Pbr322-色氨酸合成酶基因的工程菌十几个小时，菌体量可达 115g/L（干重）。

③ 色氨酸的酶法合成　色氨酸酶能催化丙酮酸、吲哚和氨合成 L-色氨酸，也能催化 L-丝氨酸、L-半胱氨酸和吲哚合成 L-色氨酸。以 L-半胱氨酸和吲哚为原料酶法生产 L-色氨酸，其工艺为：由一定量 L-半胱氨酸、吲哚、0.5mmol/L 磷酸吡哆醇、0.1mol/L 磷酸钾缓冲液以及由培养液离心后收集的细菌沉淀组成的反应体系，调节 pH＝8.8 后置于 37℃摇床轻缓振荡使反应进行 48h，通过纸层析分析和氨基酸自动分析仪定量，可累积一定量的 L-色氨酸。L-半胱氨酸转化率为 93.2%，吲哚转化率为 90.1%。

④ L-色氨酸的分离纯化　将收集的色氨酸的酶法合成转化液于 5000r/min 离心 15min，以分离残留的吲哚和菌体；弃沉淀，上清液用 1%的活性炭于 80℃下脱色处理 20min，抽滤，滤液用 HCl 调至 pH＝5.0，并于 4℃下静置 12h；离心后所得的上清液用 732 阳离子交换树脂分离，5%氨水洗脱，洗脱液得纸层析图谱显示 L-色氨酸和 L-半胱氨酸混合物可逐渐分离为单一的 L-色氨酸；将纸层析显示只含 L-色氨酸斑点的洗脱液合并，在 55℃下减压浓缩近乎糊状，过滤后所得粗品于水中重结晶两次，可得白色、片状的 L-色氨酸晶体。

用色氨酸基因工程菌催化 L-半胱氨酸和吲哚合成 L-色氨酸，所用底物 L-半胱氨酸可通过毛发水解提取 L-胱氨酸后电解还原制得，原料来源广，产品产量高，价格低廉，且 L-半胱氨酸转化率为 93.2%，吲哚的转化率为 90.1%，产品总回收率为 70%，所以该酶法工艺具有重要的工业应用价值。

（3）绿色工艺的特点

L-色氨酸的研究与生产，其关键是如何降低成本，提高效率，色氨酸合成酶或色氨酸基因的高度表达、重组质粒的稳定性以及工程菌的高度、密度培养是实现这一目标的重要有效措施。

酶促转化比蛋白水解提取法、化学合成法、微生物法等更具有反应周期短、分离提纯容易和产物积累量高、环境污染少等优点，有着广阔的开发和应用前景。

7.4.2.3　转移因子

转移因子（TF）是一种致敏淋巴细胞内的因子，与迟发型超敏反应有关。这种因子可使供体的细胞免疫性转移给受体正常的淋巴细胞，使其具有供体的细胞免疫性。在临床上已用于治疗某些免疫性疾病，如用于乙型肝炎、气管炎、带状疱疹、流脑、恶性肿瘤的辅助治疗等。脾转移因子是从猪脾中提取的一类转移因子，由于其原料来源广泛，适合各生化制药生产。

目前在生产转移因子的过程中，多是采用 Laurence 方法，即利用两次诱导法回收转移因子，此法操作简单，但生产周期长，操作费用高，难以进行大规模生产以满足临床需要。现在的工艺，攻克了动物高分子蛋白质凝聚的难关，用适合的絮凝剂——甲壳素和助滤剂（珍珠岩），因而操作简单，生产周期短，操作费用低，产量高，可以大规模进行工业生产。

转移因子生产工艺是：以健康的未经免疫的猪脾脏为原料，经清洗，去脂肪等杂质，切细后加入经灭菌的生理盐水，用胶体磨研磨，使细胞破裂，装入灭菌的盐水瓶里，密封置于－20℃的冰柜里冷冻；冻透后，在常温下用流动的自来水解融，如此反复 3 次；溶解后的料浆在无菌的条件下，加入等体积的生理盐水，搅拌均匀后，再加入一定配比的絮凝剂和助凝剂，第二次用微孔过滤器过滤；所得滤液通过 0.8μm 滤膜以后，再用 10000 相对分子量截留值的超滤器超滤，得转移因子液体。

用上述工艺生产的转移因子，经检验质量稳定，其理化性质和生物活性均符合转移因子制备的有关要求，热原、异常毒性、细菌培养、过敏试验等均符合标准。新工艺与 Laurence 方法的比较如表7-6所列。

表7-6 新工艺与Laurence方法的比较

项目	Laurence方法	新工艺
研磨后投料量/mL	2.5×10^4	2.5×10^4
生产时间/h	48	5～6
产量/mL	1.13×10^4	1.25×10^4
多肽含量/(mg/mL)	1.28	1.34
活性/%	10	11

从实验结果来看新工艺有以下优点：生产周期短；同等条件下，产量提高了10%；产品中多肽的含量有所提高，产品的活性也提高了10%；利用新工艺能够进行大规模工业生产，实施该工艺可取得良好的效益。

7.4.3 绿色生物饲料

近几年来，随着人们对安全、卫生、健康、生态和环保等问题的日益关注，追求无污染、无残留的绿色意识已深入人心。生产安全、优质、营养、无污染、无公害的绿色畜产品已成为新世纪畜牧业发展的客观要求和主流趋势。追求"洁净畜牧业"，生产"绿色畜产品"已成为畜牧工作者的共识。而肉食品的安全，首先要求饲料的安全性，研究和开发绿色、环保、安全、优质的饲料产品，是我国饲料业孜孜以求的崇高目标。在此背景下，绿色生物饲料应运而生。

所谓生物饲料，即微生物饲料，是指利用某些特殊的有益功能微生物与饲料及辅料混合发酵，经干燥或制粒等特殊工艺加工而成的含活性益生菌的安全、无污染、无药物残留的优质饲料。从饲料原料的选择、配方设计到加工、饲养等环节，实施严格质量控制和动物营养系统调控，以改变或控制可能发生的畜产品公害和环境污染问题，从而达到低成本、高效益、低污染的效果。它是生物技术化的一种新型饲料。

7.4.3.1 绿色生物饲料的特点

绿色生物饲料具有普通饲料所不具备的特殊优点，具体如下。

① 由有益微生物产生的蛋白酶、脂肪酶、纤维素酶和半纤维素酶，可以促进畜禽的消化和吸收，显著提高饲料的利用率，使猪、鸡的生长速度加快8%～12%，使蛋鸡的产蛋率提高3%～5%，延长产蛋高峰期2～3个月。

② 良好的适口性，饲料经微生物发酵后能产生多种不饱和脂肪酸和芳香酸，具有特殊的芳香味，可明显刺激畜禽的食欲，增加采食量。

③ 多种有益菌在胃肠道内抑制有害菌的生长和繁殖，对顽固性腹泻有特殊功效。

④ 不含任何抗生素，无毒，无副作用。用绿色生物饲料生产的畜产品味道鲜美，胆固醇含量低，是保健型畜产品，符合人类对卫生、健康、生态、环保的要求。降低禽舍内氨气、硫化氢、臭气的浓度，减少呼吸道疾病，达到净化禽舍环境的目的。刺激动物的免疫功能，增强动物对多种疫病的抵抗力，明显降低发病率和死亡率。

7.4.3.2 绿色生物饲料的种类

绿色生物饲料，根据其营养特点可分为全价生物饲料和非全价生物饲料。全价生物饲料就是将全营养的无药配合饲料加入微生物菌剂、水和增菌基，混合后在适当的温度下经厌氧或需氧发酵而成的功能性饲料。从本质上讲，是将有益活性菌制剂与全价配合饲料按一定的比例混合发酵而生产的新型高效饲料。非全价饲料又分为：生物浓缩料，就是不含药物的浓缩料；微生物和水及辅料配秸秆发酵饲料，就是用农作物秸秆通过微生物发酵而制成的功能性饲料。利用生态菌处理后的秸秆，其品质明显得到改善，原来不易被牲畜消化吸收的成分被分解成可吸收利用的成分，提高了秸秆的利用率。微储成功的秸秆有一种浓烈的芳香酸味，适口性强，可用来饲喂各种家畜或家禽。

7.4.3.3 生物饲料的生产方法

生物饲料的生产方法主要有液体发酵和固态发酵两种方法。

(1) 液体发酵

液体发酵是国外生产生物饲料通常采用的方法。主要做法是在投喂给动物前把饲料和一定比例的水混合储藏在容器中，接种一定的菌种，在一定的温度下，让其发酵一段时间。发酵从饲料和水分一接触就有可能开始了。发酵的起始阶段乳酸菌、酵母菌和乳酸含量都比较低，pH 值高，同时也是肠内菌群大量繁殖的重要阶段。随后进入第二个阶段，逐渐达到稳定期，此时乳酸菌、酵母菌、乳酸含量高，pH 值低，肠道菌群含量低。应用的菌种主要为饲料中天然存在的乳酸菌类。目前有活性的乳酸菌片剂产品已经在国外问世，它可使非接种的液体饲料发酵达到所需 pH 值的时间减少一半。Geary 等研究发现，乳酸和乳酸片球菌联合发酵日粮，效果优于自然乳酸菌发酵。

(2) 固体发酵

固体发酵是指在含水率为 40%～70%的固态培养基上进行的一种或多种微生物的发酵过程。目前主要应用的菌种有乳酸菌（如乳酸杆菌、粪链球菌和双歧杆菌）、酵母菌（如假丝酵母、啤酒酵母）、芽孢杆菌（如枯草芽孢杆菌）和光合细菌。依据发酵底物和应用的动物对象不同，菌种选择也略有变化。国内普遍采用微生物发酵预混剂生产发酵饲料。固态发酵生产生物饲料简化了生产工艺，具有高产、简易、低能耗、低投资和无三废污染等优点，同时其产品与深层液体发酵产品富含多种维生素、酶及未知生长因子等。近年来固态发酵法生产生物饲料在我国得到了迅猛发展，涌现出了大批的生产企业和产品。

7.4.3.4 生物饲料在养殖业中的应用效果及发展趋势

用生物饲料喂养畜禽、水产，可明显增强免疫力与抗病性，降低饲料、添加剂中抗生素和激素的含量，从而使畜禽肉蛋奶中的抗生素和激素的含量达到绿色食品的要求。生物饲料可促进畜禽、水产的生长速度。生物饲料可消除圈舍粪便的恶臭，使生态环境避免畜禽周围生态环境的二次污染，从畜禽、水产个体的生态系统出发，通过调节微生物-宿生-环境三者之间的相互关系，建立起平衡稳定的微生态系统。此外，食用生物饲料的动物畜产品（肉、蛋奶）味道鲜美，胆固醇含量低，是保健型畜产品。

生物饲料工程技术把对环境产生污染的农副产品利用起来改善了饲料的消化特性，变废为宝，开发出新型、安全的生物饲料，提高了动物生产性能，随着发酵生产技术的不断改善和试验研究的深入开展，生物饲料必将为更多生产者接受和使用，它的应用将为发展无公害农产品提供一条有效途径。其发展趋势主要有以下几个方面。

① 利用动物消化道内固有肠道有益菌作为生产菌种，研制出专用的生物饲料发酵剂。

② 利用基因重组技术对菌种进行改造，构建出活力高、稳定性好、易于保藏的工程菌。

③ 针对不同种类、不同日龄动物，开发出不同类型的特定生物饲料。

④ 加强研究开发投入，研制适合规模化，自动化和连续化生产的固态生物反应器和超低温干燥设备。

7.4.3.5 一种绿色生物饲料——蚯蚓

在养殖业中，蚯蚓是龟、鳖等特种水产动物和众多畜禽的天然优质饲料。蚯蚓营养丰富，含蛋白质纯干物质达 60.4%，仅次于秘鲁鱼粉而高于饲用酵母和豆饼，为玉米的 6 倍。

衡量饲料的营养价值除了看蛋白质的含量外，更主要的是看其品质，即看其所含氨基酸特别是必需氨基酸的种类、含量及其比例，其中赖氨酸、蛋氨酸、胱氨酸和色氨酸的多寡尤为重要。蚯蚓所含的11种必需氨基酸中，除其中4种略低于秘鲁鱼粉但高于其他几种饲料外，其他各种氨基酸的含量都高于秘鲁鱼粉、饲用酵母、豆饼和蛆粉。蚯蚓的脂肪含量也较高，含粗脂肪达8.5%，仅次于玉米，而高于秘鲁鱼粉、饲用酵母和豆饼。

蚯蚓还含有丰富的维生素A和B族维生素复合体，其中每千克蚯蚓体含维生素B_1达2.5mg，维生素B_2约23mg。

此外，蚯蚓体还含有多种微量元素，其中铁的含量为鱼粉的14倍、豆饼的10倍以上，铜的含量比鱼粉高1倍，锰的含量是鱼粉和豆饼的4～6倍，锌的含量是鱼粉和豆饼的3倍以上。蚯蚓对磷的有效利用率高达90%。用蚯蚓饲喂鸡、鸭、鹅等一般家禽，不但生长快，肉质鲜美，而且产蛋也多。用蚯蚓喂猪，不但增重快，肉质好，而且更重要的是可避免激素类对人体的不利影响。用蚯蚓喂龟、鳖及肉食性鱼类，不但生长快，繁殖率高，而且既提高了产量又提高了品质。

思考题

1. 绿色催化剂的特点是什么？有哪些种类？
2. 分子筛的结构特征有什么特点？
3. 请简述杂多酸催化剂的催化机理。
4. 固体超强酸可分为多少种？请简述其失活机理？
5. 如何选择适合的绿色催化剂？
6. 绿色环保玻璃与普通玻璃的区别在哪？
7. 绿色磷酸盐工业相比于传统的磷酸盐工业有哪些进步？
8. 什么是软化学？软化学的材料制备技术有哪些？有哪些优点？
9. 生物酶的主要分类及各类酶催化反应的特点是什么？
10. 生物酶的绿色化工艺主要表现在哪些方面？
11. 葡萄糖氧化还原酶的结构与功能有哪些？
12. 纤维素酶的合成工艺及应用领域有哪些？
13. 谷胱甘肽*S*-转移酶的基本结构与功能是什么？
14. 糖苷合成酶的结构特征及主要应用有哪些？
15. 人促红细胞生长素的性质、用途、生产方法及生产工艺特点是什么？
16. L-色氨酸绿色生产工艺的特点是什么？
17. 发展生物饲料优势何在？怎样开发生物饲料？
18. 绿色絮凝剂的种类和特点有哪些？
19. 何为环保型绿色胶黏剂？绿色胶黏剂有哪些种类？
20. 绿色表面活性剂与普通的表面活性剂相比有何特点？
21. 什么是绿色燃料添加剂？包含哪些种类？

参考文献

[1] 姚建峰，张利雄，徐南平．沸石分子筛及其复合材料的新型合成方法进展．石油化工，2003，32（12）：1082-1086.

[2] 杨少华，崔英德，陈循军等．ZSM-5沸石分子筛的合成和表面改性研究进展．精细石油化工进展，2003，4（4）：47-50.

[3] 王巍，赵瑞雪，陈明贵等. 近年来分子筛研究的某些进展，长春理工大学学报，2003，26 (1)：35-38.
[4] 佟大明，屈玲，李玉平等. 超微孔分子筛研究的新进展. 化工进展，2003，22 (9)：952-954.
[5] 李酽. 纳米分子筛的合成与应用进展，材料导报，2004，18 (2)：12-15.
[6] 张春勇，刘靖，王祥生. 分子筛催化剂在异构化反应中的研究进展. 工业催化，2004，12 (6)：1-5.
[7] 魏建新，葛学贵，石磊等. 沸石分子筛膜的研究进展及展望. 材料导报，2005，19 (12)：27-30.
[8] 薛英，吴宇，万家义. M-ZSM-5 分子筛的结构及催化性能研究进展. 绵阳师范学院学报，2005，24 (5)：1-4.
[9] 李军，张凤美，李黎声. SAPO-18 分子筛研究进展. 工业催化，2005，13 (8)：1-5.
[10] 李军，张凤美，李黎声等. SAPO-34 分子筛研究进展. 化工进展，2005，24 (4)：434-440.
[11] 王靖宇，周权. 铝磷酸盐分子筛材料的研究进展. 黄山学院学报，2006，8 (5)：29-32.
[12] 孟磊，郑先福，韩法元. 金属改性 HZSM-5 分子筛催化剂上低碳烷烃的芳构化研究进展. 河南化工，2005，22 (1)：1-3.
[13] 于辉，翟庆洲. SBA-15 介孔分子筛及其主-客体复合材料研究的某些进展. 硅酸盐通报，2006，25 (6)：123-128.
[14] 郭军利，孙艳平. SAPO-5 分子筛合成技术研究进展. 精细石油化工进展，2006，7 (8)：24-28.
[15] 汪慧智. 新型分子筛催化剂的研究进展. 化学工程师，2006，125 (2)：27-29.
[16] 成岳，李健生，王连军等. ZSM-5 分子筛膜的研究进展. 化学进展，2006，18 (21)：221-229.
[17] 刘秀伍，李静雯，周理等. 介孔分子筛的合成与应用研究进展，材料导报，2006，20 (2)：86-90.
[18] 祝淑芳，倪文，张铭金等. 介孔分子筛材料合成及应用研究的现状及进展. 岩石矿物学杂志，2006，25 (4)：327-334.
[19] 王大全. 固体酸与精细化工. 北京：化学工业出版社，2006.
[20] 罗茜，张进，胡常伟. 负载型杂多酸催化剂的研究进展. 西昌学院学报，2005，19 (1)：101-104.
[21] 余新武，张玉兵. 固载型杂多酸催化剂研究进展. 应用化工，2004，33 (1)：1-4.
[22] 李会鹏，刘传宾，高军. 固载杂多酸催化剂研究进展. 河南化工，2006，23：8-10.
[23] 刘传宾，沈健. 固载杂多酸催化剂应用进展. 浙江化工，2006，37 (3)：16-19.
[24] 王月梅，李青仁，徐占林等. 固载杂多酸（盐）催化材料的研究进展. 辽宁化工，2006，35，(10)：593-595.
[25] 申凤善，彭军，孔育梅等. 杂多酸催化剂在烷基化反应中的研究进展. 分子科学学报，2006，22 (1)：28-31.
[26] 安颖，张万东，李忠波等. 杂多酸催化烯烃环氧化的研究进展. 化学工业与工程，2005，22 (4)：300-304.
[27] 李祥，施介华，金迪，等. 杂多酸（盐）催化剂在催化氧化反应中的应用进展. 现代化工，2006，26 (增刊)：51-56.
[28] 孟昭仁. 酯化反应固体杂多酸（盐）催化剂研究进展. 新疆大学学报（自然科学版），2004，21 (2)：161-164.
[29] 蒋平平，卢冠忠. 固体超强酸催化剂改性研究进展. 现代化工，2002，7：13-17，21.
[30] Ayyamperumal Sakthivel，Nellutla Saritha，Parasuraman Selvam. Vapor phase tertiary butylation of phenol over sulfated zirconia catalyst. Catalysis Letters，2001，72 (3/4)：225-228.
[31] Xia Q H，Hidajat K，Kawi S. Synthesis of $SO_4^{2-}/ZrO_2/MCM241$ as a new superacid catalyst. Chem Commun，2000，22：2229-2230.
[32] 杨师棣，汤发有. 固体超强酸 $SO_4^{2-}/ZrO_2\text{-}TiO_2$ 催化合成丙烯酸丁酯. 精细石油化工，2001 (1)：6-8.
[33] Badamaol S K，Sakthivel A，Selvam P. Tertiary butylation of phenol over mesopores H_2FeMCM241. Catal Lett，2000，65：152-157.
[34] 夏勇德，华伟明，高滋. Al 促进 SO_4^{2-}/M_xO_y（M＝Zr，Ti，Fe）固体超强酸的研究. 化学学报，2000，58 (1)：86-91.

[35] 雷霆，华伟明．γ-Al_2O_3 负载 Cr 促进 SO_4^{2-}/ZrO_2 固体超强酸研究．高等学校化学学报，2000，21（11）：1697-1702.

[36] 月梅，李青仁，徐占林等．固载杂多酸（盐）催化材料的研究进展．辽宁化工，2006，35（10）：593-595.

[37] 牛梅菊．合成缩醛（酮）的催化剂研究进展．化学世界，2006，10：626-628.

[38] 周治峰．固体超强酸催化剂的研究进展．辽宁化工，2005，34（1）：22-24.

[39] 成战胜，行春丽，田京城等．固体超强酸催化剂的研究进展．应用化工，2004，33（6）：5-8.

[40] 王禹阶．无机玻璃钢工艺及应用．北京：化学工业出版社，2004.

[41] 田顺宝．无机材料化学．北京：科学出版社，1993.

[42] 孙家跃，杜海燕．无机材料制造与应用．北京：化学工业出版社，2001.

[43] 徐汉生．绿色化学导论．武汉：武汉大学出版社，2002.

[44] 贡长生，张克立．绿色化学化工实用技术．北京：化学工业出版社，2002.

[45] 梁朝林．绿色化工与绿色环保．北京：中国石化出版社，2002.

[46] 胡常伟，李贤均．绿色化学原理和应用．北京：中国石化出版社，2002.

[47] 李道荣．水处理剂概论．北京：化学工业出版社，2005.

[48] 李树元．绿色水处理剂的研究与应用进展．江苏环境科技，2006，19（1）：51-53.

[49] 张国杰，王栋，程时远．有机高分子絮凝剂的研究进展．化学与生物工程，2004，（1）：10-13.

[50] 史继斌，陈文宾，吴艳．絮凝剂的研究进展．化工矿物与加工，2004，（10）：1-5.

[51] 卢珍仙，马旭东．阳离子聚丙烯酰胺类絮凝剂的合成及应用进展．天津化工，2003，17（6）：14-16.

[52] 相波，李义久，倪亚明．氨基淀粉絮凝剂合成工艺．化工环保，2003，23（5）：300-303.

[53] 林正欢，李绵贵．天然高分子絮凝剂的研究和应用进展．水处理技术，2003，29（6）：315-317.

[54] 王春梅，胡啸林，章忠秀．有机高分子絮凝剂的合成及其应用．工业用水与废水，2002，33（1）：33-35.

[55] 黎载波，王国庆，邹龙生．有机高分子絮凝剂在印染废水处理中的应用．工业水处理，2003，23（4）：14-17.

[56] 陈津端，罗道成，刘能铸等．用改性壳聚糖对城市未达标排放污水进行再处理．湖南工程学院学报，2002，12（2）：61-63.

[57] 马放，刘俊良，李淑更等．复合型微生物絮凝剂的开发．中国给水排水，2003，19（4）：1-4.

[58] 侯振鞠，雷军．浅谈水处理缓蚀阻垢剂．油气田地面工程，2006，25（6）：44.

[59] 张跃军，新龙．黏剂——新产品与新技术．南京：江苏科学技术出版社，2003.

[60] 李东光．脲醛树脂胶黏剂．北京：化学工业出版社，2002.

[61] 海宁．环氧树脂将为胶黏剂环保化出大力．胶黏剂市场资讯，2005（4）：25-26.

[62] 苏琼，王彦斌．新一代表面活性剂——烷基糖苷．西北民族大学学报（自然科学版），2005，60（26）：28-33.

[63] 刘亚莉，王晓君．绿色表面活性剂-*N*-十二酰基胺乙基葡糖酰胺的合成与性能研究．河南工业大学学报（自然科学版），2005，26（2）：16-18.

[64] 陈梦雪，胡国贞．绿色表面活性剂的进展及应用．教学与科技，2004，17（2）：42-45.

[65] 毕利燕．生物表面活性剂简介及研究现状．中学生物学，2004，20（6）：5-6.

[66] 张广煌．脂肪酸甲酯磺酸盐绿色表面活性剂的性能及其应用的进展．石油化工，2005，34：704-706.

[67] 丁兆云，郝爱友．氨酸类表面活性剂的合成与性能．化学通报，2006，69：1-6.

[68] 于鸣，徐强，王贵友．聚氨酯型增塑剂．聚氨酯工业，2006，21（2）：1-3.

[69] Richard S P，Peter H M．Liquid，Hydrophobic，Non-migrating．Non-functional Polyurethane Plasticizers，2002，US P，6384130.

[70] 丁著明，周淑静，郭振宇．多功能型聚合物稳定剂的研究进展．精细与专用化学品，2005，19（13）：7-12.

[71] 韩秀山．燃料添加剂的发展现状及趋势．四川化工与腐蚀控制，2002，5（2）：47-54.

[72] 冯钰. 汽油清净分散剂及其应用. 当代石油石化，2002（10）.
[73] 袁勤生. 酶与酶工程. 上海：华东理工大学出版社，2005.
[74] 张曼夫. 生物化学. 北京：中国农业大学出版社，2002.
[75] 贡长生，张克立. 绿色化学化工实用技术. 北京：化学工业出版社，2004.
[76] 李艳. 葡萄糖氧化酶及其应用. 食品工程，2006，3：9-11.
[77] 刘树庆. 葡萄糖氧化酶及其在食品工业上的应用. 食品科学，2003，3：30-31.
[78] 陈丽君. 谷胱甘肽 *S*-转移酶基因家族的研究进展. 皖南医学院学报，2003，22（2）：144-146.
[79] Girardini J, Amirante A, Zemzoumi K, et al. Characterization of an omegaclass glutathione S-transferase from Schistosoma mansoni with glutaredoxin-like ehydroascorbate reductase and thiol transferase activities, Eur J Biochem, 2002, 269 (22): 5512-5521.
[80] 刘颖. 纤维素酶制取与应用研究进展. 中国食物与营养，2006，4：33-35.
[81] 贺稚非. 纤维素酶及应用现状. 粮食与油脂，2004，1：15-18.
[82] 王成章. 纤维素酶在水产中的应用及展望. 中国水产，2004，4：73-74.
[83] Winkler F K, D' Arcy A, Hunzuker W. Structure of human pancreatic lipase. Nature, 1990, 343: 771-774.
[84] Undurraga D, Markovits A, Erazo S. Cocoa butter equivalent through enzymic interesterification of palm oil midfraction. Process Biochem, 2001, (36): 933-939.
[85] 郭诤. 脂肪酶的结构特征和化学修饰. 中国油脂，2003，28（7）：5-10.
[86] Thromas Carell, et al. The mechanism of action of DNA photolyases. Chemical Biology, 2001 (5): 491-498.
[87] 卢丽丽. 糖苷合成酶——一类新型的寡糖高效合成工具. 生物化学与生物物理进展，2006，33（4）：310-319.
[88] 刘慧燕. 糖苷合成酶合成低聚糖的研究及应用. 中国食品添加剂，2004，(6)：87-92.
[89] 宋启煌. 精细化工绿色生产工艺. 广州：广东科技出版社，2006.
[90] 王敏. 生物饲料技术在21世纪的前景. 饲料世界，2006，9（10）：7-8.
[91] 马洪. 生物饲料的开发及其在养殖业中的应用. 广东饲料，2005，14（6）：34-35.
[92] 于同立. 浅谈细菌生物肥料. 山东轻工业学院学报，2004，18（2）：35-40.
[93] 朱昌雄. 我国生物肥料标准研究进展及建议. 磷肥与复肥，2005，20（4）：5-8.
[94] 杨权奎. 高效复合生物固氮菌肥“肥力高”对小麦大麦水稻的效应. 甘肃农业科技，1998，(1)：40-41.

第8章　绿色药物

8.1　绿色天然药物

8.1.1　概述

随着人类健康新概念的出现及人类疾病谱的改变，医疗模式已由单纯的疾病治疗转变为预防、保健、治疗、康复相结合的模式，各种替代医学与传统医学正在发挥着重要作用。因此，天然产物的研究和使用开始成为热点，人类“回归自然，回归绿色”的呼声也越来越高。在这种情况下，天然药物，尤其是中药以其丰富的资源、独特的疗效、不良反应相对少等特点引起了世界各国医药界的关注。尤其是近年来，由于对化学药物不良反应及其局限性认识的不断深入，在许多影响重大的难治性疾病、传染性疾病的治疗过程中，越来越多的国家和地区开始意识到天然药物的优势，为天然药物的发展提供了一个前所未有的机遇。使用绿色药物、天然药物，已越来越成为国内外药物使用者共同追求的目标。因此，天然药物的发展空间广阔。

绿色天然药物就是在继承和发扬我国中医药优势和特色的基础上，充分利用现代科学技术的理论、方法和手段，借鉴国际认可的医药标准和规范，研究、开发、管理和生产出以“现代化”和高新技术为特征的“安全、高效、稳定、可控”的现代中药产品。

采用现代科学技术和手段，发展天然药物生产技术的现代化是生产天然绿色药物的关键，这些新方法、新技术包括超临界流体萃取法、超声提取法、半仿生提取法、旋流提取法、加压逆流提取法、酶法提取等。

8.1.2　超临界萃取技术在天然药物提取中的应用

① 超临界流体（supercritical fluid，SF）具有特殊的理化特性：黏度为普通流体的1%～10%，扩散系数约为普通液体的10～100倍，密度比常压气体大100～1000倍。因而超临界流体既有液体溶解能力大的特点又有气体易于扩散和运动的特性，传质速率大大高于液相过程。超临界流体的溶解能力与密度有着密切的关系。在一定温度下，超临界流体的溶解度随压力的增加而增加，但溶解度随温度变化存在反相区，当压力增加到一定程度时就会脱离反相区，此时溶解度随温度升高而增加。特别是在临界点附近温度或压力的微小变化都有可能导致溶质溶解度发生几个数量级的突变。因此，将超临界流体与待分离的物质接触，控制体系的压力和温度变化使其选择萃取其中的某些组分，然后通过调节温度和压力变化，降低超临界流体的密度，实现与所提取物质的分离。

② 超临界萃取（supercritical fluid extraction，SFE）与传统的萃取技术相比，具有以下优势：a. 超临界流体的密度接近液体，溶解能力强，萃取率高；b. 通过调节温度和压力，可以实现被萃取物质与溶剂的彻底分离，产品中无溶剂残留，适用于食品和药物的提取；c. 溶剂的溶解能力可以通过调节温度和压力控制，工艺简单，省时省力；d. 可以在低温下进行，尤其适用于热敏物质的提取；e. CO_2 无毒、价廉、临界温度低，是应用最为广泛的溶剂。

同其他中药萃取工艺相比，天然药物超临界流体萃取工艺的萃取能力强，萃取率高，对非极性、中等极性的成分都可以进行有效萃取。天然药物超临界流体萃取的操作温度低，能保证天然药物有效成分不被破坏，不会发生氧化，特别适合于对热敏感、易氧化物料分解成分的萃取。天然药物超临界流体萃取工艺的萃取时间短，工艺参数容易控制，能够保证产品质量，利于量化分析。天然药物超临界流体萃取工艺能在不同状态下从天然药物中萃取出不同的组分，具有较强的选择性。同时，CO_2 在循环过程中产生的有效成分流失很少。

现在此项技术已被广泛地应用于油脂、香精香料、生物碱、色素类物质以及许多其他药用成分的分离提取。用超临界 CO_2 可以代替某些常规提取溶剂进行中草药有效成分的提取，采用最佳工艺条件实现从复杂的天然植物中提取分离得到高纯度的某种化合物。目前，国内外已经在此方面取得了一些成果。在第三届全国超临界流体技术学术及应用研讨会上报道已经有数十种中草药应用此项技术成功萃取获得有效成分，其中既有单一成分的萃取又有复合成分的萃取，其纯度大大高于传统工艺的萃取。

例如：六味地黄丸是一种常用中药，具有滋阴补肾之功效。方中丹皮能清热凉血，活血化瘀，丹皮酚是其中的有效成分之一。使用超临界流体对药物进行前处理，可极大地减少有机溶剂的使用。常忆凌等研究了用夹带甲醇的超临界 CO_2 萃取六味地黄丸中的丹皮酚，有较高的提取效率。且夹带甲醇的超临界 CO_2 的提取率高于单纯超临界 CO_2 萃取（见表 8-1）。

表 8-1　六味地黄丸中丹皮酚提取量（n=5）

提　取　条　件	含量/(mg/g)	RSD/%
超临界 CO_2＋甲醇(流速 0.4mL/min)	3.22	2.56
超临界 CO_2＋甲醇(流速 0.2mL/min)	2.76	2.90
超临界 CO_2(温度 40℃,压力 60MPa)	1.36	2.29

张永康等采用超临界 CO_2 流体萃取技术选择适合的夹带剂，进行了从杜仲果实中提取桃叶珊瑚苷的工艺研究。运用 L16（4^5）正交表，较系统地探讨了各因素对提取效果的影响，提取液以 Epstahl 试剂显色用分光光度法进行分析。研究表明：与传统的溶剂提取法相比，超临界 CO_2 萃取法具有操作简单、活性成分保存好、后续分离易于进行等特点；在萃取中以 75%的乙醇为夹带剂，当萃取压力为 26MPa、萃取温度为 55℃、分离温度为 30℃、萃取时间为 120min、夹带剂用量与原料比为 6mL/1g 的条件下，效果最佳，桃叶珊瑚苷得率为 1.921%。

张立伟等采用超临界 CO_2 流体萃取技术，用氨水作碱化剂，选用无水甲醇为夹带剂，萃取苦参中的生物碱，苦参为豆科植物，是传统的清热燥湿类中药，其有效成分主要为生物碱。苦参生物碱具有抗肿瘤、平喘、升白、抗菌、抗病毒、抗原虫等多种功能。由于生物碱在植物中多数以盐的形式存在，若直接用极性较弱的溶剂提取往往提取不完全，故在提取前需碱化，使之成为游离碱，再进行萃取，所得提取率是常规方法的 2.4 倍，而耗时约为常规方法的 1/3。

超临界流体萃取技术作为一种新型的化工分离技术，应用十分广泛，在很大程度上避免了传统提药过程中的缺陷，而且对环境保护也具有十分重要的作用，能够为我国天然药物向现代化、绿色化发展提供一条全新的途径。

8.1.3　超声提取技术在天然药物提取中的应用

频率高于 20Hz 的机械波称为超声波。超声技术是声学中发展最迅速、使用最广泛的领域。超声波提取是一种绿色的提取天然药物的方法之一。除此之外，超声波还被用于工业检测、加工、超声成像等。超声波主要有以下几种：纵波、横波、瑞利波和兰姆波。其中瑞利波是超声波在固体内传播时产生的，也叫表面波，传播时质点的振动介于纵波和横波之间，沿固体表面传播。兰姆波只产生在一定深度的薄板内，在板的两表面都有质点振动，沿板的两表面传播，也称板波。

超声波的特性：容易聚集成细束；容易反射接受；容易得到较大的功率；在固体和液体中

衰减很小。

超声波用于天然药物提取有效成分，是由于超声波产生强烈振动，高速强烈的空化效应，形成搅拌作用，能破坏植物的细胞，使溶剂能渗透到植物细胞中，从而加速药材有效成分在有机溶剂中的溶解，缩短提取时间，提高有效成分的提取率。

超声波用于从天然药物中提取药用有效成分进行了很多的研究。如：应用超声波从大黄中提取蒽醌类成分的研究表明：超声处理10min，总提取率可达95.25%，而煮3h，总提取率仅为63.27%，超声提取20min，提取率可达99.82%；用纸层析及HPLC对两种方法提取产物进行分析，表明超声处理对产物结构无影响。

用超声波辅助提取法考察不同处理方法对熊果酸的提取效果。将枇杷叶及不同方法处理后的药渣，以乙醇为介质，用超声波辅助提取；同时用HPLC测定提取液中熊果酸的含量。结果枇杷叶中熊果酸的含量为0.9%以上，不同方法处理后的药渣中熊果酸均有不同程度的残留。熊果酸在水和油中几乎不溶，乙醇回流法的提取效果欠理想，增加提取次数，其得率无明显提高；枇杷叶中的熊果酸主要以游离形式存在。水提后的药渣中熊果酸的含量较原药高，利用超声波辅助技术提取各样品中的熊果酸，结果表明熊果酸不溶于水，同时大量水溶性物质被水提出，从而使药渣中熊果酸的相对含量有所提高。传统的乙醇回流法提取后的药渣中，熊果酸的含量仍在0.3%以上，表明乙醇对熊果酸的提取效率较差，仅为2/3左右。用乙醇回流提取时，提取次数增加，其效率并无明显提高，从节约角度考虑，提取2次即可视为提取完全。熊果酸在植物体内可以游离或结合形式存在。本实验研究结果显示，加酸并未提高其得率，表明枇杷叶中的熊果酸主要以游离形式存在。乙醇回流提取法被认为是有效成分提取的适宜方法。

超声波辅助提取的应用较多，在提取生物碱、多糖中应用也较广泛。

随着科学技术的不断进步，现代高新提取技术有了快速发展。超声波辅助提取技术具有省时、节能、对有效成分损害小、提取效率高等优点，在现代药物制剂生产中的应用备受关注。

8.2 绿色合成药物

8.2.1 概述

绿色合成药物是在合成药物的过程中采用加大原料的原子利用率，减少或消除那些对人类有害的副产物，使溶剂和试剂等再回收利用，应用无害化工艺进行合成的药物。

美国Stanford大学的著名化学家Trost在1991年首先提出了原子经济性概念，这一概念引导人们如何去设计有机合成。在合成设计中，如何经济地利用原子，避免用保护基团或离去基团，这样设计的合成方法就不会有废物产生，而是环境友好型的，达到零排放。实现原子经济性的程度可以用“原子利用率”或“E-因子”来衡量。

原子利用率(%)＝预期产物的相对分子质量/反应物的相对分子质量总和×100%

E-因子＝产生废弃物的质量(kg)/产品质量(kg)

因此原子利用率越接近100%或E-因子越小越符合原子经济性原则。节省原材料，缩短合成步骤，提高产品的纯度，减少三废的排放，实现原子经济反应，从而得到绿色的合成药物。

药物合成过程中，有些药物往往需要多步合成才能得到，尽管有时单步反应的收率较高，但整个反应的原子经济性却不大理想。若改变反应途径，简化合成步骤，就能大大提高反应的原子经济性。

布洛芬的绿色化合成就是一个很好的例子。布洛芬学名2-(对异丁苯基)丙酸，在药物中起止痛作用，与阿司匹林一样，都是非类固醇消炎剂，因此常被用作消肿和消炎。原来的布洛芬合成是采用 Boots 公司的 Brown 合成方法，从原料开始要通过六步反应，才能得到产品[见图 8-1 (b)]。每步反应中的原料只有一部分进入产物，而另一部分则变成废物，所以采用这条路线生产布洛芬，所用原料中的原子只有 40.03%进入最后产品中去。

最近，德国 BASF 公司与 Hoechst Celanesee 公司合资的 BHC 公司发明了生产布洛芬的新方法，该方法只采用三步反应即可得到产品布洛芬［见图 8-1(a)]，其原子经济性达到 77.44%。也就是新方法减少产废物 37%，BHC 公司因此获得 1997 年美国“总统绿色化学挑战奖”的变更合成路线奖。

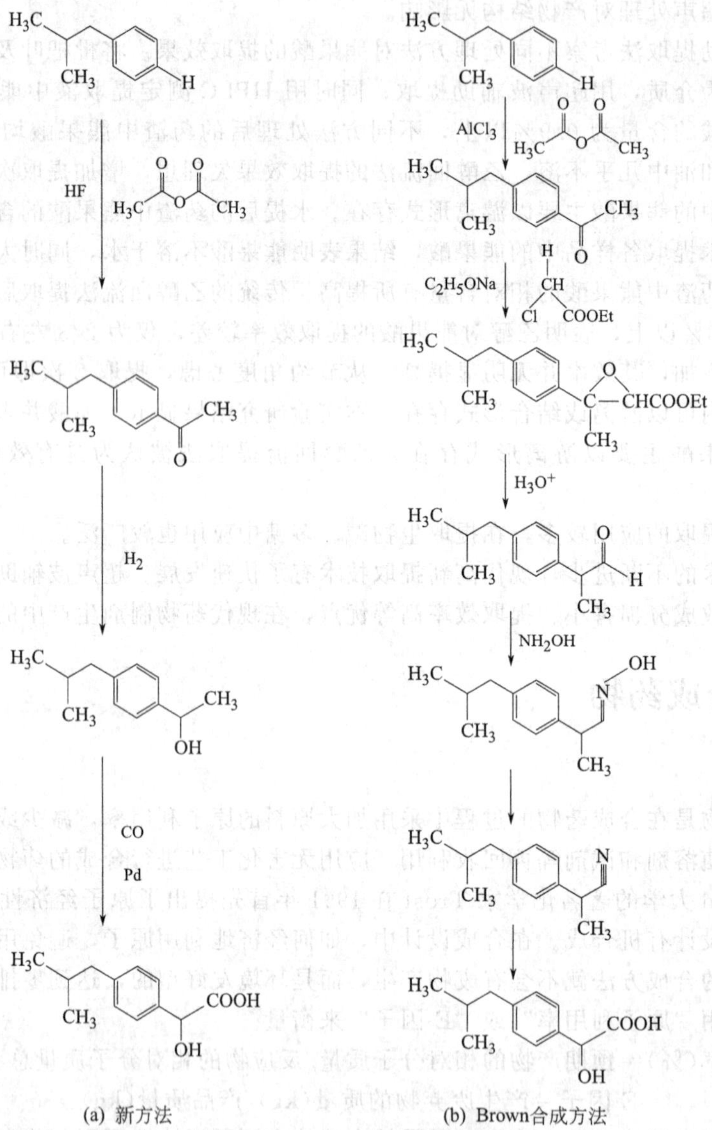

(a) 新方法　　(b) Brown合成方法

图 8-1　布洛芬的两种合成方法

各国的化学家在原子经济性理论的指导下，采用新方法、新技术、新反应、新工艺不断进行探索，取得了一系列的新进展，实现了绿色合成。这些新的技术包括不对称合成技术、组合合成技术、微波技术、新的催化技术、绿色拆分技术、环境友好介质中的合成等。

8.2.2 绿色拆分技术

药物的合成过程中，多数具有手性碳或手性中心，因而具有光学异构体。不同的光学异构体在体内吸收、分布、代谢和排泄常有明显的差异，某些异构体的药理活性有高度的专一性。如抗坏血酸的 L(+)-异构体的活性为 D(−)-异构体的 20 倍；D(−)-肾上腺素的血管收缩作用较 L(+)-异构体强 12～15 倍；D(−)-异丙肾上腺素的支气管扩张作用为 L(+)-异构体的 800 倍。目前临床应用的合成药物约有 500 多种为外消旋体，而单一对映体的疗效高、毒副作用小、服用的剂量小，更符合临床应用要求。近几年手性药物的年增长率已经超过 20%，2005 年全世界上市的新药中约有 60%为具有手性的单一对映体药物。因此，手性药物的开发及拆分极为重要。

手性药物的制备可采用不对称合成法、生物酶法或经化学合成法先制备药物的消旋体，然后再进行拆分制备。消旋体的拆分有多种方法，传统的方法是采用手性拆分剂与不同对映体形成盐或复合物，根据其在溶剂中的不同溶解性进行分离，或采用物理方法进行诱导析晶分离得到有效的单旋体。近年来，手性药物的拆分技术有了很大的发展，如液相酶法、固相酶法、不对称转换法、包结法等拆分技术。这些技术均较传统的拆分方法拆分效率高，且光学纯度好，拆分成本低，对环境友好。

对于生物酶法来说，酶的活性中心是一个不对称结构，这种结构有利于识别消旋体。在一定条件下，酶只能催化消旋体中的一个对映体发生反应而成为不同的化合物，从而使两个对映体分开。该法拆分手性药物已有较久的历史，反应产物的对映过剩百分率可达 100%。酶催化的反应大多在温和的条件下进行，温度通常在 0～50℃；pH 值接近 7.0。由于酶无毒、易降解、不会造成环境污染，适于大规模生产。

酶固定化技术、多相反应器等新技术的日趋成熟，大大促进了酶拆分技术的发展。脂肪酶、酯酶、蛋白酶、转氨酶等多种酶已用于外消旋体的拆分。脂肪酶是最早用于手性药物拆分的一类酶，是一类特殊的酯键水解酶，具有高度的选择性和立体专一性，反应条件温和，副反应少，适用于催化非水相递质中的化学反应，在 *β*-受体阻滞药、非甾体类抗炎药和其他多种药物的手性拆分中都有广泛的应用。意大利的 Batlistel 等用固定于载体 Amberlite XAD-7 上的脂肪酶对萘普生的乙氧基乙酯进行酶法水解拆分，对温度、底物浓度和产物抑制等进行了研究，最后使用 500mL 的柱式反应器，在连续进行了 1200h 的反应后，得到了 18kg 的光学纯 *S*-萘普生，且酶活性几乎无损失。另外，酯酶具有很高的工业价值，其应用前景也极为广阔。利用 pseudomaonas cepacia 脂肪酶拆分了一类酰基取代的 1-环己烯衍生物，通过酶催化酯交换反应，得到了产率较高的光学纯化合物，且提供了反应过程监测方法。这种方法可推广到该类化合物系列衍生物的合成与拆分。

不对称转化，就是在拆分过程中加入适当的催化剂使底物现场消旋并形成动态平衡，以 D-脯氨酸（D-Pro）为例，其转化机理如图 8-2 所示。同时利用两种中间体盐在溶剂（羧酸）中的溶解度差异达到拆分目的，最后得到产率超过 50%的单一构型的产物。文中 DL-Pro 在适当的溶剂（通常是有机酸）中与（2S，3S)-酒石酸（S-TA）作用，生成非对映体盐。在该体系中，D-Pro 及其盐［D-Pro·(S)-TA］与 L-Pro 及其盐［L-Pro·(S)-TA］达成平衡。由于 D-Pro·(S)-TA 在溶剂中有较小的溶解度，先沉淀出来，而溶液中 L-Pro 的浓度较大，可通过消旋向 D-Pro 转变；D-Pro 盐继续沉淀，又导致 L-Pro 进一步向 D-Pro 转变。如此，随着时间的推移，DL-Pro 绝大部分转变为 D-Pro 并以盐的形式沉淀下来。

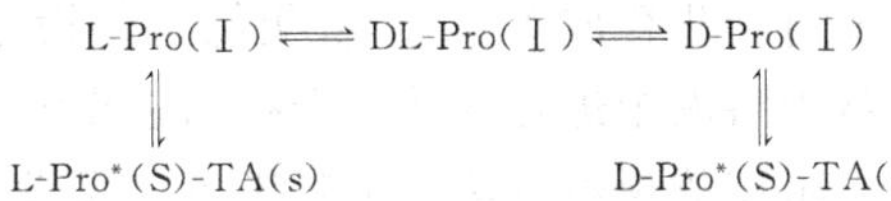

L-Pro(Ⅰ) ⇌ DL-Pro(Ⅰ) ⇌ D-Pro(Ⅰ)

L-Pro(Ⅰ) ⇌ L-Pro·(S)-TA(s)

D-Pro(Ⅰ) ⇌ D-Pro·(S)-TA(s)

图 8-2　不对称转化机理

包结拆分方法（inclusion-based resolution）是近 20 年来新发展起来的一种拆分方法。最早是由日本的Toda教授发现和报道的，Toda等采用氯化N-苄基辛可尼定作为包结主体在甲醇中首次成功地拆分了外消旋的联二萘酚（100%e.e.）。其基本原理是利用手性的主体化合物通过弱的分子间作用力（如氢键）或分子间π-π作用力，选择性地与外消旋的客体化合物中的一个对映异构体形成稳定的超分子配合物，即包结复合物（inclusion complex）析出，从而达到使对映异构体分离的目的。包结配合物形成的条件是要求主体化合物（如联萘二酚或称为2,2′-二羟基-1,1′-联萘、2,2′-二羟基-9,9′-联二蒽，结构式如图8-3所示），对客体化合物分子间形成有效的且较强的分子识别能力。

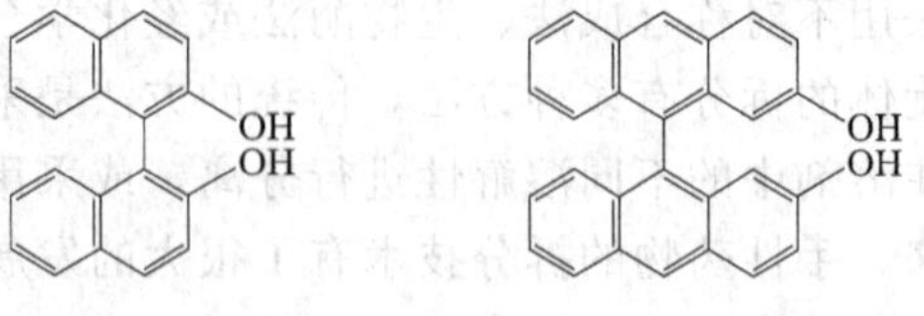

OH
OH

OH
OH

图8-3　2,2′-二羟基-1,1′-联萘和2,2′-二羟基-9,9′-联二蒽的结构式

包结拆分中使用的主体化合物是手性分子，被识别的客体化合物是一对手性对映异构体，其识别过程是手性的识别过程。包结拆分中主体分子与客体分子间不发生任何化学反应，只是通过分子间作用力（如氢键）来实现拆分，因而主体很容易地通过如过柱、溶剂交换以及逐级蒸馏等手段与客体分离和可循环使用。故包结拆分法操作简单，易于规模生产，具有很高的工业价值。麻丽媛等用新合成的β-环糊精聚合物（EP-β-CD），并以天然环糊精（β-CD）和羧甲基环糊精（CM-β-CD）手性拆分剂作对比，优化分离条件，拆分了扑尔敏、山梗菜碱、维拉帕米等药物。

8.2.3　组合合成技术

近几十年来，各种先进技术在药物创新中不断运用，使活性筛选速度大大提高，而可供筛选的新化合物数目却远远不够，合成新化合物成为快速创新新药的瓶颈。这样组合化学（combination chemistry）就应运而生了，R.B.Merrifield（1984年诺贝尔化学奖得主）于1963年提出了关于多肽固相合成的开创性工作，故组合化学在早期被称做同步多重合成，合成肽组合库，也被称为组合合成、组合库和自动合成法等。

组合化学最初是为了满足生物学家发展的高通量筛选技术对大量的新化合物库的需要而产生的。20世纪60年代初期，Merrifield建立的固相多肽合成法为组合化学方法的建立奠定了基础。随后，多肽合成仪的出现，使该方法成为一种常规手段。组合化学起源于药物合成，继而发展到有机小分子合成、分子构造分析、分子识别研究、受体和抗体的研究及材料科学包括超导材料的研制等领域，它是一项新型化学技术，是集分子生物学、药物化学、有机化学、分析化学、组合数学和计算机辅助设计等学科交叉而形成的一门边缘前沿学科，在药学、有机合成化学、生命科学和材料科学中扮演着愈来愈重要的角色。组合化学主要由三部分组成：组合库的合成、库的筛选、库的分析表征。组合库设计的目的之一，正是以分子最大的多样性模拟生物多样性。因此，组合化学也是代表21世纪发展趋势的仿生化学的研究范畴之一。

组合化学研究的三个基本阶段为：①分子多样性化学库的合成（包括设计模板分子、研究和优化组合合成方法、选择构建单元、规定化学库的容量、保证化学库的再生、寻求化学库的质量监控方法及优化条件、完成自动化合成等）；②群集筛选（设定液相或固相筛选方法，即合成产物是挂在树脂上还是切落于溶液中进行筛选，选择筛选模型，包括细胞功能性筛选，受体、抗体、基因表达蛋白筛选，采用的指示方法如染料染色、荧光标记、同位素标记以及自动化筛选等）；③化学库解析、译码（即确认活性分子结构，有Houghten的逐位和二元定位理论、亲和选择法、检索库法、编码化学库等）。

组合化学研究的基本思想是合成分子多样性化学库。每一个化学库都具有分子的复杂性或称可变性和多样性。复杂性代表了所有可变的位置；多样性则反映了给定化学库内分子在生物化学性质和化学结构上的非类似性，分子间没有简单的定量关系。以肽类化学库为例，用20种天然氨基酸为构建单元，二肽便有400（20^2）种组合，三肽有8000（20^3）种组合。以此类推，到八肽将有25600000000（20^8）种组合。显然，其化学结构上仅是氨基酸 α 碳原子的烷基取代变化，而分子的基本骨架仅是酰胺键的重复，其变化性虽然很大，但不可能较大程度地增加分子的多样性。而如果在氨基酸的氨基和 α 碳原子间插入亚甲基，使氨基移动到 β 位或 γ 位，或将连于酰胺键的 *N* 上的氢原子由烷基取代，构建非天然的聚合体化学库将会大大地增加分子的多样性。这样不仅在化学结构上改变了位置，而且也会在分子的空间结构上极大地影响其生物活性。因此，聚合体类化学库应当是天然氨基酸、非天然氨基酸混合体。

化学库的合成技术可归纳为以下三类。

（1）同步合成技术

同步合成技术（parallel approach）有 Geysen 的“多中心合成（multipin synthesis）”方法，该方法已有5个软件系统分别用于不同的目的，并且已经推广到了小分子非肽化学库的合成；Houghten 的“茶袋法（T-bag method）”、Fodor 的“光控合成法（combinatorial libraries by light directed）”以及采用可溶性载体的聚苯乙烯-聚乙烯膜、纤维素作为载体的固相合成方法。

（2）混合-均分技术

1991年在 Nature 上发表的两种组合化学研究方法引起了药物化学家和有机化学家的极大兴趣。Lam 的“一珠一肽（one-bead，one-peptide）”方法结合了 Furka 的“混合-均分（combine-divide 或称 split-pool）”合成方法和生物筛选技术特点，建立 Selectide 组合化学技术，使得组合化学技术向前大大地推动了一步，成为现在的基本方法之一。表8-2列举了 Selectide 技术构建和筛选的化学库，其中 FactorXa 抑制剂最具开发价值，目前正在用于临床研究。

表8-2 Selectide 技术筛选得到的药物先导化合物

化合物	初步先导化合物	优化先导化合物
gbⅡb/Ⅱa 拮抗物	1～320μM	na①
Thrombin 抑制剂	0.8～700μM	25nM
Factor Xa 抑制剂	15μM	300pM
HER 配位体	40μM	na
IL-8 配位体	5μM	na
HIV-1 R Nase 抑制剂	0.3～200μM	150nM

① na 表示初步先导化合物未进一步优化。

（3）生物合成技术

1990年3个科学小组分别报道了使用噬菌体体系建立“抗原决定簇库”的过程。他们用线性噬菌体的变体作为 pⅢ-肽的表达媒介体，库中含有约107～108个重组体，并且成功地从中选出单克隆抗体的特异性配体和链球菌抗生物素蛋白的生物基化结合蛋白。这一建立肽化学库的方法得到了一定的发展和应用。然而，其最大缺陷是构建单元仅为20种天然编码氨基酸，使其在药物化学的研究中受到了限制。

常见的组合库构建方法有混-分法、迭代展开法、位置扫描法和正交法等。混-分法是建立最早、应用最广的组合化学方法。如制造含两个氨基酸的分子，每个分子代表一个构造支架。将其混合后，分成两批，每批加一个氨基酸分子，创造所有可能的二聚体短肽。然后再混，再分，再加，循环3次后，得到2^3（8）个三肽。如用20个氨基酸为构建单元，四步合成后，在一日内，可创造 20^4（160000）个四肽。

迭代法处理含两个单元的 8 个三聚物时，先合成两个子库 A1-X-X 和 A2-X-X，选择 A1 和 A2 中哪一个性能更优。假设确定 A1，再固定位置 1，合成两个子库 A1-B1-X 和 A1-B2-X，检验性能后，假设确定 B2，再合成两个子库 A1-B2-C1 和 A1-B2-C2。最后筛选得到最佳产物为 A1-B2-C1。因此，含 8 个三聚物的库，需进行 3×2 个展开步骤，对于含 20^4（160000）个四肽的库，需展开 4×20 个步骤。

位置扫描法与迭代法相类似，不同的是，该法从合成开始，即将库分成若干子库，如合成三元混合物，需制备 6 个子库，使每个建筑单元占据 3 个位置中的 1 个。同时检验 6 个库中各成员的性能，以确定在每个位置中，哪一个单元活性最高。

正交法先制备含相同的 9 个化合物的两个库——A 和 B，每个库中包含 3 个子库，即 A1，A2，A3，B1，B2，B3；每个子库含 3 个化合物，并使同在库 A 中的 3 个物质，必在另一库的不同子库中。这一设计使每一个子库有最大的差异性，也就是使一个子库中的每一物质对产物性能都有影响。对于含 9 个化合物的库需合成 2×3 个子库，对于含 15625 个化合物的库，只需合成 2×125 个子库。

目前，虽然编码标识技术和高通量筛选方法发展缓慢，制约了组合化学的蓬勃发展，但随着固相及液相合成技术的进步，组合化学必将得到更大发展并推进新药创制。

8.2.4 绿色合成技术

绿色药物合成过程中要考虑环境问题，同时实现可持续发展，减少污染，寻找绿色溶剂，这是这一过程中的重要研究内容。近年来，采用绿色溶剂的反应主要有以下几种：无溶剂有机反应、水作溶剂的反应、用超临界流体作溶剂以及用室温离子液体为溶剂进行反应，除此之外，绿色溶剂还可作为萃取剂、催化剂、表面活性剂等广泛用于药物的合成过程。

8.2.4.1 室温离子液体为环境友好介质

离子液体是全部由离子组成的溶液。一般来说这一类溶液通常由处于熔融状态的盐类组成，如熔融的 NaOH，因此这类熔融的物质有时也被称为“熔盐”。

室温离子液体，本质上说也是由熔融的盐类组成的，但由于这些离子液体的熔点接近或低于室温，从而使人们可以在室温下得到离子液体。还有一些具有较低熔点但又稍高于室温的盐类也被称为室温离子液体。一般将熔点低于 100℃ 的盐类称为室温离子液体，高于 100℃ 的盐类称为熔盐。

室温离子液体完全由离子组成，具有几乎为零的蒸气压，高度的化学稳定性和热稳定性，对大多数无机试剂和有机试剂有良好的溶解性，可重复使用，是实现绿色合成过程中减少污染和浪费的良好溶剂。

室温离子液体由正、负离子组成，其物理化学性质取决于正、负离子的结构。如熔点，室温离子液体的熔点在 0～100℃，其大小取决于正、负离子的种类和结构。密度在 1.1～1.69g/cm^3 范围内，但杂质会对室温离子液体的密度产生很大的影响。室温离子液体化学性质主要为热稳定性、不可燃性、可生物降解性和催化特性，能在均相体系中催化反应的进行。

莫达非尼，化学名称为 2-(二苯基甲基亚硫酰基) 乙酰胺，是由法国 Lafon 公司开发的一种新型的作用于中枢神经系统的提神醒脑药物。1994 年后相继在法国、英国、德国上市，1998 年 12 月获准在美国上市，主要用于治疗发作性睡眠症及自发性睡眠过度，是第一个用于治疗嗜睡症的药物。

莫达非尼的传统合成路径不但反应路线长，工艺复杂，用到腐蚀剂氯化亚砜和剧毒品硫酸二甲酯，而且需要排放大量含酸和碱的工业废水，对环境有较大污染。最新的绿色合成路线中，使用 1-丁基-3-甲基咪唑四氟硼酸盐离子液体作为反应溶剂，代替传统有机溶剂，不仅可以克服传统溶剂挥发性大、易燃、不安全等缺点，而且离子液体可以重复使用，从源头上解决了传统有机溶剂排放对环境造成污染的问题莫达非尼的绿色合成路线如图 8-4 所示。

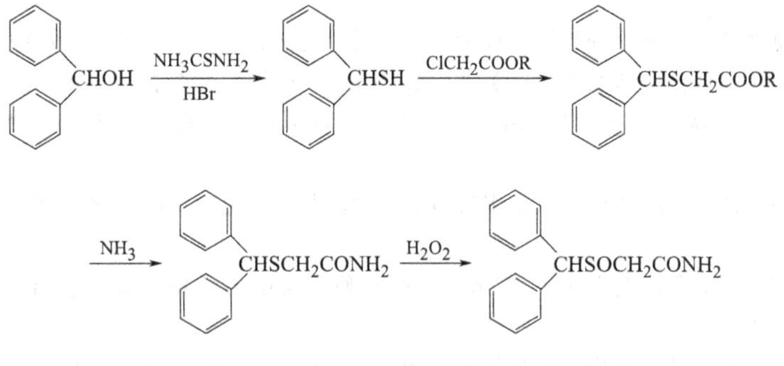

$$(C_6H_5)_2CHOH \xrightarrow[HBr]{NH_3CSNH_2} (C_6H_5)_2CHSH \xrightarrow{ClCH_2COOR} (C_6H_5)_2CHSCH_2COOR$$

$$\xrightarrow{NH_3} (C_6H_5)_2CHSCH_2CONH_2 \xrightarrow{H_2O_2} (C_6H_5)_2CHSOCH_2CONH_2$$

图 8-4 莫达非尼的绿色合成路线

以 1-丁基-3-甲基咪唑四氟硼酸盐离子液体为反应溶剂进行反应，节约反应时间并且通过二氯甲烷萃取，水相中的离子液体可以回收利用，减少污染环境的有机溶剂的排放，从而实现绿色合成。

8.2.4.2 以超临界流体为环境友好介质

超临界流体（supercritical fluid，简称 SCF）是指在临界温度和临界压力以上的流体。高于临界温度和临界压力而接近临界点的状态称为超临界状态。SCF 由于具有汽液双重性质，在化学反应中显示出独特的魅力和广阔的前景。这些流体主要包括水、二氧化碳、甲醇、氨、丙烷、苯、乙烯、乙烷等。其物化性质如密度、黏度、扩散能力介于液体和气体之间，并可以通过对温度和压力的微调使其达到适合反应的条件。目前该技术的应用已经深入到化学分析、材料制备、化学反应、环境保护、物质萃取和节能工艺等方面。

超临界流体作为环境友好介质能作为反应介质、萃取介质，也能作为色谱介质如超临界流体色谱，被广泛用于现代的药物合成和天然药物的开发中。

超临界流体作为反应介质可进行水解反应、Diels-Alder 反应、烷基化反应、Heck 耦合反应、Cannizzaro 反应、酯化反应等。如 Qian 等以 9-羟基蒽与 *N*-乙基马来酰亚胺为反应模型，进行 D-A 反应时，发现在 45℃、9MPa 的反应条件下，在 $SCFCO_2$ 中的反应速率比在相同条件下的乙腈中快 25 倍。

随着环境友好、绿色化学观念逐渐深入人心，超临界流体由于其自身的独特性质，在几十年的研究中已经得到了长足的进步。超临界流体在一些反应中能够实现溶剂和催化剂的双重作用，同时可以提高反应速率和产物的选择性，但还存在着许多问题使其无法实现工业化。如：在 SC W 的反应中，水的强腐蚀性以及过程的热力学研究；高温、高压的反应环境对设备的严格要求；过程的在线监测技术以及对反应机理的研究还不够系统、深入，这些都是超临界领域亟待解决的重要问题。可以预见，在当今可持续发展的潮流中，超临界有机反应作为一种新型的绿色化学工艺势必将给人类的生产和生活方式带来重大的影响。

思考题

1. 超临界流体萃取原理是什么？列举一个利用超临界流体萃取的天然药物有效成分的例子。

2. 什么是包结拆分法？举例说明其拆分药物的机理。

3. 组合化学库是如何构建的？

4. 室温离子液体的特点是什么？列举一个利用室温离子液体为环境友好介质合成药物的例子。

参考文献

[1] 张家骊，钱华丽，王利平等. 中药栀子超临界萃取物的挥发性成分研究. 食品与生物技术学报，2006，(6)：87-92.

[2] 陈明霞. 中药急性子油类成分分析及毒性考察. 中国中药杂志，2006，(11)：928-929.

[3] 常忆凌，刘本. 超临界流体萃取六味地黄丸中的丹皮酚. 中国中药杂志，2006，(8)：653-655.

[4] 弥宏，曲莉莉，任玉林等. 超临界萃取中药白芷的化学成分的气相色谱-质谱分析. 分析化学，2005，(3)：366-370.

[5] 张立伟，毛建明，杨频. 超临界二氧化碳流体萃取中药苦参的生物总碱. 化学研究与应用，2003，(1)：129-130.

[6] 张永康，胡江宇，李辉等. 超临界二氧化碳萃取杜仲果实中桃叶珊瑚苷工艺研究. 林产化学与工业，2006，(4)：113-116.

[7] 李霞. CO_2 超临界萃取技术在中草药领域的应用. 内江科技，2007，(3)：131，134.

[8] 张文成，谢慧明，潘见. 响应曲面法建立超临界 CO_2 结晶银杏内酯前处理工艺. 食品科学，2006，(12)：273-276.

[9] 周丽屏，郭璇华. 超临界流体萃取技术及其应用. 现代仪器，2006，(4)：18-20.

[10] 葛发欢，林秀仙，黄晓芬等. 复方丹参降香的超临界 CO_2 萃取研究. 中药材，2001，(1)：46-48.

[11] 王志安，梁卫文，吴惠勤. 超临界 CO_2 萃取知母总皂苷的气相-质谱分析. 中国实验方剂学杂志，2001，(6)：1-2.

[12] 陈振德，许重远，谢立. 超临界流体 CO_2 萃取酸枣仁脂肪油化学成分的研究. 中草药，2001，(11)：976-977.

[13] 李开泉，兰平生. 枇杷叶中熊果酸的超声提取研究. 中国现代应用药学，2007，(3). 201-202.

[14] 张赛丹，方岩雄，陈敏敏等. 几种传统中药中多糖的提取及抗肿瘤活性研究. 中药材，2007，(2). 179-182.

[15] 杜福强，曹广美，方雨辰. 从环境保护角度思考医药品生产和使用的管理. 食品与药品，2007，(7)：59-62.

[16] 陶文伟. 莫达非尼的绿色化学合成. 应用化工，2006，(3)：201-202，216.

[17] 邓立新. 药物的传统合成与绿色合成的原子经济性比较. 化学教学，2005，(11)：22-24.

[18] 周文华，杨辉荣. 绿色化学技术在制药工业中的应用. 上海化工，2004，(6)：29-32.

[19] 岑沛霖，穆江华，赵春晖. 从可再生资源获得新型绿色“平台化合物”乙酰丙酸的研究与开发. 生物加工过程，2003，(1)：17-22.

[20] 于凤丽，赵玉亮，金子林. 布洛芬合成绿色化进展. 有机化学，2003，(11)：1198-1204.

[21] 李伯玉，吴仲闻，马保顺等. 去乙酰酶抑制剂 *N*-(2-氨苯基)-4-[*N*-(吡啶-3-甲氧羰基) 氨甲基] 苯甲酰胺的合成. 精细化工，2003，(5)：285-287.

[22] 廖春阳，李伯玉，张梦军等. 组合化学：新药创制的高效方法与技术. 重庆大学学报（自然科学版），2003，(4)：80-85.

[23] Albert S Matlack. 绿色化学导论. 汪志勇，王官武译. 北京：中国石化出版社，2006.

[24] 张珩，杨艺虹. 绿色制药技术. 北京：化学工业出版社，2006.

[25] 李根容，李志良. 手性药物拆分技术研究进展. 中国新药杂志，2005，(8)：969-974.

[26] 郭四化，吕俊，许文松. L-组氨酸的消旋研究及不对称转化法合成 D-组氨酸. 江南大学学报（自然科学版），2006，(1)：96-99.

[27] 吕俊，郭四化，许文松. L-脯氨酸的消旋及不对称转化法合成 D-脯氨酸. 江南大学学报（自然科学版），2004，(3)：306-309.

[28] 杨艺虹，吴元欣，杨建设等. 不对称转换法制备 D (—)-对羟基苯甘氨酸的研究. 精细化工中间体，2004，(2)：19-21.

[29] 宁凤容，黄可龙，焦飞鹏. HP-β-CD 手性流动相 HPLC 法拆分萘普生对映体的色谱保留机制和拆分机理研究. 化学通报，2006，(6)：425-429.

[30] 卢毅，邱咏梅，林辉. 组合化学中的绿色固相合成研究概况. 海峡药学，2002，(5)：1-5.
[31] 刘刚. 新药研究中的组合技术Ⅰ肽化学库. 中国药物化学杂志，1995，(4)：303-310.
[32] 刘刚. 新药研究中的组合技术Ⅱ生物技术、组合有机合成及组合化学新策略. 中国药物化学杂志，1996，(1)：73-78.
[33] 王国平. 组合化学及其在新药研究中的应用. 中国医药工业杂志，1996，(12)：552-559.
[34] 袁越，焦克芳. 组合化学与群集筛选. 国外医学. 药学分册，1994，(6)：326-330.
[35] 李伟章，恽榴红. 药物研究的有效途径：组合化学与合理药物设计相结合. 药学学报，1998，(9)：710-716.
[36] 李伟章，恽榴红. 固相有机合成研究进展. 有机化学，1998，(5)：403-413.
[37] 陈元雄. 包结拆分在手性药物分离中的机理与应用. 安徽化工，2005，(1)：18-21.
[38] 刘翀，韩金玉，常贺英. 超临界流体在非催化反应中的应用. 化工进展，2007，(4)：531-536.
[39] Qian J，Timko M T，Allen A J，et al. Solvophobic acceleration of Diels-Alder reactions in supercritical carbon dioxide. J Am Chem Soc，2004，126 (17)：5465-5474.
[40] Qian J，Timko M T，Tester J，et al. Solvophobic acceleration of Diels-Alder reactions in supercritical carbon dioxide. ACS Division of Environmental Chemistry，2003，43 (1)：385-393.